■ 2020年度浙江省哲学社会科学规划后期资助课题（20HQZZ02）成果

■国家社科基金重大项目"中国疆域最终奠定的路径与模式研究"(15ZDB028)阶段性成果之一

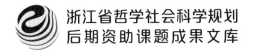

浙江省哲学社会科学规划
后期资助课题成果文库

# 宋代浙江沿海滩涂开发与区域社会治理研究

张宏利　著

ZHEJIANG UNIVERSITY PRESS
浙江大学出版社
·杭州·

图书在版编目（CIP）数据

宋代浙江沿海滩涂开发与区域社会治理研究 / 张宏
利著.—杭州：浙江大学出版社，2022.10
　　ISBN 978-7-308-23074-2

　　Ⅰ. ①宋… Ⅱ. ①张… Ⅲ. ①海涂资源－资源开发
－研究－浙江－宋代②社会管理－研究－浙江－宋代 Ⅳ.
①P748②D691.2

中国版本图书馆CIP数据核字（2022）第174855号

## 宋代浙江沿海滩涂开发与区域社会治理研究

SONGDAI ZHEJIANG YANHAI TANTU KAIFA YU QUYU SHEHUI ZHILI YANJIU

张宏利　　著

责任编辑　丁沛岚

责任校对　陈　翩

责任印制　范洪法

封面设计　周　灵

出版发行　浙江大学出版社
　　　　　（杭州市天目山路148号　　邮政编码　310007）
　　　　　（网址：http://www.zjupress.com）

排　　版　杭州林智广告有限公司

印　　刷　浙江临安曙光印务有限公司

开　　本　710mm×1000mm　1/16

印　　张　18.75

字　　数　316千

版 印 次　2022年10月第1版　2022年10月第1次印刷

书　　号　ISBN 978-7-308-23074-2

定　　价　78.00元

# 序

## 宋元时代之两浙，今日之浙江：
## 共同富裕示范区的前世今生

2021 年 5 月，党中央、国务院印发《关于支持浙江高质量发展建设共同富裕示范区的意见》，恰在此时，张宏利博士的《宋代浙江沿海滩涂开发与区域社会治理研究》一书也最终定稿。该书从拟题到成稿，历时五年之久，其间，我多与闻其事，而今再读原稿所探讨的对象，突然间有种古今相通之感。

曩者，两浙在古代中国文明开蒙史上，属于落后之地，直至战国前期，尚被中原人视为蛮荒之地，但随着吴越两国的先后崛起，中经两浙先人的披荆斩棘，迨至北宋，特别是南宋时期，古代中国经济重心彻底南移到苏南与浙江一带，特别是南宋定都杭州后，两浙的地位急遽提高。两浙即两浙路，北宋时期将全国疆域划分为若干路，路之下设府、州、军、监。北宋初期的两浙路下辖今江苏南部的南京南部、镇江、常州、无锡、苏州与浙江省全域。南宋的两浙路则析分为两浙东路、两浙西路。本书的研究地域相当于今日浙江省区域。

自宋代以降，浙江经济的发展水平与文化影响力始终处于古代、近现代中国的前沿，虽然 20 世纪 50—60 年代因种种原因稍有失落，但伴随着改革开放东风的吹起，宋人潘阆所描述的"弄潮儿向涛头立，手把红旗旗不湿。别来几向梦中看，梦觉尚心寒"之浙人风范再次显现。可以说，宋代之两浙，今日之浙江，二者之间的文化根脉，赓续着浙江这一"共同富裕范区"的前世今生。

经过多番打磨、反复修改，张宏利博士这本著作终于付梓在即，他嘱我写个序。起初我因杂事过多难以分身，思忖着如何推托，但踌躇不久，便有了借该作聊聊读后感的想法。2017年我正式调到浙江师范大学工作后，居浙时间逐渐增加，不知不觉便成了新浙人，对浙江的认同感可谓与日俱增，常据浙人立场论事，因此也会时常审视与探索浙江的历史与文化。

该作是宏利博士根据其博士后出站报告修改而成的，因我是他的博士后合作导师，可谓既比较熟悉该作，又比较熟悉作者。宏利博士在本、硕、博阶段接受的是比较严格的传统史学训练，主要学习与研究北方民族史。但博士研究生毕业后于2016年6月进入浙江师范大学博士后流动站，促使宏利博士不得不改变其多年研习的专业与研究范式。我在该流动站设定的研究方向为"中国边疆学"，加之身处东部海疆，故在宏利博士拟定博士后流动站的选题之际，我尝试着建议他尽量改变研究方向，借用社会学、社会经济史学等研究方法来研究古今江浙闽粤海洋经济发展史。这对宏利博士而言是比较大的挑战，毕竟突然改变自己研习多年的研究范式，学习新的学科与研究方法，是一个费时费力且不知前景如何的决定。不消说，宏利博士决定接受新的挑战，选择宋代浙江海洋经济与社会为研究对象，在自己的历史学背景之外，研修社会学、政治学与经济学等学科，希冀运用交叉学科的理论、方法与视角，开展跨学科研究。

之所以劝宏利博士选择宋代浙江海洋经济与社会作为研究对象，是因为自北宋，特别是南宋以降，古代中国的经济重心便彻底转移到江浙一带，后经元代的继续发展，再经明、清两代与民国时期，虽然时逾千余年，直至今日该地仍是中国的经济重心。

为了准备该书，宏利博士先后撰写了数篇学术论文。经过一年时间的转型准备，他于2017年6月向我提交了开题报告，认为"宋代官方以陆地思维审视海洋的内敛型海洋观，实属古代中国历朝统治阶层海洋观的一个缩影。但是，宋代民间以海洋思维看待海洋的开放型海洋观，一直在历代的民间传承着。官方与民间在海洋空间利用上有着'明确的分工'，官方主要利用近海空间，民间则拓展远海空间。官民合作经营海洋事业，共同造就了自西汉至元代持续1500余年的'中国帆船时代'"。以此认识为基础，宏利博士逐渐修正与完善自己对宋代东部沿海社会与涉海群体的认识与认知，先后发表了《"帆船时代"两种海洋观的并存》《宋代沿海社会秩序的构建》《宋代沿海地方社会控制与涉海群体的应对》《宋代浙东地区私盐制贩与国家治理模式的演变》等论文，这本书便是他长达五年思考、研讨的结晶。

研读定稿，发现宏利博士已能比较熟练地利用社会学、社会经济史学等理论与方法研究海洋社会及海洋史了，其原有的历史学训练又得到了提高，故其对宋代沿海与海上社会的研究既见功力，又不乏新意，可见其研究范式的转型是比较成功的，也是难能可贵的。

本书主要想厘清四个问题：一是浙江官民开发沿海滩涂的动因；二是浙江官民沿海滩涂开发的具体形态与卫护开发成果的努力；三是浙江官民沿海滩涂开发活动与区域社会治理的演化；四是浙江官民共同经营海洋事业的样态。

以下，笔者拟顺着该作的思路、运用其成果，简单介绍、解读大作内涵，某种意义上说，是该作的"节略"本，权作"代序"。

## 一、宋代浙江走向海洋的动因

依山傍海的浙江早在远古时代便有许多人以海为生，但官方主导海上事业，或者说官方真正走向海洋，则自宋代始。宋代浙江开始走向海洋的原因有多种，其直接动因是伴随着古代中国经济重心彻底南移，特别是南宋定都杭州后，两浙的地位急遽提高。但将仅7000多平方公里的杭嘉湖平原上的杭州作为首都，将七山一水二分田的浙江作为畿辅之地，对于农耕时代的较大王朝而言，是不得已而为之的苦涩选择。跟随朝廷迁来的大量移民、整个国家机器运转必需的赋税、连年不绝的战争费用，加之古代落后的交通条件与简陋的运输手段，都是两浙多山地貌、沟深流急水系与自然灾害频仍环境所难以承受的。由于逼仄的平原难以满足耕作之需，两浙官民只能向高山丘陵、湖泊沼泽、海洋滩涂要地要粮。

北宋时期，两浙开山为耕地，围湖、竭泽为田园，加之占城稻的引进与普遍种植，以及麦、粟、黍、豆等作物的推广，使得农民可以根据各种作物的性能，达到陈旉《农书》所说的"种无虚日，收无虚月，一岁所资，绵绵相继"的局面，使得两浙路的粮食总产量居两宋全国之首。但这些成果的取得是以山地与沼泽及湖泊基本上被开辟殆尽为代价的。虽则如此，日益增多的人口仍有相当部分难以果腹，更难以招架官府的盘剥，人们只好寄希望于海洋，耕海为田，所谓"日月所照，梯山航海，风雨所均，削衽袭带"者，是也。

当然，宋代两浙路人们的目光投向海洋不仅仅是因为缺地，该地农产品的专业化、商品化，也是推动力之一。伴随着两浙路农业商品化程度的大幅提高，手工业生产也超越了前代并成为宋王朝境内最发达之地。

农业商品化与手工业发达反过来促进了两宋在数、理、化、农、生物、地理、天文等科学的发展，在造船、制瓷制陶、机械、纺织、建筑等技术方面，均取得了长足进步，而其中最显著者，莫过于两浙路。

古代中国四大发明之一的指南针家族中的水浮磁针的制作方法首见于北宋钱塘县人沈括的《梦溪笔谈》。该制法经沈括公之于世后，极大地促进了磁针在航海领域的应用和普及。比较粗糙的指南针应用到航海，应不早于北宋时期，罗盘指南针应用到航海当在南宋时期，该种航海指南针成为海舶必备的航海工具则在元代。

宋代，特别是南宋，是古代中国海上贸易最活跃时期的开始，南宋与元代将中国的帆船时代推上了高峰。北宋为了管理海上贸易事业，特设代表朝廷从事官办贸易的市舶司。此前，唐代曾在广州设立市舶使，但基本上由宦官担任，虽为市舶司前身，但与市舶司有着较大的区别：市舶司是宋元王朝在各海港设立的管理海上外贸的官府，类似于今天的海关，是国家机构；市舶使是官职，唐廷在广州等通商口岸，或特派宦官，或由所在节度使兼任，主要职责是对外贸实施监督和管理，向外来的船舶征收关税，为宫廷采购舶来品，管理商人向皇帝进贡的物品，可以比照皇室的内府或内务府。

北宋的市舶司初设在广州，后随着海外贸易的快速发展，又陆续在杭州、明州（今宁波）、泉州等处设立。南宋初期，两浙、福建、广南东路设立市舶司，后又屡设而名称屡改。宋王朝与西太平洋及北印度洋的东亚、东南亚、南亚与北非许多国家或地区有着海上贸易，进出口货物达数百种。

## 二、浙江官民沿海滩涂开发的具体形态与卫护开发成果的努力

### 1. 滩涂变桑田

所谓沿海滩涂，有的将其界定为平均高潮线以下、低潮线以上的海域，有

的将其界定为沿海大潮高潮位和低潮位之间的潮浸地带，但不管如何理解，滩涂既属于土地，义是海域的组成部分，既包括河口、海滩、潮滩、潮沟、沙坝、沙洲、潟湖等，又包含浅海、海湾、海岛等。

今天的浙江省海岸带面积共 3.97 万平方公里，其中陆域面积为 1.21 万平方公里，潮间带（海涂）面积 0.24 万平方公里，海洋岛屿面积 0.17 万平方公里，浅海海域面积 2.35 万平方公里。宏利博士认为，以今日浙江沿海平原面积为基准，两宋时期海岸带面积要小于今天，沿海滩涂面积也比今天为少，但沿海滩涂类型当与现今一致。

### 2. 盐业之利

海滩开发除用于耕种之外，辟为盐场也占重要部分。有唐之时，两浙已有不少盐场，但该地盐场大发展，则在两宋时期。郭正忠认为当时有一至两万户盐户从事制盐事业。该时期，浙江沿海盐场的制盐技术取得了显著进步，尤其以煎盐法为著，完整的煎炼工序建立后，海盐产量大增，朝廷获利甚巨。对此，《续资治通鉴长编》载有"东南盐利，视天下为最厚。盐之入官，淮南、福建、两浙之温台明斤为钱四，杭、秀为钱六，广南为钱五。其出，视去盐道里远近而上下其估，利有至十倍者"。宋熙宁六年（1073）"两浙自去岁及今岁各半年间，所增盐课四十万，今又增及二十五万缗"。《宋史》则载，乾道六年（1170）"二浙课额一百九十七万余石，去年两务场卖浙盐二十万二千余袋，收钱五百一万二千余贯，而盐灶乃计二千四百余所"。

### 3. 海捕之业

两宋在开辟海滩的同时，浙江民众海物采捕活动也愈发活跃，以至于《三山志》认为"两浙海隩四畔皆鱼业小民"。因此之故，弘治《温州府志》云"濒海之家，多藉鱼盐之利，然谨厚者出于天资，而浇薄者成于气习"，至正《四明续志》说"民趋渔业"，乾道《四明图经》有"俗殷于渔盐蜃蛤"之论，《宋史》则曰"并海民以鱼盐为业，用工省而得利厚"。渔盐之利吸引了大量人员参与，逐渐形成村镇乃至市镇。

### 4. 海上贸易

据黄纯艳研究，北宋时期，浙东地区海船数量就已超过 2 万艘；南宋之时浙东、福建两路海船更是超过 4 万艘。葛金芳则认为南宋中后期沿海十三州民众拥有船只七八万艘。据此可知，两宋时期的浙江民间拥有数量众多的海船，这些船只大都是民间造船场建造的。当时还有官府船场，当有数目众多的造船人员从事该事业，这也催生了一批海船户专门从事海上航运业。据何锋研究，南宋两浙（明州除外）、闽、粤官方船场在 1131 年至 1140 年间，共竣工约8700 艘船只。葛金芳等认为南宋东南沿海常年有近十万人涉足航海贸易，估计沿海各州从事海上运输和贸易的水手可达数万人，其活动范围广布于西太平洋与北印度洋的广阔海域。对此，美国学者佩恩进一步论证了市舶司制度之设使印度尼西亚群岛、朝鲜半岛和日本的海上贸易得以迅速发展。

### 5. 官民共同卫护沿海滩涂开发事业

两浙官民修筑海洋灾害防御工程之历史，肇始于汉代，但大规模卫护工程则开始于海洋事业繁盛，特别是沿海滩涂大开发的宋代。

两浙沿海囿于地理环境，素来频发台风、海啸等灾害。曩者，当人们没有深入沿海并开辟滩涂、围海造田之际，海洋灾害对岸上的人们伤害相对较小。迨至两宋，伴随着人们向海要田、耕海为生事业的展开，近海暴风、海溢与海潮等灾害的破坏力也随之增强。

漆侠说浙江沿海良田被海水浸漫后会变成不毛之地，二三十年难以恢复。于是，海塘、碶、堰、埭、闸、斗门等一系列海洋灾害防御工程在这些地方接踵兴建。这些卫护设施遇到强海潮、强台风时都会遭到损坏，故需经常修筑，而此项事业既需庞大的人力资源，又需巨额的钱财。这种费尽人力、物力与财力的经常性巨大工程，在科技不发达的古代，是单方面力量无法承受之重。于是，两宋时代便形成了中央政府、地方官府、地方精英与濒海细民相互协作、共同卫护沿海滩涂开发事业的运作机制。与此相应，浙江海洋灾害防御工程经费筹集方式也呈现多元化特色，之实际运行之中，则形成了中央财政支出、地方政府筹措、民众摊派、地方官吏与精英襄助等经费筹措方式。长此以往，这些方式便成为浙江人行为方式一部分，使得后来乃至今日的浙江人具有团结协作之文化传统。

## 三、浙江官民沿海滩涂开发与区域社会治理态势的演化

刘志伟认为一个地区的拓殖过程，不可避免地要伴随着对资源的争夺。两浙滩涂开发自然不能超越该铁律，生发出许多社会现象。

沿海滩涂开发至少会衍生出三项事业：耕种、海盐生产与海物采捕。该三项事业虽然密切相关，但仍可分为不同场域，各场域汇集的人群又不尽相同，其利益关系以及由此产生的社会关系亦各自相异。而官府会根据不同场域的社会关系、利益纠葛等实行不同的社会治理方式，由此生成不尽相同的治理体系。

以浙江沿海民众沿海滩涂开发活动与区域社会治理模式演化之间的关系观之，可以发现不同沿海滩涂开发活动之间存在相异的区域社会治理体系，这也使得宋代中央政府与浙江官府经常根据不同开发领域出现的新情况不断改变治理方式。

通过浙江官民持续的沿海滩涂开发活动，浙江沿海与海上也因此形成了以海洋文明为初步特色的沿海社会治理体系。从本质上说，浙江沿海与海上区域治理体系仍然没有彻底突破秦汉以降各朝的治国理念，即国家是社会秩序建构与维护的核心力量，官僚集团通过权力的集中、转移与分配来控制人民，希冀以此达到长治久安，但濒海与海上生民有着陆上人们所不具备的生计模式，流动、交易与开拓是海洋文明的内在属性，这与古代中原王朝推崇固定居所、安土重迁的相对保守的农耕社会为样板来制定的制度相冲突，从而使得两宋特别是南宋朝廷只能徘徊在二者之间，在陆上社会与濒海及海上社会相异的内在运行模式、行为方式之间寻找平衡点。

两宋，特别是南宋的社会治理体系固然有着比较深刻的传统中原王朝印记，但为了解决财政拮据难题，还是鼓励民间从事海上事业的。这种踟蹰与矛盾，必然导致宋廷在维护统治稳定的同时，制约着民众利用海洋空间的广度与深度，其直接的后果是民间商人在拓展环中国海、北印度洋与阿拉伯海贸易圈之际，缺乏官方海上力量的有力保护，不能控制主要贸易通道，无法向更广袤的海域拓展，海上贸易活跃程度被削弱，交易规模与商品种类也同

时遭到限制，这也是宋代没能发展为全球性海洋帝国的重要原因。杨国桢先生认为这一后果的深远影响是，中国海洋在 19 世纪中叶至 20 世纪中叶被纳入西方世界体系，海洋局势发生根本性的改变，朝贡体制崩溃，代之以西方主导的条约体制，传统海洋产业受到极大的冲击，从而导致中华海洋文明传统的停止、扭曲和变态。

自中原王朝实施秦制以降，大部分王朝在保证国家安全与追求海外新奇商品之间存在着矛盾，使得古代中国海上贸易的发展之路既复杂又曲折。出身农耕社会的中原王朝统治集团往往更易接受"重农抑商"的文化传统。为了陆上君主专制政权的稳定，他们往往选择反对海外冒险以及抵制随之而来的奢侈品，认为这会危害政权的安全、经济的稳定以及百姓的道德水准。从而产生了美国学者林肯·佩恩所说的官方政策使古代中国无法与其边界以外的世界相互交流，中国人的活动主要是由国家命令而不是由文化偏好决定的。

当然，元帝国建立者出身游牧民族，游牧民族因其生产方式比较单一，必须通过交易才能生存，故元帝国极为重视海上贸易，实际上形成了海陆二元帝国形态，此非本文主要论证对象，恕不详述。

### 四、赓续官民共同经营海洋事业传统，探寻今日浙江共同富裕之路

#### 1. 宋元官民共同经营海洋事业传统

纵观两宋浙江官民 300 余年的沿海滩涂开发与海洋活动，其主要影响有三：一是催生了多项生业、多种生计方式；二是中央政府、浙江官府、地方精英与一般民众社会关系渐变，进而促进了国家治理体系的演进；三是上述两点推动着两宋官民不断走向海洋。

实际上，早在七八千年前的新石器时代晚期，浙江先民业已能够制造并利用舟楫，利用在河湖之中积累的航运经验，开始从事近海航行。但海上事业之发展离不开生产力的提高、手工业的发达、科学的进步与国家的支持，直至宋代，这些条件已基本具备。就浙江而言，宋代官民利用与开发海洋资源的规模与深度，均远超前朝。

两宋时期浙江民众向海洋发展的意愿十分强烈，因其越来越广泛、愈来愈

深入地利用、开发海洋资源，其生产生活空间不断得到拓展，滨海居民涉险追逐海洋之利之风甚盛，曾任职浙江的苏轼即有"吴儿生长狎涛渊，冒利轻生不自怜"之感。

伴随浙江官民开发沿海滩涂活动的深入，航海贸易活动也以此为基础而不断拓展，民间商人据此而开拓出连接环中国海、印度洋西部、阿拉伯海的贸易圈。浙江沿海地区经济往来日益频繁，其区域内部之间的联系也逐渐加强。陈国灿认为浙江借助其地处沿海的自然条件积极开发海洋经济、开拓海外市场，使得越来越多的生产和消费活动与海洋发生联系，从而在一定程度上呈现出朝外向型经济发展的趋势。航海贸易的兴盛，已然逐渐改变传统农耕社会的经济模式。宋元两代，特别是到了元代，中国商人渐渐在海外贸易中占据了优势，到南宋末期与元代业已控制了中国对南海、北印度洋与东海及黄海的贸易业务。

可以说，经过宋元两代400多年的沿海开发与海上事业的浸淫，两浙及古代中国东部沿海的涉海居民性格逐渐获得了某些海洋民族的特征。

海外贸易是海洋区域经济的一个组成部分，而海洋区域经济实际上是一种海陆一体化的开放型经济。正是由于海外贸易的发展，中国市场在沿海地区与海洋市场形成了交织和链接，而这一交织和链接成就了一个新的市场——近海与海外市场。廖伊婕认为近海区域市场的形成和发展对江南市场和东南市场的高度发展具有显而易见的积极作用。中国经济重心的南移完成于两宋，海洋贸易巨大的拉动作用促进了近海市场的发展，这也是江南经济迅速崛起并超过中原地区的重要原因。

宋元两代海上贸易的发展，促进了沿海涉海居民海洋意识与观念的变化。宋元两代初步摈弃了重农抑商政策，朝廷基本上将海上贸易、工商业视为与农业同等重要的财政来源。就南宋而言，仅海舶税便占全国财政总收入的20%左右，而盐茶酒之利，以两浙路为例，其"税十居其八"。元代财政收入的最大宗是盐税，如天历二年（1329）征收的盐税占国家财政收入中钱钞的80%左右。

### 2. 南宋元代海陆二元帝国形态的初步构建

中国历史是一部由内陆逐渐走向海洋的历史，两宋王朝因向内陆发展受阻，不得不向海洋方向发展以取得生存机会和经济发展，海洋的巨大潜力由此得以释放。

浙江之所以能够走向海洋，在于宋王朝以积极的心态看待海洋，并实施鼓励民间力量利用海洋资源的政策，元王朝取代南宋后不但承继该政策，而且有更大的推进。北宋，特别是南宋与元代中央统治者之所以重视海洋事业，乃在于近海经济活动、航海贸易是其开拓财源的重要方式。民间海洋力量则基于追逐个人私利而发展滨海地区各项涉海生计，以拓展其生存空间。这种情势在浙江表现得尤为显著，依海而兴的浙江成为宋王朝赖以为继的基石，全国经济重心与政治中心受其影响渐次移至于此。在浙江的引领下，中国形成了依托陆地、走向海洋的新格局，中国社会呈现出由内陆型为主向陆海并重型转变的发展趋势，并推动着中华文明由大陆主体性向陆海双构形态的演进，有元一代基本上形成了海陆二元帝国形态。

### 3. 衍生于宋元海陆二元帝国基本架构之上的浙东学派

如上所述，两宋的陆海双构形态，加之元代近百年的进一步强化，使得宋元帝国具有了海陆二元帝国的架构，东部沿海的涉海居民具有了海洋民族的部分特征，反映在社会思想与文化上，东部沿海出现了有别于传统"农本工商末"的浙东学派。

浙东学派又称浙东事功学派，肇始于北宋明州、温州、永嘉与婺州，成熟于南宋，由婺州学派、永康学派与永嘉学派构成。其中，前者以吕祖谦为代表，中者以陈亮为代表，后者以薛季宣、陈傅良、叶适为代表。其共同特征是"经世致用"。细而言之，吕祖谦提倡"天理常在人欲中，未尝须臾离"；陈亮主张"农商相藉""农商并重"；叶适讲求"本末并兴""义利并举，以义为先"等，反对"重农抑商"政策，对北宋二程"灭私欲则天理明"、南宋朱熹"存天理，灭人欲"的主张予以否定。

迨至元代，浙东学派的核心思想由东发学派、深宁学派、四明学派与金华学派所继承。其中，东发学派主要以黄震为代表，深宁学派主要以王应麟为魁首，四明学派主要以"甬上四先生"（杨简、袁燮、舒璘、沈焕）为标志、金华学派以"北山四先生"（何基、王柏、金履祥、许谦）为象征。

浙东学派沉寂于明代初中期，利用流民起家的朱元璋在建立明王朝后对流民严加防范并作为祖制传及子孙，特点是用严厉的户籍制度将整个帝国的百姓固着在居住地，故明初便严"令四民务在各守本业。医、卜者土著，不得远游"，"凡民邻里，互相知丁，互知务业，俱在里甲。农业者，不出一里之间，朝出暮入，作息之道互知焉"，"甲下或有他郡流移者，即时送县官，给行粮，押赴原籍州县复业"。在思想上，将主张"存天理、灭人欲"为核心价值观的朱熹理学作为官方意识形态并纳入科举体系。在此情形下，主张"农商并重""农工商皆本"的浙东学派便丧失了继续深入发展的土壤。尽管如此，明中后叶的王阳明通过"心即理""知行合一""致良知"等建构了心学体系，赓续了浙东学派的"经世致用"底色。

如果说南宋与元代的240多年是浙东学派兴起兴盛的第一高峰，王阳明心学是第二高峰的话，那么，清初成功建构了自己的思想体系的黄宗羲便是第三高峰的代表。经过晚明农民战争的涤荡、清廷入主中原与南明政权被次第消灭，朱明王朝所实施的绝对君主专制体制暂时有所缓解。于是，明末清初之际，一批比较有真知灼见的学者群体涌现了出来，被称为"中国启蒙思想之父"的黄宗羲是其中的优秀代表。黄宗羲于明万历三十八年（1610）出生于浙江余姚，其以民本为核心的思想体现在撰写于顺治十年（1653）的《留书》之中，以及康熙二年（1663）完成的《明夷待访录》之中。对此，梅新林、俞樟华等在《浙东学派编年史》一书中说："清初以顾炎武、黄宗羲、王夫之、李颙、颜元、李塨、王源等为代表，同时对晚明学术流弊与明亡之鉴展开深刻反思与批评，于是以经世致用之学为主潮，在清代前期出现了历史性的学术转型，并逐步形成了'以实为宗'的新的学术风尚"，"而从学术史地图观之，当时南有江浙，北有中原，两大中心遥相呼应"，"其中黄宗羲显然雄居这一新的学术时代主潮的制高点上"。在经济发展模式上，黄宗羲主张"工商皆本"，提出了一系列有利于商品经济、农工商业并举的政策主张。所以，徐定宝认为黄宗羲经世致用的思想是明清浙东学术在实践性上的最集中体现。

4. 改革开放政策与浙东学派文化基因在浙江"共同富裕示范区"建设过程中的地位

以宋元以来浙江东部与东南部沿海涉海居民海洋意识与观念变化为底色

的浙东学派，虽然经过明代初中期的打击一度沉寂，但中经王阳明与黄宗羲等不间断的赓续与扬弃，其文脉与思想仍不绝如缕。同时，其为求生百姓敢闯敢拼、游走四方求财行为背书，深深地影响了浙江沿海居民的气质。迨至近代列强东来，封禁的中国被迫开埠与开放，以海洋意识为底色的浙江人借此再度崛起，既有声名显赫的龙游商帮、南浔商帮、宁波商帮、温州商帮、江浙财团等，也有"鸡毛换糖"（义乌）、"弹棉花与箍桶"（永嘉）、"补鞋"（乐清）、"打铜打铁走四方"（永康）等百姓生存技能，又造就了"建筑与木雕之乡"东阳、"萤石之乡"武义、"水晶之都"浦江等工匠之乡。因此改革开放国策已经确立，诱致性制度创新的出现留下了根脉，而基层群众的自发创新恰恰是推动浙江经济市场化的主要动力之一。

应该说，海洋意识、开放传统与浙东学派之文脉培育了浙江人的气质，该气质也是支撑浙江建设"高质量发展建设共同富裕示范区"的原初动力之一。

就自然禀赋而言，很难想象七山一水二分田，人均占有耕地、能源等均远远低于全国平均水准的浙江能够成为全国的"共同富裕示范区"。那么，浙江凭什么迅速异军突起呢？溯其缘由，除得益于改革开放国策外，最重要的还是因为浙江人承继了浙东事功学派的文明基因。

可以说，《宋代浙江沿海滩涂开发与区域社会治理研究》一书的探讨，必定会为人们找到浙江高质量发展的密码尽一份力量，为全国其他地区实现共同富裕目标提供历史经验支撑。

是为序。

于逢春

浙江师范大学边疆研究院院长

2022 年 6 月 22 日

于金华尖峰山南麓之吕祖谦丽泽书院旧址

# 前　言

　　浙江沿海滩涂蕴含着丰富的土地与海产资源，民众开发、利用滩涂是一项重要的海洋活动，并为浙江走向海洋打下了坚实的基础。早在先秦时期，民众就已对沿海滩涂做简约式开发了。至宋代，伴随着全国经济重心、政治中心的南移，以及南宋定都杭州，浙江迎来了规模最大的沿海滩涂开发活动。当时，浙江人稠地狭的矛盾日渐凸显，朝廷对其地的财政索取却不断增多。这些因素共同导致浙江税赋浩繁而困于供给，这成为民众向海洋发展的内在驱动力。为了谋生，浙江沿海居民广辟财源，遂将地接海陆、围塘可耕、颇富鱼盐之利且开发难度小的沿海滩涂予以充分利用。随着浙江官民沿海滩涂开发活动的推进，中央、地方、沿海居民之间互动频繁，各种新的社会关系因以结成，沿海社会治理亦随势而变。

　　宋代之时，浙江所属秀州、杭州、越州平原地区业已被辟为耕地，境内天然湖、人工湖亦被全部或局部围垦，却愈来愈难以承载本区日益增长的人口与外迁人户的人口，人地之间的矛盾呈现愈演愈烈的趋势。同时，明州、台州、温州三地负山濒海，沃土少而瘠地多，却户口繁多、税赋浩瀚。北宋时期，浙江业已成为中央财政收入的主要供给地。宋廷移跸临安后，所需又多资于"密拱行都"的浙江。这些因素驱使沿海居民向海洋发展，但海多寇盗，于是地接海陆、围塘可耕、颇富鱼盐之利的沿海滩涂便成为理想的谋生所在。其时，浙江沿海滩涂分为以河口平原外缘为主的开敞型岸段滩涂、半封闭港湾内的隐蔽型岸段滩涂和岛礁滩涂三种类型。随着五代两宋以来经济社会的发展，浙江民众利用海洋资源的技术日臻完善，开发滩涂成为可能。于是，浙江沿海滩涂被大规模开发、利用起来。开敞型岸段滩涂与开敞型岛屿滩涂是沿海民众开发的重点，滩涂围垦、盐货煎炼、海塘修筑等活动主要于此进行，而半封闭港湾内的隐蔽型岸段滩涂与隐蔽型岛屿滩涂主要用于海物采捕等。

围垦沿海滩涂是浙江沿海居民开发、利用沿海滩涂的重要方式，其结果是沿海地区耕地大幅增加，人民耕种海涂田的活动随即得以开展。从事海涂田开垦的人群主要为普通濒海民户、盐民、寺院僧侣，其民主要种植粟、麦、黍、菽、柑橘等作物。随着海涂田围垦规模的不断扩大，出现了豪民侵损民户海涂田、官民租税博弈等新问题。更为重要的是，浙江地区属于灾害频发之地，尤其是海洋灾害往往会对民众的生产生活造成极为严重的破坏。此种情势下，中央政府、地方官府、地方精英以不同形式进行救灾活动，形成了中央政府与地方官府相互协调、地方精英参与协助的救灾体系。

浙江沿海滩涂之地既沿用已有盐场，又新创盐场，成为官民开发、利用沿海滩涂资源的重要形式。国家招募民户入盐场进行食盐的煎炼工作，盐民逐步探索并形成一整套的食盐煎炼工序。在食盐产销背后，隐含着盐民与盐场的合作与博弈两条主线。盐场、盐户进行合作时，浙江食盐生产、交纳、销售各环节有序进行，国家食盐产销体系得以正常运转。盐场与盐户处于博弈状态时，则易出现盐场逼迫盐民进行食盐私煎私贩行为，由此出现扰乱食盐生产、交纳、销售等行为，有序的食盐产销体系即遭到破坏。受此影响，浙江盐民、居于海滨之地的民众及不法商旅多从事私盐制贩活动，盐场官吏为己谋利而暗亏课息，国家盐利因此减损严重。为此，国家推出灶甲制、巡检寨制、私盐律等多项措施加强对盐户的有效管控，加大缉捕私盐贩的力度。但是，宋廷此举无非是不断强化食盐专卖制度，并意欲占据全部盐利，未能基于盐户、商旅等利益而对食盐专卖体制进行必要的调适，正是由此导致了宋代浙江私盐问题始终未能得到有效解决。从其深层次原因来看，乃是国家食盐专卖制度自身具有无法克服的弊端。

对人口密度大、土地资源不足的浙江濒海地区的民众来讲，海物采捕属于海民生业的重要补充。海滨之人在实践中识别海物品种的能力得到增强，探索出多种采捕各类海产品的方式，并对其习性、价值、食用方法等有着深刻的认识。北宋时期，朝廷、地方财政压力较小，任由浙江濒海细民捕取海物，沿海民众共同享有海洋捕捞之权，沿海地方社会有序运行。降至南宋时期，税源的剧减、军费开支的增加等造成朝廷收入的拮据，对地方财政的索取大增。这直接加剧了浙江沿海州县官府的财政压力，迫使其通过砂岸买扑制、私置税铺等形式广开财源。沿海民众自由、无须纳税即可使用海洋资源的权利被剥夺，官府授权承佃砂岸、税铺的地方精英则借政府权势，肆意刮取民众所得，致使一般沿海民众诉讼不止，甚至入海为盗。因此，浙江沿海地方社会秩序也不断遭到破坏。为维护沿海地方社会的有序运行，朝廷、浙江沿海地方官府均有废除砂岸买扑制、私置税铺之举。但以实际效果观之，砂岸买扑制、私置税铺虽曾被短暂废止，不久后却不断被重置。这导致了朝廷、浙江沿海地方官府、赖砂岸和私置税铺取利的地方精英与一般沿海民众之间的持久性博弈，其后果是引发浙江沿海地方社会的动荡。

浙江官民开发、利用沿海滩涂的行为及其形成的成果，常为频发的各类海洋灾害所破坏，浙江官民只能修筑海洋灾害防御工程以御之。随着浙江官民的涉海活动空间不断向海洋推进，官民受到海洋灾害袭扰的频度在增大，破坏程度亦在增强。浙江官民唯有不断地修筑各类海洋灾害防御工程，方可保护自身生命和财产的安全。海洋灾害防御工程修筑实则是一项牵涉中央政府、地方政府、地方精英、一般沿海民众的大型活动，所需经费主要由中央政府、浙江地方官府拨给、提供，但其经费仍是不足，故地方官府常将部分费用摊派于民，地方官吏、地方精英亦多会襄助。在此背景下，浙江地方形成府州、县主导海洋灾害防御工程修筑，地方精英、寺僧、盐民助修的模式。由于浙江官民修筑的海洋灾害防御工程难以长久地抵御海洋灾害的袭扰，导致官民处于反复修筑各类海洋灾害防御工程的疲惫状态之中。

浙江官民开发、利用沿海滩涂的活动具有生产生活多元化、自发性开发沿海滩涂、中央政府与地方官府不断强化对濒海居民开发沿海滩涂的干预力度、官民形成利益共同体、浙江官民开发沿海滩涂的行为引发区域社会的变革等特点。基于浙江官民开发、利用沿海滩涂活动之于国家、浙江地方影响力度的不同，国家、浙江对不同沿海滩涂活动的治理方式、强度等亦存在较大的差异性。具体来讲，国家、浙江对沿海滩涂围垦、海盐生产两项事关国家、地方财政收入的场域以及海洋灾害防御工程这项关乎沿海地方稳定、国家边疆安全的活动表现出强烈关注，故对其进行多元、高强度治理。与此相比，海物采捕对于国家财政收入、地方社会稳定、国家疆域安全关联性较小的场域，沿海社会治理则相对单一，强度亦弱。

虽然浙江官民开发、利用沿海滩涂的活动取得了较为丰硕的成果，但是浙江官民开发、利用沿海滩涂的历程中出现的一些问题值得我们反思，在开发、利用沿海滩涂中应该注意中央顶层设计与地方规划相结合、官民逐利行为与海洋生态环境保护需协调发展、构建官民和谐与调适性强的社会关系、建构多元互动的沿海社会治理体系。

# 目 录

CONTENTS

# 绪　论

浙江是我国传统海洋活动和海洋文明发展的核心区域之一，也是古代中国对外开放的海上门户、中外交流的前沿之地，其独特的自然和社会环境形成了依托陆地、面向海洋的双重文明结构。浙江的海洋活动可以追溯至先秦时期，其时民众即有对位处海陆过渡带且处于动态变化的沿海滩涂的开发行为，并成为该地区持续时间最久、聚集涉海群体最多的海洋开发活动。浙江先民初始仅是简约式地开发沿海滩涂，此后边海之民的开发活动由单一逐步多样化。至宋代，浙江地区迎来了有史以来规模最大的沿海滩涂开发活动。这直接促使宋王朝由陆地走向海洋、由海洋走向世界，两宋时期的海洋活动因此空前活跃。

当时，浙江平原地区已经被开辟为耕地，围湖造地活动亦在大规模地进行，但依然难以承载不断增长的人口，人地矛盾日益凸显；比重较大的丘陵山地尚处初步开发阶段，民众仅对近海平地、沿海进入山区的河谷地带和浅山区进行了全面开发，因此沿海山麓平原成为民众最主要的生存空间。随着本地人口不断增加、外地人口持续迁入，人口密度提高致使耕地严重缺乏的问题日益突出，浙江因而成为有宋一代突出的人稠地狭地区。与此同时，北宋之时浙江地区业已成为中央财政收入的主要供应地，南宋时期，宋廷所需更是多资于"密拱行都"的浙江。因此，宋廷对浙江的财政索取在不断增加。这些因素共同导致该地区税赋浩繁而困于供给。这成为民众走向海洋的内在驱动力。为了谋生，浙江沿海地区民众广辟财源，遂将地接海陆、围塘可耕、颇富鱼盐之利的沿海滩涂予以充分利用，以为支应。彼时，浙江沿海滩涂主要分布在秀州（嘉兴府）、杭州（临安府）、越州（绍兴府）、明州（庆元府）、台州、温州（瑞安府）等地。这些地区的沿海滩涂开发难度远低于山区，因而其地得以全面开发。鉴

1

于浙江民众开发沿海滩涂行为发生于古代中国经济重心南移东倾的大背景下，该地又属地产薄而税赋重之区，故其在古代民众开发沿海滩涂活动中颇具典型性。浙江民众充分开发沿海滩涂的活动，使得中央、地方、沿海居民之间互动频繁，各种新的社会关系因以结成，国家对浙江沿海地区的治理亦随势而变。

## 一、先行研究的检讨

目前所及，关于宋代浙江沿海滩涂开发问题的研究，国内外学者未有做综论性研究者，但专论性研究成果较多，具体情形兹述如下。

### （一）海涂田开辟与种植

宋代浙江经济获得长足发展，显著表现是土地耕种面积扩大与作物品种增多。其时，平原等得到全面垦殖，沿海滩涂亦被大规模围垦。这一情况已为学者所关注，研究宋代浙江粮食问题时会涉及海涂田的垦殖与作物种植。[①] 研究者之所以注意到海涂田，乃是其为浙江扩充耕地和增加粮食产量行之有效的途径。

日本学者着眼于海塘与滩涂围垦之间的关系，[②] 国内学者也注意到此问题，并指出移民对滩涂围垦起着推动作用。[③] 这些研究强调的是海塘、移民对滩涂围垦的积极影响。

### （二）海盐生产与私盐煎贩活动

两宋时期，浙江海盐在全国盐业生产与盐课收入中占有很大的比重。因此，郭正忠在考察宋代盐业问题时，对浙江不同等级盐户的制盐能力和生活状况及食盐生产技术均有涉及。[④] 沈冬梅、范立舟考察了浙江盐场、海盐生产技术及盐务管理，其文涉及虽广却失于简略。[⑤] 此后，学界出现专门讨论浙江

---

[①] 陈桥驿：《浙江古代粮食种植业的发展》，《中国农史》，1981 年第 1 期；方如金：《宋代两浙路的粮食生产及流通》，《历史研究》，1988 年第 4 期。

[②] ［日］本田治：《宋代温州における開発と移住補論》，《立命館東洋史學》，1996 年 19 號；［日］斯波义信著，方健、何忠礼译，《宋代江南经济史研究》，江苏人民出版社，2000 年，第 240-243 页。

[③] 陆敏珍：《唐宋时期宁波地区水利事业述论》，《中国社会经济史研究》，2004 年第 2 期；方煜东：《三北移民文化研究》，宁波出版社，2012 年，第 99 页。

[④] 郭正忠：《两宋盐民的等级划分与阶级结构》，《浙江学刊》，1989 年第 3 期；郭正忠：《略论宋代海盐生产的技术进步》，《浙江学刊》，1985 年第 4 期。

[⑤] 沈冬梅、范立舟：《浙江通史》（宋代卷），人民出版社，2005 年，第 46-48 页。

盐业的文章。侯强与王兴文等虽详述了宁波、温州等食盐产地的产额和生产过程、盐业组织与运销体制，但缺乏对浙江盐业的整体考察。①

宋代私盐受到学者们的重点关注。他们着重分析私盐盛行的原因，考察私盐贩的构成、私盐供给渠道及运销方式，讨论私盐兴炽对官盐运销的影响，顺带提及官民之间的利益纠葛，或多或少涉及浙江相关情况。②与此不同的是，梁庚尧专门考察了南宋时期明、台、温私盐贩船运私盐、售卖私盐、劫掠官民等情形。③

宋廷防治私盐举措得到学界的专门研讨，经学者归纳，主要有整顿盐法、制定私盐治罪法、加强盐场对食盐生产的监督、加大缉捕私盐贩力度等。④

### （三）海物捕捞与海产品征税

浙江沿海地区聚集了规模庞大的涉海群体，捕捞海物是其重要谋生方式。学者们的研究表明，浙江是宋代沿海捕鱼业最发达的地区，近海采捕是其主要特征，滩涂养殖已出现。⑤另有学者考察了朝廷、地方对海产品的征税行为。⑥徐世康则将征税、督促渔民防御海盗与援助水军视为浙江地方官府对渔民的管理。⑦

---

① 侯强：《宋元时期宁波盐业考述》，《盐业史研究》，2012年第1期；王兴文、张振楠：《宋代温州盐业初探》，《盐业史研究》，2015年第4期。
② 史继刚：《浅谈宋代私盐盛行的原因及其影响》，《西南师范大学学报》，1989年第3期；史继刚：《宋代私盐贩阶级结构初探》，《盐业史研究》，1990年第4期；史继刚：《宋代私盐的来源及其运销方式》，《中国经济史研究》，1991年第1期；郭正忠：《论两宋的周期性食盐"过剩"危机》，《中国社会经济史研究》，1984年第1期。
③ 梁庚尧：《南宋温艚考：海盗活动、私盐贩运与沿海航运的发展》，《台大历史学报》，2011年第47期。
④ ［日］吉田寅：《南宋の私塩统制について—庆元条法事類·榷禁門を中心として》，载《山崎先生退官记念》，1967年；史继刚：《两宋对私盐的防范》，《中国史研究》，1990年第2期；史继刚：《卢秉盐法述评》，《盐业史研究》，1991年第3期；梁庚尧：《南宋政府的私盐防治》，《台大历史学报》，2006年第37期。
⑤ 魏天安：《宋代渔业概观》，《中州学刊》，1988年第6期；徐荣：《我国历史上沿海地区的滩涂渔业》，《古今农业》，1992年第3期。
⑥ 白斌、张伟：《古代浙江海洋渔业税收研究》，载《中国海洋社会学研究》，社会科学文献出版社，2013年，第159—173页；倪浓水、程继红：《宋元"砂岸海租"制度考论》，《浙江学刊》，2018年第1期。
⑦ 徐世康：《宋代沿海渔民日常活动及政府管理》，《中南大学学报》，2015年第3期。

### （四）海塘修筑与人工来源、经费筹措

随着浙江民众开发沿海滩涂活动的深入，其活动空间不断向海洋拓展，因此更易遭受海洋灾害的侵袭。为此，浙江官民筑修海塘等应之。日本学者着重分析了浙江海潮灾害与海塘建设间的关系。[①]国内学者则主要在考察农业、海塘、水利时涉及海塘的修筑，学界对浙江海塘的专门性研究主要集中在人工来源、经费筹措方面。[②]

总体来看，国内外学术界关于宋代浙江沿海滩涂开发的研究已经取得了较为丰富的成果，这为本书的研究提供了重要基础。然亦应注意到，相关研究成果虽较多见，但专题性研究则相对较少，更多地在讨论宋代经济时有程度不等的涉及。先行研究将海涂田开辟等视为一般性经济活动，未能认识到其属沿海滩涂开发的一个层面。基于此，研究者没有意识到浙江沿海滩涂开发在宋代经营海洋中所具有的重要地位，因此未能予以充分研究。至于浙江沿海滩涂开发过程中形成的各类社会关系、沿海社会治理演变等，更未引起研究者的重视。研究方法上，学者们因其自身的学术背景，主要使用历史学方法展开相关研究，运用历史学、社会学、政治学方法对浙江沿海滩涂开发进行综合性研究的成果则较为少见。

## 二、研究意义与研究目标

### （一）研究意义

#### 1. 理论价值

本书的理论价值体现在以下三个方面。

其一，运用社会学方法解读宋代浙江地区沿海滩涂开发的具体形态及由此结成的各种社会关系，能够将其内部频繁且复杂的互动面貌加以呈现，据此可

---

[①] ［日］本田冶：《宋元时代浙东の海塘について》，《中國水利史研究》，1979 年 9 號；［日］小野泰：《宋代浙江の地域社会和水利》，载《海外中国水利史研究：日本学者论集》，人民出版社，2014 年，第 339-356 页等。

[②] 乐承耀、徐兆文：《宋代宁波农业的发展及其原因》，《浙江学刊》，1990 年第 4 期；张文彩：《中国海塘工程简史》，科学出版社，1990 年，第 20-33 页；张芳：《中国古代灌溉工程技术史》，山西教育出版社，2009 年，第 225-249 页；施正康：《宋代两浙水利人工和经费初探》，《中国史研究》，1987 年第 3 期；刘恒武、金城：《宋代两浙路海洋灾害防御工程资金来源考察》，《上海师范大学学报》，2017 年第 1 期等。

剖析推动、制约沿海滩涂开发与社会发展的诸因素，揭示浙江海洋区域社会的构建过程，进而折射出海陆交汇环境下沿海社会的发展路径。

其二，研讨中央、地方、沿海民众在浙江沿海滩涂开发中的合作、冲突与博弈，能够全面考察沿海民众追逐私利而破坏沿海社会秩序与朝廷不断强化沿海地区治理之间的关系，既可多维度展现沿海民众与朝廷之间关系的复杂面貌，又能为明清海洋政策日趋保守做出诠释。

其三，研讨浙江沿海社会治理的演变轨迹，从中寻找其演化的诱因和条件，能够清晰描绘中央政府、浙江地方官府、沿海居民之间合作与冲突的实际形态。

2. 实际应用价值

本书的实际应用价值体现在以下两个方面。

其一，研究宋代如何解决浙江地区沿海滩涂开发中的各类社会矛盾、怎样处理沿海滩涂开发过程中形成的各类社会关系，可为当下浙江省措置沿海滩涂开发中不同主体间的利益冲突、协调其关系提供历史智慧、经验。

其二，充分探讨宋代浙江沿海滩涂开发如何促进沿海社会发展，既可从历史角度理解国家"海洋强国"战略与浙江"海洋强省"建设的内涵及其实践意义，又能阐释"海陆统筹"发展道路及其影响力。

（二）研究目标

通过本研究，笔者首先期望展现宋代浙江地区沿海滩涂开发过程中人与海的互动关系，并呈现沿海民众内部、濒海居民与国家诸层面频繁且复杂的互动面貌；其次希冀通过归纳宋代开发沿海滩涂中的有益经验，总结其失败做法，指导当下沿海滩涂的开发，进而服务国家海洋战略及地方海洋发展规划；最后期待展现另一种观察、认知中国的视角，即从海洋看中国，思考"中国性"的多源构造，以求对中国整体历史做出新的解释。

## 三、研究的思路、方法、内容及重难点

（一）研究思路

首先，全面考察宋代浙江沿海滩涂开发的历史基础与时代背景；其次，系

统梳理宋代浙江沿海滩涂开发的活动形态并评估其效果,以此阐释沿海滩涂开发过程中形成的各种社会关系;再次,探讨因浙江民众开发沿海滩涂而引起的国家治理演化情形;最后,对宋代浙江沿海滩涂开发与沿海社会治理进行历史总结并予以反思。

## (二)研究方法

本书拟运用历史学、社会学、政治学等多学科的理论、方法,对宋代浙江官民沿海滩涂开发活动开展跨学科研究。

### 1. 历史学实证方法

历史学实证方法(主要是乾嘉学派的考据学、兰克学派的实证主义)在本书中有较多使用,用以对所提出的证据进行考证、查证,并以此为据,解析书中的研究对象。

### 2. 社会学方法

本书尝试运用社会学中的社会秩序、社会控制、利益协调等理论,解读宋代浙江地区沿海滩涂开发过程中涉海群体内部、濒海细民与国家之间的利益矛盾与利益协调,据此阐明浙江地方沿海社会关系的演变情况。

### 3. 政治学方法

主要使用政治学中的国家治理方法,阐释中央政府在浙江沿海地方治理的演化情形、基层运作与民众的应对等。

## (三)研究内容

本书主要包括以下六个方面的内容。

其一,浙江的沿海滩涂资源。在论述浙江地形地貌的基础上,着重阐述两宋时期浙江沿海滩涂的类型与分布情形,并从气候波动、降水量变化、海岸变迁与类型、岸貌区域特征与岸貌动态类型等方面考察浙江沿海滩涂的淤涨情况。通过上述两个方面来说明浙江拥有丰富且类型多样的沿海滩涂资源。

其二,浙江官民开发沿海滩涂的动因。浙江在两宋时期获得快速发展的同时,也面临着生产生活空间日益狭小的问题。本书从生产力发展、财税压力、人地矛盾三个方面揭示官民开发沿海滩涂的动因所在。

其三,浙江官民沿海滩涂开发的具体形态及其影响。根据浙江官民对沿海滩涂资源的认知程度与时人开发海涂的技术水平，从沿海滩涂围垦、海盐生产、海物采捕三个方面来考察时人开发沿海滩涂的具体形态，并探讨其对当时海洋活动产生的影响。

其四，浙江官民卫护沿海滩涂开发成果的努力。具体分四个层次展开：一是海洋灾害与浙江官民的应对；二是海洋灾害防御工程经费筹措中的社会关系；三是海洋灾害防御工程场域中的沿海社会治理；四是官民修筑海洋灾害防御工程的困境与解决之策。

其五，浙江官民开发沿海滩涂活动与区域社会治理的演化。主要从沿海滩涂围垦与官民互动关系、海盐生产与国家政治权力渗透、海物采捕与沿海社会秩序构建三个方面详尽论述沿海滩涂开发活动与区域社会治理演化之间的关系。具体来说，就是从海涂田耕种、势家侵损海涂田、官民租赋博弈、海洋灾害与救灾体系构建等方面，阐述浙江官民沿海滩涂围垦与官民的协作与纠纷；在论述盐场分布与盐户食盐生产的基础上，对盐场与盐户间的合作博弈、政府盐课收入、私盐制贩与国家治理演进展开讨论；在阐述浙江民众海物采捕活动及变化的基础上，重点考察砂岸买扑制与沿海社会秩序构建、官府私置渔野税铺与沿海社会治理的关系。

其六，浙江官民共同经营海洋事业。全面总结浙江官民沿海滩涂开发活动的特点，阐述沿海社会治理的演进脉络，并对其存在的问题进行反思。在此基础上，全面评述浙江官民沿海滩涂开发活动以及区域社会治理演化推动宋代走向海洋的具体情形。

## （四）研究的重点与难点

### 1. 重点

宋代浙江地区沿海滩涂开发场域之中，沿海民众在民间开放型海洋观念引导下成为沿海滩涂开发的主体，国家则在官方内敛型海洋观念指导下探索沿海地区的治理模式，两者间的不同发展维度成为观察中央、地方政府与沿海居民以及边海之民内部各类社会关系的重要路径。鉴于此，本书的重点之一是考察浙江濒海民众在民间开放型海洋观念指引下开发沿海滩涂的具体形态，阐明受官方内敛型海洋观念影响的中央与地方两级政府沿海滩涂开发政策、管理浙江沿海民众体制与治理边海区域模式演变之情形。

在宋代浙江沿海滩涂开发活动中，濒海民众与中央、地方政府之间，既有着利益合作，又在利益关切点上存在着较大的利益冲突。这表现在：民众重视对经济利益的追逐，而中央、地方两级政府主要关注点在于强化对濒海民众的政治管控。因此之故，国家、沿海居民在浙江沿海滩涂开发之中不可避免地存在着利益合作、冲突与博弈，由此成为探究浙江区域社会变革的关键。故此，本书研究的重点之二在于，完整地展现浙江濒海居民追逐私利行为与国家政治权力向浙江沿海地区推进过程中多元互动关系的面貌。

浙江沿海滩涂开发活动与社会关系演进之中隐含着沿海社会治理演化这一主线，阐释朝廷、浙江地方官府在沿海滩涂不同开发领域的政治干预程度、治理手段之异同，概括沿海社会治理的总体性演化过程，认识其制度逻辑，是本书的重点，亦是难点所在。

2. 难点

宋代浙江地区沿海滩涂开发之中汇聚着中央政府、地方官府、地方精英、一般民众四方利益主体，四方之间的社会关系已然较为繁杂，各主体内部的关系亦呈现出较为复杂的面貌。有鉴于此，本书的难点之一在于需要充分梳理浙江地区沿海滩涂开发中形成的多样态社会关系。

在宋代浙江沿海社会治理中，中央政府采取"以陆控海"的管理思路对濒海居民施以管控，而沿海民众则最大限度地追逐经济利益，勾连两者的地方政府同时扮演着维护与破坏浙江沿海社会秩序的双重作用。因此之故，描绘浙江官民开发沿海滩涂的过程及各方利益主体在其中具有的作用、施加的影响，是本书的第二个难点所在。

## 四、研究观点与研究特色

### （一）研究观点

其一，宋代浙江民众根据沿海滩涂类型，从滩涂垦殖、海盐生产、海物捕捞、海洋灾害防御工程修筑等方面对其进行了充分开发。

其二，中央、地方政治权力介入、干预浙江沿海滩涂开发的程度不等，导致不同生产场域的社会关系呈现出相异的面貌。关涉国家赋税的海盐、涂田等成为相关利益主体的重点博弈场所，社会关系较为复杂。与当地社会稳定紧密相关、经济利益关联较低的海物捕捞、海塘修筑等，各主体利益冲突虽相对较小却各种利益相互交织，社会关系亦属多样且多变。

其三，浙江沿海社会治理隐含着三条主线：一是宋廷不断强化对沿海居民的治理，但其制度、手段未能完全契合当地的实际，致使中央、地方与民众之间存在合作与冲突；二是浙江地方官府实行的政治经济举措，引起沿海社会关系与治理模式的转变；三是浙江沿海民众非属中央、地方官府施政被动的接受者，以多种方式予以应对。

（二）研究特色

本书采用历史学、社会学、政治学等跨学科方法对宋代浙江官民沿海滩涂开发活动进行综合性研究。不仅自上而下地考察中央、地方两级政府在浙江沿海滩涂开发、社会关系、社会治理中起到的作用，而且注重以"在地化"视角阐释地方精英、一般沿海民众在其中扮演的角色。

# 第一章　宋代浙江的沿海滩涂资源

　　沿海滩涂是地处海陆之间且极为活跃的地带，其中蕴含着多种具有较高使用价值且面积极为广阔的自然资源。起初，沿海滩涂是我国沿海民众对淤泥质潮间带的俗称，但是在实际运用之中，不同的人群对其却有着相异的理解。具体来说，学术界主要以广义视角与狭义角度来理解作为地域概念的沿海滩涂。从纯学术观点来看，沿海滩涂仅指潮间带；但从开发利用角度看，沿海滩涂不仅拥有全部潮间带，还包括潮上带和潮下带等可供开发利用的部分。潮上带是位于平均高潮线与最大涨潮线之间的区域，在大潮、风暴潮之时会被海水淹没；潮间带是指大潮低潮时露出海面，而大潮高潮时被海水淹没的区域；潮下带则是位于平均低潮线以下、浪蚀基面以上的浅水区域。综合多位学者的研究成果可知，潮上带、潮间带、潮下带并非一成不变的，而是处于动态演变之中。

　　鉴于本书乃是从开发利用的视角来研究沿海滩涂的，因此本书所使用的沿海滩涂概念属于广义上的理解。广义上的沿海滩涂既属于土地的组成部分，又属于海域的构成部分。从这个意义上讲，浙江民众从事的沿海滩涂开发场域，实际上是在滨海地区进行的。滨海地区是指靠海为生的人群生活、活动的区域，它既包括一部分陆地、岛屿，也包括一部分海域，而以海为生的人群乃是界定滨海地域的关键。因此，中国历史上的滨海地域乃是指靠海为生的人群所居住、活动的区域。对于生活在滨海地域的人群而言，鱼、盐、港口与航路都是可供选择的谋生资源与条件，完全可以甚至是必须兼而采之。[①]

　　宋代之时的浙江沿海滩涂，系指秀州（嘉兴府）、杭州（临安府）、越州（绍兴府）、明州（庆元府）、台州、温州（瑞安府）沿海地区的潮上带、潮间带和

---

① 鲁西奇：《中古时代滨海地域的"水上人群"》，《历史研究》，2015 年第 3 期。

潮下带。受气候波动、海岸变迁等因素的影响，浙江沿海滩涂呈现出不断淤涨的势头，这为民众开发、利用沿海滩涂资源提供了必要条件。

## 第一节　浙江沿海滩涂类型与分布

　　纵观宋代历史，北宋之时全国的经济重心呈现出南移东倾的趋势，亦逐渐转移至浙江地区。降至南宋初期，宋高宗更是将都城移至杭州（临安府）。之后，浙江在宋代的地位得到极大提升，史籍将这种情形称为"二浙之广，列城十五，生齿百万，素号剧部。粤自太上皇帝翠华南幸，驻跸钱塘，视犹畿甸"，"况两浙今三辅地，转运号畿漕，对天威咫尺，迥不与诸道等"，"浙右为诸夏根本，其使权视他道尤雄，其列属亦倍其遴，柬亦加详焉"。[①]

　　杭州随即成为南宋时期全国重要的政治、经济中心。淳祐《临安志》曰："杭，大州也。自古号东南一都会，今又为行在所，业巨事丛。"[②]咸淳《临安志》则曰："临安为郡，在东南第一都会，湖山之胜，妙绝天下。承平盛时，风俗纯厚，狱讼稀少，视他州为乐土。……钱塘自绍兴车驾驻跸，民物繁盛，事夥责重，视古京兆，尝增置倅员，鼎峙关决。……六飞驻钱塘，民物益繁阜，府事日滋，故关决托于分任者为悴。……中兴驻跸，杭升天府""钱塘古都会，繁富甲于东南。高宗南巡，驻跸于兹，历三朝五十余年矣。民物百倍于旧。附郭二邑，事体浸重，他郡邑莫敢望"。[③]秀州、越州、明州也因此成为拱卫都城的重要区域。《舆地纪胜》载述明州为"今为沿海之要区"，"内护行都，外控濒海"，"矧兹海表，密拱行都"。[④]

　　综上，北宋之时的浙江已然成为对全国具有重要影响力的区域，至南宋时期更是成为国家的畿辅之地，之于宋代的作用也日隆。

　　然观浙江全境地形，境内山地占据绝大部分，平原地区相对较少。地处浙西之地的秀州、杭州等境平原面积较大而山地相对较少，但位处浙东地区的越州、明州、台州、温州诸地山地面积占大部分，平原之地狭长，且主要集中分

---

①　（宋）潜说友：咸淳《临安志》，杭州出版社，2009年，第906-907页、第948页。

②　（宋）施谔：淳祐《临安志》，杭州出版社，2009年，第88页。

③　（宋）潜说友：咸淳《临安志》，杭州出版社，2009年，第915-918页、第958页。

④　（宋）王象之著，李勇先点校：《舆地纪胜》，四川大学出版社，2005年，第669-670页。

布于沿海地区。文献关于明州、台州、温州地形的记载较多。《方舆胜览》记载明州的地形为"四明并海……出没海浪，多所脱遗。东滨海洋，太湖漫其西南，大江带其东北。潘良梦三江亭记：'大江横其前……岛屿出没，云烟有无。浪舶风帆，来自天际。州之井屋，尽在目中。'……李璜学记：'四明据会稽之东……重阜峻岭，连亘数千里'"，其所属象山"东南北皆至海，惟西南有陆路接台州宁海县界"，其所辖昌国县蓬莱山"四面大洋，徐福求仙尝至"。① 台州"滨水三方，当谨啮城之患；距海百里，或多藏薮之"②。温州"负山濒海"，"郡当瓯粤之穷，地负海山之"。③

可以说，浙江此种地形既难以承载日益增长的人口，又难以承担起全国经济、政治中心的重任。但是，浙江已于北宋时期成为全国的经济中心，又于南宋时成为畿内之区。这充分说明浙江存在提供官民生产生活的拓展空间，不仅可以承载日益增多的人口，而且具有发挥全国政治、经济中心职能的雄厚基础。细观之，不难发现其时浙江沿海滩涂资源非常丰富，这为浙江于宋代获得长足发展提供了坚实基础。

## 一、浙江的地形地貌

浙江西连安徽、江西，北邻江苏、上海，东濒东海，南接福建。浙江省陆地轮廓略呈六边形，南北和东西直线距离各为 450 公里。浙江省地形地貌的特点是背山面海。以今日浙江观之，全省地表以海拔 200 米以上的丘陵山地为主，约占全省境面积的 70.4%，平原、盆地占 23.2%，河湖水面占 6.4%；全省除嘉兴、嘉善、桐乡三个市县外，其他各市县均有数量不等的山地丘陵，其中有近一半的市县山地面积占 75% 以上。因此，浙江陆地表面结构特征常被概括为"七山一水二分田"。但是，我们应当看到并重视，浙江拥有广大的海域。据有关部门勘查，浙江浅海陆架海域有 22 万平方公里，相当于陆地面积的两倍以上，有 31 个市县位于沿海岛屿区，约占全省市县总数的 40%。④

细言之，浙江地形为西南高东北低，自西南向东北逐渐降低。西南部为连

① （宋）祝穆著，祝洙增订，施和金点校：《方舆胜览》，中华书局，2003 年，第 121-122 页。
② （宋）祝穆著，祝洙增订，施和金点校：《方舆胜览》，中华书局，2003 年，第 145 页。
③ （宋）祝穆著，祝洙增订，施和金点校：《方舆胜览》，中华书局，2003 年，第 149-155 页。
④ 陈桥驿、臧威霆、毛必林：《浙江省地理》，浙江教育出版社，1985 年，第 1-2 页。

绵不断的多山地区，平均海拔高度 800 米左右，1000 米以上的山峰连绵不绝，超过 1500 米的高峰也大多集中在这里；中部为丘陵与盆地交错地区，海拔高度多在 100～500 米，主要有浙西和浙东丘陵，以及金衢、永康、新嵊、仙居、天台等盆地；东北部主要为堆积平原，海拔高度多在 10 米以下，地势平坦，水网稠密，有杭嘉湖平原和宁绍平原等。①

浙江山脉多东北—西南走向，山区面积广大，山脉众多。从成因构造上来看，属南岭山系的"华夏类山脉"，主要山脉大多从西南向东北延伸倾伏。根据地质构造格局、空间分布及山体形态，浙江的山脉自西北向东南排列，大致可分为相互平行的三个组列。

西北组列：从浙江与江西两省交界的怀玉山脉延伸入境，由白际山、天目山、千里岗山、龙门山等组成，主要分布在钱塘江以西地区。

中组列：从浙江与福建交界的武夷山脉延伸入境，由仙霞岭、大盘山、天台山、四明山、会稽山等组成。这组山脉再向东北变成散落在平原上的孤丘，最后沉没入海构成舟山群岛。

东南组列：从浙江、福建边境的洞宫山脉延伸过来，由括苍山、雁荡山等组成，盘踞在浙东南地区。

上述组列山脉成为浙江境内地貌格局的基本骨架。②

浙江除上述山地丘陵之外，还有广阔的海域。浙江东临东海，海岸线漫长曲折，全省海岸线总长 6200 多公里，其中大陆岸线长 2200 多公里。浙江海域北起平湖市的金沙湾，南迄苍南县的沙埕港虎头鼻。在漫长的岸线上，有众多突出的岬角和深入的海湾，岬湾相间，形成许多优良港湾。近海岛屿星罗棋布，浙江共有大小岛屿 2160 余个，占全国岛屿总数的 2/5，是我国岛屿最多的省份。这些岛屿自北向南布列在约 20 万平方公里的海域中。面积较大的有舟山、玉环、南田、金塘、泗礁、大衢山、六横、岱山、大门山、洞头等岛。③

浙江独特的海洋自然条件和优厚的海洋资源表现在三个方面：一是岛屿众多，岸线漫长，拥有海岛数居全国第一位，海陆交错，岛屿旁连，形成了中国

---

① 陈桥驿、臧威霆、毛必林：《浙江省地理》，浙江教育出版社，1985 年，第 10 页。
② 陈桥驿、臧威霆、毛必林：《浙江省地理》，浙江教育出版社，1985 年，第 11 页。
③ 陈桥驿、臧威霆、毛必林：《浙江省地理》，浙江教育出版社，1985 年，第 11–12 页。

最为漫长曲折的海岸线。二是具有得天独厚的渔业资源优势。浙江海域蕴含着丰富的鱼类饵料，自然地形成天然渔场，其中舟山渔场是全国最大、世界闻名的大渔场。三是拥有众多天然良港，且海洋区位优势显著。浙江沿海的曲折岸线，大多岸滩稳定，水深湾大，港域宽阔，航道畅通，多天然良港；同时，浙江地处中国海岸线中部，便于南下北上，与海内外沟通交流相对便捷。[①]

浙江地形地貌之所以如此，乃在于该地貌的形成是内力、外力和地表组成物质相互作用的结果。浙江的地形特征和上述三个方面的因素有着密切的关系。据现有资料分析，浙江大地构造和地质发展过程极为复杂。全境以绍兴—江山深大断裂带为界线，分成浙东和浙西两个单元，两者的地史过程和构造形态具有显著的不同，从而导致地表形态迥异。浙西为钱塘江坳陷带，升降运动交替出现，但以下降为主，尤其是在古生代中期以前，被海水淹侵的范围广、时间长，便形成了大面积的浅海相沉积地层，中生代早期的印支运动奠定了浙西的基本构造轮廓。浙东为华夏古陆，在中生代后期，强烈的燕山运动导致浙江境内普遍发生了断裂、褶皱、凹陷，并伴有大规模的岩浆喷发和侵入，尤以浙东南地区的岩浆活动最为剧烈，整个地表为流纹岩、凝灰岩和凝灰角砾岩等火山岩系所覆盖。因此，浙江省现代地貌轮廓在中生代末期就基本上奠定了基础，浙西、浙南诸山崛起，除浙北平原、杭州湾、太湖一带有时尚在水下外，浙江的大陆在当时已经是一派山川纵横、盆地罗列的景色。第三纪末和第四纪初的喜马拉雅山运动使浙江境内基本形成的地形骨架受到影响，局部地区发生断裂，浙东各地有玄武岩浆的喷发。同时，全省普遍产生上升运动，但地壳上升量各部分不等，西南部较大，东北部较小，从而造成了浙江目前自西南向东北逐渐降低的地势特征和海岸岛屿分布状况。经历多次地壳运动后，浙江境内的构造断裂系统，以东北向一组为主要，北西向一组为次要。由于受构造断裂的控制，主要山脉多呈北东走向，加之钱塘江、瓯江、灵江、甬江、飞云江等水系也多沿两组构造断裂带发育，其中一些水系从西北流向东南，横切北东走向的山脉，是导致地形破碎的基本缘由。需要注意的是，浙江气候暖湿、水系发达、岩性土壤各地不同等外力因素以及人类社会发展的影响，对今天浙江地

---

① 柳和勇：《简论浙江海洋文化发展轨迹及特点》，《浙江社会科学》，2005年第4期。

形基本特征的形成也起到了重要作用。①

## 二、浙江沿海滩涂类型与滩涂形成的原因

浙江丘陵蜿蜒于浙江地区，由武夷山进入浙西南部的仙霞岭山脉，向东北延伸扩展为大盘、会稽、四明、天台诸山脉，而位居浙南的洞宫山脉向东和向北延伸扩展为南雁荡山脉，越过瓯江后分作北雁荡山脉、括苍山脉等。这些山脉的存在，使得浙东沿海地区平原面积相对狭小。浙江面向东海，海岸线漫长而曲折，众多的突出岬角与深入内陆的海湾相间。明州中心位于甬江流域的盆地之上，西部为海拔1000米左右的四明山，与曹娥江流域的上虞等相接。西北部连接余姚江流域的余姚县，东部为舟山群岛，南部与台州平原接壤，该流域由500～600米的山地组成。温州濒海傍山，地势从西南向东北呈梯形倾斜，雁荡山、括苍、洞宫等山脉绵亘全境，境内有瓯江、飞云江、鳌江等河流。

周祝伟对杭州、秀州、越州、明州的地形有着详尽的叙述：杭嘉湖地区地势西高东低，西南部天目山、千里岗山的余脉最后没入东北部的平原区。而其中的平原区，地势又由周边向太湖倾斜，呈半个浅碟形，面积约7620平方公里，是今浙江省最大的平原。宁绍地区地势南高北低，南部由西向东依次分布着西南—东北走向的龙门山、会稽山、四明山、天台山四大山脉，北部为平原区，面积约4824平方公里，为今浙江省第二大平原。这两大平原现在的面积对比是钱塘江潮对海岸长期冲刷、堆积的结果。杭州地形由东部平原与西部山地丘陵两大部分组成。东部平原地区，由于地处杭嘉湖平原浅碟状地形的南部外沿，地势相对较高，因此整个地形由杭州往北向嘉兴一带倾斜，这使得该区的水流难以潴积；西部山地丘陵地区，由于地形之故自然更是易泄难蓄。②

今天，浙江省的平原面积约为2万平方公里，只占到全省土地总面积的20%稍多一点。大部分平原海拔在10米以下，相对高差在1～2米。其主要特点是海拔低、相对高度小。根据成因，可分为沿海平原和河谷平原两类。沿海平原主要分布在浙北杭州湾南北和浙东沿海，自北而南有杭嘉湖平原、宁绍平原、温（岭）黄（岩）平原和温（州）瑞（安）平原，总面积约1.56万平

---

① 陈桥驿、臧威霆、毛必林：《浙江省地理》，浙江教育出版社，1985年，第12—13页。
② 周祝伟：《7—10世纪钱塘江下游地区开发研究》，浙江大学博士学位论文，2003年。

方公里，占全省平原总面积的 75%。这类平原海拔低，一般都不足 10 米。从成因上说，大部分平原在约 7000 年前仍有海水出没，成陆时间比较晚近。诸如长兴小浦、临海望洋店等地山麓均有海水，其后由于河流、沿岸海流带来的泥沙不断堆积，陆地逐渐外涨，演变成今天的沿海平原。沿海平原地势低平，水网稠密，水源充足，灌溉与航运便利，是浙江省水稻生产和淡水渔业的重要基地。河谷平原主要分布在东、西苕溪，钱塘江、曹娥江、甬江、灵江、瓯江、飞云江、鳌江等水系干、支流的中下游。其中以钱塘江中游金（华）衢（州）盆地，曹娥江中游新（昌）嵊（州）盆地，瓯江中游丽水、松阳盆地，灵江中游仙居、天台盆地等底部的河谷平原面积较大，总面积约有 2000 平方公里。①

杭州湾两侧平原、温（岭）黄（岩）平原、温（州）瑞（安）平（阳）平原等，为第四纪地壳振荡运动与海平面波动过程中由河流和潮流带来的泥沙不断淤积形成的。②钱塘江以南的海岸线为山地岩岸地带，长期是海水直拍山前的海域，唐宋以后随着泥沙堆积和围海造田，逐渐形成沿海小平原。③宁绍平原南部是一些不高的山地，发源于山麓的河流注入杭州湾，海湾沿岸有因海潮冲积而堆成的稍高出海面的砂质土壤。④有学者认为，宋代沿海山麓平原仍是温州沿海平原的主体部分，狭窄的沿海平原开始形成。⑤

浙江省海岸带的范围应该是：以大陆海岸线为基线，包括向陆延伸 10 公里的陆域、向海至理论深度基面的潮间带（海涂）、延至 20 米等深线的浅海，以及全部海洋岛屿。基于此，浙江省海岸带面积共 3.97 万平方公里，其中陆域面积 1.21 万平方公里（包括江河、水面及钱塘江河口江涂 0.04 平方公里），占 30.4%；潮间带（海涂）面积 0.24 万平方公里，占 6.2%；海洋岛屿面积 0.17 万平方公里，占 4.2%；浅海海域面积 2.35 万平方公里，占 59.2%。具体言之，宜于养殖的滩涂约 85 万亩；浅海水域 60 万亩；广阔的潮间带海涂为 366 万亩，

① 陈桥驿、臧威霆、毛必林：《浙江省地理》，浙江教育出版社，1985 年，第 19—22 页。
② 本书编委会：《浙江省海岸带和海涂资源综合调查报告》，海洋出版社，1988 年，第 108 页。
③ 吴松弟：《中国移民史》第 4 卷《辽宋金元时期》，福建人民出版社，1997 年，第 19—20 页。
④ ［日］斯波义信著，方健、何忠礼译：《宋代江南经济史研究》，江苏人民出版社，2000 年，第 469 页。
⑤ 吴松弟：《宋元以后温州山麓平原的生存环境与地域观念》，载中国地理学会历史地理专业委员会《历史地理》编辑委员会：《历史地理》33 辑，上海人民出版社，2016 年，第 62 页。

属于缓慢淤涨的土地资源，适合促围高程（平均海平面以上）的面积约 120 万亩，可以作为未来工农业用地的后备资源。[①]

沿海滩涂是海岸带的重要组成部分，与海岸线一样是连续环绕于大陆边缘的，属于海陆交互带并处于不断演变之中的生态系统，是官民能够开发利用的重要资源。当下浙江丘陵、盆地与宋代相比，变化并不大；但是沿海平原，变化很大。两宋时期，海岸带面积要小于今天，故其沿海平原所占面积较今为小，沿海滩涂面积亦比今天为小。但是宋代浙江沿海滩涂类型当与现今一致，分布地区同当下大同小异，只是面积上存在较大差别。

受上述诸因素影响，浙江沿海滩涂类型可分为以河口平原外缘为主的开敞型岸段滩涂、半封闭港湾内的隐蔽型岸段滩涂、岛礁滩涂三种类型。开敞型岸段滩涂以杭州湾为代表，包括河口海湾及一般开敞型岸段，河口海湾一般呈喇叭状，口宽内窄，湾口缺少岛屿屏障，风浪作用强烈，受到江河径流和潮流的双重作用，涂面冲淤变化幅度甚大。一般开敞型岸段滩涂大多面向大海，风浪较大，故滩涂土壤颗粒较粗，质地偏砂性，易受冲刷，一般不利于贝类养殖，而局部地段风浪较小、涂面冲淤幅度变化不大、土质较黏细岸段的滩涂，仍可发展养殖业。隐蔽型岸段滩涂以象山港、三门湾、乐清湾为代表，此类滩涂岸段曲折，海湾深入内陆，呈袋状或壶状。湾内、湾口均分布有岛屿，很少直接受到风浪的强烈作用，故湾内风平浪静，涂面较为稳定，土质黏细，对滩涂养殖极为有利。岛礁滩涂分作开敞型岛屿滩涂与隐蔽型岛屿滩涂两类，开敞型岛屿滩涂受风浪作用强烈，多数不适宜海水养殖，隐蔽型岛屿滩涂则是海水养殖的良好处所。[②] 隐蔽型港湾潮间带滩涂的底质以泥滩和沙质泥滩为主，而河口型港湾及一般开敞型岸段滩涂底质以泥质沙滩及沙滩为主。不同软相底质对应着不同的优势种海洋动物，软底相潮间带的潮位不同，生物种类和数量分布亦不尽相同。[③] 根据冲淤特性，浙江沿海滩涂也可分为淤涨型、稳定型和侵蚀型三类：淤涨型滩涂主要部分在钱塘江河口、杭州湾、三门湾、台州湾、隘顽湾、漩门湾、瓯江、飞云江及鳌江口外两侧，属于滩涂资源主要分布区；稳定型滩

---

① 本书编委会：《浙江省海岸带和海涂资源综合调查报告》，海洋出版社，1988 年，前言第 1—2 页。

② 本书编委会：《浙江省海岸带和海涂资源综合调查报告》，海洋出版社，1988 年，第 247—248 页。

③ 本书编委会：《浙江省海岸带和海涂资源综合调查报告》，海洋出版社，1988 年，第 252—253 页。

涂主要分布在隐蔽的基岩港湾内,如象山港、乐清湾等,大多有极缓慢淤涨的趋势;侵蚀型滩涂主要分布在杭州湾北岸、苍南琵琶门以南、岛屿的迎浪面。[①]

  杭州湾南岸呈弧形的堆积平原,宋代以前人类活动主要局限于姚江平原一带,宋代之时沿海滩涂不断向北淤涨,庵东一带涨得最快。[②]台州的滩涂资源主要集中于台州湾、隘顽湾、漩门湾等处。台州湾西起椒江入海口,东至大陈岛,包括椒江口的口外海域、黄礁以南的浅海海域。台州湾海岸属淤泥质海岸,且以平直的淤涨型滩涂为主,大型滩涂有台州浅滩、南洋海涂和北洋海涂。[③]台州淤涨型滩涂主要分布在椒江河口以南和漩门湾内。稳定型与侵蚀型海涂主要分布在三门湾、乐清湾等环境隐蔽的基岩港湾内。[④]

## 三、形成滩涂的缘由

  沿海滩涂地处海陆交互带,其形成、发展受到海岸变迁、泥沙淤积、潮汐、海浪等诸多因素的共同影响。海岸带水域含沙浓度以河口湾最高,其次为开阔区的内侧水域,半封闭海湾最低。[⑤]浙江潮间带和浅海沉积物以粉砂、黏土等细粒物质为主,砂和砾石等粗碎屑零星分布,沉积物主要来源于长江入海泥沙南迁、内陆架物质西运、局部侵蚀调整、浙江入海河流搬运等。[⑥]海塘的兴建使沿岸潮波结构和泥沙运移发生重新分配,新的动力条件可加速坝前落淤,沉积物普遍细化或黏性化。[⑦]淤泥质海岸受到潮流巨大的影响,由于潮汐周期性的涨落,在岸滩不同部位形成动力和沉积环境的差异,在滩面上可划分为海塘与平均小潮高潮位之间的高滩、位于平均小潮低潮位与平均小潮高潮位之间的中滩、位于平均小潮低潮位与平均大潮位之间的低滩。[⑧]淤泥质海岸分为淤泥质河口平原海岸、淤泥质港湾海岸两类。[⑨]淤泥质海岸主要由中值粒径

① 余锡平:《浙江沿海及海岛综合开发战略研究》(滩涂海岛卷),浙江人民出版社,2012年,第27页。
② 孙英、黄文盛:《浙江海岸的淤涨及其泥沙来源》,《东海海洋》,1984年第4期。
③ 池云飞:《台州湾岸滩涂演变分析及其滩涂围垦的可持续研究》,浙江大学硕士学位论文,2010年。
④ 池云飞:《台州湾岸滩涂演变分析及其滩涂围垦的可持续研究》,浙江大学硕士学位论文,2010年。
⑤ 本书编委会:《浙江省海岸带和海涂资源综合调查报告》,海洋出版社,1988年,第61页。
⑥ 本书编委会:《浙江省海岸带和海涂资源综合调查报告》,海洋出版社,1988年,第105页。
⑦ 陈吉余、黄金森:《中国海岸带地貌》,海洋出版社,1996年,第23页。
⑧ 本书编委会:《浙江省海岸带和海涂资源综合调查报告》,海洋出版社,1988年,第113-114页。
⑨ 本书编委会:《浙江省海岸带和海涂资源综合调查报告》,海洋出版社,1988年,第113页。

小于 0.05 毫米的松散黏细物质所组成的低地平原海岸。[①] 淤泥质海岸地势平坦，开发潜力较大，但也存在着大面积土地盐碱化的问题。两宋时期，浙江大陆植被保护较好，河流含沙量远低于现代，而长江大量入海泥沙随沿岸流向东南扩散，是为浙江海岸淤涨物质的重要来源，东海陆架沉积物的向岸输送则成为另一个重要来源。[②]

潮汐能够引起海面周期性的垂直涨落和海洋水体周期性的水平流动，是海岸地貌塑造的重要动力因素。中国近海的潮汐主要是由太平洋传入的潮波引起的，当潮波进入河口或潮汐通道后，由于底床地形的摩擦效应以及河流下泄径流的影响，形成复杂的潮汐现象。东海沿岸多属正规半日潮，但定海附近属不正规半日潮。[③] 浙江海岸波浪作用较强，平均浪高 1～1.3 米，夏季多南到西南向、西南向波浪，多东到东南向涌浪；秋季盛行北到北东向、东北向风浪；冬季东北季风迫使海水向海岸输送，此时的暖流与浙江海岸流相对而行，进而形成锋面，锋面以东暖流北上，锋面以西海岸流南下。在上述岸流系组配作用下，形成浙江浅海大面积细粒级沉积区。[④]

现代学者利用科学技术发现浙江省沿海由北向南岸滩和岸线的演变规律分别为：杭州湾南岸东部浅滩淤积 1～3.5 厘米 / 年，岸线外延速率 15～70 米 / 年；甬江口南至象山石浦的象山港及三门湾区域（含浦坝港）淤积 1～3 厘米 / 年，岸线外延速率 15～60 米 / 年；椒江口南至温岭石塘的台州湾南岸区域淤积 1.5～2.1 厘米 / 年，岸线外延速率 20～40 米 / 年；温岭石塘至玉环的隘顽湾、漩门湾及瓯江口以北的乐清湾内区域淤积约 2.2 厘米 / 年，岸线外延速率 15～60 米 / 年；瓯江口南至飞云江口北的温州湾南浅滩区域近岸浅滩淤积约 20 厘米 / 年，岸线外延速率 30～40 米 / 年；飞云江口南至鳌江口北的瑞平沿海及鳌江口南区域淤积 1.5～3 厘米 / 年，岸线外延速率 20～40 米 / 年；舟山群岛周边滩地淤积约 1.2 厘米 / 年，东头列岛周边滩地淤积约 20 厘米 / 年。[⑤]

通过以上论述可知，两宋时期的浙江沿海滩涂资源较为丰富，为浙江沿海

---

① 逄自安：《浙江港湾淤泥质海岸剖面若干特性》，《海洋科学》，1980 年第 2 期。

② 孙英、黄文盛：《浙江海岸的淤涨及其泥沙来源》，《东海海洋》，1984 年第 4 期。

③ 陈吉余、黄金森：《中国海岸带地貌》，海洋出版社，1996 年，第 15 页。

④ 陈吉余、黄金森：《中国海岸带地貌》，海洋出版社，1996 年，第 19-20 页。

⑤ 余锡平：《浙江沿海及海岛综合开发战略研究》（滩涂海岛卷），浙江人民出版社，2012 年，第 28 页。

民众提供了新的生产生活空间，亦是濒海官民开发利用海洋资源的前沿之地。

## 第二节　浙江沿海滩涂淤涨原因

### 一、浙江气候波动情况

两宋时期气候波动的大趋势为，北宋初年的气候正处在偏暖阶段，10 世纪 70 年代以后东部气候向偏冷方向转变，11 世纪初东部气候又开始向温暖方向转化。11 世纪后 50 年温度达到最高，形成这个历史时期的第二个暖峰，3 个 10 年的冬季平均温度距平最大为 0.7℃，比我国最暖的 1920—1949 年冬季平均气温高 0.2℃。进入 12 世纪后，东部气候转入寒冷阶段，一直延续到 12 世纪末期，1100—1135 年集中出现了一系列寒冷事件。13 世纪初，东部气候开始由冷转暖，总体气候偏暖且较稳定。13 世纪末开始，东部气候又向寒冷方向转变。[①] 这一时期，东部气候以近 50 年的平均状况来看，出现 3 次暖峰和 2 次冷谷，3 次暖峰分别出现在 10 世纪中叶、11 世纪后期和 13 世纪，2 次冷谷出现在 11 世纪前期和 12 世纪。[②] 葛全胜等的研究亦印证了上述观点，其所得结论为，960—1100 年为暖期，冬半年平均气温较今高约 0.3℃，而 1110—1190 年是相对寒冷时段，冬半年平均气温较今低 0.3℃。可以说，北宋气候总体温暖，早期有过几次短暂的寒冷阶段。[③]

北宋前中期气候主要是一个由原有的温暖期向新的寒冷期演变，同时又主要表现为温暖期气候的过渡阶段。北宋建立（960）至咸平三年（1000）为隋唐以来的第三个温暖期的延续，其后至元祐年间（1086—1094）属于气候温暖期或由温暖转入寒冷的过渡时期。在该时段内，气候以温暖为主，时间长度约占 3/5，冷暖有明显、小幅的反复变化，夹杂个别极寒或极暖的年份。12 世纪初年前后，气候突然加剧转寒，几乎未见到史书有暖冬的记载，气候进入我国

---

① 满志敏：《中国历史时期气候变化研究》，山东教育出版社，1999 年，第 229-243 页。
② 满志敏：《中国历史时期气候变化研究》，山东教育出版社，1999 年，第 252 页。
③ 葛全胜等：《中国历朝气候变化》，科学出版社，2011 年，第 384 页、第 390 页。

历史上的第三个寒冷期。[①] 由于气候温暖，11 世纪中国亚热带北界和暖温带北界均较今至少北移了 1 个纬度。[②]

竺可桢的研究表明，12 世纪初期中国气候加剧转寒。[③] 葛全胜等更是认为，自 1080 年起中国气候转冷的迹象已经十分明显。[④] 南宋初年至庆元末年（1127—1200），有 5/6 的年份在冬季是偏寒或寒甚或奇寒，此时段的大多数时间中，两浙地区的气候一直是低于或接近于现代的温暖程度的。南宋后期的近 80 年也属于第三个寒冷期的延续。[⑤] 之后，我国东中部经历了可能是过去 2000 年来最为温暖的 30 年（1231—1260），于 1260 年前后开始转冷，并于 1320 年前后进入长达几个世纪的小冰期。[⑥]

南宋建立之初处于一个长达近百年（1111—1200）相对寒冷时段的前期，东中部冬半年平均气温较今低约 0.3℃。13 世纪初，气候开始转暖，1201—1290 年东中部冬半年平均气温较今高约 0.6℃，其中最暖的 1231—1260 年较今高 0.9℃。从冷谷（1141—1170）至暖峰（1231—1260）的回暖过程非常迅速，其中 1230 年至 1231—1260 年冬半年平均气温上升了 0.8℃，1260 年开始由中世纪暖期向小冰期转变，降温速率较大。[⑦] 从南宋末年开始，我国历史时期的气候又进入了一个新的温暖期，即中国历史上的第四个温暖期。[⑧]

930—1310 年，中国气候总体上比较温暖，特别是东中部地区冬半年平均气温非常有可能高于现今。[⑨] 据此可知两宋的温暖期持续时间很长，气温亦较高，其直接后果便是海平面的升高。海平面上升，海水的顶托作用和涨潮流作用明显加强，对海岸的侵蚀增强。[⑩] 北宋中叶以来，杭州湾海面持续上升，杭

---

① 张全明:《简论辽宋夏金时期的气候变迁及其分期》，载张全明、王玉德等:《生态环境与区域文化史研究》，崇文书局，2005 年，第 203-204 页。

② 满志敏:《中国历史时期气候变化研究》，山东教育出版社，1999 年，第 206 页。

③ 竺可桢:《中国近五千年来气候变迁的初步研究》，《考古学报》，1972 年第 1 期。

④ 葛全胜等:《中国历朝气候变化》，科学出版社，2011 年，第 393 页。

⑤ 张全明:《南宋两浙地区的气候变迁及其总体评估》，载姜锡东、李华瑞:《宋史研究论丛》，河北大学出版社，2009 年，第 11-16 页。

⑥ 葛全胜等:《中国历朝气候变化》，科学出版社，2011 年，第 439 页。

⑦ 葛全胜等:《中国历朝气候变化》，科学出版社，2011 年，第 440 页。

⑧ 张全明:《中国历史时期气候环境的总体评价》，《江西社会科学》，2007 年第 7 期。

⑨ 葛全胜等:《中国历朝气候变化》，科学出版社，2011 年，第 408 页。

⑩ 杨怀仁等:《长江下游晚更新世以来河道变迁的类型与机制》，《南京大学学报》，1983 年第 2 期。

州湾南岸(今余姚市一带）海岸一直在后退。[①]北宋后期海面已经上升了近 1 米，13 世纪初海面又上升了 1 米左右，宋初最高海面要比现代高 1 米左右。[②]但是，11 世纪前期及 12 世纪初，海面出现过两次下降。[③]北宋立国后，东海海平面逐步抬升。到北宋晚期，长江口地区的海平面总体上高于现今；之后的 1 个世纪，该地区海平面一度低于现今；13 世纪始海平面再度上升，并持续 1 个世纪。[④]12 世纪末至 13 世纪初，是两宋时期东部海面最高点。苏北平原到杭州湾两岸沿海地带海患严重，海岸线普遍后退，土地不断没入海中。13 世纪初海面已趋于稳定，达到北宋初以来海面波动上升的最高点，与此相应，海塘工程设施与海面新的高度相适应，并稳定地发挥作用。[⑤]

北宋时期海平面上升与当时全球气候变暖密切相关，气候的增暖造成极地和高山地区的冰雪融化，从而引起海平面的上升，其所造成的影响开始于 11 世纪 30 年代。[⑥]海平面抬升的结果是潮灾增多。两宋时期，沿海潮灾呈现高发态势，以 975 年、1075 年、1175 年为顶峰。[⑦]北宋立国后海面显著抬升，一方面，使河口水位与洪水位相应抬高、高潮位升高、潮汐强盛；另一方面，导致河流比降变小、流速减缓、泥沙堆积加重，伴随而来的是，河道淤高又使洪水位再度提升，加剧了区域洪涝灾情，而海水倒灌直接导致濒海地区土壤的盐渍化，致使农业产量降低。[⑧]

## 二、浙江降水量的变化规律

除了气候冷暖变化对沿海滩涂产生重要影响外，海岸带降水量也对其有着较大的影响。浙江地处典型的亚热带季风气候区，夏、秋季受来自印度洋和太平洋的湿润气流影响，降水较多；冬、春季受欧亚大陆中心及蒙古高原干冷气

---

① 满志敏：《两宋时期海平面上升及其环境影响》，《灾害学》，1988 年第 2 期。
② 满志敏：《两宋时期海平面上升及其环境影响》，《灾害学》，1988 年第 2 期。
③ 王文、谢志仁：《从史料记载勘中国历史时期海面波动》，《地球科学进展》，2001 年第 2 期。
④ 葛全胜等：《中国历朝气候变化》，科学出版社，2011 年，第 409 页。
⑤ 满志敏：《两宋时期海平面上升及其环境影响》，《灾害学》，1988 年第 2 期。
⑥ 满志敏：《中国历史时期气候变化研究》，山东教育出版社，1999 年，第 231 页。
⑦ 王文、谢志仁：《中国历史时期海面变化（Ⅱ）——潮灾强弱与海面波动》，《河海大学学报》，1999 年第 5 期。
⑧ 葛全胜等：《中国历朝气候变化》，科学出版社，2011 年，第 412 页。

团的控制，降水较少。每年 5—6 月受冷空气和热带暖湿空气相遇形成"极锋"，它随冷暖气流的强弱，在长江中下游地区来回摆动，造成连绵霪雨，俗称"梅雨"。梅雨结束后的 7—8 月则会受到太平洋副热带高压控制，晴热少雨。8—9 月沿海地区受台风活动的影响，常带来强大暴雨，即"台风雨"，而内陆地区受其边缘影响。因此之故，内陆地区一年一般只有一个明显的多雨季，而沿海却有两个多雨季，并且后者常大于前者。梅雨的特点是范围大、历时长，但强度不大；台风雨与之相反，历时短而强度很大，范围相对亦小。海岸带地区正常年降水量为 1200～2200 毫米，可谓丰沛。海岸带地区年降水量南大于北，山区大于平原、海岛。东部沿海地区由于山脉对气流的抬升，形成了 5 个高雨区，即四明山、天台山、括苍山、北雁荡山、南雁荡山，多年平均降水量达 1800～2200 毫米；沿海平原地区，北部为 1200～1400 毫米，东南和南部为 1200～1700 毫米，多年平均降水量等值线与岸线大致平行，可见地形对降水的影响很大。[①]

根据历年实测悬移泥沙资料，浙江各区多年平均的悬移泥沙侵蚀模数（吨 / 平方公里）如下：杭嘉湖平原小于 50，萧绍平原甬江区 50～100，象山港、三门湾区 50～200，舟山群岛区 50～200，灵江区 100～250，温岭黄岩区 50～150，瓯江下游 100～150，飞云江鳌江区 100～300。侵蚀模数的大小与植被、暴雨强度有关，海岸带区域暴雨强度很大，除局部地区外，植被一般尚好，故侵蚀模数不大。海岸带 8 个分区多年平均产沙量为 473 万吨，约占全省年均入海泥沙总量的 31%。浙江境内的八大水系除苕溪汇入长江出海外，其余七大水系均在浙江海岸带出海。其中以钱塘江为最大，多年平均入海水量为 373 亿立方米，多年平均入海泥沙量为 658.7 万吨；其次为瓯江，多年平均入海水量为 192.8 亿立方米，多年平均入海泥沙量为 266.5 万吨 / 年；最小为鳌江，多年平均入海水量 22.4 亿立方米，多年平均入海泥沙量为 23.7 万吨。七大水系总面积 81649 平方公里，为全省陆域总面积 101800 平方公里的 80.2%；多年平均入海水量 770 亿立方米，为全省多年平均径流量 924 亿立方米的 83.3%；多年平均入海泥沙量 1305.6 万吨，占全省多年平均入海泥沙总量的 87%。[②]

---

① 本书编委会：《浙江省海岸带和海涂资源综合调查报告》，海洋出版社，1988 年，第 35 页。
② 本书编委会：《浙江省海岸带和海涂资源综合调查报告》，海洋出版社，1988 年，第 41-44 页。

　　海陆风也是影响浙江降水量的一个重要因素。海陆风是由太阳辐射的昼夜变化导致海陆热力差异所引起的。浙江海岸带地区的海陆风具体情况：低层，白天风由海面吹向陆地，成为海风；晚上风由陆地吹向海面，成为陆风。上层，风的方向相反，白天由陆地吹向海面，晚上由海面吹向陆地。从而在海岸带形成了风向在上下层相反且昼夜交替的海陆风环流。[①] 海陆风对浙江沿海平原地区的径流产生了重要影响，由于沿海风速大于山区，导致陆地蒸发量在沿海、平原、海岛大于山区，致使海岸带径流在分布上南部地区大于北部地区，山区大于沿海平原、海岛。此种情形带来的影响就是，山区受到大降水量的影响致使泥沙等顺河湖入海，进而导致沿海滩涂的不断淤涨。

　　相关研究表明，浙江泥沙运动除与径流、海流、风和波浪等各种动力因素有关外，还与其本身的组成成分和理化性质及所处地理环境等有关，具体规律因海岸地区不同而相异。一是河口海湾。如杭州湾悬沙浓度由北至南，在口门是先减后增，金山断面逐渐增加，而湾顶处视主流所在而异，主流偏北时渐增，主流偏南时渐减。从湾口至湾顶总趋势是浓度增加，南滩前缘这种趋势尤为明显。全湾有三个高浓度区，即湾顶处、龙山至庵东滩地前缘和南汇滩地前缘；一个低浓度区，即乍浦至滩浒的近岸水域。台州湾口横断面上悬沙浓度变化不大，唯湾口南侧有一个低含沙量区；纵向上由湾口至湾顶迅增，按垂线平均计，最大与最小之比可达百倍之巨。二是半封闭海湾，如象山港、三门湾、乐清湾等。这些区域由于水比较深、流速又自湾口往里渐小，故含沙量亦有相应变化。三门湾和乐清湾在湾口段有一递增的趋势，而后才向湾顶递减。三是较为开阔的近岸区。沿海水域以浙北的南汇嘴海域含沙量为大，而台州列岛内侧南北海域和沙埕港外为低，自近岸往外含沙量递减，一般20米左右已经很低了。上述三个海区的悬沙分布特征表明，海岸带水域含沙浓度以河口海湾最高，次之为开阔区的内侧水域，半封闭海湾最低；近岸海域含沙浓度高低与邻近的海湾悬沙浓度关系密切；全区悬沙浓度北高南低，内高外低，冬高夏低；港湾内含沙量分布与流速变化一致；沿海水域受季节性风向控制，即冬往南夏往北；港湾区则以表出底进居多，杭州湾既接纳长江来沙又将悬沙输往舟山水域。[②]

---

① 本书编委会：《浙江省海岸带和海涂资源综合调查报告》，海洋出版社，1988年，第20-21页。
② 本书编委会：《浙江省海岸带和海涂资源综合调查报告》，海洋出版社，1988年，第60-66页。

综上可见，浙江各海岸地区入海泥沙量对相应河口附近的环境起到了重要作用。正是浙江每年有如此数量庞大的泥沙流入海洋之中，导致沿海滩涂持续处于淤涨中。

## 三、浙江海岸与岸滩地貌

浙江海岸处于不断变迁之中，且岸段物质构成不尽相同，因此可分作不同的类型。受气候波动、降水量等诸多自然条件的影响，浙江岸滩呈现出多样的地貌特征，并分作多个动态类型。

### （一）浙江海岸变迁与海岸类型

#### 1.浙江海岸变迁情形

浙江的海岸大致以镇海为界，分南北两部分。镇海以北为下降的平原海岸（沙岸），地势平坦，海岸线比较平直，近岸滩地宽大，是全省沿海滩涂资源比较集中的岸段，其中杭州湾南北海岸，因泥沙不断淤积，岸线还在逐渐外延之中；镇海以南为上升的山地丘陵海岸（岩岸），海岸线比较曲折，近岸水深湾阔，岬湾相间，岸外岛屿众多，为全省大小港口集中分布的岸段。浙江是全国岛屿最多的省份，据统计约有大小岛屿 2160 个，总面积 3000 余平方公里，约占全省土地面积的 3%，岛屿岸线长达 4000 多公里。这些岛屿自北而南分布在近海海域中，其中以杭州湾口外海域中的舟山群岛最集中，有岛屿 680 多个，约占全省岛屿总数的 1/3，是全国第一大群岛。从岛屿成因上来说，绝大部分为基岩岛，是陆地山体延伸部分，所以地质构造、岩性和地貌形态与大陆上的山体基本一致。沿海岛屿大多由流纹岩、花岗岩、凝灰岩等构成，一般海拔为10～500 米，地形以丘陵为主，顶部浑圆，坡度平缓。大部分岛屿由于长期受到海浪和沿岸流的作用，周围发育着独特的海蚀、海积地貌。在那些基岩突出的岬角处，海浪不停地打击冲蚀，造成陡峭的岩壁以及海蚀柱、海蚀穴等微地貌；而在那些风浪小或者岸线凹入的地方，波浪和沿岸流带来的泥沙堆积形成沙堤、沙滩和沿海小平原，以及岛屿上的山间小盆地和沿海小平原，地形平坦、土层较厚，是海岛上进行农业生产的主要地区，也是重要城镇所在地。[①]

---

① 陈桥驿、臧威霆、毛必林：《浙江省地理》，浙江教育出版社，1985 年，第 24-26 页。

浙江海岸岸滩地貌是水动力和泥沙作用的结果，而全新世海面升降对浙江岸滩地貌发育又产生了深刻的影响。全新世海侵时期，海水曾直拍浙江海岸山麓，之后由于海面稳定，河口和港湾等地泥沙物质充填，以致岸滩逐渐淤涨，滨海平原发育，岸线向海推进，河口东移，形成了浙江海岸地貌的基本轮廓。①

浙江省大陆海岸线呈东北—西南走向，形态蜿蜒曲折，港湾、河口、岬角众多，海岸线的曲折率为 1∶4 左右。②浙江北部海岸处于长江三角洲平原南缘，南部则属浙东、南火山岩低山丘陵。境内钱塘江、甬江、飞云江、鳌江、椒江、瓯江等六大水系均通过海岸带入海，这使得浙江海岸带蜿蜒曲折，岬角、海湾密迩相间，沿海岛屿星罗棋布，海岸地表形态复杂多样，山地、丘陵、平原、盆地等地貌类型齐全。③杭州湾北岸在大地构造上属杨子—钱塘江准地槽，全新世海侵后，逐渐发展成为湖泊相、沼泽相与海河相交汇沉积的平原，而杭州湾南岸则成为古钱塘江、古长江流域来沙与海域来沙相互沉积的冲积—海积平原。④由于浙江各港湾海岸的岸线异常曲折，地形与动力条件亦较为复杂，因此海岸淤涨很不规则。具体而言，杭州湾北岸线的南缘曾较稳定地延续到晋代，其后随着三角洲的淤涨外伸，人类不断筑塘护岸，使海岸不断向海推进。至 10 世纪海岸已经推进到澉浦、金山、黄浦江东岸，12—13 世纪海岸到达澉浦、金山南与川沙、南汇县城；杭州湾南岸是呈弧形的堆积平原，宋代以前人类活动主要局限于姚江平原一带，11—14 世纪的岸线位于临山、夏家、浒山至龙山一带。⑤

宋代，瓯江河口推进到乐清磐石山与龙湾茅竹岭之间；永强海岸线在今黄石山北麓和东麓—永中寺前街—永昌堡—殿前—度山—刘宅—三甲—二甲—后圻—司南一线；瓯江口北岸磐石山至岐头山，即磐石—七里港—黄华一线形成一条离岸沙堤，其后方的浅海便遗留一个巨大的海迹湖，即潟湖，其范围在今柳市横带桥—北白象西岑—磐石横河一带，面积约 21 平方公里；元丰年间

① 本书编委会：《浙江省海岸带和海涂资源综合调查报告》，海洋出版社，1988 年，第 109 页。
② 本书编委会：《浙江省海岸带和海涂资源综合调查报告》，海洋出版社，1988 年，第 4 页。
③ 王杰、李加林：《浙江海岸带文化资源形成的地貌环境因素分析》，《荆楚理工学院学报》，2010 年第 2 期。
④ 孙英、黄文盛：《浙江海岸的淤涨及其泥沙来源》，《东海海洋》，1984 年第 4 期。
⑤ 孙英、黄文盛：《浙江海岸的淤涨及其泥沙来源》，《东海海洋》，1984 年第 4 期。

（1078—1085），飞云江口海岸线位于今梅头—场桥—海安—鲍田—南河—大典下—小典下—汀田—董田—莘民—薛里—上望—车头—横河—宋桥—冯宅—西浦—林步桥—榆垟—宋埠—海滨村一线；鳌江下游及河口海岸线在今海防—孙家垟—钱仓—直浃河—夏桥—沪山—渎浦—灵江—凤山—八岱—项桥—上乾头—半浃连—老陡门一线。①

瓯江口附近，北宋晚期滨海的曹田、莲池头等村和乐清湾畔的长林盐场皆已建村建场；南宋乾道年间（1165—1173）海岸线已到达今永中镇、普门以东，此两地均已建村。飞云江口附近，唐末五代，位于今温瑞塘河以东、瑞安市域的凤土、韩田、周田、九里等村都已建村；南宋乾道年间，岸线推进到前池、鲍田、场桥一带，这些地方都已建立村落，场桥还是双穗盐场场署所在地。今鳌江镇以北的蓝田已经建村，鳌江北岸基本成陆；鳌江南岸，唐末五代今苍南县的儒家庄、楼浦等地均已成陆并形成村落；乾道年间形成的平原面积占现代平原面积的79%。② 南宋乾道时海岸线，距今天温州市区较远，而离大罗山与瑞安、平阳市区较近。当时的鳌江、飞云江、瓯江等河口仍呈类似今钱塘江口的漏斗状，今瓯江江口可以阻挡大潮的灵昆岛尚未形成，因此海潮仍可以到达沿海平原的绝大部分，直逼当时的永嘉、瑞安、平阳、乐清四县城。③

南宋年间，在台州沙堤以西的湖泽低地频繁地进行水利兴建和废湖围田活动，导致多汊椒江河道变成单一河道，潮流减少，径流作用加强，河口继续外延。11 世纪，南部海岸移至高桥—蔡洋—塘下—白峰，绍兴十五年（1145）与海门沙堤相当。两宋时期，椒江口岸滩基本处于自然变化状态，其岸线外移速率约为 3 米 / 年，成陆平均速率为 0.14 平方公里 / 年。④10—12 世纪，椒江南岸海岸线位于鲍浦—横街—新河一线，与当时海门—洪家古沙堤的位置颇为相似。瓯江口南岸平原岸线在宋代位于飞云江南岸，北起飞云渡，南至永安湫一线。浙江地区海岸淤涨速度较为缓慢。⑤

---

① 姜竺卿：《温州地理》（人文地理分册·上），上海三联书店，2015 年，第 140-152 页。
② 吴松弟：《宋元以后温州山麓平原的生存环境与地域观念》，载本书编委会：《历史地理》33 辑，上海人民出版社，2016 年，第 63-66 页。
③ 吴松弟：《浙江温州地区沿海平原的成陆过程》，《地理科学》，1988 年第 2 期。
④ 池云飞：《台州湾岸滩演变分析及其滩涂围垦的可持续研究》，浙江大学硕士学位论文，2010 年。
⑤ 孙英、黄文盛：《浙江海岸的淤涨及其泥沙来源》，《东海海洋》1984 年第 4 期。

总体来看，浙江海岸线变迁有以下特点：一是从杭州湾南岸开始，浙江沿海自北而南，无论是历史时期还是现代，平原海岸的增长速率和幅度都是北大于南。二是除4—15世纪杭州湾北部的西海岸，即平湖、海盐、海宁一带沿岸曾有严重蚀退外，其他海岸一般都处于缓慢淤涨中。10—12世纪，海岸淤涨速率较为缓慢，16世纪以后淤涨加快，18—19世纪增长最快。三是长江以南至浙南几条河流的河口，其南岸多数有古沙堤分布，这些沙堤的位置既与当时的岸线和沉积环境有关，又受地球偏转力的影响，东海沿岸河口的泥沙有自北而南运移的规律。[1]

（2）浙江海岸类型

浙江北部海岸处于长江三角洲平原南缘，南部为浙东、南火山岩低山丘陵。地势总体为内陆高，往沿海逐渐降低，直至倾没入东海，部分则为岛屿。钱塘江、瓯江、椒江、甬江、飞云江、鳌江等主要河流均通过海岸带入海，从而使浙江海岸呈现出岬角和海湾密迩相间、大陆岸线蜿蜒曲折、沿海岛屿星罗棋布的地貌景观。[2]

总体来说，浙江海岸主要包括淤泥质、基岩型和砂砾质三种类型。[3]

第一，淤泥质海岸。淤泥质海岸是浙江海岸的主要类型，分布在河口和港湾岸段，达1000余公里，占浙江大陆岸线的54%。这类海岸主要由粉砂、泥质粉砂或粉砂质泥等细粒物质组成，潮滩发育有着明显的季节变化。淤泥质海岸可分为淤泥质河口平原海岸与淤泥质港湾海岸两类。由于沿海开发较为充分，淤泥质海岸大部分已围堤筑塘，故以海塘、闸坝等人工海岸为主归类。[4]这类海岸亦称作开敞型淤泥质海岸，多数位于椒江口、瓯江口、飞云江口、鳌江口南北两翼，波浪对其起着重要作用，潮流作用将泥沙搬运上滩，波浪使滩面泥沙不断来回搬运，致使海岸处于不平衡状态，风浪小时滩涂趋于淤涨，风浪大时滩涂趋于冲刷。[5]淤泥质海岸具有岸滩组成物质较细、动力以潮流作用

① 孙英、黄文盛：《浙江海岸的淤涨及其泥沙来源》，《东海海洋》1984年第4期。
② 本书编委会：《浙江省海岸带和海涂资源综合调查报告》，海洋出版社，1988年，第106页。
③ 本书编委会：《浙江省海岸带和海涂资源综合调查报告》，海洋出版社，1988年，第4页。
④ 本书编委会：《浙江省海岸带和海涂资源综合调查报告》，海洋出版社，1988年，第4页、109页、第113页。
⑤ 谷国传、胡方西、张正惕：《浙东淤泥质海岸的泥沙来源和塑造机理》，《东海海洋》，1997年第3期。

为主、潮滩地貌分异等特点。① 由于潮汐周期性的作用，在岸滩不同部位形成动力和沉积环境的差异，在滩面上可以划分出高滩、中滩、低滩。② 长江入海泥沙主要沿海岸带和内陆架向南运移，与浙江沿岸淤泥质海岸的发育有密切关系。③ 因此，浙江地区淤泥质海岸多呈淤涨的趋势。

淤泥质海岸主要分布于河口和港湾岸段，具体为浙北杭州湾两岸、浙中椒江口以及浙南瓯江口、飞云江口两岸等滨海平原区。④ 这类海岸段岸线平直，岸滩平缓微斜，潮滩宽广，是发展滩涂养殖的良好场所；因其地势低平，易于引进海水，质地黏重，卤水不易下渗，气候条件合宜，可辟为盐场；滩涂不断淤涨，可筑塘围垦；其地处于海洋与陆地、水生与陆生相互过渡的复杂多样的环境，导致其边缘效应显著，为人类提供了丰富的水产品资源。⑤ 两宋时期，椒江口南侧滨海平原平均淤涨速度为 3 ～ 5 米 / 年，瓯江口南侧平均淤涨速度为 10 米 / 年。⑥ 河流入海口两侧平原阶段性向海推进，河口滩地呈现向海推进平均速度越来越快的趋势，而且发展为岸线向海弧形突出的堆积平原。⑦

温州淤泥海岸主要分布在乐清沙港头至苍南琵琶山之间的瓯江、飞云江、鳌江，即瓯飞滩、飞鳌滩、鳌肥滩，其变迁主要是沉积淤涨过程，海岸不断向外延伸，而且幅度很大，几千年来向海延伸了十几公里，产生了沙质海岸向淤泥质海岸的变化。⑧ 温州沿海平原面积在北宋太平兴国五年（980）、元丰元年（1078）、崇宁元年（1102），南宋淳熙九年（1182）、嘉熙二年（1238）、景炎元年（1276）分别为 1409、1423、1427、1442、1445、1454 平方公里，呈不断扩大之势。⑨ 温州地区沿海平原是我国沿海小平原之一，由瓯江、飞云江、鳌江

---

① 陈吉余、黄金森：《中国海岸带地貌》，海洋出版社，1996 年，第 63-65 页。

② 本书编委会：《浙江省海岸带和海涂资源综合调查报告》，海洋出版社，1988 年，第 113 页。

③ 陈吉余、黄金森：《中国海岸带地貌》，海洋出版社，1996 年，第 69 页。

④ 本书编委会：《浙江省海岸带和海涂资源综合调查报告》，海洋出版社，1988 年，第 4 页。

⑤ 王杰、李加林：《浙江海岸带文化资源形成的地貌环境因素分析》，《荆楚理工学院学报》，2010 年第 2 期。

⑥ 赵希涛：《中国气候与海面变化及其趋势和影响》②《中国海面变化》，山东科学技术出版社，1996 年，第 104-105 页。

⑦ 赵希涛：《中国气候与海面变化及其趋势和影响》②《中国海面变化》，山东科学技术出版社，1996 年，第 104 页。

⑧ 姜竺卿：《温州地理》（人文地理分册·上），上海三联书店，2015 年，第 136 页。

⑨ 吴松弟：《宋元以后温州山麓平原的生存环境与地域观念》，载本书编委会：《历史地理》33 辑，上海人民出版社，2016 年，第 69-70 页。

等河流和海水携带的泥沙堆积而成。南、北雁荡山脉呈东北—西南走向，绵亘于平原西部，并向海滨延伸出大罗山、半天山等支脉，将平原分隔为瓯江、飞云江、鳌江等三个河口三角洲小平原。瓯江、飞云江、鳌江等河流携带的泥沙是河口三角洲沉积物的重要来源，河流中上游山区水土保持状况与沿海平原的成陆速度密切相关。[1] 两宋时期，温州山区尚未得到大开发并无任何县的建置，县均位于沿海平原上，沿海平原成为温州人口和经济的主要分布区。[2] 据陆游于绍兴二十八年（1158）荡舟瑞安江（今飞云江）时所做诗文"俯仰两青空，舟行明镜中"[3]，当时江水清澈而含沙量少，入海泥沙亦不多，亦即河口三角洲成陆速度缓慢。当时浙江地区的其他江河水质当与瑞安江相差不大，则整个浙江地区沿海平原的成陆速度并不快。正是由于淤泥质海岸具有的这些特点，使其成为人们重要的起居与从事各类生产活动的场所。

第二，基岩型海岸。浙江基岩型海岸主要位于浙东沿海岸段，分为开敞型基岩海岸与半封闭型港湾海岸两类。基岩海岸长达 748 公里，占浙江大陆海岸线的 42%。该类海岸岸线受断裂构造控制，岸线曲折，海蚀作用强烈，潮滩不发育。大多数岛屿海岸属于基岩型海岸。[4] 基岩型海岸是陆地山脉或丘陵延伸并直接与海面相交，经海水和波浪的作用形成的海岸类型。浙江境内主要有象山港、三门湾、台州湾、隘顽湾、乐清湾、温州湾、舟山群岛、甬江以南沿海岛屿、浙江沿海的岬角海岸等。此类岸段地势陡峭，水下岸坡较陡，避风条件好，沿岸泥沙较少，不会造成大的回淤，经潮汐的长期冲刷形成许多较稳定的深水岸段，非常适合建立港口。[5] 温州基岩型海岸主要分布在苍南舥艚琵琶山以南到浙闽交界虎头鼻、乐清南岳沙港头以北的一些岸段，历史时期主要是侵蚀后退，由于基岩坚硬，侵蚀幅度不大，几千年来岸线后退不过几十米，后退最多的岸段也只有上百米。[6]

---

[1] 吴松弟：《浙江温州地区沿海平原的成陆过程》，《地理科学》，1988 年第 2 期。

[2] 吴松弟：《1166 年的温州大海啸和沿海平原的再开发》，载复旦大学历史地理研究中心：《自然灾害与中国社会历史结构》，复旦大学出版社，2001 年，第 422 页。

[3] （宋）陆游著，钱仲联校注：《剑南诗稿校注》，上海古籍出版社，1985 年，第 30 页。

[4] 本书编委会：《浙江省海岸带和海涂资源综合调查报告》，海洋出版社，1988 年，第 113 页。

[5] 王杰、李加林：《浙江海岸带文化资源形成的地貌环境因素分析》，《荆楚理工学院学报》，2010 年第 2 期。

[6] 姜竺卿：《温州地理》（人文地理分册·上），上海三联书店，2015 年，第 136 页。

浙东地区多丘陵山地，海岸地带均以基岩为骨架。然而，由于长江入海泥沙南输、当地河流泥沙的不断补给，在基岩的基础上亦会堆积形成淤泥质海岸。依据地域位置的不同，可分为港湾淤泥质海岸、平原外缘开敞型淤泥质海岸。前者深入内陆，波浪较小，水动力以潮汐作用为主，泥沙以潮流携带为主；后者大多位于河口两翼，面向开阔海域，受潮汐、强浪侵袭，泥沙由当地径流和沿岸流不断补给。[①]

浙江沿海除杭州湾南岸为漫长的弦形自如伸展的泥沙质海岸外，自杭州湾口向南则主要为岸线曲折的岬湾交错的基岩海岸，一类是深入内陆低山丘陵的基岩港湾，一类是山地丘陵区河流入海口发育而成的河口湾，其特点为海岸岬湾交错、岸外岛礁丛生、-50 米以下等深线平直。[②] 杭州湾南岸，大地构造上属华夏台背斜的闽浙穹褶带，长期处于隆起状态，北北东向断裂构造控制着整个海岸的走向，沿 X 形断裂构成发育，对港湾、岛屿的分布与入海河口的格局均有重大影响。[③] 缘于此，杭州湾南岸在海浸时，海水直达山间谷地，形成许多溺谷式古海湾，但受河流泥沙和大量海相淤泥物质充填，港湾渐次发展成为淤积平原，河口逐渐东移，海岸迅速被夷平，最终发展成为古钱塘江、古长江流域来沙与海域来沙相互沉积的冲积——海积平原。[④]

浙江基岩型海岸还包括基岩港湾海岸。浙江蜿蜒曲折的基岩港湾海岸，以及沿海星罗棋布的基岩岛屿，基本上是由地质构造骨架所决定的。[⑤] 在浙江基岩港湾海岸演进中，细粒泥沙的填充作用十分明显，以至于基岩直接濒临海的岸段已经不多，且普遍发展成为港湾淤泥质海岸，尤以河口附近为最，主要分布于杭州湾、台州湾、温州湾南北两岸。[⑥] 基岩港湾中发育泥沙堆积和湾内潮间滩地的缓慢淤涨，一种是深入内陆的基岩港湾，在湾口多有基岩岛礁作为屏障，港湾纵深达 60 公里左右，湾顶有海滩岩和几公里宽的淤泥滩；另一种是沿海较开阔的基岩湾内发育淤泥滩，属于缓慢淤涨型泥质潮间浅滩，淤泥物质的

① 谷国传、胡方西、张正惕：《浙东淤泥质海岸的泥沙来源和塑造机理》，《东海海洋》，1997 年第 3 期。
② 赵希涛：《中国气候与海面变化及其趋势和影响》②《中国海面变化》，山东科学技术出版社，1996 年，第 103 页。
③ 孙英等：《闽浙山溪性河口的径流特性及其对河口的冲淤影响》，《东海海洋》，1983 年第 2 期。
④ 孙英、黄文盛：《浙江海岸的淤涨及其泥沙来源》，《东海海洋》，1984 年第 4 期。
⑤ 本书编委会：《浙江省海岸带和海涂资源综合调查报告》，海洋出版社，1988 年，第 107 页。
⑥ 逢自安：《浙江港湾淤泥质海岸剖面若干特性》，《海洋科学》，1980 年第 2 期。

积累主要是由于涨潮输沙多数大于落潮输沙。[1] 基岩港湾岸的特点是岸线曲折，岬湾相间，侵蚀和堆积交错，堆积物来源于邻近岬角和海岸坡的磨蚀。[2]

第三，砂砾质海岸。浙江的砂砾质海岸不多，仅占浙江大陆岸线的4%。在基岩岬角之间可见小片的砂砾质海岸，物质由砾石、砂砾或砾质物质组成，海岸动力较强。由花岗岩组成的岛屿海岸，在迎风面常发育出大片沙滩。[3] 砂砾质海岸在浙江沿海地区分布较少，主要由山区河流带来的砾石、沙粒、岩岸侵蚀和崩塌下来的物质，以及邻近海岸或陆架上的粗粒物质，经波浪侵蚀、搬运、堆积而成。砂砾质海岸通常为堆积性海岸，其沿海地区往往有沙堤、沙坝、沙丘等地貌分布。砂砾质海岸的砂粒一般较粗，经海水冲刷和搬运，形成向海洋缓缓倾斜的沙滩。此类海岸如舟山的普陀、嵊泗、朱家尖和象山的松兰山等。[4]

### 2. 浙江岸滩地貌区域特征与岸滩动态类型

（1）浙江岸滩地貌区域特征

根据地貌特征，浙江岸滩可分作三类：杭州湾淤泥质河口平原海岸地貌类型；浙东淤泥质海岸和基岩海岸地貌类型；岛屿岸滩地貌类型。

杭州湾是强潮河口湾，潮差大，涨落潮流强，由于边滩物质抗冲击力差，悬沙大进大出，岸滩动态变化十分明显，故杭州湾处于不断自我调整之中。杭州湾沿岸为淤泥质平原海岸，由于动力条件的差异，岸滩有以下几种地貌类型：一是粉砂滩，分布在钱塘江河口和杭州湾南岸坼海以西岸段，组成物质为粉砂，滩面宽阔平缓，沉积物水平沉积层理发育。二是粉砂—淤泥滩，分布在杭州湾北岸海盐五团附近和杭州湾南岸坼海以东岸段，以泥质粉砂为主，层理发育，潮滩沉积地貌相当明显，沟垄微地貌发育滩面宽2000米，坡度约3‰。有的滩地由于历史以来处于侵蚀状态，硬黏土层在低潮位附近出露。

从穿山半岛至浙闽交界的虎头鼻为浙东海岸，断裂发育，岸线曲折，港湾

① 赵希涛：《中国气候与海面变化及其趋势和影响》②《中国海面变化》，山东科学技术出版社，1996年，第105页。
② 陈吉余、黄金森：《中国海岸带地貌》，海洋出版社，1996年，第52页。
③ 本书编委会：《浙江省海岸带和海涂资源综合调查报告》，海洋出版社，1988年，第113页。
④ 王杰、李加林：《浙江海岸带文化资源形成的地貌环境因素分析》，《荆楚理工学院学报》，2010年第2期。

众多，海岸类型多样，岸滩地貌各异，可以划分为三个类型：一是河口平原海岸岸滩地貌类型。椒江、瓯江等河口都发育出河口平原，面积相当广阔，岸滩泥沙来源比较丰富，历史以来处于淤涨状态，岸滩地貌类型可分为：粉砂—淤泥滩，岸滩物质以泥质粉砂为主，沉积地貌相当明显；沿岸堤，比较典型的是瓯江口南岸滨海平原和潮滩上分布有 4 条与岸线平行的沿岸堤，自西向东依次为寺前街沙堤、宁村沙堤、五溪沙堤及五溪沙与天河盐场之间的中潮位沙堤，以及飞云江河口以南沙园沙堤，鳌江口以南象岗埋藏沙堤；椒江河口南著名的海门沙堤。二是港湾海岸岸滩地貌类型。浙江海岸多港湾，湾内环境隐蔽，一般在湾顶和潮汐通道有潮滩发育，沉积物由泥质粉砂或粉砂质泥组成。根据物质组成又可分为：粉砂—淤泥滩，分布在开敞型海湾，如象山县大目涂、温岭隘顽湾、三门湾等岸段，这些地区动力条件较强，滩面物质为泥质粉砂，冲刷期层理薄，岸滩地貌相当明显，动态活跃，一般冬淤夏冲；淤泥滩，主要分布在象山港、三门湾、乐清湾内，环境隐蔽，动力作用弱，物质黏细，以粉砂质泥为主，岸滩稳定，沉积缓慢，沉积层理不发育，滩宽不等。三是浙东基岩海岸岸滩地貌类型。主要分布在平阳嘴以南、苍南岸段以及象山港、乐清湾某些岸段。基岩海岸有两种地貌景观：一种是基岩岬角海岸，受波浪拍击，海蚀作用强烈；另一种在基岩岬角之间狭小腹地的海湾内，海蚀地形不发育，海湾顶有小规模的砂砾滩分布。

（2）浙江岸滩动态类型

浙江岸滩可划分为淤涨型岸滩、侵蚀型岸滩及稳定型岸滩。

有史以来，淤涨型岸滩处于不断淤涨之中，岸线外移平均 10 米 / 年，最大达 40 米 / 年以上。滩面淤高速率为 3～5 厘米 / 年。淤涨型海滩滩宽坡缓，一般为 4～6 公里，最宽达 10 公里，坡度 0.5‰～1.4‰。沉积物冲淤动态有潮周期和年周期变化特点。一般是大潮淤积，小潮冲刷；冬半年淤积，夏半年冲刷。暴风过境时，滩面刷低，岸线后退；暴风过后，岸滩又回到淤涨状态。淤涨型岸滩主要分布在杭州湾南岸、三门湾、椒江口以南以及瓯江口至鳌江口之间的温瑞平原海岸。杭州湾岸滩总的变化趋势是北岸不断被侵蚀、南岸逐渐淤涨，钱塘江河口区由于涌潮影响，岸滩动态更加变化不定。杭州湾南岸为广阔的海积平原，岸线呈弧形向海凸出，以龙山—慈溪—西三岸段淤积最为迅速。大约宋庆历七年（1047）开始修筑谢令塘，其位置相当于现在的杭甬公路。至元代又修大沽塘，随着岸滩外涨，又相继建了9道海塘，相距16公里。这些塘线基本上反映了14世纪以来各个时期的岸线位置，可以推算出600多年来，海岸平均淤速约为25米/年，但是各时期淤速不均。椒江河口及南岸温黄平原海岸不断淤涨。12世纪，椒江口南岸温黄平原的岸线在鲍浦—羊屿殿—横河—新河一线。这之后，岸线向海缓慢推进，至今已建有9道海塘，相距12公里。根据建塘年代和塘间距，估算出岸线推进速度是16世纪以前为3～5米/年，最近30年达23米/年。5000年前，瓯江河口、飞云江河口还是溺谷海湾，后来岸滩淤涨岸线外推才形成现在的河口形态和温瑞平原。据历史文献记载，温瑞平原的第一道海塘建于宋治平至嘉泰年间（1064—1204），称寺前街岸线。与寺前街沙堤位置一致，以后又建了6道海塘，岸滩淤速20世纪50年代前为10米/年，50年代后为20米/年。

侵蚀型岸滩的发育与泥沙供应不足的环境密切相关。最典型的是杭州湾北岸岸滩及一些侵蚀型基岩海岸岸滩。杭州湾北岸的一些岸段几乎没有岸滩，另外一些岸段滩宽2000米左右，坡度为3‰～5‰。由于杭州湾长期受到海水的侵蚀，杭嘉湖平原受到严重威胁。现今的杭州湾北岸几乎全线修建了石质海塘，塘脚作丁坝或者丁坝群等护坡，阻止海浪侵蚀，是稳定的人工海岸。此外，某些侵蚀型基岩海岸，基岩岬角与海水直接接触，动力作用强，岸滩不发育，基岩抗冲击强，因此岸线轮廓变化不大。

稳定型岸滩分布在环境隐蔽的基岩港湾内，诸如象山港、三门湾、乐清湾等湾内。这类岸滩由于环境稳定，长期以来岸滩动态变化不明显，基本处于极其缓慢的淤涨状态，即使台风入侵引起的大浪，对湾内岸滩影响也不大。①

泥沙能够使沿海滩涂淤涨。浙江淤泥质海岸有1000余公里，有史以来岸滩稳定地淤涨，岸线因此而不断前进，而700多公里基岩港湾海岸内侧亦常有广阔的海涂，充分说明这两种海岸均有相当丰富的泥沙沉积。再者，从近岸浅海海域的底质分布来看，大多是一些细粒物质且厚度很大。这些情况表明，浙江海岸泥沙来源是非常丰富的。依据调查分析，浙江泥沙来源有浙江沿海入海河流输沙、长江入海泥沙向南扩散沉积、内陆架沉积物再悬浮物质供沙三类。浙

---

① 本书编委会：《浙江省海岸带和海涂资源综合调查报告》，海洋出版社，1988年，第125-128页。

江沿海主要有 6 条入海河流，其流程短而致河流夹带物质较粗，泥沙绝大部分沉积在河口以内，只有少量泥沙在汛期才进入口外海滨沉积下来。长江入海泥沙中的一部分在浙江近岸浅海沉积。夏半年即 5—10 月台湾暖流逼岸，长江输出泥沙不易南下，主要沉积在长江口，部分进入东海内陆架；只有在冬半年即 11 月至次年 4 月才能随中国沿岸流南下在浙江海岸潮间带和浅滩沉积下来。潮流不仅具有一定的掀沙作用，更会在波浪掀沙后使内陆架输沙方向指向近岸。[①]

整体来看，浙江海岸线曲折悠长，海岸带面积广阔，拥有淤泥质、基岩、砂砾三种海岸，岸段类型丰富，常年有大量的泥沙流入海中，成为推动沿海滩涂不断淤涨的重要力量。

# 小　结

两宋期间，处于冷暖气候交替时期，浙江海面处于上升趋势，但浙江山区的大量泥沙不断入海，致使浙江海岸线大体处于东扩之中。由于长江入海泥沙南输与浙江地区河流泥沙的不断堆积，形成了浙江淤泥质海岸与基岩型海岸。相应地，浙江沿海滩涂分作以河口平原外缘为主的开敞型岸段滩涂、半封闭港湾内的隐蔽型岸段滩涂、岛礁滩涂三种类型。可以说在浙江气候波动、降水量变化、海岸变迁、岸貌演变等诸多因素的共同作用之下，浙江沿海滩涂处于不断淤涨之中，为宋代浙江官民提供了丰富的沿海滩涂资源。

受益于五代两宋以来经济社会的发展，开发土地技术不断进步、水利建设大规模开展、耕作技术与制度的变革、农业工具的改进、耕牛供应的充备等，使得浙江官民利用海洋资源的技术日臻完善，开发滩涂成为可能。

---

① 本书编委会：《浙江省海岸带和海涂资源综合调查报告》，海洋出版社，1988 年，第 217—218 页。

# 第二章  宋代浙江官民开发
## 沿海滩涂的动因

宋代之时，浙江秀州、杭州、越州平原地区已被辟为耕地，甚至出现大规模围垦湖田的现象，但依然难以承担本区日益增长的人口与外迁人户，人地之间的矛盾呈现出愈演愈烈的趋势；明州、台州、温州三地负山滨海，沃土少而瘠地多，却户口繁多、税赋浩瀚。宋廷移跸临安后，所需又多资于密拱行都的浙江。这些因素驱使沿海居民向海洋发展，而海多寇盗，地接海陆、围塘可耕、颇富鱼盐之利的沿海滩涂便成为沿海居民理想的谋生所在。

## 第一节  生产力发展的客观需求驱动
### 浙江沿海滩涂的开发

中唐以后，社会生产力的逐步提高和商品经济的再度繁荣，维系数百年的均田制最终崩解，土地所有制结构随之发生重大变化。与此同时，均田户与客户步入佃农化道路，契约租佃关系成为主导形态，手工业所有制结构、市场流通网络、财政金融体制、税赋结构等均产生引人瞩目的嬗变。[①] 安史之乱后，拥有先进生产技术和文化的北方民众为避乱而大规模南迁，沿海平原的开发力度由此得到较大提升，带动了南方各地的经济发展。勾连南北的大运河开通后，推动江南经济不断发展，唐代中期开始的全国经济重心自中原地区向江南地区转移的趋势，在两宋时期日趋巩固且呈现出不可逆转的态势。

---

① 葛金芳:《10—13 世纪我国经济运动的时代特征》,《江汉论坛》, 1991 年第 6 期。

南宋立国后，临安府成为国都，两浙也升格为京畿地区，这给长江下游地区实质性地位的上升带来深远影响。朝廷三四万文武官员多半集中居住在浙江，科举应试者、及第者也大举集结在杭州周边，宗室以下的高官、富民也凭借权力和携带资产入住于此，投资和消费质量均具有极大潜力。[①] 南宋存续期间，浙江地区发展成为全国的政治、经济、文化中心区域。浙江民众以其聪明才智，大力兴修水利，改进生产工具，提高生产技术，培育粮食新品种，改良农作物品种，推广复种制、精耕细作等方法，本区的社会经济发展水平由此不断向前推进，成为全国的经济发达地区。[②] 在这一时期，社会生产力得到较大发展，开发土地的技术不断进步，客观上推动了浙江濒海地区居民大规模开发沿海滩涂。

元代农学家王祯描绘了沿海滩涂形成及其被改造为农田的过程：濒海之地，"潮水所泛沙泥，积于岛屿，或垫溺盘曲，其顷亩多少不等；上有咸草丛生，候有潮来，渐惹涂泥。初种水稗，斥卤既尽，可为稼田"[③]。浙江沿海地区分布着宁绍平原、温台沿海平原，自然条件不如浙西太湖平原，不但平原面积狭小，而且依山傍海，靠山之田地势高亢，不雨即旱，而靠海民田又易受到潮汐海暴影响，其患在于风涛盐卤。[④] 因此之故，时人称之为"低田傍海仰依山，雨即横流旱即干"[⑤]。

鉴于沿海滩涂含盐量较高，若要将其改造为田地，需对其进行脱盐处理。其步骤有三：一是修建水利设施。海塘、闸门等设施的作用在于隔断沿海滩涂与海水，这是开发沿海滩涂的先决条件。沿海滩涂被围垦后，海塘、闸门等设施亦可起到防止海水漫淹的作用，避免开垦的农田再次遭受咸潮侵入的风险。海塘可有效抵御海潮的侵袭，但存在海水渗透而使田地再度盐碱化的问题。浙西提举使刘垕指出，咸潮泛溢乃是因为捍海古塘冲损而遇大潮必盘越流注，遂提出于海塘内侧挖一条河道再筑一道淡塘的解决方法。[⑥] 由海塘（又称咸塘）

① ［日］斯波义信著，方健、何忠礼译：《宋代江南经济史研究》，江苏人民出版社，2000年，第93页。
② 林华东：《浙江通史》（史前卷），浙江人民出版社，2005年，总论第18页。
③ （元）王祯：《农书》卷11《田制》，中华书局，1956年，第144页。
④ 韩茂莉：《宋代农业地理》，山西古籍出版社，1993年，第111页。
⑤ （宋）陈耆卿著，张全镇、吴茂云点校：嘉定《赤城志》，中国文史出版社，2008年，第411页。
⑥ （元）脱脱等：《宋史》卷97《河渠七》，中华书局，1977年，第2402页。

透漏的海水被拦在河道之中，以土修筑的淡塘成为防止咸潮水入侵的第二道防线，这样就提高了抵御海水入侵的能力，有效降低了已垦农田再度盐碱化的风险。修建于河湖江的硬、堰等，能够实现拒咸潮、引淡水脱盐的目标，沿海滩涂由此被大规模开发。二是开沟排水。此法是快速降低沿海滩涂盐分的有效方法，引入淡水或者经雨水淋洗后，含盐之水随着沟渠排入海中。经常翻耕，土壤会变得疏松，淡水或雨水更容易渗入，洗盐的效果更佳。此外，"田边开沟，以注雨潦，旱则灌溉"①。三是种植耐盐的植物。经过上述脱盐后，土壤中的盐分得到初步降低，此时可种植水稗、咸草、咸青等吸纳盐分能力强的耐盐植物，进一步吸纳土壤中的盐分，历经多次种植可将盐分除去，进而可以种植庄稼。耐盐植物，其根系和落叶还能起到增加土壤有机物质的作用，进而改善土壤结构，有效防止返盐现象的出现，更利于田地的垦殖。浙江沿海平原地势平坦，多为海水浸渍的盐碱土壤，但又有众多河流注入于海，淡水资源丰富，加速了盐碱地脱盐的过程。庆元府"三面际海，带江汇湖，土地沃衍，视昔有加"②，当是映照了沿海滩涂得到大规模围垦的盛景。

沿海滩涂得到初步开垦后，尚为一片土壤板结的生地。为了获取更多的粮食，便需要注意提高其肥力，增加其有机质含量，使其土壤熟化。种植水稗等植物，其根系含有大量的有机物质，既可胶结土粒又能促进土团、土块结构的形成，进而起到熟化土壤的作用。此外，粪肥、土杂肥等在增加土壤有机质含量、改善土壤结构上均起到重要作用。浙江地区的旱作土壤红泥土、水田土壤红黄泥田，在初垦阶段熟化程度低，仍保持着红壤黏、酸、瘦的特点，耕性不良，保水保肥和抗旱能力弱，导致农作物生长不良、产量很低。③虽然如此，红黄土壤经过持续合理的轮作和耕作，特别是使用绿肥、有机肥、磷肥、石灰等后，可以加速土壤熟化，逐渐改变土壤特性，使土壤肥力得到较大提升。④宋人虽不懂现代的土壤学理论，但也在实践中摸索、总结出了一套改良土壤的

① （元）王祯:《农书》卷11《田制》，中华书局，1956年，第144页。
② （宋）罗濬:宝庆《四明志》，杭州出版社，2009年，第3105页。
③ 韩茂莉:《宋代农业地理》，山西古籍出版社，1993年，第91页。
④ 中国科学院地理研究所经济地理研究室:《中国农业地理总论》，科学出版社，1980年，第40页。

方法，如"浙间终年备办粪土，春间夏间常常浇壅"①。宋代农学家陈敷言："相视其土之性类，以所宜粪土而粪之"，则咸泄之地用粗粪，"凡农居之侧，必置粪屋"，"凡扫除之土，燃烧之灰，簸扬之糠秕，断槁之落叶"均用作粪肥。②除此之外，河泥是另一种重要的肥源，"竹罾两两夹河泥，近郭沟渠此最肥。载得满船归插种，胜如贾贩岭南归"③。经过人们的不懈努力，沿海滩涂之地逐渐被改造为肥田沃土。

两宋时期，农业工具的划时代改进、水利建设的全国性高潮、耕作技术和耕作制度的重大变革、作物品种稳态结构的形成、粮食产量和农业生产效率的明显提高等，标志着农业生产走上了一个新台阶。④宋代水利建设的技术得到了显著提高，表现在水平测量技术广泛运用于水利兴修上，大大改进和提高了前代架槽办法，出现了一些新的具有创造性的水利工程，人们开始以更开阔的眼界和思路规划水利工程。⑤

两浙路是宋代农业生产技术最发达的地区，是我国古代农业精耕细作、集约经营的一个典型地区。宋代使用的曲辕犁创始于唐代，其形制、大小在各地区颇不一样，以两浙地区使用的最为先进。曲辕犁不但使熟土在上、生土在下而利于作物生长，而且为深耕创造了更为有利的条件，为垦辟低洼地和精耕细作创造了前提条件，因而对宋代农业生产的发展起到了重要作用。⑥

在钱氏政权统治时期，浙江民众颇受苛政暴敛之苦。这种情况受到北宋中央政府的关注，宋廷先派范旻蠲除去民众所承担的各项赋敛苛暴，后遣王方赟均两浙的杂税。可以说，宋初朝廷对南方的最大贡献在于，废除其民原先承担的苛捐杂税，宽松了官民关系。此举，有利于农民积累资金，改善生产和生活条件。⑦大牲畜在古代社会中是仅次于人力的重要生产力，因此是最主要的生

① （宋）黄震著，张伟、何忠礼点校：《黄氏日抄》卷78《咸淳八年春劝农文》，浙江大学出版社，2013年，第2222页。
② （宋）陈敷：《农书》，中华书局，1985年，第6页。
③ （宋）毛珝：《吾竹小稿》，载（宋）陈起辑：《汲古阁景印南宋群贤六十家小集》，上海古书流通处，1921年。
④ 葛金芳：《10—13世纪我国经济运动的时代特征》，《江汉论坛》，1991年第6期。
⑤ 漆侠：《宋代经济史》，上海人民出版社，1987年，第102页。
⑥ 漆侠：《宋代经济史》，上海人民出版社，1987年，第109-110页、第132页。
⑦ 程民生：《宋代地域经济》，河南大学出版社，1992年，第47页。

产工具，在耕作、运输等方面的功效远胜于人力。大牲畜的分布却不像器械那样可以到处存在，而是受到水土的限制。[①] 作为大牲畜的牛在农业生产中具有极为重要的作用，它的有无对细小的农民经济来说，占有重要的位置。[②] 在宋代，牛是耕田的主力，浙江、福建、广西是宋代耕牛重要产区，三地牛畜力最为充足，还可将剩余耕牛贩售于他处。[③]

　　一般来说，人口密集的地区，必须施行精耕细作方能提高土地产量。两浙路的精耕细作冠于全国，主要是在人多地少、劳动力充足的条件下实现的。[④] 因此之故，浙江地区的精耕细作形成了一套比较完整的经验，其水田耕作技艺尤为上乘。首先为翻土。秋收以后、布种之前的耕翻土地很重要。要利用冻晒的自然松土之力而使土壤酥脆，"大凡秋间收成之后，须趁冬月以前，便将户下所有田段一例犁翻，冻令酥脆"[⑤]，"浙间秋收后，便耕田，春二月又再耕，名曰耖田"[⑥]。宋人高斯得总结浙江耕田之法的优长之处为"及来浙间，见浙人治田，比蜀中尤精。土膏既发，地力有余，深耕熟犁，壤细如面，故其种入土，坚致而不疏，苗既茂矣"[⑦]。其后为选种。选好种子之后，"须是拣选肥好田段，多用粪壤拌和种子，种出秧苗"，"秧苗既长，便须及时趁早栽插"。[⑧] 最后为田间日常管理。这是收获之前重要的工作，"禾苗既长，秆草亦生"，为除掉杂草，"浙间三遍耘田，次第转摺，不曾停歇"。[⑨] 除此之外，尚需经常"放干田水"，将杂草"逐一拔出，踏在泥里，以培禾根"。[⑩] 稻田在"大暑之时，决去其

① 程民生：《宋代地域经济》，河南大学出版社，1992年，第61-62页。
② 漆侠：《宋代经济史》，上海人民出版社，1987年，第111页。
③ （清）徐松辑，刘琳等点校：《宋会要辑稿·食货三》，上海古籍出版社，2014年，第6015页；（清）徐松辑，刘琳等点校：《宋会要辑稿·食货六三》，上海古籍出版社，2014年，第7662页。
④ 漆侠：《宋代经济史》，上海人民出版社，1987年，第74页。
⑤ （宋）朱熹著，曾抗美、徐德明校点：《晦庵先生朱文公文集》卷99《劝农文》，上海古籍出版社、安徽教育出版社，2010年，第4586页。
⑥ （宋）黄震著，张伟、何忠礼点校：《黄氏日抄》卷78《咸淳八年春劝农文》，浙江大学出版社，2013年，第2223页。
⑦ （宋）高斯得：《耻堂存稿》卷5《宁国府劝农文》，商务印书馆，1935年，第99页。
⑧ （宋）朱熹著，曾抗美、徐德明校点：《晦庵先生朱文公文集》卷99《劝农文》，上海古籍出版社、安徽教育出版社，2010年，第4587页。
⑨ （宋）黄震著，张伟、何忠礼点校：《黄氏日抄》卷78《咸淳八年春劝农文》，浙江大学出版社，2013年，第2222页。
⑩ （宋）朱熹著，曾抗美、徐德明校点：《晦庵先生朱文公文集》卷99《劝农文》，上海古籍出版社、安徽教育出版社，2010年，第4587页。

水，使日曝之，固其根，名曰靠田。根既固矣，复车水入田，名曰还水"，其后"苗日以盛，虽遇旱暵，可保无忧"。①

南方开发土地的特点是，平原低地多围垦造田，丘陵山地则多栽种经济作物。南方经济是因地制宜发展起来的，人为干扰较少，故两宋时期南方农业虽以粮食生产为中心，但已努力朝多种经营方向发展，形成当时中国南北方经济发展的差异。② 全国经济重心的南移，推动了浙江地区的发展。随着开垦土地和种植技术的不断进步，极大地提高了浙江民众开发沿海滩涂的水平。

## 第二节　财政负担催动浙江官民开发沿海滩涂

北宋时期，中央政府居于中原北方地区，但其经济用度却不能不依赖于东南地区的财赋。东南地区的经济发展持久不衰，政府所依赖的财政经济重心长期留驻东南。③ 全国经济重心在唐代开始出现南移的趋向，至宋代晚期最终得以完成。气候变迁对南北方的农业乃至整个社会经济产生了重要影响，人口压力导致资源过度开发，黄河流域自然植被和土地资源已经损耗严重。与此相对应，江南地区的土地、渔业、水利、矿产等资源以前所未有的规模和速度开发出来，农业和手工业经济日趋繁荣、海外贸易兴盛、人口繁殖、经济富庶、财税额增加，共同促使宋代区域经济中心发生根本性的结构变化，即江南地区取代中原地区而成为国家财政的主要来源地、朝廷的大粮仓。④

位处江南之地的两浙地区，自然条件和社会环境良好，大部分土地肥沃，水源充足，物产丰富，劳动力比较充沛，农业、手工业、商业较为发达，能够提供大量的上供物资，因此成为中央财政的重要支柱。⑤ 自北宋中期始，两浙路向朝廷提供的粮食、布帛、财赋都已跃居全国第一位。⑥ 沈括在《梦溪笔谈》中明确记载，其时全国各地发往京师的米为 600 万石，而两浙路为 150 万石，

---

①　（宋）高斯得：《耻堂存稿》卷 5《宁国府劝农文》，商务印书馆，1935 年，第 99 页。

②　郑学檬：《中国古代经济重心南移和唐宋江南经济研究》，岳麓书社，1996 年，第 42 页。

③　沈冬梅、范立舟：《浙江通史》（宋代卷），浙江人民出版社，2005 年，第 1 页。

④　林华东：《浙江通史》（史前卷），浙江人民出版社，2005 年，总论第 17—18 页。

⑤　程民生：《宋代地域经济》，河南大学出版社，1992 年，第 329 页。

⑥　林华东：《浙江通史》（史前卷），浙江人民出版社，2005 年，总论第 18 页。

占到全国的 1/4。① 至南宋时期，浙江成为宋代的腹地，因此宋廷"因地之宜，以两浙之粟供行在"②。浙江地区粮食产量较高，因此成为国家财税的重要源地，时人言："朝廷所仰给者，江淮两浙"③，"东南上游，财赋攸出，乃国家仰足之源，而调度之所出也"④。据此可知，浙江地区是宋廷重敛之区。

随着浙江地区人口的密集化，对必要的生产投资、资源财富的分配施加修正、紧急应对之策，对社会治安及对市场流通条件等方面，国家、地方政府都要做出一定程度的努力，这样才能抓住财政关心的关键问题。⑤ 实际上，无论是中央政府还是地方政府均未能关注到该问题，更不用说有所作为了。国家的关切点依旧在于税收的征取。唐宋经济南移的过程，也是江南重赋现象不断加剧的时期。⑥ 南宋时期愈发严重，一度出现"税重田轻，终岁收入，且不足以供两税"⑦ 的现象。

浙江民众不仅要承担国家制定的赋税，还要承受官员、豪民额外的税赋剥削。官员重科造成民众税赋颇重，庆元府属县昌国尤重，"是以为邑令者多不奉法，税租或至于重科，公吏恣行于掊剋，细民惮于裹粮，往往倍输而莫诉"⑧。浙江地区税额本已很重，而势家豪民又往往将其所承税额转嫁于普通民户，致使暗科之弊丛生，迫使民众不断开拓新税源以应之。"两浙和买，莫重于绍兴，而会稽为最重。缘田薄税重，诡名隐寄，多分子户。自经界后至乾道五年，累经推排，减落物力，走失愈重，民力困竭。""势家豪民分析版籍以自托于下户，是不可不抑。然弊必有原，谓如浙东七州，和买凡二十八万一千七百三十有八；温州本无科额，合台、明、衢、处、婺之数，不满一十三万；而绍兴一郡独当一十四万六千九百三十有八，则是以一郡视五郡之输而赢一万有奇，此重额之弊也。又如赁牛物力，以其有资民用，不忍

---

① （宋）沈括：《梦溪笔谈》，上海书店出版社，2003 年，第 109–110 页。
② （元）脱脱等：《宋史》卷 175《食货上三》，中华书局，1977 年，第 4260 页。
③ （宋）包拯著，杨国宜校注：《包拯集校注》卷 2《请令江淮发运使满任》，黄山书社，1999 年，第 101 页。
④ （宋）包拯著，杨国宜校注：《包拯集校注》卷 3《请选内外计臣一》，黄山书社，1999 年，第 162 页。
⑤ ［日］斯波义信著，方健、何忠礼译：《宋代江南经济史研究》，江苏人民出版社，2000 年，第 471 页。
⑥ 郑学檬：《中国古代经济重心南移和唐宋江南经济研究》，岳麓书社，1996 年，第 27 页。
⑦ （宋）李心传著，胡坤点校：《建炎以来系年要录》，中华书局，2013 年，第 2456 页。
⑧ （清）徐松辑，刘琳等点校：《宋会要辑稿·职官四八》，上海古籍出版社，2014 年，第 4320 页。

科配；酒坊、盐亭户，以其尝趁官课，难令再敷；至于坍江落海之田，壤地漂没；僧道寺观之产，或奉诏蠲免；而省额未除，不免阴配民户，此暗科之弊也。二弊相乘，民不堪命，于是规避之心生，而诡户之患起。旧例物力三十八贯五百为第四等，降一文以下即为第五等，为诡户者志于规避，往往止就二三十贯之间立为砧基。"① 南宋立国后，国势日以困竭。开禧用兵后，由于进入与蒙古的军事对抗期而财政压力骤增，中央政府应对补救之策又不得要领，导致偏重于流通物的过重财政压力和僵化税制成为一股阻力，表现出一种自乱其制的作用。②

与财赋压力相随而来的是，民众日常消费成本不断增加，其生活压力继而增大。叶适对此言道："夫吴、越之地，自钱氏时独不被兵，又以四十年都邑之盛，四方流徙尽集于千里之内，而衣冠贵人不知其几族，故以十五州之众当今天下之半。计其地不足以居其半，而米粟、布帛之值三倍于旧，鸡豚菜茹、樵薪之鬻五倍于旧，田宅之价十倍于旧，其便利上腴争取而不置者数十倍于旧。……今两浙之下县，以三万户率者不数也。夫举天下之民未得其所，犹不足为意，而此一路之生聚，近在畿甸之间，十年之后，将何以救之乎。"③ 财赋带来的压力与生产生活成本的增加，迫使浙江民众不断开辟新的财源。

1131 年，越州升为绍兴府，1195 年，明州升为庆元府，这说明两个相邻的州已经成为全国有名的集约性很强的行政区域。④ 明州承担日本、高丽使者居留其间的费用，对两国海民漂至明州海岸者出粮存抚，"赐明州及定海县高丽贡使馆名曰乐宾，亭名曰航济"⑤，诏 "增明州公使钱为二千六百缗，以高丽贡使出入故也"⑥。"时明州又言高丽国民池达等八人，以海风坏船，漂至鄞县。诏付登州给赍粮，俟便遣归其国"⑦，"诏明州自今有新罗舟飘至岸者，据口给粮，倍加存

① （元）脱脱等：《宋史》卷 175《食货上三》，中华书局，1977 年，第 4239–4240 页。
② ［日］斯波义信著，方健、何忠礼译：《宋代江南经济史研究》，江苏人民出版社，2000 年，第 165–167 页。
③ （宋）叶适著，刘公纯、王孝鱼、李哲夫点校：《叶适集》，中华书局，2010 年，第 654 页。
④ ［日］斯波义信著，方健、何忠礼译：《宋代江南经济史研究》，江苏人民出版社，2000 年，第 472 页。
⑤ （宋）李焘：《续资治通鉴长编》卷 298《神宗》，中华书局，2004 年，第 7251 页。
⑥ （宋）李焘：《续资治通鉴长编》卷 301《神宗》，中华书局，2004 年，第 7332 页。
⑦ （宋）李焘：《续资治通鉴长编》卷 47《真宗》，中华书局，2004 年，第 1030 页。

抚，俟风顺遣还”①，"明州言高丽夹骨岛民阔达，以风漂舟至定海县岸。诏本州存问，给度海粮遣还，自今有此类，准例给遣讫以闻"②。宋神宗虽"虑州县供顿无前比，因以扰民，故命立式，仍一切取给于官"③，说明招待高丽使者的费用曾摊派于民，并对其造成了困扰。再者，根据上文宋神宗命增加明州公使钱以待高丽使者，此处所言明州承担的高丽使者费用"取给于官"当系指由明州地方财政支出。从侧面也说明，日本、高丽使者及两国漂流百姓支费仍旧是由民户所承受，而非明州官给，更非中央财政支给。

实际上，高丽使者所经浙江州县均需承担其过境费用。时任知杭州的苏轼明确记载："熙宁以来，高丽屡入贡，至元丰末十六七年间，馆待赐予之费，不可胜数，两浙、淮南、京东三路筑城造船，建立亭馆，调发农工，侵渔商贾，所在骚然，公私告病。朝廷无丝毫之益，而远夷获不赀之利。……自二圣嗣位，高丽数年不至，淮、浙、京东吏民有息肩之喜……未几，高丽使果至，轼按旧例，使之所至，吴越七州实费二万四千余缗，而民间之费不在此数，乃令诸郡量事裁损。比至，民获交易之利，而无侵挠之害。"④

后刘挚亦叙及此事："高丽……已而入朝奉贡，朝廷待遇之礼、赐予之数，皆非常等。恩旨亲渥，至于次韵和其诗，在馆问劳无虚日，多出禁苑珍异赐之。沿路供顿，极于华盛，两浙、淮南州郡为之骚然。每至州县或镇砦，皆豫差诸色行户，各以其物赍负，迎于界首，日随之，以待其所卖买，出境乃已；及鞍马什物等皆用鲜美者，被科之家旋作绣画，或求于四方，人多失业，至于逃遁，或有就死者。盖朝旨严切，而引伴皆用中人，是以如此。自元丰八年使者回，到今复至。朝廷用知杭州苏轼及御史中丞苏辙之请，痛加裁省，及定其程限，自入界不两月到阙下。问引伴官向綘、赵希鲁，言沿路扰费十去六七矣。"⑤

上述两则史料说明高丽使者所经浙江费用，既需浙江当地官府日常经费支应，又要浙江民众承担，致浙江官民俱窘于财用，更是加剧了浙江地方官府、民众的财政负担，迫使其广辟财源。

---

① （宋）李焘：《续资治通鉴长编》卷86《真宗》，中华书局，2004年，第1974页。
② （宋）李焘：《续资治通鉴长编》卷95《真宗》，中华书局，2004年，第2183页。
③ （宋）李焘：《续资治通鉴长编》卷247《神宗》，中华书局，2004年，第6029—6030页。
④ （宋）李焘：《续资治通鉴长编》卷435《哲宗》，中华书局，2004年，第10493页。
⑤ （宋）李焘：《续资治通鉴长编》卷452《哲宗》，中华书局，2004年，第10851页。

　　值得注意的是，这一时期浙江灾害频发，无疑加重了浙江官民的财政负担。据文献记载，浙江旱灾频发。咸平元年（998）春夏，"江浙、淮南、荆湖四十六军州旱"；熙宁八年（1075）八月，"淮南、两浙、江南、荆湖等路旱"；绍兴"五年五月，浙东、西旱五十余日。……十八年，浙东、西旱，绍兴府大旱。……二十四年，浙东、西旱。二十九年二月，旱七十余日。秋，江、浙郡国旱。三十年春，阶、成、凤、西和州旱。秋，江浙郡国旱，浙东尤甚"；乾道"六年夏，浙东、福建路旱，温、台、福、漳、建为甚。七年春，江西东、湖南北、淮南、浙婺秀州皆旱。……九年，婺处温台吉赣州、临江南安诸军、江陵府皆久旱，无麦苗"；淳熙元年（1174），"浙东、湖南郡国旱，台、处、郴、桂为甚"；嘉泰"元年五月，浙西郡县及蜀十五郡皆大旱。二年春，旱，至于夏秋。……浙西、湖南、江东旱，镇江建康府、常秀潭永州为甚。四年五月，不雨，至于七月。浙东西、江西郡国旱"。①

　　旱灾造成浙江饥荒较多，如景德二年（1005），"淮南、两浙、荆湖北路饥"；天禧三年（1019），"江、浙及利州路饥"；绍兴元年（1131），"行在、越州及东南诸路郡国饥"；绍兴二年（1132），"两浙、福建饥，米斗千钱。时馈饷繁急，民益饙食"；绍兴"五年秋，温、处州饥。六年春，浙东、福建饥，湖南、江西大饥，殍死甚众，民多流徙，郡邑盗起。九年，江东西、浙东饥，米斗千钱……十年，浙东、江南荐饥，人食草木。……十八年冬，浙东、江、淮郡国多饥，绍兴尤甚。民之仰哺于官者二十八万六千人，不给，乃食糟糠、草木，殍死殆半。十九年春、夏，绍兴府大饥，明、婺州亦如之。……二十九年，绍兴府荐饥。隆兴元，绍兴府大饥"；乾道元年（1165），"台明州、江东诸郡皆饥"；乾道九年（1173）秋，"台州饥，温、婺州亦饥"；淳熙"元年，浙东、湖南、广西、蜀关外皆饥，台、处、郴、桂、昭、贺尤甚。……（三年）夏，台州亡麦。……七年，镇江府、台州无为广德军民大饥。……（九年）绍兴府、衢婺严明台湖州饥。……（十二年）七月，秀州饥，有流徙者。临安府九县饥"；绍熙"四年绍兴府亡麦。……（五年）常明州、宁国镇江府、庐滁和州为甚，人食草木"；庆元"元年，淮、浙民流行都。三年，浙东郡国亡麦，台州大亡麦，民饥多殍。四年秋，浙东西荐饥，多道殣"；嘉定十年（1217），"台、衢、婺、饶、信州饥，剽盗起，台为甚"。①

时任浙东提举的朱熹目睹浙东灾荒情形后，在上奏的《奏救荒事宜状》中称："窃见浙东诸州例皆荒歉，台、明号为最熟，亦不能无少损。绍兴府之饥荒，昔所未有。""今绍兴八邑，余姚、上虞号为稍熟，然亦不及半收。新昌、山阴、会稽所损皆七八分，嵊县旱及九分，萧山、诸暨水旱相仍，几无全收。今除余姚、上虞稍似可缓外，且论萧山等六县，约其所收，不过十一。"②

除此之外，浙江还面临着螟蝗虫灾。"（绍兴二十九年）秋，浙东、江东西郡县螟。三十年十月，江、浙郡国螟蟊。隆兴元年秋，浙东西郡国螟，害谷，绍兴府湖州为甚。二年，台州螟。……（乾道三年）淮、浙诸路多言青虫食谷穗。……（淳熙）十六年秋，温州螟。庆元三年秋，浙东萧山山阴县、婺州，浙西富阳盐官淳安永兴县、嘉兴府皆螟。……嘉定十四年，明、台、温、婺、衢蟊螣为灾。……景定三年八月，浙东、西螟。"③

天禧元年（1017）二月，"开封府、京东西、河北、河东、陕西、两浙、荆湖百三十州军，蝗蝻复生，多去岁蛰者"；熙宁元年（1068），"秀州蝗"；绍兴三十二年（1162）六月，"江东、淮南北郡县蝗，飞入湖州境，声如风雨；自癸巳至于七月丙申，遍于畿县，余杭、仁和、钱塘皆蝗。丙午，蝗入京城"；隆兴元年（1163）八月，"飞蝗过都，蔽天日；徽、宣、湖三州及浙东郡县，害稼"；淳熙三年（1176）八月，"飞蝗过都，遇大雨，堕仁和县界"；嘉泰二年（1202），"浙西诸县大蝗。自丹阳入武进，若烟雾蔽天，其堕亘十余里，常之三县捕八千余石，湖之长兴捕数百石。时浙东近郡亦蝗"；开禧三年（1207），"夏秋久旱，大蝗群飞蔽天，浙西豆粟皆既于蝗"；嘉定"元年五月，"江、浙大蝗。……三年，临安府蝗。七年六月，浙郡蝗。……九年五月，浙东蝗"；景定三年（1262）八月，"两浙蝗"。④

综合上述所载，进入南宋后，浙江地区的灾荒日趋严重，且发生频次明显增多。不仅如此，浙江地区受梅雨影响较大，现以温州为例加以说明。南宋乾

---

① （元）脱脱等：《宋史》卷67《五行五》，中华书局，1977年，第1462-1467页。
② （宋）朱熹著，刘永翔、朱幼文校点：《晦庵先生朱文公文集》卷16《奏救荒事宜状》，上海古籍出版社、安徽教育出版社，2010年，第762页。
③ （元）脱脱等：《宋史》卷67《五行五》，中华书局，1977年，第1476-1477页。
④ （元）脱脱等：《宋史》卷62《五行一下》，中华书局，1977年，第1356-1358页。

道六年（1170），温州因梅雨降水过多而造成严重的水灾；淳熙九年（1182）、嘉定八年（1215），温州因梅雨降水过少而造成严重的旱灾；治平二年（1065）、熙宁九年（1076）、熙宁十年（1077）、绍兴九年（1139）、绍兴十四年（1144）、绍兴十六年（1146）、绍兴三十二年（1162）、乾道二年（1166）、乾道五年（1169）、淳熙六年（1179）、庆元二年（1196）庆元五年（1199）、景炎二年（1277）发生台风灾害；绍兴三年（1133）、绍兴六年（1136）、绍兴十九年（1149）、绍兴二十四年（1154）、隆兴二年（1164）、乾道六年（1170）、乾道九年（1173）、淳熙九年（1182）、嘉定八年（1215）、嘉定十四年（1221）、嘉熙四年（1240），发生久晴无雨的灾害性天气。[①]

国家赋税的压力、地方官员的重科、势家豪民的财税转嫁、浙江民众生产生活成本的增加、浙江地区频发的灾荒诸因素，共同造成浙江细民的财税负荷沉重，催动其找寻新的财源。两宋时期施行"不抑兼并"的土地政策，规定只要向官府交纳税收，便听任民户任意占地，这在一定程度上激发了民众开辟新田地的热情。中央政府允许土地自由买卖，"民自以私相贸易，而官反为之司契券而取其直"[②]。文献中出现"贫富无定势，田宅无定主，有钱则买，无钱则卖"[③]，"版图更易，田税转移，富有者益以兼并，贫乏者渐至凋敝"[④]等记载。贫富差距的产生，促使贫乏者不断开辟新的土地，以维持生计。开发具有一定难度的沿海滩涂，随之成为浙江民众的重点开发区域。

## 第三节　人地矛盾压力驱使浙江民众开发沿海滩涂

人口史研究者吴松弟通过爬梳大量文献资料，考证出北宋太平兴国五年（980）全国人口为3710万人。自太平兴国五年至大观三年（1109）的129年间，宋代著籍户数由642万户增加到2088万户，人口约为11275万人，年均增长率达9.2‰。至于宋代人口的真正峰值应该出现在大观三年以后，估计在靖康之乱爆发以前的宣和六年（1124）。以徽宗时的户年均增长率5‰推算，宣

①　姜竺卿：《温州地理》（人文地理分册），上海三联书店，2015年，第154-156页。
②　（宋）叶适著，刘公纯、王孝鱼、李哲夫点校：《叶适集》，中华书局，2010年，第652页。
③　（宋）袁采著，贺恒祯、杨柳注释：《袁氏世范》，天津古籍出版社，1995年，第162页。
④　（清）徐松辑，刘琳等点校：《宋会要辑稿·食货七十》，上海古籍出版社，2014年，第8102页。

和六年大约有 2186 万户。若加上约 7‰ 的未列入主客户统计范围的户数，并依每户平均 5.4 口计算，则宣和六年约有 2340 万户，计 12600 万人。[①]

北宋末年爆发的靖康之乱，造成了人口的锐减。待南宋建立后，其疆域限定于淮河以南地区，而淮河以北则为金朝所有。与北宋相比，南宋领土大为缩减。在这种情况下，绍兴五年（1135），南宋约有 1086 万户，共 5650 万人；绍兴三十二年（1162），南宋约有 1240 万户，共 6450 万人。至嘉定十六年（1223），南宋全境约有 1450 万户，加上 7% 未列入主客户统计范围的户数，南宋全境约有 1550 万户，按户均 5.2 人算，计 8060 万人。而原北宋统治的北方地区有 730 万户，按户均 6 人计，则共有人口 4380 万人。[②]

在宋代全国人口迅速增长的大背景下，南方人口亦得到长足发展。再者唐末五代战乱时期，南方相对和平，这成为南方人口得以持续增长的一个重要原因。宋代建立后，因唐末五代北方战乱而南方相对和平所造成的北南方人口增长速度的差异，不仅未能由于北方和平重建而得到改变，反因北方自然环境加速向不良方面转化而加剧。太平兴国年间（976—984）到元丰三年（1080），南方户数增长速度大大快于北方，南方人口占全国人口比重由 60.8% 上升至 65.9%。[③]

这种人口增长趋势，亦体现在杭州、秀州各个时期之中。咸淳《临安志》载述了杭州不同时期户口增损的变化情形："陈置钱塘，隋改杭州。户一万五千三百八十。唐贞观中，户三万五千七十一，口一十五万三千七百二十九。唐开元中，户八万六千二百五十八。皇朝《太平寰宇记》：钱塘户数，主六万一千六百八，客八千八百五十七。《九域志》：主一十六万四千二百九十三，客三万八千五百二十三。《中兴两朝国史》：户二十万五千三百六十九。乾道《志》：户二十六万一千六百九十二，口五十五万二千六百七。淳祐《志》：主客户三十八万一千三百三十五，口七十六万七千七百三十九。今主客户三十九万一千二百五十九，口一百二十四万七百六十。"[④] 据此可知，隋唐两代杭州人口业已出现较大幅度的

---

① 吴松弟：《中国人口史》第 3 卷《辽宋金元时期》，复旦大学出版社，2000 年，第 349-352 页。
② 吴松弟：《中国人口史》第 3 卷《辽宋金元时期》，复旦大学出版社，2000 年，第 359-366 页。
③ 吴松弟：《中国移民史》第 4 卷《辽宋金元时期》，福建人民出版社，1997 年，第 166-167 页。
④ （宋）潜说友：咸淳《临安志》杭州出版社，2009 年，第 1013 页。

增长，宋代统治时期更是表现出极为明显的增长态势。在宋代之时，杭州户口除宋初因战乱等原因导致少于唐开元户之外，其他时期人口均呈现出极速增长的态势，至咸淳年间（1265—1274），男丁口数已达 124 余万。

不仅如此，咸淳《临安志》详尽地罗列了杭州属县在宋代不同时期户口增损的具体情形：

钱塘县

乾道《志》：主客户四万六千五百二十一，口六万八千九百五十。

淳祐《志》：主客户四万七千六百三十一，口九万八千三百六十八。

今主客户八万七千七百一十五，口二十万三千五百五十一。

仁和县

乾道《志》：主客户五万七千五百四十八，口七万六千八百五十七。

淳祐《志》：主客户六万四千一百五，口二十二万二千一百二十一。

今主客户九万八千六百一十五，口二十二万八千四百九十五。

余杭县

乾道《志》：主客户一万九千八百一十七，口二万九千九百一十一。

淳祐《志》：主客户二万六千五百五十，口一十四万二百八十二。

今主客户二万六千五百八十一，口一十四万一千四百。

临安县

乾道《志》：主客户二万四千二百六十一，口四万四千七百四十三。

淳祐《志》：主客户二万五千六百五十一，口一十二万七千八百九十九。

今主客户二万五千九百七，口一十二万六千九百九十六。

放潜县

乾道《志》：主客户二万二百九十五，口四万六千二百九十二。

淳祐《志》：主客户二万七百五十一，口一十一万二千二百九十。

今主客户二万八百三，口一十一万一千九百七十。

富阳县

乾道《志》：主客户一万九千九百二十三，口三万六千一十七。

淳祐《志》：主客户三万六十三，口一十五万五千三百六十九。

今主客户二万九千九百八十五，口一十四万九千八百九十八。

新城县

乾道《志》：主客户一万二千四百八十三，口三万六百五十一。

淳祐《志》：主客户一万七千九百八，口八万七千五百二十八。

今主客户一万八千七十一，口七万九千八百一十六。

盐官县

乾道《志》：主客户五万八百三十一，口五万九千三百四十四。

淳祐《志》：主客户五万七千三百三，口一十四万五百二十七。

今主客户五万六千九百四，口一十三万九千八百七十。

昌化县

乾道《志》：主客户一万一十三，口一万四千三十三。

淳祐《志》：主客户一万二千七百九十四，口六万八千四百八十一。

今主客户一万三千六百七十八，口五万九千一百六十。[1]

    从上述记载来看，杭州诸属县人口整体上呈现出增长的态势。这说明，从他区涌入的人口、本地新生的人口不断得到增长。

    秀州人口数量情况："按《三朝国史》：户凡五万一千八百六十三。

---

① （宋）潜说友：咸淳《临安志》，杭州出版社，2009 年，第 1014–1016 页。

按《九域志》：主户凡一十三万九千一百三十七，客户无。旧经则云：主户四万九千八百五十九，主丁九万八千三百九十五。旧图则云：户一十六万三千四百一十五，口三十万二千八百八十五。今民数已蕃息矣，兹非生聚涵育之明效欤。”①

文献记载了浙江沿海诸州的人口数量。《太平寰宇记》载北宋初期各州的人口数量为“杭州户：唐开元户八万六千二百五十八。皇朝户主六万一千六百八，客八千八百五十七；秀州户：皇朝户主客二万三千五十二；越州户：唐开元户六万四千一百。皇朝主客五万六千四百九十一；明州户：唐开元户四万二千二百。皇朝户主一万八百七十八，客户一万六千八百三；台州户：唐开元户二万一千。皇朝户主一万七千四百九十九，客一万四千四百四十二；温州户：唐开元户一万六千一百。皇朝户主一万六千八十二，客二万四千六百五十八”②。至元丰年间（1078—1085），诸州人口数量变为“杭州户：主一十六万四千二百九十三，客三万八千五百二十三；越州户：主一十五万二千五百八十五，客三百三十七；明州户：主五万七千八百七十四，客五万七千三百三十四；温州户：主八万四百八十九，客四万一千四百二十七；台州户：主一十二万四百八十一，客二万五千二百三十二；秀州户：主一十三万九千一百三十七，客无”③。至崇宁年间（1102—1106），人口数量情形为“嘉兴府（秀州）：崇宁户一十二万二千八百一十三，口二十二万八千六百七十六。临安府（杭州）：崇宁户二十万三千五百七十四，口二十九六千六百一十五。绍兴府（越州）：崇宁户二十七万九千三百六，口三十六万七千三百九十。庆元府（明州）：崇宁户一十一万六千一百四十，口二十二万二十七。瑞安府（温州）：崇宁户一十一万九千六百四十，口二十六万二千七百一十。台州：崇宁户一十五万六千七百九十二，口三十五万一千九百五十五”④。

现代学者则根据人口学的方法，计算出了浙江诸州不同时期的户数及其

---

① （元）单庆、徐硕修纂，嘉兴地方志办公室编校：至元《嘉禾志》，上海古籍出版社，2010 年，第 49 页。

② （宋）乐史著，王文楚等点校：《太平寰宇记》，中华书局，2007 年，第 1862-1976 页。

③ （宋）王存著，王文楚等点校：《元丰九域志》，中华书局，1984 年，第 207-220 页。

④ （元）脱脱等：《宋史》卷 88《地理四》，中华书局，1977 年，第 2174-2176 页。

增长率。具体如下：北宋太平兴国五年（980）、元丰元年（1078）、崇宁元年
（1102），秀州的户数分别为23052、139137、122813，太平兴国五年至元丰元
年的年平均增长率为18.5%、元丰元年至崇年元年的年平均增长率为-5.2%；
杭州上述三个时间段的户数分别为70457、202816、203574，年平均增长率为
10.8%、0.2%；越州上述三个时间段的户数分别为56491、152922、279306，年
平均增长率为10%、13%；明州上述三个时间段的户数依次为27681、115208、
116140，年平均增长率为14.7%、0.4%；台州上述三个时间段户数分别为
31941、145713、156792，年平均增长率为15.6%、3.1%；温州上述三个时间段
户数依次为40740、111916、119640，年平均增长率为11.2%、0.8%。明州政
和六年（1116）的户数为123692，年平均增长率为4.6%。台州大观三年（1109）
的户数为243000，年平均增长率为65%。[①]

　　根据上述不同时期浙江人口数量变化情况，可知该地区人口总体上呈现出
不断增长的态势。更为重要的是，浙江客户较多。宋代主要根据对土地占有情
况，将全国居民分为主户与客户两大类。主户是指拥有土地，并承担国家赋税
的人；客户是没有土地，也不直接承担赋税的人。可以说，主客户之间的比值
反映出该地区的土地占有情况，客户多则说明该区土地数量相对较少，而客户
少则说明该区土地相对较多。从浙江主客户之间的比值来看，浙江人口与土地
之间存在较大的矛盾。各地之间主客户所占比例不尽相同，也说明了各地人口
土地矛盾存在不同。

　　人口密度也是反映人口与土地之间占有情况的重要参考数据。学者的研究
表明，元丰年间（1078—1085）两浙路的人口为1878950户，人口密度为15.38
户/平方公里，仅次于成都府路的17.03户/平方公里；到了崇宁年间（1102—
1106），两浙路户数为1975041户，每平方公里户数增至16.09户，仅次于成都
府路的17.39户。[②]日本学者斯波义信对浙东地区的越州、明州人口密度进行
了研究，指出越州（绍兴府）面积9975平方公里，980年、1010年、1080年、
1102年、1279年的人口密度分别为每平方公里28人、94人、77人、140人、

① 吴松弟：《中国人口史》第3卷《辽宋金元时期》，复旦大学出版社，2000年，第465-468页。
② 胡道修：《宋代人口的分布和变迁》，载中国社会科学院历史研究所宋辽金元史研究室：《宋辽金史论
丛》第2辑，中华书局，1991年，第105页。

137 人；明州面积为 7117 平方公里，980 年、1080 年、1102 年、1199 年的人口密度分别为每平方公里 20 人、81 人、82 人、96 人。[①] 韩茂莉研究得出的越州、明州同时期的人口密度则要大于斯波义信所列数字，具体数字为：越州 1080年、1102 年的人口密度为每平方公里 83.2 人、152 人，明州 1080 年、1102 年、1169 年、1190 年的人口密度为每平方公里 107.2 人、108 人、126.6 人、141 人。[②]两位学者在越州、明州人口密度的具体数字上存有不同，但均显示两州的人口密度整体上呈现出日趋增长的态势。

还有学者以温州为例说明了人口增长的具体情形。宋代温州山区开发尚未达到较高水平，人口主要集聚在温州平原，其人口密度远高于温州的平均人口密度。淳熙年间（1174—1189），温州平原的人口密度，由北宋崇宁元年（1102）的每平方公里 340 人增加到 421 人，嘉熙年间（1237—1240）又增加到 480 人，景炎元年（1276）更是达到 525 人。[③]

另外，吴松弟研究了浙江地区在北宋太平兴国五年（980）、元丰元年（1078）、崇宁元年（1102）、南宋中后期的人口密度。具体情况为：杭州分别为每平方公里 9.6 户、27.7 户、27.8 户、52 户；秀州分别为每平方公里 3.6 户、21.9 户、19.3 户（南宋中后期人口密度未列）；越州分别为每平方公里 7 户、18.9 户、34.5 户、34 户；明州分别为每平方公里 5.8 户、24 户、24.2 户、29.2 户；台州分别为每平方公里 2.9 户、13.3 户、14.4 户、23.9 户；温州分别为 3.7 户、11 户、10.8 户、15.3 户。[④]

他的研究成果印证了斯波义信、韩茂莉提出的越州、明州自北宋至南宋人口密度不断增长的观点，同时言明杭州、秀州、台州、温州的情形亦是如此，表明整个浙江地区在两宋时期的人口密度处于持续增大的态势。

北宋元丰年间（1078—1085）两浙路的人口密度比太平兴国时期增长了 2倍以上，一跃成为全国人口密度最高的地区。北宋中后期，两浙路已经出现人稠地狭的矛盾。嘉定十六年（1223），浙江地区人口密度远高于同时期南方地区

① ［日］斯波义信著，方健、何忠礼译：《宋代江南经济史研究》，江苏人民出版社，2000 年，第 155 页。
② 韩茂莉：《宋代农业地理》，山西古籍出版社，1993 年，第 96—99 页。
③ 吴松弟：《宋元以后温州山麓平原的生存环境与地域观念》，载中国地理学会历史地理专业委员会《历史地理》编辑委员会：《历史地理》33 辑，上海人民出版社，2016 年，第 70—71 页。
④ 吴松弟：《中国人口史》第 3 卷《辽宋金元时期》，复旦大学出版社，2000 年，第 474-475 页。

的平均人口密度。浙江是南方区域中人口密度最高的，绍兴十三年（1143）起，人口密度已经是南方平均人口密度的两倍以上。庆元二年（1196），两浙路转运副使赵师奏："管下台州黄岩县比之天台、仙居、宁海诸邑，地界广阔，户口繁多，几及一倍，词讼纷纭，税赋浩瀚，素号难治。"① 绍兴三十年（1160），昌国县因"户部员外郎沈麟编类民籍，户计万余，而丁口再倍，诏升望县"②。人口的大规模增长，势必给土地、环境的承载力造成巨大压力。

在生产力有限的宋代，每平方公里人口约二三十人，甚至更多，是相当有压力的。③ 陈桥驿指出，北宋元丰年间（1078—1085），浙江的户数占到全国总户数的 10.5%。④ 程民生亦认为，北宋时期两浙地区户数占到全国的 10% 左右。其研究表明，降至南宋，两浙地区的户数占到全国的 20% 左右。⑤ 两浙路的面积仅为 122770 平方公里。⑥ 以此论之，两浙地区的人口密度不可谓不大，大大超出全国平均水平，元丰年间的人口密度为每平方公里 72.5 人，土地垦殖率为 31%。可以说，两浙路人口密度、土地垦殖率均位于全国前列，土地垦殖率高的地方，既是人口密集区，也是耕作技艺与生产工具相对先进的地区，同时也是农业生产发达的地区。⑦

浙江地区人口密度不断增长的趋势，与移民的持续迁入有着紧密的关联。两浙地区自晚唐以来一直是北方移民的主要迁居之地。靖康之乱发生后，北方移民更是大规模涌入南方，浙江地区成为重要接纳地，"建炎之后，江、浙、湖、湘、闽、广，西北流寓之人遍满"⑧，"平江、常、润、湖、杭、明、越，号为士大夫渊薮，天下贤俊，多避地于此"⑨。中央政府曾在越州驻跸一年零八个月时间，其时正值北方移民跟随宋高宗逃难于此，有些移民便定居下来。宋廷迁都临安后，越州成为三辅之地，一部分宗室、皇亲国戚居住于此，皇陵亦于

---

① （清）徐松辑，刘琳等点校：《宋会要辑稿·职官四八》，上海古籍出版社，2014 年，第 4343 页。
② （宋）罗濬：宝庆《四明志》，杭州出版社，2009 年，第 3525 页。
③ 郑学檬：《中国古代经济重心南移和唐宋江南经济研究》，岳麓书社，1996 年，第 27 页。
④ 陈桥驿：《浙江古代粮食种植业的发展》，《中国农史》，1981 年第 1 期。
⑤ 程民生：《简论宋代两浙人口数量》，《浙江学刊》，2002 年第 1 期。
⑥ 胡道修：《宋代人口的分布和变迁》，载中国社会科学院历史研究所宋辽金元史研究室：《宋辽金史论丛》第 2 辑，中华书局，1991 年，第 105 页。
⑦ 韩茂莉：《宋代农业地理》，山西古籍出版社，1993 年，第 27-29 页。
⑧ （宋）庄绰著，萧鲁阳点校：《鸡肋编》，中华书局，1983 年，第 36 页。
⑨ （宋）李心传著，胡坤点校：《建炎以来系年要录》，中华书局，2013 年，第 471 页。

此地选建，其地位由此变得十分重要。北来的一些士大夫亦于此地留居，越州人陆游曾言："予少时犹及见赵、魏、秦、晋、齐、鲁士大大之渡江者。"[①] 位于临安经越州、明州通往福建滨海交通线上的台、温二州接纳了无法随宋高宗下海的宗子、百官、卫士及张俊所率军士，这些人中的大部分居住于温、台州，而台州移民多属宗室、大臣。[②] 宋代移都临安后，临安由此成为人口汇聚地，"圣朝驻跸势日隆，民聚五方真众大"[③]。

南宋两浙路和江南东路的建康府、宁国府、太平州、池州、徽州、广德军，既是南方经济最发达的地区，又是首都所在，与作为大部分北方移民必经之地和移民重要迁出地的淮南仅一江之隔，涌入移民最多。[④] 随着战乱的结束，社会恢复稳定，经济持续发展，吸引着北方等地民众大量涌入，两浙路人口大幅增加，"四方之民云集二浙，百倍常时"[⑤]。其时，北方、福建等地居民涌入浙江地区，"渡江之民，溢于道路"[⑥]，"中原士民，扶携南渡，不知其几千万人"[⑦]。明州历年进士人数及其籍贯，自建炎二年（1128）至开庆元年（1259）共有 713 名，其中 155 人为北方迁入或者祖籍北方，约占总数的 21.7%。[⑧] 如若考虑南宋中后期一些北方人后裔已经不再使用北方籍贯，该比重还要更高。[⑨]

移民在明州分布较广，除交通便利的州县外，僻远的象山、昌国等亦有移民迁居。[⑩] 大中祥符四年（1011），山阴、会稽两县人口不过 5 万人，到南宋嘉泰元年（1201），人口就迅速增加到约 12 万人，人口增加了 1.4 倍。[⑪] "民聚而多莫如浙东、西，瑞安非大邑而聚尤多。"[⑫] 温州人多地少现象出现时间要晚于福建沿海地区，故部分福建人将温州选为迁居之地，主要分布在北起玉环南到

---

① （宋）陆游著，马亚中、涂小马校注：《渭南文集校注》卷 34《杨夫人墓志铭》，浙江古籍出版社，2015 年，第 347 页。
② 吴松弟：《北方移民与南宋社会变迁》，文津出版社，1993 年，第 58 页。
③ （宋）潜说友：咸淳《临安志》，杭州出版社，2009 年，第 743 页。
④ 吴松弟：《北方移民与南宋社会变迁》，文津出版社，1993 年，第 46 页。
⑤ （宋）李心传著，胡坤点校：《建炎以来系年要录》，中华书局，2013 年，第 3005 页。
⑥ （清）徐松辑，刘琳等点校：《宋会要辑稿·食货五九》，上海古籍出版社，2014 年，第 7389 页。
⑦ （宋）李心传著，胡坤点校：《建炎以来系年要录》，中华书局，2013 年，第 1644 页。
⑧ （宋）罗濬：宝庆《四明志》，杭州出版社，2009 年，第 3281-3323 页。
⑨ 吴松弟：《北方移民与南宋社会变迁》，文津出版社，1993 年，第 55 页。
⑩ 陆敏珍：《唐宋时期明州区域社会经济研究》，上海古籍出版社，2007 年，第 37 页。
⑪ 陈桥驿：《古代鉴湖兴废与山会平原农田水利》，《地理学报》，1962 年第 3 期。
⑫ （宋）叶适著，刘公纯、王孝鱼、李哲夫点校：《叶适集》，中华书局，2010 年，第 162 页。

平阳的各县。<sup>①</sup>今天瑞安沿海各区的郑、林、詹、杨、任、翁、池、缪诸姓者，以及永嘉、乐清、平阳、玉环、青田等地人口，主要是乾道大海啸后自福建迁来的，成为大潮灾后温州平原再开发的主要力量之一。<sup>②</sup>大批移民涌入浙江地区，致使粮食供给日趋紧张，对土地的需求随之急剧上升。

明州定海县的人口、土地变化，为我们考察浙江地区人地矛盾演化提供了例证。戴栩《浣川集》记述了中兴前后定海县七乡人口、土地变化情形："余尝以县籍考之，政和六年户一万六千二百二十六，口三万六千二百，垦田三千三百顷，盖国家极盛时也。中兴以来，休养生息，以迄于今，户视政和几增半之，口更逾昔数之半，而垦田所加才三十之二焉。"<sup>③</sup>若以每户五口计算，政和六年（1116）人均耕地约为 4 亩，南宋之时人均耕地下降至 2.9 亩，说明南宋时期定海县出现耕地承载人口过多的现象。又如嘉定年间（1208—1224），台州所属六县人口已达 133 万人，水田与旱田总计为 357.6 万亩，人均 2.69 亩。<sup>④</sup>这种土狭人稠情况当不限于定海、台州，而应是浙江地区普遍存在的情形。

由于人口压力过大，人稠地狭的浙江地区自南宋中期开始人口增长趋缓。<sup>⑤</sup>南宋中期浙江地区人口增长率放慢，主要是人稠地狭现象日益严重的结果。浙江所属的江南地区自北宋中期开始成为我国人口最为稠密的地区，这一格局在南宋时期不仅没有改变，反而随着人口的增多，人口密度不断加大。<sup>⑥</sup>一般来说，得到充分开发、已经进入人稠地狭阶段的人口增长率，总要低于尚在开发之中、人口压力尚不严重的阶段。<sup>⑦</sup>南宋时期，杭州城内外的皇族、官户、军人约有十六七万人，平民亦为十六七万人，再加上胥吏、应举与退休的士绅、僧道及商店、旅馆、手工业匠铺、运输业、金融业的经营者和从业人员，总人口当在 100 万人左右。<sup>⑧</sup>其人口压力辐射至周边地区，与之毗邻的浙江其他地

① 吴松弟：《中国移民史》第 4 卷《辽宋金元时期》，福建人民出版社，1997 年，第 209 页。

② 吴松弟：《1166 年的温州大海啸和沿海平原的再开发》，载复旦大学历史地理研究中心：《自然灾害与中国社会历史结构》，复旦大学出版社，2001 年，第 425–426 页。

③ （宋）戴栩：《浣川集》卷 5《定海七乡图记》，台湾商务印书馆，1986 年，第 723–724 页。

④ （宋）陈耆卿著，张全镇、吴茂云点校：嘉定《赤城志》，中国文史出版社，2008 年，第 155–157 页、第 180–182 页。

⑤ 王丽歌：《宋代人地关系研究》，河北大学博士学位论文，2014 年。

⑥ 吴松弟：《中国人口史》第 3 卷《辽宋金元时期》，复旦大学出版社，2000 年，第 480 页。

⑦ 吴松弟：《中国人口史》第 3 卷《辽宋金元时期》，复旦大学出版社，2000 年，第 482 页。

⑧ 〔日〕斯波义信著，方健、何忠礼译：《宋代江南经济史研究》，江苏人民出版社，2000 年，第 207 页。

区自然成为分解其压力的重要区域。

两浙地区民众对粮食的需求量极大，但当地粮食产量却不高，温、台等地粮食产量尤低。嘉熙年间（1237—1240），温州知州吴泳叙其地粮食紧张之形态为"窃以温州，负闽带粤，在巨海极东，户口几二十万家，苗头仅四万余石。海物虽繁而地产薄，舶航欲聚而国力贫。考之职方，参之里谚，乃知总一岁所收，不敌浙西一邑之赋，举全州尽熟，不如苏、湖一顿之粥"①。当然，此说明显夸大了浙东与浙西之间的差距，但亦从侧面反映出浙东地区粮食产量较低的事实。

据《梦溪笔谈》载，"凡石者，以九十二斤②半为法"③，则2石为236.8斤。两宋之时，"十口之家，岁收百石，足供口食"④，一人一年约10石的口粮，即每人每年约需粮食1184斤。实际上，淳熙八年（1181），绍兴府"六县为田度二百万亩，每亩出米二石，计岁收四百余万"，"除上供及州用外，养百四十万之生齿，日计犹不能及二升之数"。⑤现代学者的研究证实了"每亩出米二石"的记载可信。⑥

南宋时期，明州的平均亩产量亦为2石，又《田父吟》言"一口日啖米二升"⑦，说明一人一日两升米是最基本的需求量。若以亩产2石计，浙江地区一户6口之家至少需耕地22亩才能维持最低生活水准，其中尚未包含应纳租额。⑧如以成年每天2升、未成年1升计算，3口成年全年口粮为21.6石，2口未成年7.2石，全家口粮共28.8石。⑨以此计算，则5口之家一年需要14.4亩田地，方可满足日常粮食所需。

综合上述两组数据，平均每人需要3亩左右的土地才能得以生存。前文定

① （宋）吴泳：《鹤林集》卷16《知温州到任谢表》，台湾商务印书馆，1986年，第155页。
② 宋代1斤为今1.28斤。参见吴慧：《宋元的度量衡》，《中国社会经济史研究》，1994年第1期。
③ （宋）沈括：《梦溪笔谈》，上海书店出版社，2003年，第15页。
④ （宋）司马光著，王根林点校：《司马光奏议》卷38《申明役法札子》，山西人民出版社，1986年，第419页。
⑤ （宋）朱熹著，刘永翔、朱幼文校点：《晦庵先生朱文公文集》卷16《奏救荒事宜状》，上海古籍出版社、安徽教育出版社，2010年，第763页。
⑥ 葛金芳：《南宋全史》（社会经济与对外贸易卷），上海古籍出版社，2012年，第265-266页。
⑦ （宋）方逢辰：《蛟峰集》卷6《田父吟》，台湾商务印书馆，1986年，第555页。
⑧ 陆敏珍：《唐宋时期明州区域社会经济研究》，上海古籍出版社，2007年，第57页。
⑨ 漆侠：《宋代经济史》，上海人民出版社，1987年，第377页。

海县北宋末期人均耕地数约为 4 亩，而南宋时期则减少至 2.9 亩。南宋时期的台州人均田地数为 2.69 亩。据此可推断，在情况较好的北宋时期田地也仅能维持日常生计，南宋时期则变得很严峻。后者已被多条史料所印证，其时的浙江地区远不能达到此标准。非但如此，民众更是不辞辛劳地四处开辟可耕之地。嘉定元年（1208）的温州土地开垦情形为"今之为生者，土以寸辟，稻以参种，水蹙而岸附，垅削而平处，一州之壤日以狭矣"①。嘉熙年间（1237—1240）的温州垦殖情形为"海滨广斥，其耕泽泽，无不耕之田矣。向也涂泥之地，宜植粳稻，罕种麰麦，今则弥川布垄，其苗濛濛，无不种之麦矣"②。说明温州人口密度过大，导致无地可耕，沿海滩涂、河岸地均被开发，不仅种植水稻，而且广种小麦。台州"负山滨海，沃土少而瘠地多，民生其间，转侧以谋衣食，寸壤以上，未有莱而不耕者也"③。奉化县"右山左海，土狭人稠，日以开辟为事。凡山巅水湄，有可耕者，累石堑土，高寻丈，而延袤数百尺，不以为劳"④。黄震更言："浙间无寸土不耕，田垄之上又种桑种菜。"⑤说明浙江成为全国垦田最盛的地区，沿海滩涂地带也普遍垦殖。⑥

不仅如此，浙东地区所产粮食常不能满足当地人之日常需求，只能从浙西地区运粮接济。绍兴府"地狭人稠，所产不足充用，稔岁亦资临郡，非若浙西米斛之多"⑦，发生饥荒的明州"乃出二十万缗，遣人入籴于浙西"⑧，台、温二州平时粮食略为不足，逢灾荒之年更是需要官府遣人往"浙西诸州丰熟去处般贩米粮"⑨。

北方人口大批南迁的同时，南方内部人口迁移也达到了相当规模。⑩随之

---

① （宋）叶适著，刘公纯、王孝鱼、李哲夫点校：《叶适集》，中华书局，2010 年，第 158 页。

② （宋）吴泳：《鹤林集》卷 39《温州劝农文》，台湾商务印书馆，1986 年，第 382 页。

③ （宋）陈耆卿著，张全镇、吴茂云点校：嘉定《赤城志》，中国文史出版社，2008 年，第 155 页。

④ （宋）罗濬：宝庆《四明志》，杭州出版社，2009 年，第 3408 页。

⑤ （宋）黄震著，张伟、何忠礼点校：《黄氏日抄》卷 78《咸淳八年春劝农文》，浙江大学出版社，2013 年，第 2222 页。

⑥ 方如金：《宋代两浙路的粮食生产及流通》，《历史研究》，1988 年第 4 期。

⑦ （宋）朱熹著，刘永翔、朱幼文校点：《晦庵先生朱文公文集》卷 16《奏救荒事宜状》，上海古籍出版社、安徽教育出版社，2010 年，第 763 页。

⑧ （宋）楼钥：《攻媿集》卷 86《皇伯祖太师崇宪靖王行状》，商务印书馆，1935 年，第 1170 页。

⑨ （清）徐松辑，刘琳等点校：《宋会要辑稿·食货六八》，上海古籍出版社，2014 年，第 7986 页。

⑩ 吴松弟：《中国移民史》第 4 卷《辽宋金元时期》，福建人民出版社，1997 年，第 8 页。

而来的便是耕地不足的问题日益尖锐，人地矛盾随之凸显。浙江地区人多地狭问题在宋孝宗以后变得更加严重。"夫吴、越之地，自钱氏时独不被兵，又以四十年都邑之盛，四方流徙尽集于千里之内，而衣冠贵人不知其几族，故以十五州之众当今天下之半。计其地不足以居其半，而米粟、布帛之值三倍于旧，鸡豚菜茹、樵薪之鬻五倍于旧，田宅之价十倍于旧，其便利上腴争取而不置者数十倍于旧"，"今两浙之下县，以三万户率者不数也。夫举天下之民未得其所，犹不足为意，而此一路之生聚，近在畿甸之间，十年之后，将何以救之乎"。① 承载如此众多的人口，便要求当地农业经济有相当程度的发展，最大限度地利用当地资源。② 因此之故，开发沿海滩涂成为时人的重要选择。

由于人们长期以来的生产、生活习惯，以及当时平原在自然地理、人文地理条件上均远比山区优越，故在人口压力下，离开平原进入山区的居民毕竟还是极少数，出现平原人满为患、山区仍地广人稀的现象。③ 因此之故，浙江山地垦殖发展缓慢，多限于局部开垦。人们仍然试图挖掘平原的潜力，耕作比较容易的沿海滩涂成为人们开发的重点之地。由于南宋迁都杭州，杭州、明州海外贸易发达，越州人口急剧增加，对尚未开拓土地的利用显得尤为迫切，浙江江河与海塘之间横向的低湿地，以及上虞、余姚两县沿海部分及萧山县中部平原均为可开发之地。④ 明州岁收米粮需供给定海水军，此促使百姓广开田土以应之，"盖他郡苗米多拨解总所，鄞独留以赡定海水军。总所者，遇歉岁蠲减可毋解，惟本府自催自给，民赋可蠲而军饷不可阙，岁侵则官病而民亦病，必常稔而后可"⑤。

人口是地区开发最基本的因素，人口密度的高低势必会影响到地区的开发。⑥ 同样，人口是最主要的生产力，其数量和质量在地域经济差异中起着重要作用。⑦ 正是因为浙江地区汇聚了规模庞大的人口，浙江沿海滩涂才能得到

---

①　（宋）叶适著，刘公纯、王孝鱼、李哲夫点校：《叶适集》，中华书局，2010 年，第 654 页。

②　葛金芳：《两宋东南沿海地区海洋发展路向论略》，《湖北大学学报》，2003 年第 3 期。

③　陈桥驿：《历史上浙江省的山地垦殖与山林破坏》，《中国社会科学》，1983 年第 4 期。

④　［日］斯波义信著，方健、何忠礼译：《宋代江南经济史研究》，江苏人民出版社，2000 年，第 576 页。

⑤　（宋）梅应发、刘锡：开庆《四明续志》，杭州出版社，2009 年，第 3634 页。

⑥　吴松弟：《宋代东南沿海丘陵地区的经济开发》，载本书编委会：《历史地理》第 7 辑，上海人民出版社，1990 年，第 17 页。

⑦　程民生：《宋代地域经济》，河南大学出版社，1992 年，第 54 页。

快速开发。浙江地区人口密度不断提高，导致耕地不足问题日渐凸显，且越来越严重，迫使当地居民对沿海滩涂进行开发，以求缓解生存生活困境。浙江沿海滩涂的开发还与浙江细民的习性有很大关联，浙江地区民户多以田产营生，[①]且性柔慧，善进取，急图利[②]。这些条件推动着沿海民众大力开发沿海滩涂。概言之，无论就其开发范围而言，还是就利用方式的多样化而论，宋代浙江沿海滩涂开发俱较前代有较大的发展。

南宋立都杭州（监安府）之后，杭州随即成为南宋时期全国重要的政治、经济中心。淳祐《临安志》曰："杭，大州也。自古号东南一都会，今又为行在所，业巨事丛。"[③]咸淳《临安志》则曰："临安为郡，在东南第一都会，湖山之胜，妙绝天下。承平盛时，风俗纯厚，狱讼稀少，视他州为乐土。……钱塘自绍兴车驾驻跸，民物繁盛，事夥责重，视古京兆，尝增置倅员，鼎峙关决。…… 六飞驻钱塘，民物益繁阜，府事日滋，故关决托于分任者为倅。……中兴驻跸，杭升天府"，"钱塘古都会，繁富甲于东南。高宗南巡，驻跸于兹，历三朝五十余年矣。民物百倍于旧。附郭二邑，事体浸重，他郡邑莫敢望"。[④]

在此情势之下，杭州成为各地人众辐辏之所，"大驾初驻跸临安，故都及四方士民商贾辐辏"[⑤]。咸淳《临安志》曰："国朝承平之时，四方之人以趋京邑为喜，盖士大夫则用功名进取系心，商贾则贪舟车南北之利，后生嬉戏则以纷华盛丽而悦，夷考其实，非南方比也。"[⑥]

综上所述，两宋时期随着经济重心的南移和浙江商品经济的发展，浙江人地之间的关系已呈紧张态势。浙江本地人口与外来人口的急剧膨胀更是激化了人地之间的固有矛盾。人稠地狭的现象日趋严重，导致浙江民众生计越发不易。在这种情势下，浙江民众将发展空间投向了开发难度不大的沿海滩涂这一场域，以求从海洋中获取生产生活资料，他们对海洋的依赖性随之不断增强。

① （清）徐松辑，刘琳等点校：《宋会要辑稿·食货一一》，上海古籍出版社，2014年，第6218页。
② （元）脱脱等：《宋史》卷88《地理四》，中华书局，1977年，第2177页。
③ （宋）施谔：淳祐《临安志》，杭州出版社，2009年，第88页。
④ （宋）潜说友：咸淳《临安志》，杭州出版社，2009年，第915-918页、第958页。
⑤ （宋）潜说友：咸淳《临安志》，杭州出版社，2009年，第1457页。
⑥ （宋）潜说友：咸淳《临安志》，杭州出版社，2009年，第1422页。

# 小　结

北宋之时，国家经济对东南地区的依赖性较强，南宋更是将统治中心、经济重心南移至两浙地区。作为畿辅之地的浙江，不可避免地成为国家索取财赋的重地。此外，浙江地区需要承担安顿日本、高丽使者与漂流人的费用，人民生产生活成本日渐提高，还要不时遭受各种灾害的侵袭，这共同导致浙江民众的财税重负。自北宋初期既已开始的移民迁居浙江活动，在南宋早中期达到高峰，更是加剧了浙江地区本已十分紧张的人地矛盾。

财税压力、人地矛盾，迫使浙江民众向沿海滩涂求食。随之而来的是，比山地更易开发的沿海滩涂，被浙江民众大规模地开发出来。开敞型岸段滩涂与开敞型岛屿滩涂是沿海民众的重要居所，成为宋代浙江民众开发的重点，盐货煎炼、滩涂围垦、海塘修筑等活动也主要发生在这些滩涂上，而半封闭港湾内的隐蔽型岸段滩涂与隐蔽型岛屿滩涂主要用于海物采捕、船只出海回舶停靠。

需要注意的是，与前代王朝不同，宋代的地缘政治、经济环境均发生了很大变化。其时，陆上丝绸之路先后为辽、西夏、金等王朝控制，通往中亚、西亚、欧洲的道路经常受阻。彼时，全国经济重心亦由北方移至南方，这成为两宋王朝开展多种海洋活动的内在驱动力。因此之故，两宋官府更为重视通向外部世界的海洋，实行相对积极的海洋政策，官民开展的海洋活动更具多样性。

正是在宋代中央政府相对积极的海洋政策的推动下，以及生产力发展、浙江财税压力变大、人地矛盾加剧诸因素的催动下，浙江滨海民众积极从事开发沿海滩涂的活动。

# 第三章 宋代浙江官民沿海滩涂开发的
# 具体形态及其影响

浙江沿海地区虽蕴含着丰富的滩涂资源，但受限于宋代官民对沿海滩涂资源的认知程度与时人开发沿海滩涂技术水平，当时官民开发沿海滩涂的活动主要从沿海滩涂围垦、海盐生产、海物采捕三个方面展开，并取得了较为丰硕的成果。这些成果对浙江官民向海洋发展的活动产生了重要影响。

## 第一节 民众沿海滩涂垦殖情形

两宋时期，在经济重心南移东倾、财赋税荷加重、北人南移等多重因素影响下，浙江地区进入快速开发阶段，特别是沿海地带获得了长足发展。随着人口的持续增长，人地矛盾日益凸显。在此情形下，围垦沿海滩涂成为浙江沿海居民解决人地矛盾的重要路径，此后沿海地区耕地大幅增加。

### 一、民众沿海滩涂围垦实际形态

位于海塘内侧的涂泛地区土质肥沃，适宜种植庄稼。濒海居民通过围垦沿海滩涂形成的田地被称作海涂田，亦称涂田、海田、洋田、沙田等。海涂田者，"乃海滨涂汛之地。有力之家，累土石为堤，以捍潮水。月日滋久，涂泥遂干，始得为田。或遇风潮暴作，土石有以罅之决，咸水冲入，则田复涂矣"①。在前代少见和未见的海涂田、海塘田，在宋代均已出现了。②鉴于此，笔

---

① （元）冯福京：大德《昌国州图志》，杭州出版社，2009年，第4753-4754页。
② 漆侠：《宋代经济史》，上海人民出版社，1987年，第101页。

者拟从浙江海涂田开垦情形、海涂田耕种两个方面，阐述有宋一代浙江沿海滩涂围垦的具体情况。

文献记载表明，浙江沿海滩涂围垦由不同群体完成。以此之故，此处依据海涂田开垦主体的不同，从普通民众、盐民、寺院僧侣三个群体出发分别论述浙江沿海滩涂围垦形态。

## （一）普通民众开垦的海涂田

浙江海岸带的平原岸段多分布于江河口的两侧，集中于甬江、椒江、瓯江、飞云江、鳌江口两岸。浙江海岸带的丘陵山地主要分布在象山港、三门湾、乐清湾沿岸及苍南县琵琶门以南之地，土地以丘陵山地为主，平原多由岬角海湾沉积充填形成，分布相对零散。岛屿岸段中，丘陵山地面积占有很大的比例。[①] 浙江地区由于山多地少的限制与沿海平原开发利用较晚，致使可耕地不多，直接导致唐代之前的农业还处在比较落后的状态。[②] 垦殖山地需要耗费大量的劳动力，而且存在气候条件不佳、肥料缺乏、产量较低等问题，导致整个宋代浙江山地垦殖发展比较缓慢，对山区属于有限度地开发。[③] 有研究者指出，温州山区的全面开发到明代才展开，[④] 浙江其他山区亦当于明代方获得全面开发。在此情势下，对沿海滩涂进行开发相对更加容易。[⑤]

浙江濒海地区长时间为海潮所冲击，因此而涨积了大量淤泥，故沿海滩涂资源极为丰富，这为民众的开发活动提供了必要条件。迨至两宋时期，在全国经济重心南移东倾、陆上丝绸之路受阻的情势下，浙江地区的海上交通和海外贸易渐兴并日益发达，这无疑成为浙江沿海地区逐渐得以开发的巨大推动力。随着北方移民的大量南迁及本区人口的持续增长，浙江农业开发向滨海地带及山区发展，大规模的围海造田工程不断涌现，沿海滩涂被大量垦殖，沿海平原

① 本书编委会：《浙江省海岸带和海涂资源综合调查报告》，海洋出版社，1988年，第260—261页。

② 吴松弟：《宋代东南沿海丘陵地区的经济开发》，载本书编委会：《历史地理》第7辑，上海人民出版社，1990年，第14页。

③ 陈桥驿：《历史上浙江省的山地垦殖与山林破坏》，《中国社会科学》，1983年第4期。

④ 吴松弟：《宋元以后温州山麓平原的生存环境与地域观念》，载本书编委会：《历史地理》第33辑，上海人民出版社，2016年，第69页。

⑤ 陈桥驿：《历史上浙江省的山地垦殖与山林破坏》，《中国社会科学》，1983年第4期。

成为本区的粮仓。① 在此背景下，浙江沿海滩涂得到充分开发，宋代因此成为浙江沿海平原开发的一个极为重要的时期。

翻检文献可知，沈括早在熙宁七年（1074）就已建议宋廷在浙江围垦沿海滩涂。其时，任检正中书刑房公事的沈括言："窃见两浙荒废隐占，遗利尚多，及温、台、明州以东海滩涂地，可以兴筑堤堰，围裹耕种，顷亩浩瀚，可以尽行根究修筑，收纳地利，将来应副水利，养雇人夫，及贴支吏禄，免致侵耗免役籍系省钱物。"② 宋廷令沈括选委官员办理此事，并立奖劝之法以闻。③ 这说明宋廷赞成沈括在浙江围垦沿海滩涂之法，并以奖劝之法激励民众大力开垦沿海滩涂地。正是缘于此，浙江沿海诸地的滩涂相继被民众围垦而成为海涂田。

秀州、杭州两地沿海滩涂围垦规模很大。绍兴二十八年（1158），宋廷诏谕："浙西、江东沙田芦场官户十顷，民户二十顷，以上并增纳租课，其余依旧。"④ 盐官县"沙田夏税钱，一百六十三贯四百二十文"⑤。据此可说明，浙西垦殖海涂田的规模已然不小。

明州近海属民亦积极从事沿海滩涂的开垦活动，其所垦海涂田数量较大，宋廷已经对海涂田进行征税。宋代以前，慈溪、余姚一带居民活动范围仅限于姚江平原。庆历七年（1047）筑浒山大古塘之后，其北属于杭州湾口南岸的沿海滩涂开始获得开发。⑥ 与此同时，随着定海县海塘的兴筑，塘内之地被辟为海涂田。开庆《四明续志》载："定海旧海塘田一千九十亩，每亩元纳米三斗，新海塘田二百四十五亩三十步，每亩元纳米二斗，两项共计一千三百三十五亩一角三十步，奉钧判合纳三斗者减免五升，只纳二斗五升；合纳二斗者减免五升，只纳一斗五升。续奉钧判，每硕折钱四十八贯文，仍以为定例。米计三百八硕七斗四升，共折钱一万四千八百一十九贯五百二十文十七界。"⑦ 廉布《修朝宗石碛记》载："象山县负山环海，垦山为田，终岁勤苦而常有菜色。县治东南洋有田四百余顷，盖邑人人生生之具，与岁时之征敛取足于此，故前人

① 杨国桢：《东溟水土：东南中国的海洋环境与经济开发》，江西高校出版社，2003 年，第 126-127 页。
② （清）徐松辑，刘琳等点校：《宋会要辑稿·食货七》，上海古籍出版社，2014 年，第 6130 页。
③ （清）徐松辑，刘琳等点校：《宋会要辑稿·食货七》，上海古籍出版社，2014 年，第 6130 页。
④ （宋）李心传著，胡坤点校：《建炎以来系年要录》，中华书局，2013 年，第 3443 页。
⑤ （宋）潜说友：咸淳《临安志》，杭州出版社，2009 年，第 1033 页。
⑥ 陈雄：《论隋唐宋元时期宁绍地区水利建设及其兴废》，《中国历史地理论丛》，1999 年第 1 期。
⑦ （宋）梅应发、刘锡：开庆《四明续志》，杭州出版社，2009 年，第 3669 页。

经理之甚备。"① 赵彦逾《重修朝宗石碶记》则言:"象之为邑,环海束山,为乡者三。负郭之南,豁然顷亩弥望,是谓县洋,赋入居邑之举。洋之丰荒,民所利病。"② 说明象山县海涂田取得了很大发展,沿海民众对其形成较强的依赖性。于是,象山县濒海民众交纳"海涂税钱一百五十贯三百五十文",其钱元纳庆元府,嘉定四年知庆元府王介截拨下县学养士。③

地处海中的昌国县,海涂田亦获得较大发展。宋人王存之言:"明之昌国,介居巨海之中,其民擅渔盐之利,其地瘠卤不宜于耕,故民多贫。民无常产,而又寺宇居十之一,以民之贫,分利之一以归于释氏,则愈贫矣。"④ 在此情况下,昌国县持续对沿海滩涂进行围垦。⑤ 开庆元年(1259),昌国县宜山开垦涂田共 680 亩 3 角 23 步,待开垦海涂田 300 亩。⑥ 昌国沿海民众所辟海涂田,在宋末之时有 216 顷 83 亩 2 角 69 步。⑦ 昌国县每亩海涂田纳官税 18 界 500 文。⑧

此外,奉化县民众也参与到沿海滩涂围垦活动之中,但其开垦规模较小。整个奉化县共有海涂田 69 亩 3 角 42 步,收租米 72 硕 9 斗。奉化县民张汝弼有海涂田 30 亩,租米 33 硕;周大伦有海涂田 39 亩 3 角 42 步,租米 39 硕 9 斗。⑨

唐代之时,台州、温州户口增长缓慢,导致经济开发远远落后于相邻地区;又因两州位置较为偏南,台州、温州因此成为两浙路开发较晚的地区。⑩ 这种情况在宋代发生了很大变化。史籍载述了台州农田开垦情形:"州负山滨海,沃土少而瘠地多,民生其间,转侧以谋衣食,寸壤以上,未有莱而不耕者也"⑪,"低田傍海仰依山"⑫,"台之为郡,负山并海,阪田陋薄,上下涂泥,侧耕

---

① (宋)张津:乾道《四明图经》,杭州出版社,2009 年,第 3002 页。
② (宋)张津:乾道《四明图经》,杭州出版社,2009 年,第 3003 页。
③ (宋)罗濬:宝庆《四明志》,杭州出版社,2009 年,第 3557 页。
④ (宋)张津:乾道《四明图经》,杭州出版社,2009 年,第 3001 页。
⑤ (宋)罗濬:宝庆《四明志》,杭州出版社,2009 年,第 3187 页。
⑥ (宋)罗濬:宝庆《四明志》,杭州出版社,2009 年,第 3613 页。
⑦ (元)冯福京:大德《昌国州图志》,杭州出版社,2009 年,第 4754 页。
⑧ (元)冯福京:大德《昌国州图志》,杭州出版社,2009 年,第 4754 页。
⑨ (宋)梅应发、刘锡:开庆《四明续志》,杭州出版社,2009 年,第 3664、3669 页。
⑩ 吴松弟:《宋代东南沿海丘陵地区的经济开发》,载中国地理学会历史地理专业委员会《历史地理》编委会:《历史地理》第 7 辑,上海人民出版社,1990 年,第 15、23 页。
⑪ (宋)陈耆卿著,张全镇、吴茂云点校:嘉定《赤城志》,中国文史出版社,2008 年,第 155 页。
⑫ (宋)陈耆卿著,张全镇、吴茂云点校:嘉定《赤城志》,中国文史出版社,2008 年,第 411 页。

危获，较计毫厘"①。宁宗时期，临海县有海涂田 24771 亩 52 步，黄岩县有海涂田 11811 亩 1 角 11 步，宁海县有海涂田 686 亩 3 角 24 步，而台州垦田总数为 262.8283 万亩，海涂田占比约为 1.42%。② 连临海县石莲洞下也辟有海涂田。③ 文献记载，温、台二州海涂田需要向宋廷交纳赋税。乾道二年（1166），度支郎中唐璨言："窃见温州四县并皆边海，今来人户田亩尽被海水冲荡，醎卤浸入土脉，未可耕种，及阙少牛具，不能遍耕，难令虚认苗税。"④ 明道二年（1033）"除明、温、台三州海蛤沙地民税"⑤，更是说明温、台二州的海涂田获得了较大发展。

文献记载了温州民众进行沿海滩涂围垦活动的情形。据徐谊《重修沙塘斗门记》记载，温州平阳县三乡"南西负山，北东遵海，为田四十万亩"⑥。宋廷派邵光"根括温、台等九县沙涂田千一百余顷"⑦。需要注意的是，此处所言沙涂田当属江涨沙田、河滩沙田、海涂田合称。

越州民众亦参与到沿海滩涂围垦活动中。他们在横亘于鉴湖和海塘中间的泛滥原地带推进定居，从而营造成盐田、水田。⑧ 余姚县上林海沙田 230 余亩为县府所得。⑨ 余姚民众经营海涂，开垦旷土，得田千六百亩有奇。⑩

综上可知，文献关于明州民众围垦海涂田的记载尤多，或可反映出其地沿海滩涂开发程度高，民众所辟海涂田范围广且规模大。相较之下，史书关于越州、台州、温州海涂田开垦情形的记载则不多，可能与三州沿海滩涂开垦范围不大且规模相对较小有关。

---

① （清）阮元：《两浙金石志》卷 8《大宋台州临海佛窟山昌国禅寺新开涂田记》，浙江古籍出版社，2012 年，第 188 页。

② （宋）陈耆卿著，张全镇、吴茂云点校：嘉定《赤城志》，中国文史出版社，2008 年，第 155—157 页。

③ （宋）陈耆卿著，张全镇、吴茂云点校：嘉定《赤城志》，中国文史出版社，2008 年，第 210 页。

④ （清）徐松辑，刘琳等点校：《宋会辑稿·食货五九》，上海古籍出版社，2014 年，第 7404 页。

⑤ （宋）李焘：《续资治通鉴长编》卷 111《仁宗》，中华书局，2004 年，第 2576 页。

⑥ （明）王瓒、蔡芳著，胡珠生校注：《弘治温州府志》卷 19，上海社会科学院出版社，2006 年，第 520 页。

⑦ （宋）李焘：《续资治通鉴长编》卷 248《神宗》，中华书局，2004 年，第 6061 页。

⑧ ［日］斯波义信著，方健、何忠礼译：《宋代江南经济史研究》，江苏人民出版社，2000 年，第 208—209 页。

⑨ （宋）楼钥：《攻媿集》卷 59《余姚县海堤记》，台湾商务印书馆，1986 年，第 50 页。

⑩ （宋）施宿等：嘉泰《会稽志》，杭州出版社，2009 年，第 1878 页。

### （二）盐民所有海涂田

唐贞元（785—805）后，随着海塘工程的兴建，越州沿海塘开辟了盐田。[1]降至宋代，朝廷将盐场濒海地土拨给盐户作为恒产。[2]越州所属石堰盐场及明州所辖鸣鹤、穿山、大嵩诸盐场的盐户均有亩数不等的海涂田，因其为盐户所有，故称作盐田。文献虽未完整载述浙江各盐场盐民海涂田占有情况，但在浙江茶盐司拨还盐户盐田、余姚与绍兴停门罚买盐户田产、争佃之时，却具体地记载了每户盐民所有海涂田情形，据此可以窥见浙江盐民海涂田开垦及占有之概貌。

现据《黄氏日抄》相关记载，列出上述事项涉及的盐户开垦以及占有海涂田的具体情况。浙江茶盐司拨到盐户田亩等具体情形如下：

石堰东场：吕元应田一十五亩一角。

石堰西场：张秀发田五十亩二十二步半；周之泽田四十三亩二角五十二步半；杨观国田二十一亩二角五十一步半；高楒田一百三十四亩三角五十九步半。

鸣鹤东场：陈梦令等田九十一亩一角十三步。

鸣鹤西场：张辛三等田三十亩二角。

穿山场：顾添田十七亩二角三步。

大嵩场：舒元乙娘等田三十五亩一角一十步；周之士、柳再五等佃大嵩场碶官塘一所。[3]

余姚、绍兴停门罚买到盐户田产有："李秀田三十亩五十八步四尺二寸五分；葛王秀田六十亩二角五十九步五尺五寸；徐秀田二十亩二角四十九

---

① ［日］斯波义信著，方健、何忠礼译：《宋代江南经济史研究》，江苏人民出版社，2000年，第576页。
② 谢俊：《两浙灶地之研究》，成文出版社有限公司、中文资料中心，1977年，第38697页。
③ （宋）黄震著，张伟、何忠礼点校：《黄氏日抄》卷80《还外扛雇募钱》，浙江大学出版社，2013年，第2253-2254页。

步四寸。"① 此外，浙江盐民争诉请佃的海涂田有三：一是"鸣鹤寨争佃涂地一百二十八亩一角一十六步"；二是"史府确院佃二百二十五亩一角五十六步"；三是"赵府沂王园佃九十五亩二十步"。②

综合上述，盐民所属海涂田亩数多少不等，少者 12 亩，多者可达 225 亩。这说明盐民开垦海涂田及占有海涂田，当与盐民等级、自身财产状况、具备的能力等密切相关。上中等盐户因其财产丰厚、能力强而开垦、占有亩数较多的盐田，而下等盐户受财产、能力所限，开垦及占有的海涂田并不多。

宋廷虑盐民无根着而致转徙，以法条形式规定盐户产业不许典卖。③ 虽然规定如此，实际情况却是"上岸水田典卖无余，而草荡麦地坐落停场者亦归豪右。间有上户以佃绍为名，初不煎盐，而止据其地"④。浙江盐场重视对盐田的耕种，台州盐场"每岁八月后即拆灶住煎，不妨农务"⑤。这条引文间接地表明，盐田属于盐户生产、生活的重要补充，故盐场住煎以兴农业，盐户由此可获得相对稳定的煎盐物资来源，完成朝廷规定的产盐课额。

### （三）寺院僧侣所属海涂田

据文献所载可知，地处明、台二州寺院僧人开垦出的海涂田数量较多，姑以此为例叙述僧人围垦沿海滩涂以及占有海涂田的具体情形。

据史籍载述，明州寺院僧众开垦海涂田，乃为养赡众寺徒。僧宗杲"尝募缘及卷衣盂，合缗钱数十万，筑海塘，创涂田，以养其徒，号般若庄，至今赖之"⑥。《大慈增掭涂田记》更是言明，"涂利之入，充厥储庤"，"裨厥用度"，"充厥备豫"。⑦《普慈禅院新丰庄开请涂田记》载述了昌国县普慈禅院开垦海涂田

① （宋）黄震著，张伟、何忠礼点校：《黄氏日抄》卷 80《还外扛雇募钱》，浙江大学出版社，2013 年，第 2254 页。
② （宋）黄震著，张伟、何忠礼点校：《黄氏日抄》卷 80《还外扛雇募钱》，浙江大学出版社，2013 年，第 2255 页。
③ （宋）黄震著，张伟、何忠礼点校：《黄氏日抄》卷 71《赴两浙盐事司禀议状》，浙江大学出版社，2013 年，第 2110 页。
④ （宋）黄震著，张伟、何忠礼点校：《黄氏日抄》卷 71《赴两浙盐事司禀议状》，浙江大学出版社，2013 年，第 2110 页。
⑤ （宋）陈耆卿著，张全镇、吴茂云点校：嘉定《赤城志》，中国文史出版社，2008 年，第 61 页。
⑥ （宋）罗濬：宝庆《四明志》，杭州出版社，2009 年，第 3277 页。
⑦ （宋）物初大观：《物初剩语》，载许红霞：《珍本宋集五种——日藏宋僧诗文集整理研究》，北京大学出版社，2013 年，第 719 页。

的情形："大观中，请海涂一段，地名富都乡白泉岙，岁得谷迁斛。自后荒芜不治，以故常住空阙，每有食不足之叹。一日，有头陀宗新等七人，开发道心，身任劳役，复治其田，凡历三年而后成。于是建石碶三间，圩岸二百丈，畚插耰锄之具毕备，岁无大水旱，得谷可以资其众①"。另僧物初大观所营"象邑新涂已成片段"②。

值得注意的是，明州出现势豪掠夺寺院海涂田，后经寺院多方诉讼而复归于寺院之事。据物初大观《太虚禅师塔铭》记载，太虚禅师"俄徙四明棲真，葺坏图新，规海涂成田以足伏腊。豪民敚攘嚚讼，乃冒寒暑，忘劳辱，控诉阅六载得直，根本不拔。馨糜已长，一毫无损于公储"③。明州还出现了一个新的情况，即原属何侍郎的12亩1角22步海涂田，辗转变为慈溪县永寿寺的田产。④

台州众僧侣亦开垦出了一定数量的海涂田。《大宋台州临海县佛窟山昌国禅院新开涂田记》记载了昌国禅院开垦海涂田的情形："台之为郡，负山并海，阪田陿薄，下上涂泥，侧耕危获，较计毫厘。以是富者无连阡陌，中人皆争寻常。惟海滨广斥之地，聚人力焉，以防止水趋。时如猛兽鸷鸟之发，收获如寇盗之至，或可以得大利，农之知此者多矣。"⑤另有史籍记载了台州寺院开垦海涂田的亩数，"亡僧新围高潮涂田"，其"田五百二十二亩有奇"，"潴水之所一百三十七亩有奇"。⑥

绍兴六年（1136），宋廷"诏诸路总领谕民投买户绝、没官、贼徒田舍及江涨沙田、海退泥田"⑦，表明海涂田业已成为田地的重要组成部分，故宋廷于诏书之中方会提及。

需要注意的是，兴修水利对浙江民众将沿海滩涂转变为良田起着重要作

① （宋）张津：乾道《四明图经》，杭州出版社，2009年，第3001页。
② （宋）物初大观：《物初剩语》，载许红霞：《珍本宋集五种——日藏宋僧诗文集整理研究》，北京大学出版社，2013年，第1024页。
③ （宋）物初大观：《物初剩语》，载许红霞：《珍本宋集五种——日藏宋僧诗文集整理研究》，北京大学出版社，2013年，第967-968页。
④ （宋）黄震著，张伟、何忠礼点校：《黄氏日抄》卷80《还外扛雇募钱》，浙江大学出版社，2013年，第2255页。
⑤ （清）阮元：《两浙金石志》卷8《大宋台州临海佛窟山昌国禅寺新开涂田记》，浙江古籍出版社，2012年，第188页。
⑥ （宋）林表民：《赤城集》卷6《周学增高涂田记》，台湾商务印书馆，1986年，第665页。
⑦ （元）脱脱等：《宋史》卷173《食货上一》，中华书局，1977年，第4191页。

用。苏轼曰："某为主上好兴水利，因作此诗，言'东海若知明主意，应教斥卤变桑田'，意言东海若知此意，当令斥卤地尽变桑田，此事之必不可成者，以讥兴水利之难成也。"①

沿海滩涂的自然淤涨为围垦提供了基础，而围垦设施改变了岸滩与海岸动力之间的自然平衡。为达到新的平衡，岸滩重新塑造剖面，导致淤积过程加速。换言之，滩涂淤涨与围垦活动之间是相互促进的。② 基于此，陈桥驿将民众开发、利用沿海滩涂视为宋代以来浙江扩充耕地的有效途径。③

## 二、浙江民众海涂田的耕种

潘万程依据沙田的发育程度，将其分为水沙、荒沙、熟沙三个阶段："水沙为最初成长之沙地，因潮住之升降，故涨设无定，抑且时有变迁，举凡未经筑围养淡之草沙、水沙、暗杀以及其他各种新涨之沙地均属之"；"荒沙为涨成较久，已经固定之沙地，此种沙地虽已筑围，然尚未从事开垦种植"；"熟沙系指开垦成熟，已经种植之沙地"。④

### （一）海涂田面临的问题及对策

在浙江沿海滩涂发育为熟沙之后，其地仍面临着两大问题。

1. 海涂田盐分较重，易遭受咸潮水倒灌，导致禾稼不丰

宋人称濒海之田为咸田，因其含盐较多，故其地瘠卤不宜于耕种。⑤《永嘉志》载："温居涂泥之卤，土薄艰植，民勤于力，而以力胜。"⑥ 昌国县情况尤为特殊，因其"在环海中，概管四乡一十九都，除富都一乡与本州连陆外，其余三乡都分俱各散在海洋，不比其他州县，止是一边靠海。所有涂田周围皆咸卤浸灌，民自备钵筑埭堤岸使涂为田。苟失时不修，堤岸崩漏，田复为涂"。⑦

现代学者将浙江滨海盐土分作三类：一类是滨海潮滩盐土亚类，广泛分布

---

① （宋）潜说友：咸淳《临安志》，杭州出版社，2009年，第1436页。
② 本书编委会：《浙江省海岸带和海涂资源综合调查报告》，海洋出版社，1988年，第328页。
③ 陈桥驿：《浙江古代粮食种植业的发展》，《中国农史》，1981年第1期。
④ 潘万程：《浙江沙田之研究》，成文出版社有限公司、中文资料中心，1977年，第36182页。
⑤ （宋）张津：乾道《四明图经》，杭州出版社，2009年，第3001页。
⑥ （宋）祝穆著，祝洙增订，施和金点校：《方舆胜览》卷9《瑞安府》，中华书局，2003年，第149页。
⑦ （元）冯福京：大德《昌国州图志》，杭州出版社，2009年，第4754页。

于海岸线外侧的潮间带内，地面高程处于高低潮位之间，土体受海水周期性的间歇浸淹，成土过程以积盐为主。二类是滨海盐土亚类，分布于岸线的内侧，多由潮滩盐土亚类经人工筑堤挡潮后形成。此类土体已经脱离了海水的浸渍，盐分在土体内因晴雨季节变化而频繁地上下移动，成土过程由积盐为主逐渐过渡为脱盐为主。本亚类土壤的地面植被稀少，剖面基本无层次发育。三类是滨海潮化盐土亚类，由滨海盐土类垦殖发育形成，广泛分布于沿海各地的岸线内侧。本亚类土壤以脱盐为主要成土过程，剖面层次略有发育。盐分在土体内的分布呈现上低下高的状态。[1]

浙江濒海民众应对滩涂盐碱化的对策主要有二。第一，种植耐盐植物，加速土地脱盐过程。挡潮后的滨海盐土，由于蒸发失水而干缩开裂，裂隙边沿的土体因淋洗强度大而较快淡化，一些耐盐的草类便沿着裂隙生长和蔓延，土壤的积盐强度随之逐渐减弱，脱盐强度不断提高，土壤脱盐强度超过积盐强度之时，土体进入以脱盐、脱钙为主要特征的发育阶段。[2]浙江海岸带广泛种植海涂草本、灌草丛、竹林及木麻黄等，这几种植物具有降低沿海滩涂盐分、脱碱的能力，既有利于海涂淤涨，又能促进围垦事业的发展。具体而言，盐地碱蓬、盐角草等使土壤有机质增加，盐分逐渐降低，土质由此获得改良；田青等灌草丛植被，对土壤脱盐与增肥、堤岸防护均有积极作用；芦竹和苦槛兰属于保护海塘的主力植被。[3]

浙江海涂地由于在挡潮后迅速得到垦殖，因此土壤的脱盐、脱钙过程大都是在垦殖条件下进行的，还伴随着旱作条件下的潮土化过程或种植水稻条件下的潴育化过程。实际上，土壤的脱盐、脱钙都是一个由上层到下层逐步脱除的过程。由于氯化物盐分的溶解度较高，因此脱除的速度较快，一般只需数年（砂质，种稻）至数十年（黏质，种旱作）的时间，而脱钙则需数百年。[4]

王祯《农书》描述了沿海滩涂逐渐脱降盐碱到可种植各类作物的过程。濒海之地"潮水所泛，沙泥积于岛屿，或垫溺盘曲，其顷亩多少不等，上有咸草

---

① 本书编委会：《浙江省海岸带和海涂资源综合调查报告》，海洋出版社，1988年，第188-189页。

② 本书编委会：《浙江省海岸带和海涂资源综合调查报告》，海洋出版社，1988年，第196页。

③ 本书编委会：《浙江省海岸带和海涂资源综合调查报告》，海洋出版社，1988年，第184页。

④ 本书编委会：《浙江省海岸带和海涂资源综合调查报告》，海洋出版社，1988年，第196页。

丛生，候有潮来，渐惹涂泥。初种水稗，斥卤既尽，可为稼田"①。正是由于浙江沿海滩涂上述多种类植物的种植，才使得滩涂盐分不断降低，土质因此开始成熟。这为浙江滨海民众开垦沿海滩涂准备了条件。

第二，引河、湖水灌溉海涂田，以冲刷盐分。刘炳《改建城隍庙碑记》载："况夫是邦田连阡陌，地濒斥卤，风潮荡潏之变间不免焉。"②据此可知，浙江沿海之田易为咸潮浸灌。因此之故，引入河水、湖水冲刷沿海田地成为滨海民众的必然选择。秀州"地势高而瘠土众，若岁差旱，则禾尽槁而人食贫矣。能备其患，然后可以议教。于是周眡四境，凡可以潴水溉田处，悉鸠众力以浚之。既而境内丰稔，民用给足"③。秀州辖县海盐，"海奠其东，水无源流，独藉官塘一带以灌十乡之农田。十日不雨，车戽之声一动则其涸可立而待，而又下通大湖，松江水倾注而去，犹居高屋之上建瓴水也。是以堰闸之设视他邑尤为急务"④。明州昌国县"近堤岸田亩与咸水为邻，止可种稗。其去堤岸稍远与山脚相接，方可种稻，若遇久旱，则咸气蒸郁，禾尽枯槁。设或久雨，则山水泛溢，禾尽淤没。惟雨水调匀，方可得熟，然后及其他州县下等所收之数。又兼本州别无淡水河港，其山水注下去处皆与潮通，咸水易以冲入。以此并无肥田"⑤。薛季宣载"温地不宜粳稻，常仰客米之给"⑥。相关文献亦记述了雨水对海涂田的重要性："三日不雨，沙田已龟坼"⑦，明州民田"并海斥卤，五日不雨则病"⑧。僧人物初大观《苦旱效昌黎体》亦言："五日不雨忧无麦，十日不雨忧无禾。十日五日亘无雨，奈此一晴半岁何。种不入土斯已矣，已种而槁还蹉跎。"⑨上述引文说明，淡水充沛与否，是海涂田能够获得丰稔的重要因素。

---

① （元）王祯著，王毓瑚校：《农书》，农业出版社，1981年，第192页。

② （元）单庆、徐硕修纂，嘉兴地方志办公室编校：至元《嘉禾志》，上海古籍出版社，2010年，第168页。

③ （元）单庆、徐硕修纂，嘉兴地方志办公室编校：至元《嘉禾志》，上海古籍出版社，2010年，第237页。

④ （元）单庆、徐硕修纂，嘉兴地方志办公室编校：至元《嘉禾志》，上海古籍出版社，2010年，第46页。

⑤ （元）冯福京：大德《昌国州图志》，杭州出版社，2009年，第4754页。

⑥ （宋）薛季宣：《艮斋先生薛常州浪语集》卷21《与王公明》，线装书局，2004年，第323页。

⑦ （宋）陈耆卿著，张全镇、吴茂云点校：嘉定《赤城志》，中国文史出版社，2008年，第403页。

⑧ （宋）罗濬：宝庆《四明志》，杭州出版社，2009年，第3364页。

⑨ 许红霞：《珍本宋集五种——日藏宋僧诗文集整理研究》，北京大学出版社，2013年，第538页。

　　鉴于雨水的不稳定性，浙江民众多引河、湖水灌溉海涂田。文献载述，在温岭黄岩平原，"昔人谓为釜底田，十岁率九荒，民或茭牧其中"①，迟至北宋元祐以后始大规模兴修水利，②生产条件得到明显改善；明州象山县"旧河灌溉上洋田六万亩、千丈河以灌下洋之田"③，明州"象山县濒海瘠卤，后来开东西两河，建立碶闸，获丰稔"④，台州"田皆边山濒海，旧有河泾堰闸，以时启闭，方得灌溉收成，无所损失"⑤。此外，滨海之人修筑塝、堤等拦挡海水，以阻止咸水对田地的浸入。"积石为碶，以却暴流、纳淡湖。既又自州之西隅，距北津，疏淀淤之旧，增卑培薄，以实故堤，而作闸于其南，拒所谓咸水。"⑥大德《昌国州图志》曰："民自备钵筑塝岸使涂为田。苟失时不修，堤岸崩漏，田复为涂。"⑦

　　2. 海涂田易被大风、海浪冲毁

　　由于海岸土壤沙质较多，虽被辟为农田，但遇到大浪很容易被冲毁，造成大片坍塌。度支郎中唐璘言："窃见温州四县并皆边海，今来人户田亩尽被海水冲荡，醎卤浸入土脉，未可耕种。"⑧大风、海潮会导致田里庄稼腐坏，"富阳余杭盐官新城诸暨淳安大雨水，溺死者众，圮田庐、市郭，首种皆腐"⑨。大风、海潮带来的更为严重的影响是会破坏大片农田。"两浙海风驾潮，害民田"，"台州大风水，坏田庐"，"绍兴府、秀州大风驾海潮，害稼。秋，明州飓风驾海潮，害稼"，"台州暴风雨驾海潮，坏田庐"。⑩"慈溪县大水，圮田庐，人多溺者……山阴县海败堤，漂民田数十里，斥地十万亩"⑪。定海"环县之东南北。山势盘旋，潮泥积淤，善经理之，皆可为田。稍失堤防，风潮冲击，则平田高

① （明）叶良佩：嘉靖《太平县志》，上海古籍出版社，1981年。
② 吴松弟：《宋代东南沿海丘陵地区的经济开发》，载本书编委会：《历史地理》第7辑，上海人民出版社，1990年，第23页。
③ （宋）罗濬：宝庆《四明志》，杭州出版社，2009年，第3564页。
④ （清）徐松辑，刘琳等点校：《宋会要辑稿·方域十六》，上海古籍出版社，2014年，第9608页。
⑤ （宋）朱熹著，刘永翔、朱幼文校点：《晦庵先生朱文公文集》卷18《奏历台州奉行事件状》，上海古籍出版社、安徽教育出版社，2010年，第814页。
⑥ （宋）张津：乾道《四明图经》，杭州出版社，2009年，第3009页。
⑦ （元）冯福京：大德《昌国州图志》，杭州出版社，2009年，第4754页。
⑧ （清）徐松辑，刘琳等点校：《宋会要辑稿·食货五九》，上海古籍出版社，2014年，第7404页。
⑨ （元）脱脱等：《宋史》卷61《五行一上》，中华书局，1977年，第1336页。
⑩ （元）脱脱等：《宋史》卷67《五行五》，中华书局，1977年，第1470-1471页。
⑪ （元）脱脱等：《宋史》卷61《五行一上》，中华书局，1977年，第1336页。

岸悉为水乡"①，温州瑞安"邑濒海，潮坏农田，筑塘以捍之"②。

有鉴于此，浙江沿海官民筑修海塘以使所辟海涂田免于台风、海潮等侵袭。有臣僚鉴于盐官海涂田屡为台风、海潮等损坏，而向上建言修筑坚固的海塘以抵御之。其言："盐官去海三十余里，旧无海患，县以盐灶颇盛，课利易登。去岁海水泛涨，湍激横冲，沙岸每一溃裂，常数十丈。日复一日，浸入卤地，芦洲港汊，荡为一壑。今闻潮势深入。逼近居民。万一春水骤涨，怒涛奔涌，海风佐之，则呼吸荡出，百里之民，宁不俱葬鱼腹乎？况京畿赤县，密迩都城。内有二十五里塘，直通长安闸，上彻临平，下接崇德，漕运往来，客船络绎，两岸田亩，无非沃壤。若海水径入于塘，不惟民田有碱水淹没之患，而裹河堤岸，亦将有溃裂之忧。乞下浙西诸司，条具筑捺之策，务使捍堤坚壮，土脉充实，不为怒潮所冲。"③其请为宁宗所允。位处浙西的杭州、秀州地势低平，尤其要注意防御海潮，"浙西地卑，常苦水涿，虽有沟河可以通海，惟时开导，则潮泥不得而堙之。虽有堤塘可以御患，惟时修固，则无摧坏……江南圩田、浙西河塘，大半隳废，失东南之大利"④。

宁绍平原海塘的修筑始于唐中期，历经五代和宋的连续修建方得完成。定海、慈溪利用当地小规模的堤堰和闸斗开垦了一些土地，绍兴府在浙东河以北、海塘以南的低湿地带修筑堰、闸而得到开拓。⑤为了排出城周边倒灌的咸潮水，明州在东钱湖周围与余姚江、甬江两岸修筑海塘，切断咸潮水倒灌路径，进而将低湿地辟为稻田。六朝以来，由于海水倒灌和水利工程的不够发达，明州所属江河流域被盐碱化，平原受到旱灾、洪水的困扰，农业生产只能利用周围山麓的陂塘以及湖水、河川的水源，小规模地分散进行。⑥唐代相继修筑仲夏堰、它山堰、行春碶、鸟金碶等，既可阻挡咸潮，又可在旱涝时调节淡水流量，明州耕地的开发逐步扩大。宋代承袭前代开挖的方针，开始于东钱湖四周建造碶闸以代替土堰，先后筑成前塘、中塘、后塘三条运河疏导湖水，并利用沿途碶

① （宋）罗濬：宝庆《四明志》，杭州出版社，2009年，第3505页。
② （宋）袁燮：《絜斋集》卷13《龙图阁学士通奉大夫尚书黄公行状》，商务印书馆，1935年，第209页。
③ （元）脱脱等：《宋史》卷97《河渠七》，中华书局，1977年，第2401页。
④ （宋）李焘：《续资治通鉴长编》卷143《仁宗》，中华书局，2004年，第3440页。
⑤ ［日］斯波义信著，方健、何忠礼译：《宋代江南经济史研究》，江苏人民出版社，2000年，第470页。
⑥ ［日］斯波义信著，方健、何忠礼译：《宋代江南经济史研究》，江苏人民出版社，2000年，第481页。

闸交替调节水位，同时也解决了海水倒灌而引发的水田盐碱化问题。[①]

东鉴湖水灌溉东部平原之后，经奉化江、甬江等，最终汇入东海。慈溪、余姚、定海等县沿海地带一直深受海潮导致的盐害之苦，北宋中期才得以解决。[②] 庆历七年（1047），余姚县沿岸修筑了海塘，鄞县令王安石于庆历年间在定海县城东面海边修筑了王公塘、穿山碶。[③] 余姚海堤，绵亘八乡，其袤百四十里。嘉泰《会稽志》言："深惟厥终，俾民蠲役，经营海涂，开垦旷土。总之，得田千六百亩有奇，乃建置海堤庄，用其租入，随时补葺，力不困下，而堤益固，自是岁省民夫十有二万。"[④] 淳熙十六年（1189），县令唐叔翰、水军统制王彦举等人在定海县城西北海岸修建了定海石塘。[⑤] 海塘的普遍修筑，使得浙江沿海地区不仅避免了咸潮径流带来的危害，而且近海涂地也得到了开发。随着海塘的修建，其内侧之地被改造为盐田和耕地。学者的相关研究表明，温瑞平原因宋代修筑的海塘等工程，围成江南海涂 10 万余亩。[⑥]

上述情形表明，沿海民众通过海塘将海涂田与大海相隔，在盐分被冲洗掉之后成为圩区内的稻区。从技术上讲，围田是护堤环绕的区域，一年中其高度有时会低于周围的水位。在长江下游的南岸，这种开垦方式很大程度上造就了江南地区。总体来看，新的沿海农田形成后，确因保护和维系而占用了其他资源，但也带来了很多经济利益。[⑦]

（二）海涂田开发的成果

浙江沿海民众通过各种措施改善了海涂田土壤，并取得了显著效果，数量颇巨的海涂田已具备耕种条件。浙江地处亚热带季风气候区，降水丰沛，几乎全年均为生长季，非常利于双季稻和亚热带经济作物、果木的生长。[⑧] 亚热带

① ［日］斯波义信著，方健、何忠礼译：《宋代江南经济史研究》，江苏人民出版社，2000 年，第 482 页。
② ［日］斯波义信著，方健、何忠礼译：《宋代江南经济史研究》，江苏人民出版社，2000 年，第 482 页。
③ 洪锡范：民国《镇海县志》，成文出版社有限公司，1983 年，第 423 页、第 446 页。
④ （宋）施宿等：嘉泰《会稽志》，杭州出版社，2009 年，第 1878 页。
⑤ （清）方观承：《两浙海塘通志》卷 3《历代兴修下》，浙江古籍出版社，2012 年，第 54 页。
⑥ 余锡平：《浙江沿海及海岛综合开发战略研究》（滩涂海岛卷），浙江人民出版社，2012 年，第 29 页。
⑦ ［英］伊懋可著，梅雪芹、毛利霞、王玉山译：《大象的退却：一部中国环境史》，江苏人民出版社，2014 年，第 26—27 页。
⑧ 吴松弟：《宋代东南沿海丘陵地区的经济开发》，载本书编委会：《历史地理》第 7 辑，上海人民出版社，1990 年，第 14 页。

气候影响下的浙江，夏季高温而多雨，沿海平原地区土壤较为肥沃，非常适合水稻的种植。正是受惠于这种优越的水热条件，浙江海涂田被沿海细民广泛耕种，农业由此获得长足发展。浙江沿海地区已经实行农业的多种经营，民众主要于海涂田种植稻、粟、麦、黍、菽等作物。

实际上，沿海盐碱地试种水稻在唐代已经开始。盐碱地的治理与引水灌溉紧密相连，引水灌溉可利用流水对濒海地区的盐渍地进行冲洗，从而降低土壤盐分。古人已经认识到水稻是一种比较耐盐碱的作物，因此选择在盐碱地种植水稻，濒海地区形成兴水利—治盐碱—种水稻的三位一体关系。[1] 早在宋真宗大中祥符五年（1012），占城稻就已被引入两浙地区，嘉定《赤城志》对此有详细记载，其文称占城稻"自占城国至，刈籼自刈至。大中祥符五年以淮浙徽旱，使于福建取种三万斛，分给种之，至今土俗谓之百日黄，是又其得之闽中者也"[2]。占城稻"粒小而谷无芒，不问肥瘠皆可种。……得米多，价廉，自中产以下皆食之"[3]。不仅如此，占城稻生长期短，耐寒耐旱，适合沿海易旱地区种植。[4] 自占城稻引入浙江沿海地区后，各区民众不断对其进行改良，由此形成了多个新品种。物初大观云："高田低田涨黄埃，早稻晚稻如束莎。"[5] 浙江沿海平原土壤适合水稻生长，加上水利工程的修建、技术的改良，宋代出现以中稻为主，包括早稻、占稻、晚稻等 14 个改良品种。[6] 由于占城稻生长周期短，时人据此培育出生长期为 80 日、100 日、120 日的多个早熟品种。[7] 明州水稻分作早禾、中禾、晚禾，"早禾以立秋成，中禾以处暑成。中最富，早次之。晚禾以八月成，视早益罕矣"[8]。

浙江海涂田始辟之后，盐碱度较高，"不宜粟麦而稻足"[9]。《方舆胜览》描

---

① 王利华：《徘徊在人与自然之间——中国生态环境史探索》，天津古籍出版社，2012 年，第 354-358 页。
② （宋）陈耆卿著，张全镇、吴茂云点校：嘉定《赤城志》，中国文史出版社，2008 年，第 381 页。
③ （宋）舒璘：《舒文靖集》卷下《与陈仓论常平》，台湾商务印书馆，1986 年，第 540 页。
④ 吴松弟：《宋代东南沿海丘陵地区的经济开发》，本书编委会：《历史地理》第 7 辑，上海人民出版社，1990 年，第 18 页。
⑤ 许红霞：《珍本宋集五种——日藏宋僧诗文集整理研究》，北京大学出版社，2013 年，第 538 页。
⑥ ［日］周藤吉之：《宋代經濟史研究》，東京大學出版會，1962 年，第 149 页。
⑦ （宋）吴泳：《鹤林集》卷 39《隆兴府劝农文》，台湾商务印书馆，1986 年，第 383 页。
⑧ （宋）罗濬：宝庆《四明志》，杭州出版社，2009 年，第 3174-3175 页。
⑨ （宋）祝穆著，祝洙增订，施和金点校：《方舆胜览》卷 9《瑞安府》，中华书局，2003 年，第 149 页。

述了秀州种稻的情形："惟秀介二大府，旁接三江，擅湖海鱼盐之利，号泽国秔稻之乡，土膏沃饶"，台州"海深山复，素称鱼稻之乡"。① 这种情况随着水稻的广泛种植而发生了很大的改变，海涂田盐碱度得到有效降低，其地逐渐适宜于小麦的种植。据开庆《四明续志》记载，明州民赵万二"种麦四片三亩二角，其地系官涂草荡"②。更为重要的是，宋廷已令两浙官员劝民种麦，并借民种粮助其耕种，"是岁连雨。下田被浸，诏两浙诸州军与常平司措置，再借种粮与下户播种，毋致失时。……凡有耕种失时者并令杂种，主毋分其地利，官毋取其秋苗，庶几农民得以续食"③。在官府的推动之下，浙江海涂田小麦种植得到快速发展。嘉熙年间（1237—1240），温州垦殖情形为"海滨广斥，其耕泽泽，无不耕之田矣。向也涂泥之地，宜植粳稻，罕种麰麦，今则弥川布垄，其苗蓁蓁，无不种之麦矣"④。慈溪县向头山涨涂"今尽为渔盐之地，已成畎亩者，禾黍菽麦弥望"⑤。说明在浙江沿海之地，不仅小麦得到广泛种植，粟、黍、菽亦被普遍种植。值得一提的是，涂田是与拦海堤堰相辅相成的土地利用方式，沿海民众普遍掌握了涂田地带稻、麦两熟水旱轮作技术。⑥

需要注意的是，自然条件对宋代浙江的田土收成具有重要影响。在浙江，浙西土壤相对丰腴，但水旱对其影响亦甚大。文献记载："勘会浙西七州军，冬春积水，不种早稻，及五六月水退，方插晚秧，又遭干旱，早晚俱损，高下并伤，民之艰食，无甚今岁。见今米斗九十足钱，小民方冬已有饥者。两浙水乡，种麦绝少，来岁之熟，指秋为期，而熟不熟又未可知，深恐来年春夏之交，必有饥馑盗贼之忧。"⑦ 这种情况也导致浙西常拖欠中央政府赋税。《续资治通鉴长编》载："淮南东、西诸郡累岁灾伤，近者十年，远者十五六年。今来夏田一熟，民于百死之中，微有生意，而监司争言催欠，使民反思凶年。怨嗟之气，必复致水旱。欲望圣慈救之于可救之前，莫待如浙西救之于不可救之后也。臣（苏轼）敢昧死请内降手诏云：'访闻淮浙积欠最多，累岁灾伤，流殍相

---

① （宋）祝穆著，祝洙增订，施和金点校：《方舆胜览》，中华书局，2003 年，第 69 页、第 145 页。
② （宋）梅应发、刘锡：开庆《四明续志》，杭州出版社，2009 年，第 3679 页。
③ （元）脱脱等：《宋史》卷 173《食货上一》，中华书局，1977 年，第 4176 页、第 4179 页。
④ （宋）吴泳：《鹤林集》卷 39《温州劝农文》，台湾商务印书馆，1986 年，第 382 页。
⑤ （宋）罗濬：宝庆《四明志》，杭州出版社，2009 年，第 3460 页。
⑥ 韩茂莉：《宋代农业地理》，山西古籍出版社，1993 年，第 114-115 页。
⑦ （宋）李焘：《续资治通鉴长编》卷 435《哲宗》，中华书局，2004 年，第 10494 页。

属。今来淮南始获一麦，浙西未保凶丰，应淮南东西、浙西诸般欠负，不问新旧，有无官本，并特与权住催理一年'使久困之民，稍知一饱之乐。"①

随着浙江民众不断改良海涂田土壤、筑塘堤卫护农田、发展多个水稻品种、农业多种经营等项活动开展，又与浙江地区民众素善精耕细作相结合，海涂田的产量因此得到较大增长。《耻堂存稿》详尽载述了浙江民众精耕细作的情形："浙人治田，比蜀中尤精，土膏既发，地力有余，深耕熟犁，壤细如面，故其种入土，坚致而不疏，苗既茂矣。大暑之时，决去其水，使日曝之，固其根，名曰靠田。根既固点，复车水入田，名曰还水，其劳如此。还水之后，苗日以盛，虽遇旱暵，可保无忧。其熟也，上田一亩收五、六石。"②所谓上田系指位于河流、湖泊近处的圩田，海涂田的产量难以与其比肩。但是，经过浙江民众的精耕细作，海涂田的产量得到了提高。淳熙八年（1181），绍兴府除余姚、上虞外，其他县每亩出米2石。③宋代浙江广兴水利，也是浙江海涂田能够多产的一个重要原因。《舆地纪胜》称越州"东渐于海，有陂湖灌溉之利，故时多顺成"④。浙江海涂田多仰湖水浇灌，"东七乡之田，钱湖溉之；其西七乡之田，水之注者，则此湖也。舟之通越者，皆由此湖"⑤。

现有研究同样认为南宋时期明州的平均亩产量为2石。⑥《梦溪笔谈》有载："凡石者，以九十二斤半为法。"⑦则2石为236.8斤。因此，浙江海涂田种植稻、粟、麦等的平均亩产量为236.8斤。文献记载，地处浙西的秀州在浙江沿海地区之中所拥有的平地面积居于前列，其地"负海控江，土为上腴，其鱼盐之饶，版图之盛，视他邑之不若也"，即便如此，秀州仍是"邑境滨海，土瘠民贫"，⑧印证了浙江海涂田产量确实不高。

究其产量不高的原因，乃是沿海平原不仅面积相对较小，在其形成之后

---

① （宋）李焘：《续资治通鉴长编》卷473《哲宗》，中华书局，2004年，第11297页。
② （宋）高斯得：《耻堂存稿》卷5《宁国府劝农文》，商务印书馆，1935年，第99页。
③ （宋）朱熹著，刘永翔、朱幼文校点：《晦庵先生朱文公文集》卷16《奏救荒事宜状》，上海古籍出版社、安徽教育出版社，2010年，第763页。
④ （宋）王象之著，李勇先点校：《舆地纪胜》，四川大学出版社，2005年，第602-603页。
⑤ （宋）祝穆著，祝洙增订，施和金点校：《方舆胜览》，中华书局，2003年，第122页。
⑥ 陆敏珍：《唐宋时期明州区域社会经济研究》，上海古籍出版社，2007年，第57页。
⑦ （宋）沈括：《梦溪笔谈》，上海书店出版社，2003年，第15页。
⑧ （元）单庆、徐硕修纂，嘉兴地方志办公室编校：至元《嘉禾志》，上海古籍出版社，2010年，第173页、第205-206页。

完成脱离盐碱状态至少需要半个世纪以上的时间，成为肥沃的土壤所费时间更长。由于缺乏纵深容易遭受强潮袭击，脱离盐碱化的时间自然会延长，一些淡化后受咸潮冲击的耕地往往还需要再次脱盐碱化。①

《宋史》记载了浙江向朝廷交纳米的数量："两浙、江、湖岁当发米四百六十九万斛，两浙一百五十万，江东九十三万，江西百二十六万，湖南六十五万，湖北三十五万。至是，欠百万斛有奇。乃诏临安、平江府及淮东西、湖广三计司，岁籴米百二十万斛：浙西凡籴十六万五千，湖广、淮东皆十五万。二十八年，除二浙以三十五万斛折钱，诸路纲米及籴场岁收四百五十二万斛。"②这段引文说明浙江属于宋代重要米粮产地，其中杭州、秀州又属主要的粮食供应之地。浙西一直属于全国重要粮食供应之地，"自皇朝一统，江南不稔则取之浙右，浙右不稔则取之淮南，故慢于农政，不复修举。……今江、浙之米，硕不下六七百文足至一贯者，比于当时，其贵十倍，民不得不困，国不得不虚矣。"③两浙提举司亦言："浙西民户富有物力，自浙以东多以田产营生。"④

浙江沿海地区由于斥卤较多而不利于粮食作物的种植，故粮食难以自给，这种现象在浙东濒海地区尤为突出。明州"一岁之入，非不足赡一邦之民也，而大家多闭籴，小民仰米浙东、浙西。歉则上下皇皇，劝分之令不行，州郡至取米于广以救荒"⑤。昌国县"田之近山者多旱干，近海者多斥卤，粳与糯咸不宜焉，则平土能有几何。故岁得上熟，仅可供州民数月之食，全藉浙右客艘之米济焉"⑥。然而，浙东沿海民众所食粮食严重依赖区外输入的局面，自南宋中期开始发生改变。庆元（1195—1200）前后，台州、温州开始向福建输出粮食。⑦由于黄岩县出谷最多，以致台州四县皆仰其所给，其米甚至陆运至新昌、嵊县

① 吴松弟：《宋元以后温州山麓平原的生存环境与地域观念》，载本书编委会：《历史地理》33辑，上海人民出版社，2016年，第72页。
② （元）脱脱等：《宋史》卷175《食货上三》，中华书局，1977年，第4249页。
③ （宋）李焘：《续资治通鉴长编》卷143《仁宗》，中华书局，2004年，第3440页。
④ （宋）李焘：《续资治通鉴长编》卷295《神宗》，中华书局，2004年，第7183页。
⑤ （宋）罗濬：宝庆《四明志》，杭州出版社，2009年，第3175页。
⑥ （元）冯福京：大德《昌国州图志》，杭州出版社，2009年，第4767页。
⑦ （宋）朱熹著，刘永翔、朱幼文校点：《晦庵先生朱文公文集》卷27《与林择之书》，上海古籍出版社、安徽教育出版社，2010年，第1187页。

贩卖。<sup>①</sup> 台、温二州对外输出粮食，标志着浙东沿海平原已基本得到治理。<sup>②</sup> 需要注意的是，虽然粮食基本可满足明州本地的消费，但是由于贫富分化加剧，富户囤积居奇和投机贩卖，小农和平民的日常粮食消费仍然不足，尚需从浙东、浙西甚至更加遥远的广南运输粮食以补给。<sup>③</sup>

综上所述，经过两宋 300 余年的垦殖，浙江沿海民众已经建立起较为完善的水利系统，沿海滩涂被辟为能够耕种的田地，该地区农业因此获得了较快发展。浙江沿海民众的这种垦殖活动对宋廷、当地官府与民众均有着重要影响：浙江沿海民众滩涂围垦活动，属于当地官府控制下的土地垦殖行为，宋廷据此增加了纳税土地，宋代税赋由此增多。对当地从事围垦活动的民众来讲，其生产生活空间得到拓展，生存压力得以减轻。整体来看，沿海滩涂作为一种资源被当地民众开发出来，不仅提高了沿海滩涂的利用水平，而且加强了濒海民众之间的互动。浙江民众的沿海滩涂垦殖，既促进了浙江沿海地区的经济增长，又缓解了当地人地之间的矛盾。

## 第二节　官民海盐生产实态

浙江沿海地区盐场在宋代获得了很大发展，或延用唐代既有盐场，或新创。国家招募民户入盐场进行食盐的煎炼工作，盐民逐步形成一整套食盐煎炼工序。

唐代之时，浙江地区已设有众多盐场。两宋时期，浙江更是迎来了盐场大发展时期，仅有少数盐场是在唐代已有盐场之上复建的，大多数属宋代新置，而其中的多数在北宋时期已然设立，南宋则集中在明州增设部分盐场。浙江各场煎盐法获得较大发展，形成了一套完整的煎炼工序，海盐生产规模得到扩大。

---

① （宋）朱熹著，刘永翔、朱幼文校点：《晦庵先生朱文公文集》卷 18《奏巡历至台州奉行事件状》，上海古籍出版社、安徽教育出版社，2010 年，第 814 页。
② 吴松弟：《宋代东南沿海丘陵地区的经济开发》，载本书编委会：《历史地理》第 7 辑，上海人民出版社，1990 年，第 23 页。
③ ［日］斯波义信著，方健、何忠礼译：《宋代江南经济史研究》，江苏人民出版社，2000 年，第 490 页。

## 一、浙江沿海地区的盐场

《宋史》曰："煮海为盐，曰京东、河北、两浙、淮南、福建、广南，凡六路。其鬻盐之地曰亭场，民曰亭户，或谓之灶户。户有盐丁，岁课入官，受钱或折租赋，皆无常数，两浙又役军士定课鬻焉。"[①]《舆地纪胜》将煎盐之业称作"东野编户，安熬波出素之业"[②]。

浙江濒海诸盐场，除越州钱清场水势稍淡，为六分，其余各场海水咸度属九至十分。又越、明、台、温诸州，可成盐的海水隈陬曲折之处颇多，故产盐盛于他处。[③]今人研究表明，由陆地径流为主形成的沿岸低盐水和外海高盐水的盛衰决定了浙江盐度的分布和变化。浙江冬夏表层盐度分布与岸线非常一致，不过存在夏季稠密、冬季稀疏的现象。无论冬夏，最低盐度总是出现在杭州湾南汇嘴附近，最高盐度则在浙江南部的东南海域，盐度值由北向南递增。这些特点与长江冲淡水冬朝南夏朝北，以及台湾暖流冬弱离岸、夏强逼岸紧密相连。[④]

因此，宋廷于浙江地区置有多处盐场，广布于近海之处，官方定名为支盐场。宋徽宗政和四年（1114），"建议者谓就场支盐，多有搭带，于是逐州置仓，置支盐官二员，其盐场并改作买纳盐场"[⑤]。此举将盐场的受纳盐户盐货、支付商人盐钞的功能分离，买纳盐场成为收购之所，而州仓接收买纳盐场转至盐货，再支发给商人。

### （一）秀州所置盐场

海盐县在宋之前，已经广布盐田，"海滨广斥，盐田相望。即海盐与盐官之地同也"[⑥]。至宋，秀州各地更是设有数量不等的盐场。

沙腰盐场，位于海盐县。宋立场于沙腰村，故名沙腰盐场。明道时（1032—1033）罢，景祐年间（1034—1038）复置，又分为海盐场，以海盐监兼管。[⑦]《小

① （元）脱脱等:《宋史》卷181《食货下三》，中华书局，1977年，第4426页。
② （宋）王象之著，李勇先点校:《舆地纪胜》，四川大学出版社，2005年，第669页。
③ （宋）方勺著，许沛藻、杨立扬点校:《泊宅编》，中华书局，1983年，第14页。
④ 本书编委会:《浙江省海岸带和海涂资源综合调查报告》，海洋出版社，1988年，第58—59页。
⑤ （宋）罗濬:宝庆《四明志》，杭州出版社，2009年，第3159页。
⑥ （宋）乐史著，王文楚等点校:《太平寰宇记》，中华书局，2007年，第1915页。
⑦ （清）延丰:《两浙盐法志》，浙江古籍出版社，2012年。

学记》载:"绍熙四年六月,修职郎、监秀州海盐县砂腰催煎场施耒记。"①

芦沥盐场,位于海盐县。东吴时已立场,其时名为南场。宋时更为今名。元祐八年（1093）,本路提刑卢适移新昌镇。②

鲍郎盐场,位于海盐县澉浦镇。大观年间（1107—1110）年前已经置场。盐场分东亭、南亭,东亭元五灶,南亭四灶。由于东亭人贫额重而南亭人多盘少,故盐场于嘉定十四年（1221）申明仓台,移东亭一盘过南亭,添作五舍,东亭则减作四舍。其所属九灶岁课三万五千六百多石。③咸平六年（1003）,"知县鲁肃简公宗道重开（蓝田浦）,特利于农,至名桥为思鲁桥,其浦为鲁公浦,面阔一丈七尺。绍熙三年,县令李直养重濬,又自蓝田庙开浦一十八里,至鲍郎盐场,以便盐运,以灌农田"④。

青墩盐场,位于华亭县。948—950年,吴越国始置青墩、袁部等盐场;宋仍延续其旧,隶属于秀州华亭县盐监,位于华亭县之青村镇;南宋绍熙年间（1190—1194）,青墩盐场改为青村盐场,隶华亭县茶盐分司。⑤

袁部盐场,一名袁浦,位于华亭县。宋时,其场廨位于华亭县之柘林。⑥

浦东盐场,位于华亭县。⑦

嘉兴监,"嘉兴监者,今秀州嘉兴县煎盐之所,宋升为监。后并为县,而隶秀州焉"⑧。

盐官县上管场盐场,"绍兴二十九年闰六月,盐官县雷震。先雷数日,上管场亭户顾德谦妻张氏,梦神人以宿生事责之"⑨。

---

① （元）单庆、徐硕修纂,嘉兴地方志办公室编校:至元《嘉禾志》,上海古籍出版社,2010年,第241页。

② （清）延丰:《两浙盐法志》,浙江古籍出版社,2012年。

③ （宋）常棠:绍定《澉水志》,杭州出版社,2009年,第6251页、第6268页。

④ （元）单庆、徐硕修纂,嘉兴地方志办公室编校:至元《嘉禾志》,上海古籍出版社,2010年,第36页。

⑤ 林振翰:《浙盐纪要》,商务印书馆,1925年,第31页。

⑥ 林振翰:《浙盐纪要》,商务印书馆,1925年,第31页。

⑦ （宋）王存著,王文楚等点校:《元丰九域志》,中华书局,1984年,第220页。

⑧ （元）单庆、徐硕修纂,嘉兴地方志办公室编校:至元《嘉禾志》,上海古籍出版社,2010年,第2页。

⑨ （宋）潜说友:咸淳《临安志》,杭州出版社,2009年,第1444页。

## （二）杭州所置盐场

《宋会要辑稿》载述，临安府钱塘县与绍兴府萧山县交界处建有钱塘西兴盐场。[1]《两浙盐法志》载，钱塘县设有杨村盐场，仁和县设有汤村盐场。[2]

仁和县盐场，"赭山，旧图经云：在仁和旧治东北六十五里。滨海产盐，有盐场"[3]。

岩门盐场，杭州城外前沙河"在菜市门外太平桥、外沙河北水陆寺前，入港可通汤镇、赭山、岩门盐场"[4]。

仁和县汤村镇设有买纳支盐厅。[5]

杭州盐事所包含仓、场两部分，具体如下：

仓

都盐仓　在艮山门外。

天宗仓　在天宗门里。

场

汤镇场　在汤镇。

仁和场　在汤镇。

许村场　在许村。

盐官场　在盐官。

南路场　在盐官。

茶槽场　在仁和县界端平桥。

钱塘场　在钱塘县界浮山。

① （清）徐松辑，刘琳等点校：《宋会要辑稿·食货二七》，上海古籍出版社，2014年，第6601页。
② （清）延丰：《两浙盐法志》，浙江古籍出版社，2012年。
③ （宋）施谔：淳祐《临安志》，杭州出版社，2009年，第144页。
④ （宋）潜说友：咸淳《临安志》，杭州出版社，2009年，第732页。
⑤ （宋）潜说友：咸淳《临安志》，杭州出版社，2009年，第962页。

　　　　新兴场　在盐官。

　　　　蜀山场　在许村。

　　　　岩门场　在许村。

　　　　上管场、下管场　并在盐官。

　　　　新兴以下五场，监、煎各一员，并摄官。[①]

### （三）越州所置盐场

　　唐代，越州有会稽东场、会稽西场、余姚场、怀远场、地新场。[②] 两宋时期盐场数量与唐时相当。

　　钱清盐场，隶山阴县。宋初已置，"在县西北五十里"[③]。

　　石堰盐场，隶余姚县。咸平年间（998—1003）置，北宋至南宋中期，石堰盐场分作东西两场。庆元初（1195），"置仓，设官监，后并东场于鸣鹤，而西场独存"[④]。

　　曹娥盐场，隶会稽县。熙宁年间（1068—1077）置，"在县东南七十里"[⑤]。

　　三江盐场，隶会稽县，熙宁年间（1068—1077）置。

　　西兴盐场，"外有西兴、钱清二场，系在绍兴府界"[⑥]。

### （四）明州所置盐场

　　鸣鹤盐场，位于慈溪县。咸平年间（998—1003）置，在"县西北六十里鸣鹤乡"[⑦]。

　　龙头盐场，位于定海县。开禧间（1205—1207）置，[⑧] 提举浙东茶盐章爕"乞就庆元府定海县龙头地名洪店创置盐场，每岁以一千八百八十四袋立额，

---

① （宋）施谔：淳祐《临安志》，杭州出版社，2009 年，第 975 页。

② （宋）施宿等：嘉泰《会稽志》，杭州出版社，2009 年，第 2069-2070 页。

③ （宋）施宿等：嘉泰《会稽志》，杭州出版社，2009 年，第 1912 页。

④ （清）方观承：《两浙海塘通志》卷 12《场灶》，浙江古籍出版社，2012 年，第 199 页。

⑤ （宋）施宿等：嘉泰《会稽志》，杭州出版社，2009 年，第 1909 页。

⑥ （宋）施谔：淳祐《临安志》，杭州出版社，2009 年，第 976 页。

⑦ （清）方观承：《两浙海塘通志》卷 12《场灶》，浙江古籍出版社，2012 年，第 199 页。

⑧ （清）方观承：《两浙海塘通志》卷 12《场灶》，浙江古籍出版社，2012 年，第 201 页。

辟差盐官"①，此请为宋廷准许。

清泉盐场，位于定海县"南十三里崇邱乡觉海院东"②。崇宁三年（1104）置，"去县治十里，南至布阵岭及清峙之孔墅岭，东北皆际海，北有招宝、金鸡二山对峙，海口水势纡回、旋绕，至抵宁波场界。因海波冲溢，迁内地煎烧聚额十五团，灶舍二百五十有七，后裁龙头，归并清泉，改名清龙"③。浙东提举司嘉定元年言："定海清泉场管下穿山、长山两场，立为正场，辟差监官，乞每岁各以三千袋为额。其元额四千九百八袋，令清泉场自行买运。"宋廷从之。④

穿山盐场，位于定海县。乾道年间（1165—1173）立，原为清泉子场，开禧二年（1206）改为正场。⑤盐场处海晏二都，去县九十里，至海一里。⑥

长山盐场，位于定海县"灵盐二都石㵲碶下，去县四十里"⑦。绍兴三年（1133），因"亭户以陟岭路遥"，而"率钱就长山买地置屋，号长山场，请清泉运盐官及时前来买纳"。⑧嘉定四年（1211），旧隶清泉盐场的长山盐场改为正场。

玉泉盐场，位于象山县东北三十里。绍兴初置，"有子场曰瑞龙，曰东村"⑨。创建之时，朝廷规定其盐户以"象山县抄札到私煎盐业人户"充之，可拘籍原有盐户，且"牒知县并所委官契勘减免，并入有力之家煎纳盐货"，更"不得一例拘籍住近良民"。⑩

玉女溪盐场，位于象山县南九十里。本玉泉子场，因监官往来迂远，分玉女溪为正场，以押袋为监官，催煎为玉泉监官监领瑞龙、东村二场。⑪

正监盐场，位于昌国县"东南一百八十步。唐曰富都，十监之一也，以丧乱废。皇朝端拱三年八月十五日复建。又有子场曰甬东"⑫。

---

① （清）徐松辑，刘琳等点校：《宋会要辑稿·食货二八》，上海古籍出版社，2014年，第6629页。
② （宋）罗濬：宝庆《四明志》，杭州出版社，2009年，第3501页。
③ （清）方观承：《两浙海塘通志》卷12《场灶》，浙江古籍出版社，2012年，第200页。
④ （清）徐松辑，刘琳等点校：《宋会要辑稿·食货二八》，上海古籍出版社，2014年，第6630页。
⑤ （宋）罗濬：宝庆《四明志》，杭州出版社，2009年，第3501页。
⑥ （清）方观承：《两浙海塘通志》卷12《场灶》，浙江古籍出版社，2012年，第201页。
⑦ （宋）罗濬：宝庆《四明志》，杭州出版社，2009年，第3501页。
⑧ （宋）罗濬：宝庆《四明志》，杭州出版社，2009年，第3215页。
⑨ （宋）罗濬：宝庆《四明志》，杭州出版社，2009年，第3559页。
⑩ （清）徐松辑，刘琳等点校：《宋会要辑稿·食货二六》，上海古籍出版社，2014年，第6561-6562页。
⑪ （宋）罗濬：宝庆《四明志》，杭州出版社，2009年，第3560页。
⑫ （宋）罗濬：宝庆《四明志》，杭州出版社，2009年，第3529页。

芦花盐场，位于昌国县"东十三里。本曰东监，为西监子场。其敖寓于谢浦，岁久勿治。淳熙十五年，监官鲍渭新之"①。嘉定四年（1211），提盐司差官相食，将其月额由二百二十袋增为三百袋，嘉定五年（1212）立为正场。②

岱山盐场，位于昌国县北"海中一百五十里。熙宁六年置"③。浙东提举司申："庆元府昌国县岱山、高南、亭子场，乞以每岁三千六百袋为额，辟差监官。"宋廷从之。④

高南亭盐场，位于昌国县，"高亭、南亭二甲元隶岱山场，相阻一岭，舟行则经大海，嘉定元年立为正场"⑤。

东江盐场，位于昌国县"东八里，有子场曰晓峰，在县西二十里"⑥。

大嵩盐场，位于鄞县，"宋置明州监"⑦。

定海晓峰盐场，"柳耆卿，监定海晓峰盐场"⑧。

### （五）台州所置盐场

于浦盐场，位于黄岩县东南七十里，东至海十里。⑨建于咸平三年（1000），嘉定时盐额隶温州。⑩

杜渎盐场，位于黄岩县"东北一百二十里，熙宁五年建"⑪。该场"东至大海十里。昔时，海水涨入，遂成沟浍，因以渎名，广袤数里，可溉田，民利之。宋熙宁五年置场于东洋鉴罗地方，傍桃渚"⑫。朝廷鉴于该盐场"支发不行。嘉定元年，拨隶本府（庆元府）盐场寄卖"⑬。

长亭盐场，在宁海县"东一百二十里。旧在港头，大观三年徙今地。今盐

① （宋）罗濬：宝庆《四明志》，杭州出版社，2009年，第3529页。
② （宋）罗濬：宝庆《四明志》，杭州出版社，2009年，第3215页。
③ （宋）罗濬：宝庆《四明志》，杭州出版社，2009年，第3529页。
④ （清）徐松辑，刘琳等点校：《宋会要辑稿·食货二八》，上海古籍出版社，2014年，第6630页。
⑤ （宋）罗濬：宝庆《四明志》，杭州出版社，2009年，第3529页。
⑥ （宋）罗濬：宝庆《四明志》，杭州出版社，2009年，第3529页。
⑦ （清）方观承：《两浙海塘通志》卷12《场灶》，浙江古籍出版社，2012年，第202页。
⑧ （宋）祝穆著，祝洙增订，施和金点校：《方舆胜览》，中华书局，2003年，123页。
⑨ （清）方观承：《两浙海塘通志》卷12《场灶》，浙江古籍出版社，2012年，第204页。
⑩ （宋）陈耆卿著，张全镇、吴茂云点校：嘉定《赤城志》，中国文史出版社，2008年，第62页。
⑪ （宋）陈耆卿著，张全镇、吴茂云点校：嘉定《赤城志》，中国文史出版社，2008年，第61页。
⑫ （清）方观承：《两浙海塘通志》卷12《场灶》，浙江古籍出版社，2012年，第204页。
⑬ （宋）罗濬：宝庆《四明志》，杭州出版社，2009年，第3215页。

额隶庆元府"①。

黄岩盐场，天圣年间（1023—1032）置，位于太平县之南。

临海县虽未设有盐场，但该县存有盐户，"石莲洞，在县东一百七十里。……每亭户煎煮，土人采捕，皆聚其旁焉"②。

### （六）温州所置盐场

密鹦盐场，位于乐清县玉环乡。太平兴国三年（978）置密鹦盐场，咸平三年（1000）改隶天富北监盐场。

永嘉盐场，位于永嘉县。原为唐代的永嘉监，宋于太平兴国三年（978）改为场。

双穗盐场，位于瑞安县，熙宁年间（1068—1077）置。

乐清盐场，位于乐清县，设于政和元年（1111）。南宋时，改置于西乡长林，盐场随之易名为长林盐场。

天富南、北盐场，位于平阳县，"先设于平阳县之东乡，宋乾道时，迁置十一都"③。

综合上述，浙江六州均置有盐场，明州所属盐场数量最多，其他五州（府）相差不大。在唐代已有基础上复建的盐场很少，大多为北宋新建，还有少部分为南宋所立，且位于明州境内。宋宁宗之时，对盐场进行了改革，一是将明州盐场特有且管理不便的子场升格为正场；二是将售卖不时的台州所属盐场盐额转隶于明州、温州，由后两者寄买。南宋更为重视浙江沿海盐场的发展，为此甚至于绍定元年（1228）"罢上虞、余姚海涂地创立盐灶"④。

## 二、浙江盐户煎盐之法

浙江盐场的制盐工序分为三段：取卤、验卤、煎炼。在实际煎炼过程中，各盐场根据海水咸度差异、潮汐不同、沙土分布不同等因素采用不同的煎盐方法。

提举两浙盐事卢秉对浙江沿海海水浓度及各盐场使用的煎盐之法有着重要

---

① （宋）陈耆卿著，张全镇、吴茂云点校：嘉定《赤城志》，中国文史出版社，2008年，第63页。
② （宋）陈耆卿著，张全镇、吴茂云点校：嘉定《赤城志》，中国文史出版社，2008年，第210页。
③ （清）方观承：《两浙海塘通志》卷12《场灶》，浙江古籍出版社，2012年，第206页。
④ （元）脱脱等：《宋史》卷182《食货下四》，中华书局，1977年，第4456页。

论述,其文称:"异时灶户鬻盐,与官为市,盐场不时偿其直,灶户益困。秉先请储发运司钱及杂钱百万缗以待偿,而诸场皆定分数:钱塘县杨村场上接睦、歙等州,与越州钱清场等,水势稍淡,以六分为额;杨村下接仁和之汤村为七分;盐官场为八分;并海而东为越州余姚县石堰场、明州慈溪县鸣鹤场皆九分;至岱山、昌国,又东南为温州双穗、南天富、北天富场为十分;盖其分数约得盐多寡而为之节。自岱山以及二天富炼以海水,所得为最多。由鸣鹤西南及汤村则刮碱淋卤,十得六七。盐官、汤村用铁盘,故盐色青白;杨村及钱清场织竹为盘,涂以石灰,故色少黄;石堰以东近海水咸,故虽用竹盘,而盐色尤白。"[1]

越州诸盐场及明、台、温部分盐场使用刮咸取卤法。慈溪鸣鹤场西南刮碱以淋卤,以分计之,十得六七。[2] 台州"属于浦者成于土,属杜渎者漉于沙"[3]。这些盐场使用的刮咸取卤法,要先将选作盐田的近海咸地,使用犁进行耕作,令其松软,以利于吸收海水中的盐分,"以海潮沃沙,暴日中,日将夕,刮碱聚而苫之。明日,又沃而暴之。如是五六日,乃淋碱取卤"[4]。

这种方法并不是直接刮取现成的咸土去淋卤,而是反复利用潮沃日晒来增加咸沙的含盐度,之后进行淋卤,可称其为晒沙法。[5]《太平寰宇记》详细记载了刮咸淋卤之法:"凡取卤煮盐,以雨晴为度,亭地干爽。先用人牛牵挟,刺刀取土,经宿铺草藉地,复牵爬车,聚所刺土于草上成溜,大者高二尺,方一丈以上。锹作卤井于溜侧,多以妇人、小丁执芦箕,名之为黄头,欱水灌浇,盖从其轻便。食顷,则卤流入井"[6]。曾于定海县晓峰盐场任盐官的柳永对此有生动的描述:"年年春夏潮盈浦,潮退刮泥成岛屿。风干日暴盐味加,始灌潮波溜成卤。"[7]与上述方法略有不同的是,永嘉县盐户采用取海水溉沙晒卤之法,"沿海皆沙涂,亭民取咸潮溉沙晒卤煮盐"[8]。

---

① (元)脱脱等:《宋史》卷182《食货下四》,中华书局,1977年,第4436页。
② (宋)方勺著,许沛藻、杨立扬点校:《泊宅编》,中华书局,1983年,第14页。
③ (宋)陈耆卿著,张全镇、吴茂云点校:嘉定《赤城志》,中国文史出版社,2008年,第382页。
④ (宋)施宿等:嘉泰《会稽志》,杭州出版社,2009年,第2068-2069页。
⑤ 郭正忠:《略论宋代海盐生产的技术进步——兼考〈熬波图〉的作者、时代与前身》,《浙江学刊》,1985年第4期。
⑥ (宋)乐史著,王文楚等点校:《太平寰宇记》卷130,中华书局,2007年,第2569页。
⑦ (宋)柳永:《鬻海歌》,载(元)郭荐:大德《昌国州图志》,杭州出版社,2009年,第4777页。
⑧ (明)王瓒、蔡芳编纂,胡珠生校注:弘治《温州府志》,上海社会科学出版社,2006年,第60页。

自明州岱山及温州天富南、北场皆取海水炼盐。[①]其法即海潮积卤法，在覆盖着茅草的卤坑上，浮积海滨咸沙，凭借潮汐的冲灌而自然淋漉，以求提高海卤含盐浓度，故咸沙、海水含盐度较高的明州、温州多采此法。[②]昌国县诸场"旧皆铁盘，取土于六月两汛之间，八月始起煎"[③]。淋卤是以海水浇灌咸土，以取卤水。

取卤之后，进入验卤阶段。越州验卤方法为："然后试以莲子。每用竹筒一枚，长二寸，取老硬石莲五枚，纳卤筒中。一二莲浮，或俱不浮，则卤薄不堪用，谓之退卤。莲子取其浮而直，若三莲浮，则卤成；四五莲浮，则卤成可用，谓之足莲卤，或谓之头卤。然石莲试以卤，取最后升者为足莲，足莲可验卤。有无足莲者，必借人已验莲卤较莲之轻重为之，然后为审。编竹为盘，盘中为百耳，以篾悬之，涂以石灰，才足受卤，燃烈焰中，卤不漏而盘不焦灼。一盘可煎二十过，淋下卤水，或以它水杂之，但识其旧痕，以饭甑箄隔之亦可，以他物则不可分矣"[④]。台州亦采用此法："择莲子重者用之。卤浮三莲、四莲，味重；五莲，尤重。莲子取其浮而直，若二莲直，或一直一横，即味差薄。若卤更薄，即莲沉于底，而煎盐不成。"[⑤]这种方法的技术特色有三：一是验卤用莲，须经严格的选择和鉴定；二是将足莲与竹筒一起制成小型的验卤器；三是划分并提高合格卤水的咸度标准。[⑥]

制取海盐的最后工序是煎炼，具体包括制作盐盘、装盘、输卤入盘、起火煎炼、皂角结盐、收盐伏火等步骤。浙江盐盘多属竹盘，钱清场"织竹为盘，涂以石灰，故色少黄，竹势不及铁，则黄色为嫩，青白为上色，墨即多卤，或有泥石，不宜久停"，而"石堰以东，虽用竹盘，而盐色尤白，以近海水咸故耳"。[⑦]煎炼食盐的具体过程为："卤浓碱淡未得闲，采樵深入无穷山。豹踪虎迹

---

[①]　（宋）方勺著，许沛藻、杨立扬点校：《泊宅编》，中华书局，1983年，第14页。

[②]　郭正忠：《略论宋代海盐生产的技术进步——兼考〈熬波图〉的作者、时代与前身》，《浙江学刊》，1985年第4期。

[③]　（宋）柳永：《鬻海歌》，载（元）郭荐：大德《昌国州图志》，杭州出版社，2009年，第4777页。

[④]　（宋）施宿等：嘉泰《会稽志》，杭州出版社，2009年，第2068-2069页。

[⑤]　（宋）姚宽著，孔凡礼点校：《西溪丛语》，中华书局，1993年，第61页。

[⑥]　郭正忠：《略论宋代海盐生产的技术进步——兼考〈熬波图〉的作者、时代与前身》，《浙江学刊》，1985年第4期。

[⑦]　（宋）方勺著，许沛藻、杨立扬点校：《泊宅编》，中华书局，1983年，第14页。

不敢避，朝阳出去夕阳还。船载肩擎未遑歇，投入巨灶炎炎热。晨烧暮烁堆积高，才得波涛变成雪。"[1] 淳熙初年后，煎盐法得到改进，未及七分的卤水亦可再淋，盐产量得以增加。

浙江诸盐场盐户在长期煎炼之中，不断进行摸索、创新，进而生成适宜于本场的食盐煎炼法。具体生产上，既存有趋同的一面，又有着相异之处。正因如此，浙江盐场产量在全国位居前列，成为两宋王朝倚重的产盐之所，也是朝廷财政收入的重要来源。

## 三、浙江沿海诸盐场产量与收益

东南沿海地区从事制盐的亭户数量当有五六万户，其中淮南和福建万户以下，两浙一至二万户，广南二万户左右。[2] 文献记载，盐官县"去海三十余里，旧无海患，县以盐灶颇盛，课利易登"[3]。王安石亦注意到这种情况，"近浙路盐额大增"[4]。

张纶任江淮制置发运副使之时，"盐课大亏，乃奏除通、泰、楚三州盐户宿负，官助其器用，盐入优与之直，由是岁增课数十万石"，受其影响，"复置盐场于杭、秀、海三州，岁入课又百五十万"。[5]

《宋史》详细胪列了浙江诸盐场煮盐数量："其在两浙曰杭州场，岁鬻七万七千余石，明州昌国东、西两监二十万一千余石，秀州场二十万八千余石，温州天富南北盐、密鹦永嘉二场，七万四千余石，台州黄岩监一万五千余石，以给本州及越、处、衢、婺州。天圣中，杭、秀、温、台、明中监一，温州又领场三，而一路岁课视旧减六万八千石，以给本路及江东之歙州。"[6]

关于浙江海盐价格、宋廷海盐收入，文献有载："诸路盐场废置，皆视其利之厚薄，价之赢缩，亦未尝有一定之制。末盐之直，斤至自四十七至八钱，有二十一等。至道三年，鬻钱总一百六十三万三千余贯。"[7] "东南盐利，视天下为

---

① （宋）柳永：《鬻海歌》，载（元）郭荐：大德《昌国州图志》，杭州出版社，2009年，第4777页。
② 郭正忠：《宋代盐业经济史》，人民出版社，1990年，第103—108页。
③ （元）脱脱等：《宋史》卷97《河渠七》，中华书局，1977年，第2401页。
④ （宋）李焘：《续资治通鉴长编》卷246《神宗》，中华书局，2004年，第6002页。
⑤ （元）脱脱等：《宋史》卷426《张纶传》，中华书局，1977年，第12695页。
⑥ （元）脱脱等：《宋史》卷182《食货下四》，中华书局，1977年，第4434—4435页。
⑦ （元）脱脱等：《宋史》卷181《食货下三》，中华书局，1977年，第4427页。

最厚。盐之入官，淮南、福建、两浙之温、台、明斤为钱四，杭、秀为钱六，广南为钱五。其出，视去盐道里远近而上下其估，利有全十倍者""而东南盐利厚，商旅皆愿得盐。"[1] 熙宁六年（1073），王安石言："两浙自去岁及今岁各半年间，所增盐课四十万，今又增及二十五万缗，而本路欲用四万募兵，增置巡检，甚便。"[2] 乾道六年（1170），户部侍郎叶衡奏："二浙课额一百九十七万余石，去年两务场卖浙盐二十万二千余袋，收钱五百一万二千余贯，而盐灶乃计二千四百余所。"[3] 端平二年（1235），都省言："淮、浙岁额盐九十七万四千余袋，近二三年积亏一百余万袋，民食贵盐，公私具病。"[4]

《续资治通鉴长编》记载了秀州所属海盐、华亭两盐场盐课收入："以太子中舍李余庆为殿中丞。余庆同判秀州，请置海盐、华亭两县盐场，至是，岁收缗钱七十八万七千，特迁之。"[5]

## 第三节　民众海物采捕活动

浙江地区过高的人口密度、有限的耕地资源，使得沿海民众更为广泛地利用丰裕的海洋资源，海物采捕成为其重要的生存方式。浙江濒海之地皆有民居住，"两浙海隩四畔皆渔业小民"[6]，环昌国、象山、定海三郡二三千里海隅皆有居民，[7] 昌国县"除富都乡九都与本州连陆外，其余三乡十二都并各散在海洋，止是小小山岛，并无膏腴田土其间。百姓仅靠捕鱼为活，别无买卖生理"[8]，甚至台州临海县东南一百六十里海中的轻盈山，亦有渔业者居住，[9] 昌国县沈家门"其上渔人樵客丛居十数家，就其中以大姓名之"[10]。

① （元）脱脱等：《宋史》卷 182《食货下四》，中华书局，1977 年，第 4438-4440 页。
② （宋）李焘：《续资治通鉴长编》卷 247《神宗》，中华书局，2004 年，第 6027 页。
③ （元）脱脱等：《宋史》卷 182《食货下四》，中华书局，1977 年，第 4454 页。
④ （元）脱脱等：《宋史》卷 182《食货下四》，中华书局，1977 年，第 4456 页。
⑤ （宋）李焘：《续资治通鉴长编》卷 104《仁宗》，中华书局，2004 年，第 2426 页。
⑥ （宋）梁克家：淳熙《三山志》卷 19《海口巡检》，台湾商务印书馆，1986 年，第 279 页。
⑦ （宋）吴潜：《宋特进左丞相许国公奏议》卷 4《条奏海道备御六事》，上海古籍出版社，2002 年，第 185 页。
⑧ （元）冯福京：大德《昌国州图志》，杭州出版社，2009 年，第 4756 页。
⑨ （宋）陈耆卿著，张全镇、吴茂云点校：嘉定《赤城志》，中国文史出版社，2008 年，第 206 页。
⑩ （宋）徐兢：《宣和奉使高丽图经》卷 34《沈家门》，台湾商务印书馆，1986 年，第 893 页。

海民所居之地，不适宜耕种，而近海之处鱼蟹虾蛤等尤多，故海物采捕成为其重要生业。浙江边海之地，"瘠卤不宜于耕，故民多贫"①，"土瘠民贫，虽竭力稼穑，仅支一岁之食。山乡悉事陆种，或遇水旱，艰食者多，罕事桑柘"②。因浙江属鱼盐所聚之处，故鱼盐资源颇为丰富，如秀州"水富鱼蟹"③；杭州出海蛤且所辖明珠浦"通浙江，生蚌珠"④；明州"富于稻蟹。鲜鱐错出"；台州"有海陆之饶。海深山复，素称鱼稻之乡"；温州"海育多于地产"，"地近海乡，颇富鱼盐之利"。⑤《舆地纪胜》述临安府"有鱼盐之货殖"⑥；庆元府"俗富于鱼盐蚌蛤"，"岁常有鱼盐之饶，人用足食"⑦；台州"鱼盐市井之饶"，"民业鱼盐之利"⑧。因此之故，"濒海之家，多藉鱼盐之利，然谨厚者出于天资，而浇薄者成于气习"⑨，"民趋渔业"⑩，"俗殷于渔盐蜃蛤"⑪，"并海民以鱼盐为业，用工省而得利厚"⑫。淳熙年间（1174—1189），担任温州知州的巩嵘言其地"以海濒逐末者众，首劝民务本业"。⑬

富于邑居之盛的秀州"鱼盐攸产，聚庸实繁"，"负海之氓，蒙赖其利"。⑭可以说，海物采捕活动是浙江沿海民众一项重要的生产活动。

浙江沿海民众乐于渔捕，往往饰网罟，即在浅海张网捕取海鱼。⑮文献记载："濒海小民，业网罟舟楫之利，出没波涛间，变化如神，习使然也。"⑯"海

---

① （宋）张津：乾道《四明图经》，杭州出版社，2009 年，第 3001 页。

② （明）王瓒、蔡芳编纂，胡珠生校注：弘治《温州府志》，上海社会科学院出版社，2006 年，第 13 页。

③ （元）单庆、徐硕修纂，嘉兴地方志办公室编校：至元《嘉禾志》，上海古籍出版社，2010 年，第 50 页。

④ （宋）乐史著，王文楚等点校：《太平寰宇记》，中华书局，2007 年，第 1863-1866 页。

⑤ （宋）祝穆著，祝洙增订，施和金点校：《方舆胜览》卷 9《瑞安府》，中华书局，2003 年，第 121-155 页。

⑥ （宋）王象之著，李勇先点校：《舆地纪胜》，四川大学出版社，2005 年，第 125 页。

⑦ （宋）王象之著，李勇先点校：《舆地纪胜》，四川大学出版社，2005 年，第 669-670 页。

⑧ （宋）王象之著，李勇先点校：《舆地纪胜》，四川大学出版社，2005 年，第 731 页。

⑨ （明）王瓒、蔡芳编纂，胡珠生校注：弘治《温州府志》，上海社会科学院出版社，2006 年，第 13 页。

⑩ （元）王元恭：至正《四明续志》，杭州出版社，2009 年，第 4568 页。

⑪ （宋）张津：乾道《四明图经》，杭州出版社，2009 年，第 3015 页。

⑫ （元）脱脱等：《宋史》卷 182《食货下四》，中华书局，1977 年，第 4441 页。

⑬ （宋）洪咨夔：《平斋集》卷 31《吏部巩公墓志铭》，台湾商务印书馆，1986 年，第 319 页。

⑭ （元）单庆、徐硕修纂，嘉兴地方志办公室编校：至元《嘉禾志》，上海古籍出版社，2010 年，第 253 页。

⑮ （清）徐松辑，刘琳等点校：《宋会要辑稿·刑法二》，上海古籍出版社，2014 年，第 8389 页。

⑯ （宋）罗濬：宝庆《四明志》，杭州出版社，2009 年，第 3408 页。

濒之民以网罟蒲赢之利而自业者，比于农圃焉。"① 温州永嘉县沿海皆沙涂，"鱼虾百利亦在焉。其取鱼也，有箆有簿，有网有缗"②。海盐县澉浦镇民网罗海中诸物以养生。③ 沿海居民捕鱼之地即为位于海洋和陆地过渡地带的潮间带滩涂，其地既是海水养殖的主要场所，也是小型渔具捕捞和民众进行自然采捕的区域。④

　　浙江各地业海者拥有大小不等、数量颇巨的渔船，明州 "八都共团结渔户船四百二十八只"，⑤ 台、明、温三郡船一丈以上 3833 只、一丈以下 15454 只。⑥ "一丈以下的船只主要用于近海捕捞海鱼。宋梅麓公扶登山有词云：看樯乌缥缈，帆归远浦，鏖鱼杂沓，网带余潮"。⑦ 明州定海县鲒埼镇倚山濒海，"居民环镇者数千家……习海者则冲冒波涛、绳营网罟，生齿颇多烟火相望，而并海数百里之人，凡有负贩者皆趋"⑧。宝庆《四明志》记载了明州濒海之民捕鱼的情形："三四月，业海人每以潮汛竞往采之，曰洋山鱼。舟人连七郡出洋取之者，多至百万艘。盐之可经年，谓之郎君鲞"，"春鱼，似石首而小，每春三月，业海人竞往取之，名曰捉春，不减洋山之盛。冬天簖中有者，曰簖春"。⑨

　　据此可知，两宋时期渔业捕捞多在近海进行，随潮水涨落，或出海捕捞，或在近岸滩涂捡拾虾、蟹、蚬、蛤等。其时，近岸滩涂成为越来越重要的资源。⑩

　　现有研究成果表明，位于潮下带的浅海水域是鱼、虾、蟹等海洋生物的产卵繁殖场及其稚幼期的索饵场，海岸带的浅海区则是海洋生物的生存场所，由此成为海洋捕捞的重要作业区。⑪ 南宋昌国县令王任之撰写的《隆教院重修佛殿记》载述了当时捕捞业的盛景："濒海者以鱼盐为生。其中捕网海物，残杀甚

① （宋）朱长文：《吴郡图经续志》卷上《物产》，商务印书馆，1939 年，第 5 页。

② （明）王瓒、蔡芳编纂，胡珠生校注：弘治《温州府志》，上海社会科学院出版社，2006 年，第 60 页。

③ （宋）常棠：绍定《澉水志》，杭州出版社，2009 年，第 6243 页。

④ 本书编委会：《浙江省海岸带和海涂资源综合调查报告》，海洋出版社，1988 年，第 246 页。

⑤ （宋）梅应发、刘锡：开庆《四明续志》，杭州出版社，2009 年，第 3676 页。

⑥ （宋）梅应发、刘锡：开庆《四明续志》，杭州出版社，2009 年，第 3689 页。

⑦ （元）袁桷：延祐《四明志》，杭州出版社，2009 年，第 4146 页。

⑧ （宋）吴潜：《宋特进左丞相许国公奏议》卷 3《奏禁私置团场以培植本根消弭盗贼》，上海古籍出版社，2002 年，第 177 页。

⑨ （宋）罗濬：宝庆《四明志》，杭州出版社，2009 年，第 3176 页。

⑩ 杨培娜：《从 "籍民入所" 到 "以舟系人"：明清华南沿海渔民管理机制的演变》，《历史研究》，2019 年第 3 期。

⑪ 本书编委会：《浙江省海岸带和海涂资源综合调查报告》，海洋出版社，1988 年，第 248 页。

多，腥污之气，溢于市井，涎壳之积，厚于丘山。"①

浙江设有收取海味的鱼鲞铺，部分为官员所置，他们以行政权力垄断海物市场，不容人户货买商人贩到的鲞鲑，最终却以低价贩般商旅运到的一船凡数百箪鲞鲑。②据文献记载，浙江海物捕捞获得极大发展，民众广食海物，杭州因此形成了多种专门进行海鲜买卖的市场。《东楼南望八韵》言："鹚带云帆动，鸥和雪浪翻。鱼盐聚为市，烟火起成村。"③杭州城内根据不同的海味而设有相对应的海货行，候潮门外设有鲜鱼行，余杭门外水冰桥头置有鱼行，崇新门外南土门处有蟹行，便门外浑水闸头处有鲞团（亦名南海行），皆四方物资所聚。④浙江地区渔民用海盐保鲜的办法将捕获的海物销至长江、浙江一带，"明越温台海鲜、鱼蟹、鲞腊等类，亦上潬通于江浙"⑤。其中运至杭州的海产品，由聚集于城南的鲞铺发售，其海物"产于温、台、四明等郡，城南浑水闸有团招客旅，鲞鱼聚集于此，城内外鲞铺不下一二百余家，皆就此上行合撮"⑥。浙江之人捕取鱼类之后，会将部分鲜鱼剖开晒干，以求持久保存食物，"附海之民，岁造鱼鲞"⑦。明州沿海制置使吴潜以"江蟹一千四十九个，郎君鱼五百六十五斤，石首鲞五百六十五斤，分犒戍所官兵"⑧。明州昌国县海产品拥有全国性的市场，鱼类除新鲜的在境内外销售外，还通过鲞、腊、鳔等加工形式，销往明州及以杭州为主的江浙淮市场，甚至更远的荆襄地区亦会贩卖明州所产鳔鲛。⑨

南宋时期，浙江沿海海岛渔业有了较快发展，张网作业兴起，捕捞规模扩大。鱼产量增加也导致了水产品加工业的兴起。渔民把腌制好的渔产品运到鄞县、镇海、上海、临安等地出售，海岛上因此也出现了鱼行、蟹行、鲞铺等。⑩

---

① （清）史致训、黄以周等编纂，柳和勇、詹亚园校点：《定海厅志》，上海古籍出版社，2011年，第781页。

② （宋）朱熹著，刘永翔、朱幼文校点：《晦庵先生朱文公文集》卷18《按唐仲友第三状》，上海古籍出版社、安徽教育出版社，2010年，第835-836页。

③ （宋）潜说友：咸淳《临安志》，杭州出版社，2009年，第945页。

④ （宋）潜说友：咸淳《临安志》，杭州出版社，2009年，第558页。

⑤ （宋）吴自牧：《梦粱录》卷12《江海船舰》，商务印书馆，1939年，第109页。

⑥ （宋）吴自牧：《梦粱录》卷16《鲞铺》，商务印书馆，1939年，第148页。

⑦ （元）冯福京：大德《昌国州图志》，杭州出版社，2009年，第4757页。

⑧ （宋）梅应发、刘锡：开庆《四明续志》，杭州出版社，2009年，第3694页。

⑨ ［日］斯波义信著，方健、何忠礼译：《宋代江南经济史研究》，江苏人民出版社，2000年，第491页。

⑩ 余锡平：《浙江沿海及海岛综合开发战略研究》（滩涂海岛卷），浙江人民出版社，2012年，第22页。

　　生长于近海、沿海滩涂的海物，濒海细民则多使用直接抓取的方式获取。在滩涂上捡拾采捕是沿海居民传统的自发生产活动。<sup>①</sup>越州常有蟹灾，"会稽往岁有蟹灾，小蟹无数相蚪，大如三斗器，随潮入浦，散入濒海诸乡，食稻为尽，螟蝗之害不加于此"<sup>②</sup>。水母大小不等，"形如覆帽而无口眼。今三江、斗门海浦潮退，人可拾取，常有虾寄其上"<sup>③</sup>。蛎房"附石而生，每潮来，则诸房皆开。有小虫入，则合之，以充腹。海人取之，皆凿房，以烈火逼开，挑取肉食之，自然甘美，更益人，美颜色，细肌肤，海族之最贵者也"<sup>④</sup>。明州业海人取章巨，"大者曰石拒。居石穴，人或取之，能以脚黏石拒人，故名"<sup>⑤</sup>。章巨"生海涂中，名望潮，身一二寸，足倍之，土人呼为涂蟢"，蟛（越）"见潮往来，出穴举螯迎之者名招潮。潮退徐行涂中者名摊涂"，土铁"生海涂中，梅月盛有。土人取之盈筐，涤去涎，然后盐浥之"。<sup>⑥</sup>阑胡，一名弹涂，"数千百万跳掷涂泥中。海妇挟畚取之，如拾芥"，生长于海边泥穴中的蟳蟀，"潮退，探取之，四时常有"。<sup>⑦</sup>生于海泥中的蚬、蛏子皆为海民拾取之物。<sup>⑧</sup>生长于泥中的鳅、海中石穴中的石帆，海民直接抓取之。<sup>⑨</sup>明州海苔、紫菜、海藻亦为海人常采之物，"苔，生海水中，如乱发。人采纳之窖，片片整之，俗呼曰苔脯。又，一等绿苔，干而作小束，谓之苔结，出象山"<sup>⑩</sup>。据此而言，近岸滩涂虾、蟹、蚬、蛤等物成为濒海细民的另一生计手段。<sup>⑪</sup>

　　宋代浙江沿海之民已开始海物养殖。明州濒海之人，取江珧"苗种于海涂，随长至口阔一二尺者为佳"，"蚶子，亦采苗种之海涂，谓之蚶田"。<sup>⑫</sup>又其

① 本书编委会：《浙江省海岸带和海涂资源综合调查报告》，海洋出版社，1988年，第255页。
② （宋）施宿等：嘉泰《会稽志》，杭州出版社，2009年，第2060页。
③ （宋）施宿等：嘉泰《会稽志》，杭州出版社，2009年，第2060页。
④ （宋）罗濬：宝庆《四明志》，杭州出版社，2009年，第3181页。
⑤ （宋）罗濬：宝庆《四明志》，杭州出版社，2009年，第3178页。
⑥ （元）王元恭：至正《四明续志》，杭州出版社，2009年，第4577–4580页。
⑦ （宋）罗濬：宝庆《四明志》，杭州出版社，2009年，第3179–3180页。
⑧ （宋）罗濬：宝庆《四明志》，杭州出版社，2009年，第3181页。
⑨ （宋）陈耆卿著，张全镇、吴茂云点校：嘉定《赤城志》，中国文史出版社，2008年，第396–397页。
⑩ （宋）罗濬：宝庆《四明志》，杭州出版社，2009年，第3175页。
⑪ 丛子明、李挺：《中国渔业史》，中国科学技术出版社，1993年，第58–61页。
⑫ （元）王元恭：至正《四明续志》，杭州出版社，2009年，第4579–4580页。

海民"遇秋时渔田之业潦，则以千人合教于郡三岁"①，据"蚶田"之意，可推测此处渔田当系指于海涂中养殖蚶类。每一潮生一晕的蛤，"海滨人以苗栽泥中，伺其长然后出"②。

浙江边海地区有着丰富的鱼类、虾类、蟹类、海藻等海物资源，如海盐所产海物有"勒、鳘、石首、海鲈、海鲻、蛏、蛤、梅鱼、蟢蚄、蝤蛑、蛎、青虾、白虾、黄虾、白蚬、水母、白蟹"③，明州土产有"紫菜、淡菜、鲒、蚶、青鲫、红虾鲊、大虾米、石首鱼"④。故浙江之民居近海之利，在与这些海物接触中，逐渐了解其习性，并逐步学会采捕海物之法。浙江濒海之人对海物的习性、价值、食用方法有深刻的认识，虾之"青者大如掌，土人珍之，以饷远……身尺余须亦二三尺曰虾王，不常有，皆产于海"，乌贼"骨名海缥，土人以元夕阴晴卜多寡云"⑤。"海鲈绝有大者，煮熟则韧，瀹以沸汤，亟取，乃脆美可食"，"石首鱼：土俗爱重，以为益人，虽乳妇在蓐，亦可食"，"鱼初出水能鸣，夜视有光。……明日询土人，乃知海鱼之常"。⑥"海虾捣泼生食，以案酒，殊俊快。"⑦"有海鲈，皮厚而肉脆，曰脆鲈，味极珍，邦人多重之。"⑧"鲻，今会稽濒海处皆有之，鱼之最美者。"⑨"鲻鱼，似鲤，生浅海中，著底，专食泥"，"虾，青者大如儿臂，土人珍之，多以饷远。梅熟时曰梅虾，蚕熟时曰蚕虾，状如蜈蚣而大者曰虾姑，身尺余，须亦二三尺，曰虾黄，不常有，皆产于海"，"鲎，海中每雌负雄，渔者必双得，以竹编为一甲鬻焉。牝者子如麻子，土人以为酱或鲊"，"蛏子，生海泥中，长二三寸，如大拇指。其肉甚肥，壳不足以容之，口常开不闭。时行病后不可食，切忌之。饭后食之佳"。⑩昌国县"海

① （宋）吴潜：《宋特进左丞相许国公奏议》卷4《条奏海道备御六事》，上海古籍出版社，2002年，第184页。
② （宋）陈耆卿著，张全镇、吴茂云点校：嘉定《赤城志》，中国文史出版社，2008年，第398页。
③ （元）单庆、徐硕修纂，嘉兴地方志办公室编校：至元《嘉禾志》，上海古籍出版社，2010年，第50页。
④ （宋）乐史著，王文楚等点校：《太平寰宇记》，中华书局，2007年，第1959页。
⑤ （宋）陈耆卿著，张全镇、吴茂云点校：嘉定《赤城志》，中国文史出版社，2008年，第397页。
⑥ （宋）施宿等：嘉泰《会稽志》，杭州出版社，2009年，第2057-2058页。
⑦ （宋）施宿等：嘉泰《会稽志》，杭州出版社，2009年，第20608页。
⑧ （宋）罗濬：宝庆《四明志》，杭州出版社，2009年，第3176页。
⑨ （宋）施宿等：嘉泰《会稽志》，杭州出版社，2009年，第2057页。
⑩ （宋）罗濬：宝庆《四明志》，杭州出版社，2009年，第3180-3181页。

族则岱山之鲎酱独珍，他所虽有之，味皆不及此"①。明州将海苔盐藏，而定海、昌国海岸皆有紫菜，出伏龙山者著名，伏龙菜饼亦为有名。当地关于淡菜的食用方法，"土人烧令汁沸，出肉食之。若与少米先煮熟，后去两边锁及毛，更入萝卜、紫苏同煮，尤佳"②。

　　海滨之人采捕的海物品类，据嘉泰《会稽志》、嘉定《赤城志》、宝庆《四明志》、弘治《温州府志》列举越、台、明、温海滨人众捕捞情况，知越州 18 种，台州 69 种，明州 59 种，温州 67 种。③四郡同有鲈、石首、比目、鲎、鲻、银鱼，越州海物种类明显少于其他三郡，而台、明、温海域为渔人所获品物种类大致相当，且共有品类几达一半，三者独有者有一半之多。正所谓"若夫水族之富，濒海皆然，而亦有荒有熟"④。

　　浙江沿海民众所从事的滩涂围垦、海物采捕活动，仅能满足自身所需。据《修学记》载述，浙江沿海之地土地资源较为丰富。海产丰足的秀州海盐县民众从事农业生产、海物采捕的情形为："海盐县隶嘉禾郡，生聚万计，滨海而居，鱼盐之利仅以自给，士其业者才数人而已。"⑤《重修学记》亦言海盐县"鱼盐之利既薄，又沟浍之水不可潴蓄，故民皆服田力穑，利于早熟。市廛编户，往往家给人足，喜教其子弟以《诗》《书》"⑥。

　　尽管当地沿海民众所获海物仅能满足自身所需，宋廷知悉浙江所产海物尤佳，还是要求明州上贡乌鲗鱼骨、台温二州上贡鲛鱼皮。⑦元丰年间（1078—1085），明州上贡乌鲗鱼骨五斤，台州上贡鲛鱼皮十张、温州上贡鲛鱼皮五

---

①　（宋）罗濬：宝庆《四明志》，杭州出版社，2009 年，第 3538 页。

②　（宋）罗濬：宝庆《四明志》，杭州出版社，2009 年，第 3175–3505 页。

③　（宋）施宿等：嘉泰《会稽志》，杭州出版社，2009 年，第 2057–2060 页；（宋）陈耆卿著，张全镇、吴茂云点校：嘉定《赤城志》，中国文史出版社，2008 年，第 395–398 页；（宋）罗濬：宝庆《四明志》，杭州出版社，2009 年，第 3176–3181 页；（明）王瓒、蔡芳编纂，胡珠生校注：弘治《温州府志》，上海社会科学院出版社，2006 年，第 120–124 页。

④　（宋）罗濬：宝庆《四明志》，杭州出版社，2009 年，第 3175 页。

⑤　（元）单庆、徐硕修纂，嘉兴地方志办公室编校：至元《嘉禾志》，上海古籍出版社，2010 年，第237 页。

⑥　（元）单庆、徐硕修纂，嘉兴地方志办公室编校：至元《嘉禾志》，上海古籍出版社，2010 年，第238 页。

⑦　（元）脱脱等：《宋史》卷88《地理志四》，中华书局，1977 年，第 2175–2176 页。

张。① 至淳熙七年（1180），知明州范成大奏请而罢除明州海物之献。②

《太平寰宇记》载述了明州渔民生活之情景："东海上有野人，名曰庚定子。旧说云昔从徐福入海，逃避海滨，亡匿姓名，自号庚定子，土人谓之白水朗。脂泽悉用鱼膏，衣服兼资绢布。音讹亦谓之卢亭子也。"③

随着海物采捕、近海养殖、制盐技术的进步，浙江渔业、盐业取得了长足发展，鱼盐聚落因此逐渐形成。《东楼南望八韵》描述了钱塘县鱼盐之业发展情形："不厌东南望，江楼对海门。风涛生有信，天水合无痕。鹢带云帆动，鸥和雪浪翻。鱼盐聚为市，烟火起成村。"④ 更为深远的影响则是，有沿海县因鱼盐业充分发展而置，"定海县，海壖之地，梁开平三年，吴越王钱镠以地滨海口，有鱼盐之利，因置望海县。后改为定海县"⑤。据此，可以说海物捕捞业在渔民生计、农民副业之中占有重要地位。

## 第四节　官民开发沿海滩涂活动产生的影响

随着浙江官民开发沿海滩涂活动的持续推进，村落、寺院等不断向海岸延伸，其生存生活空间得到扩展。浙江官民开发沿海滩涂的活动，既为浙江民众进一步开发海洋打下了坚实的基础，又成为浙江民众更为广泛使用海洋资源的重要推力。

### 一、浙江民众船只数量受惠于沿海滩涂开发而大增

船只是沟通浙江滨海民众与海洋的重要工具，浙江滨海居民广泛建造船只以从事近海捕捞与远海贸易活动。北宋时期，浙东地区海船数量就已超过 2 万艘，到南宋，浙东、福建两路海船更是超过 4 万艘。⑥ 学者研究表明，南宋中后期沿海十三州民众拥有船只七八万艘。⑦ 据此可知，浙江沿海地区民众拥有数量

① （宋）王存著，王文楚等点校：《元丰九域志》卷 5《两浙路》，中华书局，1984 年，第 213–216 页。
② （元）脱脱等：《宋史》卷 386《范成大传》，中华书局，1977 年，第 11870 页。
③ （宋）乐史著，王文楚等点校：《太平寰宇记》，中华书局，2007 年，第 1960 页。
④ （宋）施谔：淳祐《临安志》，杭州出版社，2009 年，第 86 页。
⑤ （宋）乐史著，王文楚等点校：《太平寰宇记》，中华书局，2007 年，第 1961 页。
⑥ 黄纯艳：《宋代船舶的数量与价格》，《云南社会科学》，2017 年第 1 期。
⑦ 葛金芳：《南宋手工业史》，上海古籍出版社，2008 年，第 153 页。

庞大的海船，这些船只当由数目众多的造船人员制造。这也催生了一批海船户专门从事海上航运业，甚至宋廷派遣出使高丽的使者也是雇用浙江、福建两地民间海船前往的。[1]虽然尚未掌握当时浙江民间船只、水手的准确数量，但福建民间提供海船、水手的事例可供参考，"漳、泉、福、兴积募到海船三百六十只，水手万四千人"[2]。两浙、闽、广官方船场（不含明州）在1131—1140年共竣工约8700艘船只。[3]南宋东南沿海常年有近10万人涉足航海贸易，估计沿海各州从事海上运输和贸易的水手达数万人。[4]

检索文献可知，嘉熙元年（1237）至开庆元年（1259），浙东庆元府、温州、台州三地的渔船，一丈以上3833艘，一丈以下15464艘，总数达到19297艘。[5]开庆《四明续志》详细胪列了庆元府、台州、温州三地滨海居民占有海船的数量（见表3-1）。

表3-1　开庆《四明续志》载庆元府、台州、温州三地拥有海船情况

（单位：艘）

| 府州 | 县 | 海船规格 | 海船数量 |
|---|---|---|---|
| 庆元府（7926） | 鄞县（624） | 一丈以上 | 140 |
| | | 一丈以下 | 484 |
| | 定海（1191） | 一丈以上 | 387 |
| | | 一丈以下 | 804 |
| | 象山（796） | 一丈以上 | 128 |
| | | 一丈以下 | 668 |
| | 奉化（1699） | 一丈以上 | 411 |
| | | 一丈以下 | 1288 |

---

① （宋）徐兢：《宣和奉使高丽图经》卷34《客舟》，台湾商务印书馆，1986年，第891页。

② （清）怀荫布、黄任、郭赓武：《泉州府志》卷25《海防》，清乾隆二十九年（1764）刻本。

③ 何锋：《12世纪南宋沿海地区舰船数量考察》，《中国经济史研究》，2005年第3期。

④ 葛金芳、汤文博：《南宋海商群体的构成、规模及其民营性质考述》，《中华文史论丛》，2013年第4期。

⑤ （宋）梅应发、刘锡：开庆《四明续志》，杭州出版社，2009年，第3689-3692页。

续表

| 府州 | 县 | 海船规格 | 海船数量 |
|---|---|---|---|
| 庆元府（7926） | 慈溪（282） | 一丈以上 | 65 |
| | | 一丈以下 | 217 |
| | 昌国（3334） | 一丈以上 | 597 |
| | | 一丈以下 | 2737 |
| | 合计（7926） | 一丈以上 | 1728 |
| | | 一丈以下 | 6198 |
| 温州（5083） | 永嘉（1606） | 一丈以上 | 259 |
| | | 一丈以下 | 1347 |
| | 平阳（809） | 一丈以上 | 300 |
| | | 一丈以下 | 509 |
| | 乐清（1686） | 一丈以上 | 371 |
| | | 一丈以下 | 1315 |
| | 瑞安（982） | 一丈以上 | 169 |
| | | 一丈以下 | 813 |
| | 合计（5083） | 一丈以上 | 1099 |
| | | 一丈以下 | 3984 |
| 台州（6288） | 宁海（2809） | 一丈以上 | 288 |
| | | 一丈以下 | 2521 |
| | 临海（1974） | 一丈以上 | 552 |
| | | 一丈以下 | 1422 |
| | 黄岩（1505） | 一丈以上 | 166 |
| | | 一丈以下 | 1339 |
| | 合计（6288） | 一丈以上 | 1006 |
| | | 一丈以下 | 5282 |

从上述引文可以看出，浙江沿海渔船数量颇巨，但是一丈以上的船只占比较小，大多数渔船在一丈以下。这说明渔民主要从事近海区域的捕捞活动，涉及远海的活动并不太多。

浙江沿海民众涉海活动越来越多，直接导致其活动范围越来越广，他们的活动范围广布于东亚、东南亚等海域。这也引起了宋代中央政府与浙江地方官府的不安，故于浙江增置海军以加强对近海海域的卫护。淳祐《临安志》曰："浙江东接海门，水门诸，水军亦所当补，公（大资政赵公与）复有请于朝，招刺强壮，习水精于技艺者五百人，隶忠节指挥，亦以补填诸营阙额之数，其于急务实有补云。"① 咸淳《临安志》则记载其后浙江海军数量迅猛增长，"浙江水军宝佑二年创，招二千八百人。咸淳四年，增招七千二百人。以一万人为额，共十寨。在螺狮桥东五、太平桥西、端平桥东、无星桥北、龙山二"②。

宋廷虽然建立了海军，但其战斗力并不强大，其所拥有战船的数量更是明显不足。在这种情况下，宋廷与浙江地方官府不得不将浙江沿海民众作为戍守近海区域的重要力量。宋室南迁后，加强控制东南沿海地区对国家军事与财政均具有重大的意义。因此，南宋王朝在沿海要地设巡检寨，选任土豪充当寨主以管辖舟楫、渔民、海面，而官军则控扼岸上。③正是因为浙江民间航船业发达，宋廷特"团结温、台、庆元三郡民船数千只，分为十番，岁起船三百余只，前来定海把隘，及分拨前去淮东、镇江戍守"④。与此相比，宋代官方拥有的船只数量却不足，只能征调浙江民船为国家守护海域。这也说明浙江民间航运业发展极为迅猛，甚至导致官方造船场难以与之媲美。

征调民船防守口隘，严重冲击了船户的生产生活，"嘉熙年间（1237—1240），制置使司调明、温、台三郡民船，防定海，戍淮东、京口，岁以为常。而船之在籍者垂二十年，或为风涛所坏，或为盗贼所得，名存实亡。每按籍科调，吏并缘不恤有无，民苦之"⑤。开庆《四明续志》称："奈何所在邑宰，非贪即昏，受成吏手。各县有所谓海船案者，恣行卖弄。其家地富厚，真有巨艘者，非以赂嘱胥吏隐免，则假借形势之家拘占，惟贫而无力者则被科调。其二十年前已籍之船，或以遭风而损失，或以被盗而陷没，或以无力修葺而低沈，或以全身老朽而弊坏，往往不与销籍，岁岁追呼，以致典田卖产，货妻鬻子，以应官司之命，甚则弃捐乡井而逃，自经沟渎而死，其无赖者则流为海寇。每岁遇夏初，则海船案已行检举，不论大船小船，有船无船，并行根括。一次文移，遍于村落，乞取竭于鸡犬，环三郡二三千里之海隅，民不堪命，日

---

① （宋）施谔：淳祐《临安志》，杭州出版社，2009 年，第 104 页。
② （宋）潜说友：咸淳《临安志》，杭州出版社，2009 年，第 463 页。
③ 杨培娜：《从"籍民入所"到"以舟系人"：明清华南沿海渔民管理机制的演变》，《历史研究》，2019 年第 3 期。
④ （宋）梅应发、刘锡：开庆《四明续志》，杭州出版社，2009 年，第 3689-3690 页。
⑤ （宋）梅应发、刘锡：开庆《四明续志》，杭州出版社，2009 年，第 3689 页。

不聊生。待至起到舟只，则大抵旧弊破漏，不及丈尺，贡具则疏略，梢火则脆弱，亦姑以具文塞则而已。民被实扰，官亏实用。"① 时人对此亦言："夫以百姓营生之舟，而拘之使从征役，已非人情之所乐，使行之以公，加之以不扰，则民犹未为大害。"② 可见，宋代官府征调浙江沿海民众戍守的行为，对滨海居民的日常生产生活造成了极大的破坏。还需注意的是，浙江造船业的发达也导致部分船只为不法之徒所用，进而成为危害宋代沿海地区的一股恶势力。文献对此有载："比日以来，海多寇盗，剽掠平民。"③

船只数量的不断增多，表明浙江民众出海活动的增加。无论是从事航海贸易活动还是进行近海捕捞作业，滨海之人均须从相应的港口出发而入海。据此可推测，浙江沿海地区当分布有较多的港口。如"临安东一百二十九里府沿海置有郭沥港"④，"仁和县有上舍径港，其港东沿运河，抵盐官县界七十里"⑤，"海盐县西南隅有白塔古港"⑥。这些文献所载港口应为规模较大的港口，分布于浙江狭长海岸的渔民当是利用就近的港口，其数量当更为繁多，但鲜为文献记载罢了。浙江民众船只的作用虽直接体现在海外贸易、近海捕捞、沿海区域守卫、从事海盗活动等方面，但从更为深远的角度来看，船只和港口的数量大幅增加，表明其时中国人已经开始直接参加海外探险了。⑦

## 二、航海贸易发展与市舶司的管理

随着浙江沿海民众对沿海滩涂的开发不断推进，原属沿海滩涂的土地逐渐演变为内陆，成为生民聚居之所。苏轼曾详尽地叙述了沿海滩涂渐变为聚落的过程："潮水避钱塘而东击西陵，所从来远矣。沮洳斥卤，化为桑麻之区，而久乃为城邑聚落，凡今州之平陆，皆江之故地。"⑧ 近海之地不断被开发，成为濒

---

① （宋）梅应发、刘锡：开庆《四明续志》，杭州出版社，2009 年，第 3690 页。
② （宋）梅应发、刘锡：开庆《四明续志》，杭州出版社，2009 年，第 3690 页。
③ （清）徐松辑，刘琳等点校：《宋会要辑稿·刑法二》，上海古籍出版社，2014 年，第 8370 页。
④ （宋）周淙：乾道《临安志》，杭州出版社，2009 年，第 21 页。
⑤ （宋）施谔：淳祐《临安志》，杭州出版社，2009 年，第 528 页。
⑥ （元）单庆、徐硕修纂，嘉兴地方志办公室编校：至元《嘉禾志》，上海古籍出版社，2010 年，第 253 页。
⑦ ［美］林肯·佩恩著，陈建军、罗燚英译：《海洋与文明》，天津人民出版社，2017 年，第 309 页。
⑧ （宋）苏轼著，孔凡礼点校：《苏轼文集》，中华书局，1986 年，第 379 页。

海之民新的生产生活空间，但是离海洋越近，其民重利的趋势越明显，直接导致浙江沿海民众并不重视县学。胡瑗对此有详尽载述："杭为东南都会，水陆物产之饶甲天下，阻山带江，人物间出。而盐官邑其穷处，地并海，民逐鱼盐为生，列肆负贩，冠带之俗微矣。自国家承平百七十余年间，士而仕于朝才一二人，何其鲜也？儒有张先生九成者，郡人，遭乱避地，实始来居，而以其徒讲学焉。未几，类试有司，居第一，擢进士第，廷中又居第一，而其徒辄第二，邑人惊叹"。[①] 时人亦言："岂非濒海之人，罕传圣人之学，习俗淳薄，趋利而逐末，顾虽有良子弟，或沦于工商释老之业，曾不知师儒之道尊。"[②]

在这种环境下，浙江民众生产出海盐、粮食、丝织品、瓷器等各类物资以及获取多种海物，这为濒海居民从事航海贸易奠定了坚实的物质基础。据文献记载，当时的杭州、越州、明州、温州均有着繁荣的海上贸易往来活动。

咸淳《临安志》记载，杭州"提支郡数十，而道通四方海外诸国，物货丛居，行商往来，俗用不一。自钱氏专有吴越，治兵蓄财，日为战守"，"独钱塘自五代时知尊中国，效臣顺，及其亡也，顿首请命，不烦干戈，今其民幸富足安乐；又其俗习工巧，邑屋华丽，盖十余万家；环以湖山，左右映带，而闽商海贾，风帆浪舶，出入江涛浩渺、烟云杳霭之间，可谓盛矣"，"前有江海浩荡无穷之胜，潮涛早莫，以时上下，奔腾汹涌，蔽映日月，雷震鼓骇，方舆动摇，浮商大舶，往来聚散乎其中"，"钱塘古都会，繁富甲于东南。高宗南巡，驻跸于兹，历三朝五十余年矣。民物百倍于旧。附郭二邑，事体浸重，他郡邑莫敢望"。[③] 杭州渐成海贾辐辏之地。《西征记》有载："观其闽商海贾，云赴辐辏，犀贝鱼盐，骈罗于其中"。[④] 根据上述文献的记载，杭州在有宋一代已经成为东南沿海商舶汇集之地，加上本地物资资源极为丰富，成为吸纳各地海商的贸易集散地。宋高宗建都临安，临安是中国大一统王朝第一个，也是唯一一个海港都城，成为中国向海洋开放的前奏。建都临安的决定反映了统治精英意识到海洋贸易对普通市民和朝廷的重要性，于此也可补充其在北方和西北损失的贸易机会。[⑤]

① （宋）潜说友：咸淳《临安志》，杭州出版社，2009 年，第 998 页。
② （宋）施谔：淳祐《临安志》，杭州出版社，2009 年，第 95 页。
③ （宋）潜说友：咸淳《临安志》，杭州出版社，2009 年，第 937—958 页。
④ （宋）祝穆著，祝洙增订，施和金点校：《方舆胜览》，中华书局，2003 年，第 3 页。
⑤ ［美］林肯·佩恩著，陈建军、罗燚英译：《海洋与文明》，天津人民出版社，2017 年，第 354 页。

与杭州为邻的越州亦是商舶云集。王龟龄赋："航瓯舶闽，浮鄞达吴。浪桨风帆，千艘万舻。"① 身处越州之东，地接东海的明州民众也积极地从事海上贸易活动，从业者数量亦颇众。物初大观在《胡君叔恬墓志铭》中载述明州"鲒埼岸海，民业渔，商豪有力者，风帆浪舶，货贩绝域，逐利取赢以相夸诩"②，"明之为州，乃海道辐辏之地，故南则闽、广，东则矮人国，北控高丽，商舶往来，物货丰衍"，"风帆海舶，夷商越贾，利原懋化，纷至沓来"，"舳舻相御，来夷商之互市"③。《舆地纪胜》亦有"南琛交贸，有蛮舶以时来"④ 之语。地处浙江南部的温州"最浙东之穷处"，"郡当瓯粤之穷"，"商舶贸迁"，"其人多贾"，"土俗颇沦于奢侈，民生多务于贸迁"。⑤

在航海贸易丰厚利润的吸引下，不仅浙江沿海民众广泛追逐舶利，地处浙江边海之地的僧侣也会为利所诱从事航海贸易。《续资治通鉴长编》载："杭僧有净源者，旧居海滨，与舶客交通牟利，舶客至高丽，交誉之。元丰末，其王子义天来朝，因往拜焉。至是，源死，其徒窃其画像，附舶客往告，义天亦使其徒寿介等附舶来祭。"⑥ 贩易之人出海所需时间很长，"临安盐桥富室李省，贩海作商，每出必经涉岁月"⑦。

文献对两宋时期航商来浙江贸易的盛况有着生动的描述："闽商海贾，风帆浪舶，出入于江涛浩渺、烟云杳霭之间，可谓盛矣。"⑧ 当然，航海贸易兴盛的背后，也有着商船航路的艰辛。晏公云："近东南有罗刹石，大石崔鬼，横截江涛，商船海舶经此多为风浪倾覆，因呼为罗刹。每岁仲秋既望，必迎潮设祭，乐工鼓舞其上。"⑨

浙江在宋代能够出现如此兴盛的航海贸易活动，其原因在于宋代之时中央机构的迁移与大规模人口迁徙，成千上万的人从西部、北部迁至相对安全的黄

① （宋）祝穆著，祝洙增订，施和金点校：《方舆胜览》，中华书局，2003 年，第 105 页。
② 许红霞：《珍本宋集五种：日藏宋僧诗文集整理研究》，北京大学出版社，2013 年，第 926 页。
③ （宋）祝穆著，祝洙增订，施和金点校：《方舆胜览》，中华书局，2003 年，第 121–124 页。
④ （宋）王象之著，李勇先点校：《舆地纪胜》，四川大学出版社，2005 年，第 669 页。
⑤ （宋）祝穆著，祝洙增订，施和金点校：《方舆胜览》，中华书局，2003 年，第 149–155 页。
⑥ （宋）李焘：《续资治通鉴长编》卷 435《哲宗》，中华书局，2004 年，第 10493 页。
⑦ （宋）潜说友：咸淳《临安志》，杭州出版社，2009 年，第 1448 页。
⑧ （宋）周淙：乾道《临安志》，杭州出版社，2009 年，第 43–44 页。
⑨ （宋）施谔：淳祐《临安志》，杭州出版社，2009 年，第 601 页。

河以南地区，更有部分人口进一步迁到长江以南之地。再者，由于边疆地区的动荡，陆上丝绸之路缺乏安全保障，面对这种形势，宋廷在处理商人及海外贸易之时，往往采取更为灵活的方式，力图保证关税及其他税收收入的增长。①

从事海上贸易的宋商，有一些定居或者不定期留居于高丽、日本、印度尼西亚、马来半岛、阿拉伯海沿岸、印度洋西部等地，如高丽王城"有华人数百，多闽人因贾舶至者"。②出现这种情况，一方面是因为商人留居海外之地，能够建立不同航线的贸易中转站，利于宋代商人与当地民众之间的贸易交往；另一方面的原因则在于宋代为缩短贸易周期、增加税收，要求出海人员需在五个月限期内返回，而商舶出海、返航全借海上信风，一艘海船出海至返航需要半年以上，很难做到五个月内回舶。③实际上，海商很少能够在宋廷规定的期限内返回，故不得不滞留于海外各国。在此种情况下，海外诸地聚居数目众多的华商在当地建立起商业据点、华人社区，如日本九州博多港、越前敦贺港、濑户港、大轮田港等贸易口岸。海外华商能够为国内海商提供各种海外贸易信息，降低了贸易过程中的交易成本和信息成本，减少了贩运商品的盲目性，提高了贸易利润，国内海商运来的货物得以迅速出售，很快购入当地土产。④在留居海外宋商与国内海商的联合之下，联结宋代与海外诸国的航海贸易圈已然形成，宋代在海外的影响力随即得到扩大。

依海为生的渔民、舶商一方面具有高度流动的特质，另一方面却无法完全脱离陆地生活，他们必须定期返回港埠修理船只、补给、交易。这种生计模式内在地决定了港埠是流动性与相对稳定性的结合点。⑤美国学者林肯·佩恩对古代中国的航海贸易有着深刻的认识，认为中国航海贸易的形成和发展虽主要依靠整个内陆水路体系的开发，但国内农耕技术与对外海上贸易的发展也有助于中国对海上邻国保持优势地位。在中国航海贸易活动中，外国水手和他们的船只控制着远距离的海上贸易，但中国在发展海上贸易的过程中并不被动，而是

①　[美]林肯·佩恩著，陈建军、罗燚英译：《海洋与文明》，天津人民出版社，2017年，第299页。
②　（元）脱脱等：《宋史》卷487《高丽传》，中华书局，1977年，第14053页。
③　陈高华、吴泰：《宋元时期的海外贸易》，天津人民出版社，1981年，第74页。
④　陈国灿、王涛：《依海兴族：东南沿海传统海商家谱与海洋文化》，《学术月刊》，2016年第1期。
⑤　杨培娜：《从"籍民入所"到"以舟系人"：明清华南沿海渔民管理机制的演变》，《历史研究》，2019年第3期。

把各种有形和无形的货物直接扩散出去。①

北宋时期，中国海上贸易的发展缘于困境与机遇的结合。西部边境的崩溃迫使宋代君臣迁居东部，从而更加靠近运河体系的中心，也更加靠近海港，当时国库收入日益依赖商业税收。这些变化直接推动了中国经济的持续增长，海上贸易不断扩大，为中国商人开辟的道路主导了东北亚的交通网络。宋代航海贸易的繁荣，不仅引起了中国和印度洋传统贸易伙伴的关注，也得到了西方地中海世界的关注。②

鉴于浙江航海贸易的发达，宋廷特于其沿海之地设杭州市舶司、温州市舶务等机构专司海商进出口贸易活动。宋廷于浙江沿海地区设市舶司的另一重要原因乃是收取可观的市舶收入。"北宋朝廷之所以要这样迅速地设立对外贸易管理机构于杭州，是因为这关系着一笔可观的财赋收入。多年的争战，国库空虚，宋王朝急需聚敛财富，而杭州是中国与日本、印度、阿拉伯等国家和地区交往的重要港口之一，重税的珠贝、犀象、玳瑁、珊瑚、玛瑙、乳香等物品进口量很大。早在宋太祖时代，便从'岁员百万'的吴越国对宋代的朝贡活动中看到了博易务的税收在吴越国财政收入中的地位"。③南宋时期，为了增加海外贸易收入以应付宋金交战带来的巨额军需、因丧失淮河以北疆土而导致的税赋来源锐减等问题，宋廷更为重视两浙市舶司以及所属市舶务（场）。初始之时，宋廷委杭州、明州、温州三地知州兼领市舶，后专委两浙转运使直接管理境内诸市舶司、市舶务（场）事务。在此情势下，宋代中央政府对浙江海外贸易活动的控制得到强化，管理更为规范，所得市舶税亦得到增加。

日本学者藤田丰八根据《宋史》本纪太宗雍熙二年（985）九月乙巳已有禁海贾之令，推测端拱二年（989）宋廷即在杭州设置市舶司，命令往海外贸易者于此陈牒，请官给券亦未可知。因此，藤田丰八将端拱二年作为两浙创立杭州市舶司的年份。④其后，宋廷将市舶司由杭州移至明州。淳化三年（992）四月，宋廷命移杭州市舶司于明州定海县，以监察御史张肃领之。⑤不久，明州市舶

---

① ［美］林肯·佩恩著，陈建军、罗燚英译：《海洋与文明》，天津人民出版社，2017年，第175页。
② ［美］林肯·佩恩著，陈建军、罗燚英译：《海洋与文明》，天津人民出版社，2017年，第320页。
③ 吴振华：《杭州古港史》，人民交通出版社，1989年，第112页。
④ ［日］藤田丰八著，魏重庆译：《宋代之市舶司与市舶条例》，商务印书馆，1936年，第37页。
⑤ （宋）周淙：乾道《临安志》，杭州出版社，2009年，第24页。

司即被废止。直到咸平二年（999）九月二十一日，宋廷复令杭州、明州各置市舶司，听蕃客从便。<sup>①</sup>杭、明两处市舶司并存的情况一直持续至南宋初年。

绍兴二年（1132）三月三日，"诏两浙市舶就秀州华亭县置司"<sup>②</sup>。杭州市舶司（后改成临安府市舶务）、明州市舶司（后改成庆元府市舶务）两处市舶司随即成为两浙市舶司下辖的市舶务，后两浙市舶司又领秀州市舶务、温州市舶务、澉浦市舶场。<sup>③</sup>两浙市舶司所属诸市舶务（场）成为宋代管理往来高丽、日本、印度、阿拉伯等国地区贸易商人的机构。基于此，宋太宗"诏诸蕃香药宝货至广州、交阯、两浙、泉州，非出官库者，无得私相贸易"<sup>④</sup>。

宋代中央政府通过市舶司（务、场）等机构管理民众的航海贸易活动。宋廷明文规定商人需申领公凭、得到财力者作保、不带兵器，方允许出海贩易。端拱二年（989），宋廷规定："自今商旅出海外蕃国贩易者，须于两浙市舶司陈牒，请官给券以行，违者没入其宝货。"<sup>⑤</sup>《续资治通鉴长编》更是详细载述了宋廷对出海贩易之人的具体规条："商贾许由海道往外蕃兴贩，并具入船物货名数、所诣去处，申所在州，仍诏本土有物力户三人委保，不夹带兵器。……回日许于合发舶州住舶，公据纳市舶司。"<sup>⑥</sup>宋代中央政府为确保商人严格执行此项制度，针对不同人员、不同违禁行为，还制定了相应的惩处措施。具体的惩罚规定如下：对不请公凭而未行者，施以"徒一年，邻州编管，赏减擅行之半，保人并减犯人三等"<sup>⑦</sup>的惩罚；对无公凭出海者，"如有违条约及海船无公凭，许诸色人告捉，船物并没官"<sup>⑧</sup>；对无公凭且至禁止之地者，"不请公据而擅乘船自海道入界河及往高丽、新罗、登莱州界者，徒二年，五百里编管，往北界者，加二等，配一千里。……其余在船人虽非船物主，并杖八十"<sup>⑨</sup>。宋廷规定，经

① （宋）李焘：《续资治通鉴长编》卷45《真宗》，中华书局，2004年，第963页。
② （宋）李心传著，胡坤点校：《建炎以来系年要录》，中华书局，2013年，第1071页。
③ 杨文新：《宋代市舶司研究》，厦门大学出版社，2013年，第15—16页。
④ （元）脱脱等：《宋史》卷186《食货下八》，中华书局，1977年，第4559页。
⑤ （清）徐松辑，刘琳等点校：《宋会要辑稿·职官四四》，上海古籍出版社，2014年，第4204页。
⑥ （宋）李焘：《续资治通鉴长编》卷451《哲宗》，中华书局，2004年，第10823页。
⑦ （清）徐松辑，刘琳等点校：《宋会要辑稿·职官四四》，上海古籍出版社，2014年，第4207页。
⑧ （宋）苏轼著，张志烈、马德富、周裕锴校注：《苏轼全集校注》卷31《乞禁商旅过外国状》，河北人民出版社，2010年，第3331页。
⑨ （宋）李焘：《续资治通鉴长编》卷451《哲宗》，中华书局，2004年，第10823页。

过抽解、取得市舶司公凭引目的货物方可到外州贩卖，否则依偷税法论处。[1]
因此，宋廷对未经抽解行为的处罚颇为严厉："舶至未经抽解，敢私取物货者，
虽一毫皆没其余货，科罪有差，故商人莫敢犯。"[2] 宋孝宗还明确要求出海商人
限期归来，"召物力户充保，自给公凭日为始，若在五月内回舶，与优饶抽税。
如满一年内不在饶税之限。满一年已上，许从本司根究，责罚施行"[3]。两宋王
朝之所以做出上述诸项规定，主要是因为人口是国家财富和力量的基础，因此
国家会阻止外向移民。[4]

宋代于浙江设置市舶司（场）的另一重要目的在于有效维护浙江近海区
域的国家安全。市舶司（场）的该项职能乃是针对浙江舶商常将宋廷禁榷物
货、铜钱等贩卖至海外诸国，以及与宋代有着重要地缘政治关联的辽、金两
朝而设置的。海商趋利而运售国家禁榷物货，"二广、福建、淮、浙，西则京
东、河北、河东三路，商贾所聚，海舶之利颛于富家大姓。……航海贩物至
京东、河北、河东等路，运载钱帛丝绵贸易，而象犀、乳香珍异之物，虽尝
禁榷，未免欺隐"[5]。更有甚者，浙江富民与境外商人私相贸易，"倭船自离其
国，渡海而来，或未到庆元之前预先过温、台之境，摆泊海涯，富豪之民公
然与之交易"[6]。

宋代中央政府禁止贩卖铜钱，但舶商在地方官府庇护之下频频装运贩易，
"北自庆元，中至福建，南至广州，沿海一带数千里，一岁不知几舟也"[7]。市舶
司官员为得到海商的贿赂、获得更多的舶税以求得嘉奖、升迁，纵容海商偷运
铜钱出海，"金银铜铁，海舶飞运，所失良多，而铜钱之泄尤甚。法禁虽严，奸
巧愈密，商人贪利而贸迁，黠吏受赇而纵释，其弊卒不可禁"[8]，"泉州商人夜以
小舟载铜钱十余万缗入洋，舟重风急，遂沉于海，官司知而不敢问"[9]。日本商人

① （清）徐松辑，刘琳等点校：《宋会要辑稿·职官四四》，上海古籍出版社，2014年，第4206页。
② （宋）朱彧著，李伟国整理：《萍洲可谈》卷2，大象出版社，2006年，第148页。
③ （清）徐松辑，刘琳等点校：《宋会要辑稿·职官四四》，上海古籍出版社，2014年，第4218页。
④ ［法］米歇尔·福柯著，钱翰、陈晓径译：《安全、领土与人口》，上海人民出版社，2010年，第55页。
⑤ （元）脱脱等：《宋史》卷186《食货下八》，中华书局，1977年，第4560-4561页。
⑥ （宋）包恢：《敝帚稿略》卷1《禁铜钱申省状》，台湾商务印书馆，1986年，第713页。
⑦ （宋）包恢：《敝帚稿略》卷1《禁铜钱申省状》，台湾商务印书馆，1986年，第714页。
⑧ （元）脱脱等：《宋史》卷186《食货下八》，中华书局，1977年，第4566页。
⑨ （宋）李心传著，胡坤点校：《建炎以来系年要录》，中华书局，2013年，第2842页。

在沿海地区收购铜钱的行为，直接导致台州"一日之间忽绝无一文小钱在市行用"①。宋廷为此规定，船舶解缆前由市舶司、转运司及无碍官员共同临场检查。船舶放行之后，他们需要继续监视，直至船舶远离港口驶入洋面。②

市舶司及沿海州县官员的纵容，致使商人屡屡违反朝廷禁令而将铜钱贩运出境，"自置市舶于浙、于闽、于广，舶商往来，钱实所由以泄，是以自临安出门，下江海，皆有禁。淳熙九年，诏广、泉、明、秀漏泄铜钱，坐其守臣。……泉、广二舶司及西、南二泉司，遣舟回易，悉载金钱。四司既自犯法，郡县巡尉其能谁何"③。《续资治通鉴长编》亦载："旧制惟广州、杭州、明州市舶司为买纳之处，往还搜检，条制甚严，不得取便至他州也。今日广南、福建、两浙、山东，患其所往，所在官司公为隐庇，诸系禁物，私行买卖，莫不载钱而去。"④

宋代中央政府基于国家安全考虑禁止沿海居民前往辽、金二朝及本国登、莱二州贩易，南宋政府又规定民不得至归属于金朝的山东贸易，但商人追逐厚利而不惜冒禁。东南沿海商人屡屡犯禁，宋廷特令"福、建、温、台、明、越州严行禁止，如有违犯，其船主、梢公并行军法……海、密等州米麦踊贵，通、泰、苏、秀有海船民户贪其厚利，兴贩前去密州板桥、草桥等处货卖"⑤，"山东沿海一带，登、莱、沂、密、潍、滨、沧、霸等州，多有东南海船兴贩铜铁、水牛皮、鳔胶等物，虏人所造海船、器甲，仰给于此"⑥。

上述论述表明，宋代于浙江设置的市舶司（场），既具有管理海商贸易活动、规范舶商贸易行为、维护浙江近海区域国家安全等方面的积极作用，又存在限制海商活动、束缚宋代海洋事业发展等方面的不利影响。即便如此，林肯·佩恩还是给予市舶司制度以高度评价，他认为正是由于中国政府这种监管的相应完善，印度尼西亚群岛、朝鲜半岛和日本的海上贸易方得以迅速发展。⑦

---

① （宋）包恢：《敝帚稿略》卷1《禁铜钱申省状》，台湾商务印书馆，1986年，第713页。
② （清）徐松辑，刘琳等点校：《宋会要辑稿·职官四四》，上海古籍出版社，2014年，第4215页。
③ （元）脱脱等：《宋史》卷180《食货下二》，中华书局，1977年，第4396-4397页。
④ （宋）李焘：《续资治通鉴长编》卷269《神宗》，中华书局，2004年，第6593-6594页。
⑤ （清）徐松辑，刘琳等点校：《宋会要辑稿·兵二九》，上海古籍出版社，2014年，第9242页。
⑥ （清）徐松辑，刘琳等点校：《宋会要辑稿·刑法二》，上海古籍出版社，2014年，第8387页。
⑦ ［美］林肯·佩恩著，陈建军、罗燚英译：《海洋与文明》，天津人民出版社，2017年，第313页。

## 三、海神妈祖获得官方祭祀与各地祈海神庙广立

### （一）海神妈祖获得官方祭祀

杭州建有海神妈祖庙，海神妈祖不仅受到浙江沿海民众的广泛祭祀，也获得了官方的祭祀。杭州顺济圣妃庙，"在艮山门外，其神林氏，莆田人，生而灵淑，殁遂为神。土人祀之白湖，宋宣和五年，赐庙额曰'顺济'。绍兴间，建庙于此，封灵惠夫人。绍兴三年，改封灵惠妃；庆元四年，加'助顺'"①。临安府东青门外太平桥之东建有海神庙，乃奉宋理宗淳祐十二年（1252）圣旨"中兴以来，依海建都，宜以海神为大祀"而建，其后，宋理宗下太常议礼，并诏守臣马光祖建殿、望祭，自宝祐元年（1253）岁以春秋二仲，遣从官行事。②《宋史》亦记载宋理宗将海神祭祀升为大祀之列。③

宋代之时，东海、南海成为官府、民众主要的海洋活动场所，官民希冀东海神保佑地方风调雨顺、无灾无疾；不仅如此，东海、南海二神更是被沿海百姓认定为保护商人航行安全的神灵，还祈望海神帮助讨灭海盗。④这种情况已为宋廷所重视，决定对民众信仰地域广、人数多、影响巨的妈祖进行赐号褒封。根据相关文献的记载，早在北宋后期皇帝即为妈祖庙赐匾额，南宋之时更是不断抬高妈祖的地位。具体情况是：宋徽宗宣和五年（1123）赐"通贤灵女庙"以"顺济"为匾额，高宗绍兴二十六年（1156）敕授妈祖为"灵惠夫人"，宁宗庆元四年（1198）更是将其升格为"灵惠助顺妃"。据刘福铸考证，妈祖在宋代有史可稽的赐号或封号有9个，⑤由此可见，妈祖在宋代祭祀之中的地位不断得到提升。

妈祖作为航海保护神逐渐成为中国沿海民众普遍信仰的主要海神，这一事实说明航海贸易业已成为古代中国民众利用海洋的重要经济方式。⑥在宋廷的直接推动之下，妈祖由民间自发供奉的神灵跃升为官方钦赐的海神；虽然四海

---

① （明）田汝成：《西湖游览》，浙江人民出版社，1980年，第214页。

② （宋）施谔：淳祐《临安志》，杭州出版社，2009年，第296页。

③ （元）脱脱等：《宋史》卷43《理宗三》，中华书局，1977年，第847页。

④ 黄纯艳：《宋代水上信仰的神灵体系及其新变》，《史学集刊》，2016年第6期。

⑤ 刘福铸：《妈祖褒封史实综考》，《湛江海洋大学学报》，2005年第5期。

⑥ 朱建君：《从海神信仰看中国古代的海洋观念》，《齐鲁学刊》，2007年第3期。

海神在国家祭祀中地位高过妈祖，但对航海人而言，妈祖信仰逐步成为沿海地区最重要的信仰。[①]官民共同祭祀妈祖的活动，极大地增强了海洋社会内部的凝聚力，从而使中国沿海、岛屿，连同环中国海其他地方的华人与当地居民，共同构筑了"环中国海"海神信仰圈。[②]

林默成为海神妈祖的过程非常典型地反映了宋代民间涉海能力的增长。林默原是福建莆田湄洲岛一位民间女子，因水性好又具备灵通、慈爱、孝顺、勇毅等诸多美德，常常救助海上遇难的渔民、客商，后升天为神。之后她仍在大海上救险救难、镇海护航，被历代王朝中央政府褒封为"夫人""天妃""天后""天上圣母"，神格不断升高。妈祖是继海龙王之后出现的为官民普遍信奉的海神，但妈祖与海龙王、四海海神有着很大的区别。四海海神和海龙王都是海洋本体神，所代表的是变幻莫测的海洋，很多情况下并不友善；而海神妈祖几乎是作为海洋的挑战者出现的，佑护着渔民舟子们的生命财产。据此，可以说海神妈祖实际上是掌管涉海事项的神灵，准确地说是航海保护神，而且是平民羽化而成的海上守护女神。妈祖出现后，本来香火正盛的海龙王信仰受到了冲击，一方面反映出人们更喜欢慈祥的妈祖而非凶暴的海龙王，另一方面则折射出战胜海洋是民间的期盼。[③]

### （二）各地祈海神庙广立

宋元时期，航海贸易产生了对航海保护神的需要，沿海各地出现了不同的航海保护神，并立庙予以祭祀。如嵊县崓浦显应庙、潋浦显应侯庙、金山顺济庙、杭州顺济庙等，成为地域性的海上神灵信仰。这些地方海神和专司某一海洋事项的专业海神，绝大部分由人来充任，体现了宋元时期东南沿海地区开发加快、民间海洋力量增长的现实。[④]

淳祐《临安志》记载，临安府沿海沿江地区官民为祈求海洋平静、个人生命财产安全纷纷建立堂、庙以祭祀。具体情况如下：

---

① 黄纯艳：《宋代水上信仰的神灵体系及其新变》，《史学集刊》，2016 年第 6 期。
② 于逢春：《中国海洋文明的隆盛与衰落》，《学术月刊》，2016 年第 1 期。
③ 朱建君：《从海神信仰看中国古代的海洋观念》，《齐鲁学刊》，2007 年第 3 期。
④ 朱建君：《从海神信仰看中国古代的海洋观念》，《齐鲁学刊》，2007 年第 3 期。

汤村龙王堂　政和二年，汤村沙岸为潮水所冲，州县立龙王祠以祷之。六年，奏请增广庙祠。详具顺济宫。

惠顺庙　在江塘。嘉定五年二月，江潮冲啮石塘，帅槽建庙以祷。咸淳二年，旨赐惠顺庙为额。四年七月，寿和圣福皇太后降钱重建。

顺济龙王庙　在汤村镇。政和五年，郡守李堰以汤村、岩门石等处江潮侵啮，奏清同两浙运使刘既济措置用石版砌岸，因建庙。绍兴十四年重修，累封灵应、昭应、嘉应三王。

昭贶庙　在候潮门外浑水闸东，故司封郎官张夏祠也。《会要》作工部员外郎。夏，雍丘人。景佑中，为两浙漕使，江潮为患，故堤率用薪土，潮水冲击，每缮修不过三岁辄坏，重劳民力。夏始作石堤，延袤十余里，人感其功。庆历二年，立祠堤上。嘉拓六年，褒赠太常少卿。政和二年，封宁江侯。后改安济公，赐昭贶庙额。绍兴十二年以后累封，至庆元四年锡以王爵，又累封至今为灵济显佑威烈安顺王。淳祐八年，重建庙。又有安济庙，在荐桥门外马婆巷，宣和间建。

显忠庙　在长生老人桥西。俗名霍使君庙，绍兴间建。初，吴主孙皓疾，有神降于庭，自言为汉霍光，求立祠于金山之咸塘，以扞水患，见于吴越王所纪。宣和间，赐今额。绍兴初，加封忠烈顺济。

广灵庙　在石塘坝。景定四年九月，潮坏江塘，里中耆老因立东岳温太尉庙，请于朝，赐广灵为额。咸淳五年，有旨封正佑侯，余自李将军以下九神皆锡侯爵：李孚佑、钱灵佑、刘显佑、杨顺佑、康安佑、张广佑、岳协佑、孟昭佑、韦威佑。

高冈福善王庙　在县东北一十五里。旧志载故老之言云：周赧王庙也。唐大历二年，县西海塘坏，邑人大恐，走钱塘县崇化乡观山，祷于赧王祠下，水为绝流，于是立庙。①

---

① （宋）施谔：淳祐《临安志》，杭州出版社，2009 年，第 1179–1203 页。

除上述所见海洋神庙之外，杭州尚建有下列海洋神庙：杭州协顺庙，"其神陆圭，昭庆军人。宋熙宁间，以祖泽补右爵，调真州兵马都监，宣和中，引兵进攻方腊，败之，死而为神。绍兴间，海涛冲激江岸，神檄阴兵却潮，潮势遂平。淳祐间，江潮冲激尤甚，随筑随圮，神与三女扬旗空中，浮石江面，以显其灵，岸赖以成。浙西帅臣徐栗，以其事闻于朝，赐庙额曰'协顺'，封神为广陵侯，三女未显济、通济、永济夫人。一主护岸，一主起水，一主交泽。傍有小庙，祀十二潮神，各主一时"①。杭州广灵庙，"在石塘坝。宋景定三年九月，潮坏江塘，里中耆老因立东岳温太尉庙，请于朝，赐'广灵'为额。咸淳五年，封正祐侯，余自李将军以下九神，皆锡侯爵"②。杭州顺济宫，"在清泰门外东里隅。旧在汤镇、赭山之间，曰三龙王庙。宋绍熙元年，赐'云涛观'额。四年，旱，祷而雨，改赐今额。嘉定二年九月，锡三神侯爵，曰广济、顺泽、敷泽"，嘉定九年，增封曰广泽灵验、顺泽昭应、敷泽嘉应。③

上述文献记载表明，杭州地区建有数量众多的海洋神庙。实际上，秀州、明州、温州等地也建有祈海神庙。如《金山顺济庙英烈钱侯碑文》载："航海而商，舶帆经从，入庙致礼。……沿海祭祀，在在加谨，广陈镇金山祠祀尤严。常岁是日，盐商海贾，寨户亭丁，社鼓喧迎，香华罗供。"④明州灵应庙"宋以来累封为忠嘉圣惠济广灵英烈王。……飓风大作，海舟多覆溺，王适见之，乃为奋楫发矢，中其下之雄者，风涛遂息，以消民患"，明州尚建有海神庙。⑤东海助顺孚广德威济王庙位于定海县东北五里，"宋元丰，安焘、陈睦奉使高丽还。上言请建东海神庙于明州定海县。诏元封渊圣广德王。崇宁赐额崇圣宫，大观加封助顺。宣和加封显灵"⑥。温州海神庙"在郡城东北隅海坛山之上。风之兴，长吏或躬往，或遣僚属祷之"⑦。

检索文献不难发现，在浙江沿海地区，不仅涉海民众广泛地祭祀海神妈

---

①　（明）田汝成：《西湖游览》，浙江人民出版社，1980年，第214–215页。

②　（明）田汝成：《西湖游览》，浙江人民出版社，1980年，第215页。

③　（明）田汝成：《西湖游览》，浙江人民出版社，1980年，第215页。

④　（元）单庆、徐硕修纂，嘉兴地方志办公室编校：至元《嘉禾志》，上海古籍出版社，2010年，第251页。

⑤　（明）张瓒、杨寔：成化《宁波府志》，书目文献出版社，1988年，第102页。

⑥　（元）袁桷：延祐《四明志》，杭州出版社，2009年，第4314页。

⑦　金柏东：《温州历代碑刻集》，上海社会科学院出版社，2002年，第5页。

祖以及具有地域色彩的诸海洋神庙，而且地方上的知州、提举市舶、统军、通判、知县等官员均会参加祈风祭海活动，官府由此成为航海活动的组织者和管理者。[①]

海神信仰乃是涉海人群面对浩渺无垠、变幻无常、神秘莫测的海洋时，为充满凶险和挑战的涉海生活找到的精神护佑。可是说，海神信仰是人们在涉海生活中创造出来的，并随着这种生活的深入而不断丰富和变化。这实际上是涉海民众海洋观念的外化表现。濒海民众更多是出于功用的目的，希望得到海神的帮助，在获得海洋财富的同时也得到平安。[②]

# 小　结

宋代之时，浙江沿海滩涂围垦活动进入快速发展时期。生活在滨海之区的浙江民众广泛地投入到海涂田开垦活动中，从事海涂田开垦的人群为普通濒海民户、盐民、寺院僧侣。以海涂田数量观之，则普通民众所辟海涂田数量最多，其次为盐民、寺院僧侣。海涂田开垦之后，上述群体初始多种植适宜于盐碱土质的水稻，且随着种植经验的不断积累，浙江不同地区衍生出多个水稻品种。由于水稻的大规模种植直接降低了海涂田的盐碱度，至南宋前期，浙江沿海地区逐步种植粟、麦、黍、菽等作物。

位处浙江沿海近地的诸盐场，不仅是宋廷推行食盐专卖制度的重要物质基础，也是中央财政收入的重要来源。缘于此，宋廷或沿用此前既存盐场，或新建一批盐场，并劝诱、招募民户入盐场进行食盐的煎炼工作，盐民在食盐煎炼中逐步形成一整套工序，宋代食盐产量因而大增。

对人口密度大、土地资源不足的浙江地区的民众而言，海物采捕属于浙江海民生业的重要补充。正是浙江边海地区丰富的海洋物产，为田业较少的当地民众提供了赖以生存的资源。海滨之人在实践中，识别海物品种的能力得到增强，探索出多种采捕各类海产品的方式，并对它们的习性、价值、食用方法等表现出深刻的认识。

---

①　黄纯艳：《宋代海外贸易》，社会科学文献出版社，2003年，第81页。

②　朱建君：《从海神信仰看中国古代的海洋观念》，《齐鲁学刊》，2007年第3期。

　　两宋时期，浙江官民从事沿海滩涂开发活动，促使浙江民众将生产生活空间不断向海洋拓展，他们向海洋发展的意识不断增强。浙江民众依据其沿海滩涂开发活动而持续增强涉海活动，具体表现为民众拥有的船只数量增加、沿海民众重舶利轻县学思想加剧、航海贸易日益发达、市舶司管理海上贸易、航海贸易促进纸币产生、海神妈祖获得官方祭祀、各地民众广立祈海神庙等诸多方面。这些活动均关涉海洋，明确地表明浙江官民开发沿海滩涂活动既取得了丰硕成果，又成为浙江民众不断向海洋发展、进一步开发利用海洋资源的强大推动力。

# 第四章 宋代浙江官民卫护沿海滩涂开发成果的努力

　　浙江官民修筑海洋灾害防御工程的历史可上溯至汉代，至唐代五代时期逐渐增多。迨至宋代，浙江官民修筑海洋灾害防御工程的规模增大，且兴建、重修的频度日高。究其原因，当与其时近海居民大规模地开发沿海滩涂紧密相关。随着越来越多的滩涂被开辟为农田，沿海平原的面积随即扩大。

　　在此情形下，浙江官民的涉海活动空间不断向海洋推进。因此，处于浙江濒海之地的官民，唯有修筑抵御近海暴风、海溢、海潮等的海塘，以及在向内陆延伸的江河等处建修砌、堰、埭、闸、斗门等防风御潮工程，进而形成梯度排列、相辅相成的海洋灾害防御工程体系，方可保护海岸附近民众的人身、财产安全，也是卫护民众开发沿海滩涂成果的关键所在。鉴于上述工程规模巨大、易被风潮所损、修筑所需人力与财力浩瀚、工时耗费大等，浙江在海洋灾害防御工程经费筹措、修建过程及后期维护等环节中，形成了中央政府、地方官府、地方精英、濒海细民相互协作的运作机制。

## 第一节　海洋灾害与濒海官民的应对

　　两宋时期，地处潮汐之地的浙江沿海地区屡遭暴风、海啸、海潮等海洋灾害的侵袭，对生活于近海之地的民众造成了极大的危害。浙江滨海官民为保护民众的人身安全，维持他们的日常生活及房屋、财产等不受海洋灾害的损毁，于近海之地、向内陆延伸的江河之处修筑起海塘、碶、堰、埭、闸、斗门等一系列海洋灾害防御工程以应之。

## 一、浙江地区海洋灾害及其危害

由于海岸多属大陆板块与大洋板块的撞击地带，因此台风、海啸等灾害较为频繁。检索文献可知，宋代为中国古代海洋灾害的高发时期，而浙江沿海地区更是海洋灾害频发。具体而言，浙江主要面临台风、暴雨、海溢、海潮等海洋灾害的侵袭。一般来讲，浙江南部海岸段的灾害性天气比北部岸段多且强。<sup>①</sup>

台风是热带海洋上生成的猛烈风暴，袭来时常伴随狂风暴雨和风暴潮。由于浙江山麓平原距海较近，因而经常会受到台风、海潮的侵袭。据此可言，浙江沿海地区是台风风暴潮的多发区。<sup>②</sup>

文献对此多有载述。浙东、浙西"沿江海郡县大风水，平江、绍兴府、湖、常、秀、润为甚"<sup>③</sup>。《丛冢记》记载了秀州海盐县沿海之人为台风所害情形："吾邑东陼钜海，每当涛风暴怒，多有溺者之尸乘潮而上，潮退暴沙际……凡瘞一百四十六人矣。"<sup>④</sup>元祐八年（1093），"两浙海风驾潮，害民田"<sup>⑤</sup>。淳熙元年（1174）七月，"钱塘大风涛，决临安府江堤一千六百六十余丈，漂居民六百三十余家，仁和县濒江二乡坏田圩"，后"钱塘江涛大溢，败临安府堤八十余丈；庚子，又败堤百余丈"。<sup>⑥</sup>嘉定十二年（1219），"盐官县海失故道，潮汐冲平野三十余里，至是侵县治，庐州、港渎及上下管、黄湾冈等场皆圮；蜀山沦入海中，聚落、田畴失其半，坏四郡田，后六年始平"<sup>⑦</sup>。

乾道二年（1166）八月，位居温州玉环岛上的天富北监因冲风骤雨而致"并海死者数万人。监故千余家，市肆皆尽"<sup>⑧</sup>。同年八月丁亥，"温州大风雨驾海潮，杀人覆舟，坏庐舍"<sup>⑨</sup>。其后，温州诸邑"被水去处，并皆边海，今来人

---

① 本书编委会：《浙江省海岸带和海涂资源综合调查报告》，海洋出版社，1988年，第22页。

② 陈吉余、黄金森：《中国海岸带地貌》，海洋出版社，1996年，第17页。

③ （元）脱脱等：《宋史》卷61《五行一上》，中华书局，1977年，第1330页。

④ （元）单庆、徐硕修纂，嘉兴地方志办公室编校：至元《嘉禾志》，上海古籍出版社，2010年，第254页。

⑤ （元）脱脱等：《宋史》卷67《五行五》，中华书局，1977年，第1470页。

⑥ （元）脱脱等：《宋史》卷61《五行一上》，中华书局，1977年，第1331—1332页。

⑦ （元）脱脱等：《宋史》卷61《五行一上》，中华书局，1977年，第1337页。

⑧ （宋）叶适著，刘公纯、王孝鱼、李哲夫点校：《叶适集》卷21《宣人郑氏墓志铭》，中华书局，2010年，第401页。

⑨ （元）脱脱等：《宋史》卷67《五行五》，中华书局，1977年，第1470页。

户田亩尽被海水冲荡，咸卤侵入土脉，未可耕种"①。乾道五年（1169），"夏秋，温、台州凡三大风，水漂民庐，坏田稼，人畜溺死者甚众，黄岩县为甚"②。淳熙三年（1176）八月，"台州大风雨，至于壬午，海涛、溪流合激为大水，决江岸，坏民庐，溺死者甚众"③。淳熙四年（1177）九月，"大风海涛，钱塘、余姚、上虞、定海、鄞县败堤溺人，流没田庐军垒"④。《定海县志》则称："宋淳熙四年九月，濒海大风，海涛漂没农田。"⑤绍熙二年（1191）三月，"瑞安县大风，坏屋拔木杀人"⑥。绍熙五年（1194）七月，"会稽、山阴、萧山、余姚、上虞县大风驾海涛，坏堤，伤田稼"⑦，是年秋，"明州飓风驾海潮，坏稼"⑧。庆元元年（1195）六月，"台州及属县大风雨，山洪、海涛并作，漂没田庐无算，死者蔽川，漂沉旬日；至于七月甲寅，黄岩县水尤甚"⑨。庆元二年（1196）六月，"台州暴风雨驾海潮，坏田庐"⑩。嘉定二年（1209）七月，"台州大风雨激海涛，漂圮二千三百八十余家，溺死尤众"⑪，"台州大风雨驾海潮，坏屋杀人"⑫。嘉定四年（1211）八月，"山阴县海败堤，漂民田数十里，斥地十万亩"⑬。

《谒海神庙记》详尽描述了温州沿海风雨大作之情形："温州自夏徂秋，常观云以候风……方未风时，蒸溽特甚，而波涛山涌，若有物驱之，此邦谓之'海动'。既而暴风起，其色如烟，其声如潮，振动天地，拔木飘瓦，甚惊畏者不敢屋居以惧覆压；风稍息则雨大倾，雨稍霁则风复作，一日之间，或晴或雨者无虑百数，此邦谓之'风痴'。其始发于东北，微者一昼夜，甚者三数日；已而复有西南之风，随其一昼夜或三数日以报之，此邦谓之'风报'。……至于官宇民庐往往摧圮……其风之来，狂暴而喧豗不止，故谓之'痴'，二广则谓之

① （清）徐松辑，刘琳等点校：《宋会要辑稿·瑞异三》，上海古籍出版社，2014年，第2652页。
② （元）脱脱等：《宋史》卷61《五行一上》，中华书局，1977年，第1331页。
③ （元）脱脱等：《宋史》卷61《五行一上》，中华书局，1977年，第1331页。
④ （明）薛应旗：嘉靖《浙江通志》，成文出版社有限公司，1983年，第2774-2775页。
⑤ （明）张时彻等：嘉靖《定海县志》，成文出版社有限公司，1983年，第364页。
⑥ （元）脱脱等：《宋史》卷67《五行五》，中华书局，1977年，第1471页。
⑦ （元）脱脱等：《宋史》卷61《五行一上》，中华书局，1977年，第1335页。
⑧ （元）马端临：《文献通考》卷306《物异考十二》，中华书局，2011年，第8308页。
⑨ （元）脱脱等：《宋史》卷61《五行一上》，中华书局，1977年，第1335页。
⑩ （元）脱脱等：《宋史》卷67《五行五》，中华书局，1977年，第1471页。
⑪ （元）脱脱等：《宋史》卷61《五行一上》，中华书局，1977年，第1336页。
⑫ （元）脱脱等：《宋史》卷67《五行五》，中华书局，1977年，第1471页。
⑬ （元）脱脱等：《宋史》卷61《五行一上》，中华书局，1977年，第1336页。

'飔'，大率海滨多有之。"① 现代学者的研究亦证明了这点，浙江台风的风速在近海最大，钱塘江② 河口附近最小。最大风速的风向，海岛以偏北风居多，钱塘江河口和杭州湾两岸偏东风较多，其他沿岸地区东北或东北偏东风较多。③

综上所述，可推知浙江台风及大风雨驾海潮的发生时间多发生于农历的六至九月，尤集中于七、八两月，其他月份偶或发生。《谒海神庙记》有载："每五六月以往，邦人率以为虞。凡风雨作则无雷，唯得雷而后测霁止之期。迨秋冬之交，莫不相庆，谓可无虞矣。"④ 但是，深冬台风亦为多发，"本州（温州）并海，每遇深冬，骤风时作"⑤。宋代台风及其伴随而来的暴雨、海潮发生时间，大体与现今相同。现代科学证明，影响浙江海岸带的台风主要发生于5—11月，以7—9月比较集中，占总数的85%；且7月最多，占比31%。⑥ 当代学者测定浙江海岸带大风等级及分布月份为：大风以6到7级居多，主要出现在8—10月；等于或大于10级的强风主要集中于7—9月。⑦ 台风登陆点的空间分布有一定的规律：温岭以南的浙南沿海占48%，温岭至象山间的浙中沿海占44%，象山以北的浙北沿海占7%。⑧ 台风之所以会造成上述破坏性的影响，乃是台风的极大风速在近海最大所致。⑨

值得注意的是，浙江地区由台风引发的风暴潮对沿海民众生产生活影响颇大。风暴潮系指伴随强台风登陆或近海转向的影响下，水位超过正常潮汐变化的异常抬升。它带来的危害主要有三：一是水位异常抬升恰遇大潮汛，特别是其峰值与天文高潮相近，引起水位迅涨甚至倒灌；二是沿岸前沿水深因潮位暴涨而加大，从而有利于台风在推进中形成破坏力巨大的拍岸浪；三是台汛形成的洪峰于入海处受暴潮顶托造成纵向范围更大的灾害。⑩ 浙江省海岸带的暴雨

① （明）王瓒、蔡芳著，胡珠生校注：弘治《温州府志》，上海社会科学院出版社，2006年，第509-510页。
② 钱塘江，宋人亦称作浙江。为行文方便，文中有时亦使用"浙江"这一称谓。
③ 本书编委会：《浙江省海岸带和海涂资源综合调查报告》，海洋出版社，1988年，第24页。
④ （明）王瓒、蔡芳著，胡珠生校注：弘治《温州府志》，上海社会科学院出版社，2006年，第510页。
⑤ （清）徐松辑，刘琳等点校：《宋会要辑稿·瑞异二》，上海古籍出版社，2014年，第2647页。
⑥ 本书编委会：《浙江省海岸带和海涂资源综合调查报告》，海洋出版社，1988年，第22页。
⑦ 本书编委会：《浙江省海岸带和海涂资源综合调查报告》，海洋出版社，1988年，第24页。
⑧ 余锡平：《浙江沿海及海岛综合开发战略研究》（滩涂海岛卷），浙江人民出版社，2012年，第11页。
⑨ 本书编委会：《浙江省海岸带和海涂资源综合调查报告》，海洋出版社，1988年，第24页。
⑩ 本书编委会：《浙江省海岸带和海涂资源综合调查报告》，海洋出版社，1988年，第64页。

集中于 5—10 月，占 80% 以上，且越往北越集中。暴雨的平均始期由南向北推迟，南、中、北岸分别为 5 月底至 6 月初、6 月中旬、6 月下旬至 7 月上旬。浙江暴雨次数可分为一个多暴雨带和少暴雨带：多暴雨带出现在浙中、浙南岸段的西侧与海岸线走向平行，在多暴雨带内离岸线 10 ～ 40 公里处有临海、温岭、温州、平阳 4 个高值中心，平均每年 5 ～ 7 次；两个少暴雨带区分别出现在杭州湾北岸和离大陆较远的海岛，年发生暴雨 1 ～ 3 次。[①]

至于台风带来的暴雨雨量，学者以科学技术手段测定了 20 世纪的情况，可资参考。台风带来的暴雨和特大暴雨主要集中在浙中、浙南沿岸，浙北和海岛都较少。台风极大过程中的雨量高值中心出现在定海、乐清附近，可达 500 毫米以上；杭州湾南岸、浙南海岛为低值区，都在 300 毫米以下。台风极大日的雨量高值中心在浙北平湖、舟山定海附近和浙中、浙南沿岸，达 300 毫米以上；杭州湾南岸及南部岛屿为低值区，在 200 毫米以下。[②]象山港至台州湾之间的沿岸地带，中秋前后台风活动频繁，常有狂风暴雨，又值大潮汛，洪水和大潮相互顶托，因而对沿海地区威胁尤大。[③]

海溢是影响浙江沿海地区的另一主要海洋灾害。以宋代全国沿海发生的海溢情况观之，浙江无疑是海溢灾害发生频率最高的地区。[④]史书对此有大量的记载。时人已经注意到钱塘江潮的威力，"四海潮平，来皆有渐，惟浙江涛至，则亘如山岳，奋如雷霆，水岸横飞，雪崖傍射，澎腾奋激，吁可畏也"[⑤]。苏轼守杭时，曾作《开河奏》云："潮水自海门来，势若雷霆，而浮山峙于江中，与渔浦诸山相望，犬牙错入，以乱潮水，徊袱激射，其怒百倍。沙碛转移，状若神鬼，虽舟师渔人不能前知其浅深，坐视舟船覆溺，无如之何。今号浮山头，最为险处。"[⑥]淳祐《临安志》详细载述了浙江受海潮影响的景象："浙江介于吴越之间，一昼一夜，涛头自海而上者再，疾击而远驰，兕虎骇而风雨作，过者摧，当者坏，乘高而望之，使人毛发尽立，心掉而不禁，故岸江之山，多为所

---

① 本书编委会：《浙江省海岸带和海涂资源综合调查报告》，海洋出版社，1988 年，第 26 页。
② 本书编委会：《浙江省海岸带和海涂资源综合调查报告》，海洋出版社，1988 年，第 23 页。
③ 本书编委会：《浙江省海岸带和海涂资源综合调查报告》，海洋出版社，1988 年，第 33 页。
④ 金城、刘恒武：《宋元时期海溢灾害初探》，《太平洋学报》，2015 年第 11 期。
⑤ （宋）施谔：淳祐《临安志》，杭州出版社，2009 年，第 158 页。
⑥ （宋）施谔：淳祐《临安志》，杭州出版社，2009 年，第 145 页。

胁，而不暇以为泉"，"若言狭逼，则东溟自定海吞余姚、奉化二江，俟之浙江，尤甚逼狭，潮来不闻有声。今观浙江之口，起自纂风亭（属会稽），北望嘉兴大山，水阔二百余里，故海商船舶，怖于上潬（水中沙为潬），惟泛余姚小江，易舟而浮运河，达于杭越矣"，"范文正公仲淹诗：何处潮偏盛，钱塘无与俦。谁能问天意，独此见涛头。海浦吞来尽，江城打欲浮。势雄驱岛屿，声怒战貔貅。万叠云才起，千寻练不收。长风方破浪，一气自横秋。高岸惊先裂，群源怯倒流。腾凌大鲲化，浩荡六鳌游。北客观犹惧，吴儿弄弗忧。子胥忠义者，无覆巨川舟。""暴怒中秋势，雄豪半夜声。堂堂云陈合，屹屹雪山行。海面雷霆聚，江心瀑布横。巨帆连地震，群楫望风迎。踊若蛟龙斗，奔如雨雹惊。……破浪功难敌，驱山力可并"。①

周紫芝《观潮分韵三首》从不同角度描述了浙江海潮之情形："人生如微尘，同一霄壤间。可笑蠛蠓眼，但窥瓮中天。钱塘俯沧海，八月壮涛澜。始疑尺练横，旋作万马翻。海门屹中开，方壶忽当前。不知何巨鳌，为我戴三山？银光射杰阁，玉笋垂朱栏。须臾击飞雪，喷薄上帘颜。相看各惊顾，日暮殊未还。那知在空蒙，但怪毛发寒。平生云梦胸，始信宇宙宽。安得凌云手，大笔如修椽。尽挽卷天浪，参差入毫端。""烈风惊洪涛，浩荡吹海立。迅雷忽翻空，掩耳嗟不及。汉兵百万骑，已夺秦关入。击石惊倒流，势若三峡急。沦波忽喧危，众目俱骇慄。人言海潮来，昔为子胥屈。谁当语冯夷，四海今已一。王春会涂山，白玉执万笏。江河及乔岳，祠祀已咸秩。海神会当知，万岁拱帝室。""神州古都会，有美东南邦。壮哉八月涛，卷地奔长江。惊涛裂巨石，洪钟殷朝撞。万瓦响飞雹，千艘碎艥艭。滟滪不足数，况乃峡与泷。翩翩坐中客，才器俱无双。九牛可逆拽，五鼎乃独扛。诗成咄嗟顷，恶语徒喧哤。"② 朱静佳《钱塘江》曰："极浦无高树，苍茫只远空。潮来江水黑，日出海门红。两岸东西浙，千帆来去风。中原山色外，残梦逐归鸿。"③ 浙江之所以海潮频发，乃是因为"浙江地势洼下，距海尤近……江挟海潮，为杭人患，其来已久"④。

关于浙江海溢造成的破坏性影响有很多记载。政和二年（1112），兵部尚

---

① （宋）施谔：淳祐《临安志》，杭州出版社，2009 年，第 145-159 页。
② （宋）潜说友：咸淳《临安志》，杭州出版社，2009 年，第 687 页。
③ （宋）潜说友：咸淳《临安志》，杭州出版社，2009 年，第 687 页。
④ （宋）潜说友：咸淳《临安志》，杭州出版社，2009 年，第 597 页。

书张阁言:"臣昨守杭州,闻钱塘江自元丰六年泛溢之后,潮汛往来,率无宁岁。而比年水势稍改,自海门过赭山,即回薄岩门、白石一带北岩,坏民田及盐亭、监地,东西三十余里,南北二十余里。江东距仁和监只及三里,北去赤[石兄]岸口二十里。运河正出临平下塘,西入苏、秀,若失障御,恐他日数十里膏腴平陆,皆溃于江,下塘田庐,莫能自保,运河中绝,有害漕运。"①《泊宅编》曰:"政和丙申岁,杭州汤村海溢,坏居民田庐凡数十里,朝廷降铁符十道以镇之。壬寅岁,盐官亦溢,县南至海四十里,而水之所啮,去邑聚才数里,邑人甚恐"②。嘉定十七年(1224),"海坏畿县盐官地数十里。先是,有巨鱼横海岸,民脔食之,海患共六年而平"。③

由于大海围绕定海县之东、南、北三面,"风潮冲激,则平田高地悉为咸潮吞吐之乡"④。鄞县"四明山水注于江,与海潮接,咸不可食,不可溉田",以致"堤防浚导,岁以为常"⑤。台州"先是城中水多壅塞……埋为平陆,每霖雨则内水淹沮,值潮溢进城,飘荡相望"⑥。庆历五年(1045)夏,台州黄岩县"海溢,杀人万余"⑦。《苏梦龄记略》则称:"宋庆历五年夏六月,临海郡大水,坏郛郭,杀人数千,官寺民室,仓帑财积,一朝扫地,化为涂泥。"⑧庆历六年(1046)九月,"海水入台州,杀人民"⑨。绍定二年(1229)九月,"台州海溢城坏,死者二万余人。天台溪民流没"⑩。光绪《台州府志》载:"天台、仙居水自西来,海自南溢,俱会于城下,防者不戒,袭朝天门,大翻括苍门城以入,杂决崇和门,侧城而出,平地高丈有七尺,死人民逾二万,凡物之蔽江塞港入于海者三日",《叶祠记》称"天台沿溪居民顺流而逝,一二十里无人烟"。⑪乾道二

① (元)脱脱等:《宋史》卷96《河渠六》,中华书局,1977年,第2386页。

② (宋)方勺著,许沛藻、杨立扬点校:《泊宅编》,中华书局,1983年,第22页。

③ (元)脱脱等:《宋史》卷62《五行一下》,中华书局,1977年,第1354页。

④ (元)王元恭:至正《四明续志》,杭州出版社,2009年,第4563—4564页。

⑤ (宋)罗濬:宝庆《四明志》,杭州出版社,2009年,第3370—3371页。

⑥ (宋)陈耆卿著,张全镇、吴茂云点校:嘉定《赤城志》,中国文史出版社,2008年,第242—243页。

⑦ (明)叶良佩:嘉靖《太平县志》卷1《地舆志上》,上海古籍出版社,1981年。

⑧ (宋)苏梦龄:《台州新城志》,载(清)宋世荣:《台州丛书》(乙集),上海古籍出版社,2013年,第1页。

⑨ (宋)李焘:《续资治通鉴长编》卷159《仁宗》,中华书局,2004年,第3846页。

⑩ (明)薛应旗:嘉靖《浙江通志》,成文出版社有限公司,1983年,第2781页。

⑪ (清)王丹瑶、王佩瑶:光绪《台州府志》卷27《大事略一》,台州旅杭同乡会,1926年。

年（1166）八月，"温州大风，海溢，漂民庐、盐场、龙朔寺，覆舟溺死二万余人，江滨胔骼尚七千余"①。乾道二年（1167），乐清县"山洪暴发，海水泛溢，田庐尽遭飘没，人民靡有孑遗"②。温州平阳县东、西、金舟、亲仁四乡农田，"北距大海，西枕长江，凡四十万余亩，被咸潮巨害，自有江以来至于今，緜水利不治，岁告饥"③。

宝庆二年（1226）秋，绍兴府"大风海溢，溺居民百十家"④。万历《绍兴府志》集中载述了宋代越州发生的几次海溢及其危害情形："明道元年秋七月，余姚大风雨，海溢，溺民害稼，大饥。哲宗元祐八年，会稽大风，海溢害稼。高宗绍兴五年秋七月，会稽又海溢"，"孝宗隆兴元年八月，山阴、会稽大风，水灾。乾道四年秋九月丁酉、戊戌，余姚大风雨，海溢，溺死四十余人。光宗绍熙四年七月，会稽大风，驱海潮坏堤，伤田稼，夏无麦。五年七月乙亥，余姚大风，海溢决堤，溺死人"，"理宗宝庆二年秋，余姚大风，海溢，溺居民百十余家。度宗咸淳六年，萧山大风，海溢，新林被虐为甚，岸址荡无存者"⑤。舒亶《水利记》描述了海水灌田造成的危害："且盐卤至，腐败诸苗稼，积不已，往往田遂瘠恶，遂废不足耕，种不可下。"⑥

除此之外，海潮所具有的巨大冲击力对濒临海洋的江河水造成了很大影响。嘉泰《会稽志》叙述海潮自定海历庆元府城，南抵慈溪，西越余姚，至上虞县通明北堰，几四百里。⑦宋鄞县里人魏岘描述它山堰修筑前鄞县诸溪，"通大江，潮汐上下，清甘之流酾泄出海，泄卤之水冲接入溪。来则沟浍皆盈，去则河港俱涸。田不可稼，人渴于饮"⑧。它山堰未建之前，鄞江诸溪尽注入于江，江潮上涨时，海水咸潮可上溯至今鄞江镇以上3公里。⑨唐代僧人元亮《它

---

① （元）脱脱等：《宋史》卷61《五行一上》，中华书局，1977年，第1331页。

② 郑汉侯：《乐清乡土志稿》，民国十一年石印本，第17页。转引自陆人骥：《中国历代灾害性海潮史料》，海洋出版社，1984年，第38页。

③ （宋）杨简著，刘固盛校点：《慈湖遗书》卷2《永嘉平阳阴均堤记》，北京大学出版社，2014年，第28页。

④ （清）周徐彩：康熙《绍兴府志》，成文出版社有限公司，1983年，第1154页。

⑤ （明）张元忭、孙鑛著，李能成点校：万历《绍兴府志》，宁波出版社，第279页。

⑥ （宋）张津：乾道《四明图经》，杭州出版社，2009年，第3009页。

⑦ （宋）施宿等：嘉泰《会稽志》，杭州出版社，2009年，第1720页。

⑧ （宋）魏岘：《四明它山水利备览》，杭州出版社，2009年，第4803页。

⑨ （宋）魏岘：《四明它山水利备览》标点本后记，杭州出版社，2009年，第4833页。

山歌诗》描述鄞县水为"一条水出四明山，昼夜长流如白练，连接大江通海水，咸潮直到深潭里。淡水虽多无计停，半邑人民田种费"[1]。宋代，浙江地区海溢增多，这与海面升降有直接关系。海面上升必然会导致某一高度的风暴潮发生频率变大，而沿海人口密度较大，使得一次不大的潮海侵袭也可能造成不小的灾难。两宋时期是我国历史上一个明显的潮灾高潮期，潮灾强度相对高潮期与海塘修筑高潮期大致对应。[2]海溢灾害集中发生在夏秋季节，六至八月为高发期，与台风频发月份相对应。相比之下，秋冬季节则较少。[3]有学者统计，宋廷统治的320年间，发生海溢灾害70次，每4.6年发生1次。其中，北宋168年间发生海溢灾害31次，每5.4年发生1次；南宋152年间发生海溢灾害39次，每3.9年发生1次，可知南宋海溢灾害发生频率远超北宋时期。[4]南宋时期，海溢灾害成为十分严重的问题，可能与当时全球气候比较寒冷且不怎么稳定有关。

据上述论述可知，台风及其带来的暴雨、海溢、海潮或交替或叠加袭扰浙江濒海地区，浙江沿海居民人身由此遭受巨大伤害，民众财产因此受损严重。在此背景之下，浙江民众选择修筑海洋灾害防御工程来抵御上述海洋灾害，以此降低它们对人身的伤害，并减少田产、屋舍、财物等的损失。因此之故，浙江沿海官民进行了持续不断的修筑各类海洋灾害防御工程的活动。

## 二、浙江濒海民众的应对之举

《金山顺济庙英烈钱侯碑文》载："西浙诸州，禾兴最为边海，华亭县小金山者，又在郡东。插脚沧溟，峻岸截起，惊涛四浮。……国之疆土，东啮海涛，亏蚀侵寻。……为御海斥，使不得冲荡。"[5]可以说，该文生动形象地描述了秀州沿海地区为海浪所侵之情形，浙江其他沿海之地亦当与此大同小异。浙江沿海地区地势低平，很容易受到海溢、海潮的威胁，台风过境之时，更易引发潮

---

[1] （宋）魏岘：《四明它山水利备览》，杭州出版社，2009 年，第 4826 页。

[2] 王文、谢志仁：《中国历史时期海面变化（Ⅱ）：潮灾强弱与海面波动》，《河海大学学报》，1999 年第 5 期。

[3] 金城、刘恒武：《宋元时期海溢灾害初探》，《太平洋学报》，2015 年第 11 期。

[4] 金城、刘恒武：《宋元时期海溢灾害初探》，《太平洋学报》，2015 年第 11 期。

[5] （元）单庆、徐硕修纂，嘉兴地方志办公室编校：至元《嘉禾志》，上海古籍出版社，2010 年，第 251 页。

灾。因此，宋代浙江沿海田地经常受到各类海洋灾害的威胁，为有效抗御其带来的危害，浙江官民根据距离海洋的远近依次修筑海塘、碶、堰、堤、闸、斗门等海洋灾害防御工程加以应对。

为海水浸漫后的良田将变成不毛之地，二三十年难以恢复。[①] 可以说，滨海地区由于可耕地少，而欲将"濒海斥卤"改造成熟田地，兴建多种形式、规模大小不一的水利设施属势所必然。[②] 北宋水利专家赵霖对此有言："今濒海之田，惧咸潮之害，皆作堰坝以隔海潮。"[③] 正是由于沿海居民生产生活经常遭遇海洋灾害的破坏，他们为保护生命财产的安全，往往修筑海塘以抵御海溢、台风、海潮的侵袭。海面上升时，潮灾必然更加频繁、严重，旧有海塘会被冲毁，因而有必要进行重修或加固，没有海塘的地区必然要修筑海塘以抵御海潮溢岸；海面下降时，沿海地区受海潮溢岸的威胁大大减少，无须为保护生命财产而筑塘，但海岸线向海推进，滩涂面积扩大，激发了人们围海造田的欲望，亦会修筑海塘。[④] 随着海塘的不断兴筑，浙江沿海滩涂的围垦面积亦随之持续扩大。

海塘是我国东南沿海一带对海堤的别称，一般是沿海而筑，江浙一带也包括江河下游为防御潮汐而设的堤防。[⑤] 筑堤围海堵湾是我国沿海民众向海争地、防止海岸侵蚀的重要手段，海塘形成独特的人工海岸，被誉为我国古代伟大的工程之一；浙江地区淤泥质海岸较发育，海塘更是占有突出地位。[⑥] 检索文献可知，浙江修筑海塘的历史可追溯至东汉时期，"郡功曹华信议立此塘，以防海水，始开募，有能致一斛土石者，即与钱一千。旬月之间，来者云集。塘未成，谲不复取，皆弃石而去，塘遂成，故曰钱塘"[⑦]。《太平寰记》有记："古泉亭有紫水如霞，为潮所冲，乡人华信将私钱召有能致土石一斛与钱一千。旬日

---

① 漆侠：《宋代经济史》，上海人民出版社，1987年，第98页。
② 刘淼：《明清沿海荡地开发研究》，汕头大学出版社，1996年，第43页。
③ （宋）范成大：《吴郡志》卷19《水利下》，江苏古籍出版社，1999年，第288页。
④ 王文、谢志仁：《中国历史时期海面变化（Ⅰ）——塘工兴废与海面波动》，《河海大学学报》，1999年第4期。
⑤ 王文、谢志仁：《中国历史时期海面变化（Ⅰ）——塘工兴废与海面波动》，《河海大学学报》，1999年第4期。
⑥ 陈吉余、黄金森：《中国海岸带地貌》，海洋出版社，1996年，第23页。
⑦ （宋）欧阳忞著，李勇先、王小红校注：《舆地广记》，四川大学出版社，2003年，第631页。

之间，来者云集。塘未成，谲不复取，皆弃土石而去，故作成此堤以捍海潮。后因号为钱塘。"① 唐代宁绍平原北部岸线一带已经普遍修筑海塘，经五代至宋代，海塘或增修或加固，修筑规模越来越大，质量也越来越高。② 由于海塘属于耗费财力巨大、颇费工时的工程，故主要由地方官府主导修筑，当地民众亦被组织起来，广泛参与到海塘兴筑活动之中。浙江通大海，日受两潮，钱武肃王始在候潮门外筑捍海塘。后梁开平四年（910）八月，"武肃王钱氏始筑捍海塘，在候潮通江门之外。潮水昼夜冲激，版筑不就，因命强弩数百，以射涛头。……既而潮水避钱塘，东击西陵，遂造竹器积巨石，植以大木，堤岸既成，久之乃为城邑聚落。凡今之平陆，皆昔时浙江也"③。

至宋代，浙江地方官府更是因海塘常为潮水破坏而反复修筑海塘。大中祥符五年（1012），浙江击西北岸益坏，稍逼州城，居民危之。宋廷随"即遣使者同知杭州戚纶、转运使陈尧佐划防捍之策。纶等因率兵力，籍梢楗以护其冲。七年，纶等既罢去，发运使李溥、内供奉官庐守勤经度，以为非便。请复用钱氏旧法，实石于竹笼，倚叠为岸，固以椿木，环亘可七里。斩材役工，凡数百万，逾年乃成；而钩末壁立，以捍潮势，虽湍涌数丈，不能为害"④。咸淳《临安志》对此亦有记载，其文称："初，钱塘江堤以竹笼石，而潮啮之，不数岁辄坏，转运使陈尧佐曰：'堤以捍患，而反病民！'乃与知杭州戚纶议，易以薪土。有害其政者，言于朝，以为不便。参知政事丁谓主言者，细尧佐，尧佐争不已。谓既徙纶扬州，癸巳又徙尧佐京西路发运使。李溥请复笼石为堤，数岁功不就，民力大困，卒用尧佐议，堤乃成。"⑤ 庆历七年（1047），余姚县已在其沿海地区修筑了海塘。北宋末年，余姚旧有 60 里海塘废毁严重，"民之垫于海者，呻吟相属也"，县令汪思温率民重修之，"堤成，而七乡并海之田，桑麻秔稌之饶，尽复其故"。⑥ 王安石于庆历年间在定海县城东面海边，修筑了王

---

① （宋）乐史著，王文楚等点校：《太平寰宇记》，中华书局，2007 年，第 1865 页。

② 陈雄：《论隋唐宋元时期宁绍地区水利建设及其兴废》，《中国历史地理论丛》，1999 年第 1 期。

③ （宋）施谔：淳祐《临安志》，杭州出版社，2009 年，第 161-162 页。

④ （元）脱脱等：《宋史》卷 97《河渠七》，中华书局，1977 年，第 2396 页。

⑤ （宋）潜说友：咸淳《临安志》，杭州出版社，2009 年，第 1421 页。

⑥ （宋）孙觌：《鸿庆居士集》卷 37《宋故左朝议大夫直显谟阁致仕汪公墓志铭》，台湾商务印书馆，1986 年，第 402 页。

公塘、穿山碶。<sup>①</sup> 神宗之时，吴及于华亭县缘海筑堤百余里以防海潮侵袭，因此"得美田万余顷，岁出谷数十万斛，民于今食其利"<sup>②</sup>。绍兴末年（1162），"以钱塘石岸毁裂，潮水漂涨，民不安居，令转运司同临安府修筑。孝宗乾道九年（1173），钱塘庙子湾一带石岸，复毁于怒潮。诏令临安府筑填江岸，增砌石塘"<sup>③</sup>。淳熙十年（1183），"定海县令唐叔翰与水军统制王彦举、统领董珍申请筑定海县后海塘，弗绩。十六年，请于朝，效钱塘例，叠石甃塘岸六百二丈五尺，东南起招宝山，西北抵东管二都沙碛"<sup>④</sup>。温州瑞安县尉黄度为，因"邑濒海，潮坏民田，筑塘以捍之"<sup>⑤</sup>。嘉定年间（1208—1224），盐官县南境海沙坍，官民因此增筑淡塘堤防，以障潮水。<sup>⑥</sup> 海盐县官民修筑的太平塘，位于县东二里，西南至盐官县界，东北接华亭县界，以防海水涨溢，故又名捍海塘。<sup>⑦</sup>

海塘初始以防止高潮泛滥为目的，都建在平均潮位线以上的后海滨地区，塘身低薄，且多为土塘。五代时，为了防止海岸崩坍和滩地防护，开始出现编竹笼石维护海岸、大木贯击入土保护塘脚等筑塘的改进措施。进入宋代，人们意识到土塘易受侵蚀，竹笼年久易腐，乃于险工之处以条石叠砌，开始用石塘抵御潮水冲击。<sup>⑧</sup> 海塘功能类型有三：一是海潮溢岸，筑海塘以捍海潮；二是生活及农业灌溉用水紧张，筑海塘以御咸蓄淡；三是滩涂淤涨，筑海塘以围海造田。<sup>⑨</sup> 两宋时期，适应海岸形势的变化和滩涂围垦的扩展，海塘着重于维修、改建和增筑。<sup>⑩</sup> 海塘的修建使得堤外落淤加快，久而久之会造成堤外滩面高程高于堤内新城陆地。因此之故，围海造地时，必须考虑排水等水利措施，这是海塘人工海岸所遇到的普遍性问题。为防止海岸内坍和促淤围垦，人们常在海

① （清）俞樾：光绪《镇海县志》，成文出版社有限公司，1983年，第528、548页。
② （宋）郑獬：《郧溪集》卷21《户部员外郎直昭文馆知桂州吴公墓志铭》，台湾商务印书馆，1986年，第308页。
③ （元）脱脱等：《宋史》卷97《河渠七》，中华书局，1977年，第2396页。
④ （清）方观承：《两浙海塘通志》卷3《历代兴修下》，浙江古籍出版社，2012年，第54页。
⑤ （宋）袁燮：《絜斋集》卷13《龙图阁学士通奉大夫尚书黄公行状》，商务印书馆，1935年，第172页。
⑥ （宋）潜说友：咸淳《临安志》，杭州出版社，2009年，第768页。
⑦ （元）单庆、徐硕修纂，嘉兴地方志办公室编校：至元《嘉禾志》，上海古籍出版社，2010年，第40页。
⑧ 陈雄：《论隋唐宋元时期宁绍地区水利建设及其兴废》，《中国历史地理论丛》，1999年第1期。
⑨ 王文、谢志仁：《中国历史时期海面变化（Ⅰ）——塘工兴废与海面波动》，《河海大学学报》，1999年第4期。
⑩ 杨国桢：《东溟水土：东南中国的海洋环境与经济开发》，江西高校出版社，2003年，第147页。

塘外设丁坝、潜坝和顺坝等海岸工程，以控制海岸向有利于生产的方向发展。<sup>①</sup>另一亟待解决的问题是，海塘无法阻断海水的渗透，堤内所蓄淡水日久变咸。为此，宋代出现了备塘、备河，以减少海水的渗透，保证农田有充足的淡水。咸塘起防止海水渗透作用，淡塘之水用于灌溉和人畜饮用。<sup>②</sup>

海盐县建有淡塘、咸塘，"淡塘，在县西。嘉定间，邑南海沙坍，增筑堤防，以障潮水。自市境西至秧田庙，约六七里，其河尚存。由秧田庙而南转西，泥沙湮塞，舟楫不通，惟旧桥故道略可识"，"咸塘，在县西南一里，与淡塘通。有清海亭，春秋教阅之所，令杨天麟建"。<sup>③</sup>不唯海盐县如此，盐官县亦然。《宋史》载："咸潮泛溢者，乃因捍海古塘冲损，遇大潮必盘越流注北向，宜筑土塘以捍咸潮。所筑塘基址，南北各有两处：在县东近南则为六十里咸塘，近北则为袁花塘；在县西近南亦曰咸塘，近北则为淡塘。亦尝验两处土色虚实，则袁花塘、淡塘差胜咸塘，且各近里，未至与海潮为敌。势当东就袁花塘、西就淡塘修筑，则可以御县东咸潮盘溢之患。其县西一带淡塘，连县治左右，共五十余里，合先修筑。兼县南去海一里余，幸而古塘尚存，县治民居，尽在其中，未可弃之度外。今将见管桩石，就古塘稍加工筑叠一里许，为防护县治之计。其县东民户，日筑六十里咸塘，万一又为海潮冲损，当计用桩木修筑袁花塘以捍之。"<sup>④</sup>

值得注意的是，海塘需要筑捺方可隔断咸潮。乾道七年（1171），秀州守臣丘崇奏："华亭县东南大海，古有十八堰，捍御咸潮。其十七久皆捺断，不通里河；独有新泾塘一所不曾筑捺，海水往来，遂害一县民田。缘新泾旧堰迫近大海，潮势湍急，其港面阔，难以施工，设或筑捺，决不经久。运港在泾塘向里二十里，比之新泾，水势稍缓。若就此筑堰，决可永久，堰外凡管民田，皆无咸潮之害。其运港只可捺堰，不可置闸。不惟濒海土性虚燥，难以建置；兼一日两潮，通放盐运，不减数十百艘，先后不齐，以至通放尽绝，势必昼夜启而不闭，则咸潮无缘断绝。运港堰外别有港汊大小十六，亦合兴修。"<sup>⑤</sup>孝宗从

① 陈吉余、黄金森：《中国海岸带地貌》，海洋出版社，1996年，第23页。
② 郑学檬：《中国古代经济重心南移和唐宋江南经济研究》，岳麓书社，1996年，第84页。
③ （宋）潜说友：咸淳《临安志》，杭州出版社，2009年，第768页。
④ （元）脱脱等：《宋史》卷97《河渠七》，中华书局，1977年，第2402页。
⑤ （元）脱脱等：《宋史》卷97《河渠七》，中华书局，1977年，第2414页。

其所请。

海溢对民众修筑的防御工程的破坏性也很大。丁宝臣《石堤记》有载："（浙）江介吴越间，杭据其右，而地势下，生聚数十万，庐舍隐邻，号天下最盛。而岁苦海潮为患，于夏秋尤暴，常与堤平，城中望堤，不百数步，其势反在高仰处，不幸一壅而溃，其犹决山而注于井，沛然可御哉？故其病于民也数矣。"[1] 淳熙四年（1177）五月，"明州濒海大风，海涛败定海县堤二千五百余丈、鄞县堤五千一百丈，漂没民田"，九月，"大风雨驾海涛，败钱塘县堤三百余丈；余姚县溺死四十余人，败堤二千五百六十余丈；败上虞县堤及梁湖堰及运河岸；定海县败堤二千五百余丈；鄞县败堤五千一百余丈"。[2] "明州大风驾海潮，坏定海、鄞县海岸七千六百余丈及田庐、军垒。"[3] 淳熙六年（1179），"宁国府、温台湖秀太平州水，坏圩田，乐清县溺死者百余人"；淳熙八年（1181），"绍兴府大水，五县漂浸民居八万三千余家，田稼尽腐；渔浦败堤五百余丈，新林败堤通运河"；淳熙十一年（1184），"明州大风雨，山水暴出，浸民市，圮民庐，覆舟杀人"。[4] 嘉定六年（1213）十二月，"余姚县风潮坏海堤，亘八乡"[5]。

宋代300余年的统治时期内，有60余次海塘兴工记录，新筑、改建和修旧的海塘累计长700公里以上。[6] 两宋时期，江浙地区海塘修筑频度存在1025年、1175—1225年两个高峰以及1075—1125年、1275年两个低谷，且海塘工程选址一再向内陆迁移。[7] 其中，南宋是浙江沿海官民集中修筑海塘的主要时期，是南宋海洋灾害频发的直接反映。建隆元年（960）至绍兴八年（1138），发生海溢灾害31次，频率约为1次/5.8年；绍兴九年（1139）至宝祐六年（1258），发生海溢灾害33次，频率约为1次/3.6年。[8] 随着官民兴筑海塘活动的开展，浙江海塘逐渐遍及近海各地。北宋开始在山会平原北部修筑海塘，初

① （宋）潜说友：咸淳《临安志》，杭州出版社，2009年，第685页。
② （元）脱脱等：《宋史》卷61《五行一上》，中华书局，1977年，第1332页。
③ （元）脱脱等：《宋史》卷67《五行五》，中华书局，1977年，第1471页。
④ （元）脱脱等：《宋史》卷61《五行一上》，中华书局，1977年，第1332-1333页。
⑤ （元）脱脱等：《宋史》卷67《五行五》，中华书局，1977年，第1472页。
⑥ 王文、谢志仁：《中国历史时期海面变化（Ⅰ）——塘工兴废与海面波动》，《河海大学学报》，1999年第4期。
⑦ 王文、谢志仁：《中国历史时期海面变化（Ⅰ）——塘工兴废与海面波动》，《河海大学学报》，1999年第4期。
⑧ 金城、刘恒武：《宋元时期海溢灾害初探》，《太平洋学报》，2015年第11期。

始时海塘是分散的，后逐渐发展成线。庆历七年（1047）以后，定海、慈溪、余姚的沿海地带逐步修筑海堤，与沿甬江主流、支流修筑防海潮的堤坝一起，为农地脱盐及防备洪水做出了贡献。① 绍兴年间（1131—1162），山阴县北部大规模海塘兴筑，山阴后海塘格局基本形成。咸淳（1265—1274）以后，萧山北部的海塘格局也构建完成。②

沿海地区兴修水利还在于以内河淡水改造斥卤荡地。唐宋时期，人们已然认识到这一点。③《淳熙三山志》云："惟是并海之乡，斥卤不字，饮天之地，寸泽如金，然而水得，获必三倍。诗人谓'掬清流一杯饭'，盖歌水难得也。"④ 杭州"海濒斥卤润作碱"⑤。浙江滨海地区除海溢、台风引发的海潮带来的咸水回灌之外，海水还会在潮汐作用下沿濒海河道回灌。在这种情势下，浙江沿海居民生活淡水、农业用水常因海水回灌而致无法使用。海潮沿河、江道回流之际，河、江水含盐量升高，其地居民无法取之灌溉田地及饮用，咸潮一旦外溢，则会造成农田卤化。如明州在涨潮季节发生的海水倒灌，漫至各河流的上游，加上海湾小高地的阻挡，海水很难排出，造成江河流域的盐碱化。⑥ 江河水与海水的混合，造成浙江沿海地区淡水资源的紧张。除此之外，泉水、湖水成为浙江沿海地区重要的淡水来源。知杭州苏轼奏："杭之为州，本江海故地，水泉咸苦，居民零落。自唐李泌始引湖水作六井，然后民足于水，井邑日富，百万生聚，待此而食。今湖狭水浅，六井尽坏，若二十年后，尽为葑田，则举城之人，复饮咸水，其势必耗散。又放水溉田，濒湖千顷，可无凶岁。今虽不及千顷，而下湖数十里间，菱菱谷米，所获不赀。又西湖深阔，则运河可以取足于湖水，若湖水不足，则必取足于江湖。潮之所过，泥沙浑浊，一石五斗，不出三载，辄调兵夫十余万开浚。又天下酒官之盛，如杭岁课二十余万缗，而水泉之用，仰给于湖。若湖渐浅狭，少不应沟，则当劳人远取山泉，岁不下二十万工。"⑦ 盐官县"地半海卤而有斯……今泉虽有灵名，而煮海之民但以为淡水，当

---

① [日] 斯波义信著，方健、何忠礼译：《宋代江南经济史研究》，江苏人民出版社，2000 年，第 242 页。
② 耿金：《9–13 世纪山会平原水环境与水利系统演变》，《中国历史地理论丛》，2016 年第 3 期。
③ 刘淼：《明清沿海荡地开发研究》，汕头大学出版社，1996 年，第 43 页。
④ （宋）梁克家：《淳熙三山志》卷 15《版籍类六》，台湾商务印书馆，1986 年，第 239 页。
⑤ （宋）潜说友：咸淳《临安志》，杭州出版社，2009 年，第 743 页。
⑥ 陆敏珍：《唐宋时期明州区域社会经济研究》，上海古籍出版社，2007 年，第 116 页。
⑦ （元）脱脱等：《宋史》卷 97《河渠七》，中华书局，1977 年，第 2397–2398 页。

其雨潦浸淫，蜗蜏游焉，可为太息"①。

作为应对之策，沿海居民便建碶、闸、堰等以控制咸潮经路，既可防止咸潮的浸溢，又能够起到隔离咸水和淡流的作用，蓄涵淡水使之不受咸潮污染，从而满足沿海地区农田灌溉用水的需要。②受惠于此，民众饮用淡水得到了保障。正是由于此，浙江沿海地区不仅要修筑防御海溢灾害的海塘工程，为应对咸潮回灌还需建设碶、堰等设施。因此之故，浙江官民修筑的海洋灾害防御工程分作两类：一是沿海岸线修筑的海塘等防海工程，二是沿入海江河的河道修建的碶、堰等限潮阻咸工程。③

于是，浙江沿海官民于各地兴修了与海塘相配套的碶、堰、闸等水利工程。据文献记载，浙江沿海地区在唐代业已修筑堰。象山县"上枕大湖，以资灌溉，下接潮港，以决涨溢之患。自唐以来，为堰四，曰朝宗、理川、灵长、会源，皆因地为名"④。象山县朝宗堰因"潦水暴涨，堤障屡决。元祐元年，县令叶授始作石碶，自是无水旱之忧，距今几五十年"⑤。平阳县"四乡农田，北距大海，西枕长江，凡四十万余亩，被咸潮巨害，自有江以来至于今，縻水利不治，岁告饥"，嘉定元年（1208）平阳令汪惠"建堨八十丈于阴均，障海潮，潴清流。又造石门于山之麓，以时启闭，以防涨溢"。⑥浙江近海盐场筑有堨，如岑岐堨等。淳熙间（1174—1189），温州瑞安县"双穗场盐亭户筑小鲍堨，堨下为盐土亭坛。又于堨旁凿河通运薪卤。每岁潮水淹溢，颇费筑捺"⑦。

明州民众常将堰称作"碶"。这是一种设有闸口的止水设施，有内外之分，外碶具有截潮阻咸功能，内碶具有却潮纳淡之功能。⑧明州最著名者为它山堰、

①　（宋）潜说友：咸淳《临安志》，杭州出版社，2009年，第752页。
②　刘恒武、金城：《宋代两浙路海洋灾害防御工程资金来源考察》，《上海师范大学学报》，2017年第1期。
③　刘恒武、金城：《宋代两浙路海洋灾害防御工程资金来源考察》，《上海师范大学学报》，2017年第1期。
④　（宋）张津：乾道《四明图经》，杭州出版社，2009年，第3002页。
⑤　（宋）张津：乾道《四明图经》，杭州出版社，2009年，第3002页。
⑥　（宋）杨简著，刘固盛校点：《慈湖遗书》卷2《永嘉平阳阴均堤记》，北京大学出版社，2014年，第28页。
⑦　（明）王瓒、蔡芳著，胡珠生校注：弘治《温州府志》，上海社会科学院出版社，2006年，第74页。
⑧　刘恒武、金城：《宋代两浙路海洋灾害防御工程资金来源考察》，《上海师范大学学报》，2017年第1期。

乌金碶、积渎碶、行春碶等，它们与海塘组成完整的水利系统，既可以阻断咸潮的内浸，又可以为田地提供灌溉水源。明州"有碶闸三所：曰乌金，曰积渎，曰行春。乌金碶又名上水碶，昔因倒损，遂捺为坝，以致淤沙在河，或遇溪流聚涌，时复冲倒所捺坝，走泄水源。行春桥又名南石碶，碶面石板之下，岁久损坏空虚，每受潮水，演溢奔突，出于石缝，以致咸潮透入上河。其县东管有道士堰，至白鹤桥一带，河港堙塞；又有朱赖堰，与行春等碶相连，堰下江流通彻大海。今春缺雨，上河干浅，堰身塌损，以致咸潮透入上河，使农民不敢车注溉田。乞修砌上水、乌金诸处坝堰，仍选精强能干职官，专一提督"[1]。明州"阻山控海，山之淫潦，海之咸潮，时之旱干，皆能害稼，故资以为水利，于鄞尤急。大使、丞相吴公治鄞三年，痌瘝民事，凡碶闸堰埭某所当创，某所当修，某所当移，见于钧笔批判者，皆若身履目击。……开庆夏久雨，公委官遍启诸闸，决堤泄水，禾勃然兴，至是民益德之"，"海派于江，其势卑，山达于湖，其势高。水自高而卑，复纳于海，则田无所乎灌注，于是限以碶闸，水溢则启，涸则闭。是故碶闸者，四明水利之命脉。而时其启闭者，四明碶闸之精神"。[2]

　　浙江沿海地区还筑闸防止咸潮回灌。天圣四年（1026），杭州发生海潮，将保安闸冲坏，致舟船有阻滞之艰。乾道五年（1169），郡守周淙重修浑水、清水、保安三闸，并奏请置监官一员。[3]宝祐年间（1253—1258），吴潜修筑了茅针闸、化纸闸以灌溉高地，将江水东引，将这一区域盐分含量高的河水导入大海，既免除了定海县、慈溪县受海水倒灌和干旱之苦，又利用随海潮而来的淡水灌溉了茅针闸、化纸闸周围的土地。[4]堰闸之于海盐县尤为重要，故该县频繁修筑闸，"自宋嘉祐元年县令李惟几植木为闸，及置乡底堰三十余所，后亦渐废。元祐四年，何清源公执中为令，恐闸之木不可久，遂易以石。淳熙九年，守臣赵善悉兴修水利，增筑乡底堰，共八十一所，每岁二月筑涂，九月开通。淳熙十五年，县令李直养重盖闸屋，易闸版，自是农被闸堰之利，频岁

① （元）脱脱等：《宋史》卷97《河渠七》，中华书局，1977年，第2404页。
② （宋）梅应发、刘锡：开庆《四明续志》，杭州出版社，2009年，第3634页。
③ （宋）施谔：淳祐《临安志》，杭州出版社，2009年，第178页。
④ ［日］斯波义信著，方健、何忠礼译：《宋代江南经济史研究》，江苏人民出版社，2000年，第483页。

得稔。后闲废"[1]。同属秀州的华亭县亦重视堰闸的筑修。两浙转运副使张叔献言："华亭东南枕海，西连人湖，北接松江，江北复控大海。地形东南最高，西北稍下。柘湖十有八港，正在其南，故古来筑堰以御咸潮。元祐中，于新泾塘置闸，后因沙淤废毁。今除十五处筑堰及置石磓外，独有新泾塘、招贤港、徐浦塘三处，见有咸潮奔冲，淹塞民田。今依新泾塘置闸一所，又于两旁贴筑咸塘，以防海潮透入民田。其相近徐浦塘，元系小派，自合筑堰。又欲于招贤港更置一石磓。兼杨湖岁久，今稍浅淀，自当开浚。"对于其建言，宋高宗曰："此闸须当为之。方今边事宁息，惟当以民事为急。民事以农为重，朕观汉文帝诏书，多为农而下。今置闸，其利久远，不可惮一时之劳。"[2]其后，宋廷"以两浙路转运判官吴堄奏请，命浙西常平司措置钱谷，劝谕人户，于农隙并力开浚华亭等处沿海三十六浦埋塞，决泄水势，为永久利"[3]。

海塘所设斗门，涨潮或遇到旱灾时闸门下闭，既可防止海潮浸灌又可积蓄河水，遇到退潮或涝灾时则升闸放水。潮浸比较严重的滨江、滨海农田，土地普遍斥卤，要改良土壤，必须排卤，其最佳方案便是洗田。洪水来临之时，浸泡农田，土地的盐碱经稀释后排入陂塘渠道，在退潮时开闸泄洪，盐碱水亦会排入江海之中，海塘因此具有泄卤作用。[4]温州"环山而平衍，骤雨而虞溢，滨海而易泄，稍旱而虞涸。故有陡门水潦而疏之，又有塘埭而蓄之，旱涝亦云有备矣"[5]。

由于浙江沿海地区入海之地常高于内陆而导致雨水、湖水等难于尽入于海，浙江民众乃立堰、斗门、闸等水利设施导雨水、湖水、河水等入海。两浙转运副使姜诜曰："东南濒海之地，视诸港反高，虽有神禹，不能导水使上也。尽开诸堰，适能挽潮为害。闸湖以潴水可矣，将以决洩，而下流犹壅，则无益也。今宜浚通波大港以为建瓴之势，又即张泾堰傍增庳为高，筑月河，置闸其上，谨视水旱，以时启闭。则西北积水顺流以达于江，东南咸潮自无从入也。"因此

---

① （元）单庆、徐硕修纂，嘉兴地方志办公室编校：至元《嘉禾志》，上海古籍出版社，2010年，第46页。
② （元）脱脱等：《宋史》卷97《河渠七》，中华书局，1977年，第2413-2414页。
③ （元）脱脱等：《宋史》卷97《河渠七》，中华书局，1977年，第2414页。
④ 郑学檬：《中国古代经济重心南移和唐宋江南经济研究》，岳麓书社，1996年，第61页。
⑤ （明）汤日昭、王光蕴：万历《温州府志》，齐鲁书社，1996年，第502页。

之故，地势低的秀州修斗门引湖水入海，"苏、秀势最下，华亭尤近海，十八港皆有堰捍潮，可一切决之；四湖所潴水，宜为斗门，以便节减"。①

此外，浙江沿海地区常出现堙塞入海水道现象，进而导致雨水不能顺达于海，农作物收成因此而受损严重。《华亭县浚河置闸记》曰："惟苏、湖、常、秀四郡，泾渠数百，畎浍数千，脉络交会，旁注侧出，更相委输，自松江、太湖而注于海。而所入之道岁久填关，雨水过差，则泛滥弥漫，决啮堤防，浸灌阡陌。"受此影响，秀州"迺隆兴甲申秋八月，淫雨害稼，明年大饥"。在这种情势之下，疏浚入海河道成为当地官民常为之事，也成为确保海塘、碶、堰、埭、闸等工程充分发挥作用的重要举措。秀州官民"乃浚河自斡山达青龙江口二十有七里，其深可以负千斛之舟，因其土治高岸护青塾，傍故水所败田数万亩还为膏腴"。②

值得注意的是，浙江沿海地区还需要处理海洋灾害防御工程与邻近湖水之间的关系，否则塘、堰等不仅无法抵御海潮的侵袭，还会导致咸潮的浸灌。实际上，早在东汉时期当地业已认识到妥善处理两者关系的重要性，且已探索出可行的方法，"汉顺帝永和五年，会稽太守马臻创立镜湖，在会稽、山阴界，筑塘蓄水，水高丈余，田又高海丈余。若水少则洩湖灌田，如水多则闭湖洩田中水入海，所以无凶年。堤塘周回三百一十里，都灌田九千余亩"。③至宋代之时，亦是如此。秀州华亭县"东南并距海，自柘湖堙塞，遂置堰以御咸潮往来。宋政和中，提举司官兴修水利，欲涸亭林湖为田，尽决堤以泄湖水。……虽决去诸堰，湖水不可泄，咸水竟入为害，于是东南四乡为斥卤之地，民流徙他郡。中间州、县官虽知其害，复故堤堰，独留新泾塘以通盐运。海潮汐冲突塘口至阔三十余丈，咸水遂入苏湖境上。乾道七年八月，右正言许公克昌请于朝，时太傅丘公崈除秀州。陛辞之日，因奉孝宗圣训亟来相视，以运港水势较新泾为稍缓，遂移筑新泾堰于运港。后堰外随潮沙凝，牢不可坏，三州之田始

---

① （元）单庆、徐硕修纂，嘉兴地方志办公室编校：至元《嘉禾志》，上海古籍出版社，2010年，第209页。

② （元）单庆、徐硕修纂，嘉兴地方志办公室编校：至元《嘉禾志》，上海古籍出版社，2010年，第209页。

③ （宋）乐史著，王文楚等点校：《太平寰宇记》，中华书局，2007年，第1926页。

得免咸潮浸灌之患"①。《宋史》载其事为，丘崇出知秀州华亭县，时"捍海堰废且百年，咸潮岁大入，坏并海田，苏、湖皆被其害。崇至海口，访遗址已沦没，乃奏创筑，三月堰成，三州潟卤复为良田"②。

浙江沿海官民在实践之中认识到，防御暴风、海溢、海潮等海洋灾害不能仅依靠于海塘，还必须修建碶、堰、埭、闸等以阻止海水对塘内淡水资源的渗透、回灌。以此之故，有宋一代，浙江沿海地区州县官员以及当地民众在海塘、碶、堰、埭、闸、斗门等修筑上着力颇多，这极大地推动了浙江沿海地带的开发。浙江官民修筑海塘的目的，在于阻挡海溢、台风、海潮对当地居民的人身伤害以及对田产、房屋等的损害。于是，浙江沿海地区在海岸线一带、大湖泊的周围、河流的两侧都有国家或私人修筑的大规模堤坝工程，使得因筑堤而围垦起来的盐田、水田的开发得到较大的发展。③与此对应，碶、堰、埭、闸、斗门等作为阻止海水渗透海塘内侧之地的水利工程，有效地防止了海水回灌江河引起的塘内之地盐碱化。换言之，这些海洋灾害防御性工程具备有效地防止咸潮损害地力的功能。

## 第二节　海洋灾害防御工程经费筹措中的社会关系

宋代主要通过兴建海塘来防御台风、海啸、海潮的侵袭，又通过兴建碶、堰、埭、闸、斗门等工程来疏通平原地区的河网，进而防止海水回灌。由于海洋灾害防御工程浩大，故需要使用大量的人力，且必须先行准备草、土、柴、石等物料。据此，修塘费用主要包括人工费、物料费等。有鉴于此，浙江官民筹措海洋灾害防御工程诸项费用，成为修筑各类工程的首要问题。唐代之前，地方兴修海塘的费用一般由朝廷拨付，但到宋代却发生了很大变化。宋代之时，海塘以及相关配套工程的修筑模式发生了较大的改变，形成中央政府、地方官府、地方精英、濒海细民协力修筑的合作模式，经费筹措方式包括中央财政拨支、地方官府筹措、民众摊派、地方官吏与地方精英襄助等。

---

① （元）单庆、徐硕修纂，嘉兴地方志办公室编校：至元《嘉禾志》，上海古籍出版社，2010年，第31页。

② （元）脱脱等：《宋史》卷398《丘崇传》，中华书局，1977年，第12110页。

③ ［日］斯波义信著，方健、何忠礼译：《宋代江南经济史研究》，江苏人民出版社，2000年，第195页。

## 一、浙江地区修筑海洋灾害防御工程的费用

一般而言，浙江民众将所在地需要兴筑或重修的海洋灾害防御工程告知地方官府，后者方派遣官吏察视并组织兴筑或重修。民众根据工程规模的大小，分别奏请于府州、县。对于规模较大的工程，民众常选择请于府州一级官府。慈溪县茅针堰之闸久废而致水不得达于碶下，故民众列词于庆元府。庆元府"亟遣吏相度，遂于旧闸基之傍别为新闸，凡阔三丈四尺，立五柱，分四眼，眼阔七尺六寸，视旧增九尺，臂石二十层"[1]。慈溪县鸣鹤乡人因河闸病之而请于庆元府，知庆元府事吴潜"委制干赵若璒莅其事，俾塞双河闸为实地，给钱一千贯文，于双河堰之傍立屋两间，四挟择巨木为车柱，埋石备缆，悉如诸大堰之制"[2]。鄞县耆老因它山堰失修而合辞请于庆元府，"少保、大丞相鲁公素知本末，慨然下其事于郡，且俾（魏）岘效规划之"[3]。相较而言，规模较小的工程，邑人则请求县一级官府修筑之。象山县邑人以水暴涨而致朝宗、灵长二碶泄之不及为由，诉县乞开会源碶，县令赵善晋为其造石碶，以代朝宗碶启闭。[4]

据文献所载，浙江官民兴筑、重修海洋灾害防御工程所费浩繁。下面将考察其具体支出情形。史籍关于浙江官民兴筑、重修海洋灾害防御工程所需费用，主要以两种方式表述：一是折算为钱。如慈溪县兴筑黄家堰，所费为两千缗。[5]庆元府重修北津堰，"凡为费一万五百四十一贯文"[6]。庆元府鄞县重修洪水湾碶堰，"凡为费二万一千六百贯有奇"[7]。庆元府给钱三万四千一十七贯七百文，命鄞县重修林家堰。[8]山阴县兴筑钱清新堰，用钱二百万。[9]鄞县修行春碶、筑朱濑堰、浚江东道士堰河，"盖给于朝者钱十万，助于郡者四百万"[10]。二是

① （宋）梅应发、刘锡：开庆《四明续志》，杭州出版社，2009年，第3636页。
② （宋）梅应发、刘锡：开庆《四明续志》，杭州出版社，2009年，第3644页。
③ （宋）魏岘：《四明它山水利备览》，杭州出版社，2009年，第4824页。
④ （宋）罗濬：宝庆《四明志》，杭州出版社，2009年，第3566页。
⑤ （宋）梅应发、刘锡：开庆《四明续志》，杭州出版社，2009年，第3639页。
⑥ （宋）梅应发、刘锡：开庆《四明续志》，杭州出版社，2009年，第3638页。
⑦ （宋）梅应发、刘锡：开庆《四明续志》，杭州出版社，2009年，第3635页。
⑧ （宋）梅应发、刘锡：开庆《四明续志》，杭州出版社，2009年，第3639页。
⑨ （宋）施宿等：嘉泰《会稽志》，杭州出版社，2009年，第1718页。
⑩ （宋）魏岘：《四明它山水利备览》，杭州出版社，2009年，第4824页。

钱、米分算。嘉定七年（1214），宋廷拨绍兴府"钱一万四千余贯，米一千七百余石"①，助其硙叠菁江塘。慈溪县新建支浦闸一座，费钱一万五千六百贯，米六十石。②庆元府拨给"钱二万五千缗，米一百石"③，重修郑家堰。庆元府重修茅针硙之闸，"凡费钱四万二千七百一十七贯，米二百一十三石"④。庆元府"拨钱四万五千八百贯，米一百二十四石"⑤，委官创建开庆硙。知庆元府事吴潜在它山林村创建永丰硙，"凡费钱四万七千九百一十六贯，米一百三十七石四斗"⑥。依据上面地方志载述的难称完整的数据，可以推知浙江官民修筑的大多数海洋灾害防御工程费用浩繁，仅有少数工程所耗钱米较少。

难得的是，《四明它山水利备览》详细记述了鄞县修筑回沙闸的费用情况：

> 石匠工钱每工支官会二贯八百文，米二升二合，计工钱二千九百三贯二百文十七界。杂夫每工支官会一贯五百文，计工钱四千四十九贯五百文十七界。砌粗石每工支官会二贯三百文，计工钱一百二十九贯一百文十七界。买石及松桩、石工、杂夫官会共计二万六百二十贯七十一文十七界。⑦

开庆《四明续志》详细记述了向头寨修筑东西海塘的各项费用情况：

> 今新寨成，生聚益众，不宜使之负戴于道路。复札统领吴雄浚新河八百九十九丈，筑东西海塘，自石人头山至瓜誓山九百七十四丈，自赡军库至龙尾山四百八十丈，偃渚有规，原防有町，舟楫流通，咸便之。凡一竹木之直，一夫役之费，尺地寸土之市易，连营列灶之迁移，官给钱各有差。工匠杂色钱六万二千五百六十二贯七百八十文，米四百一十石五斗九升二合五勺，雇夫辇运竹木钱七千贯，水军寨兵搬家钱一万五百一十贯，两寨基地交

---

① （宋）张淏：宝庆《会稽续志》，杭州出版社，2009年，第2219页。
② （宋）梅应发、刘锡：开庆《四明续志》，杭州出版社，2009年，第3640页。
③ （宋）梅应发、刘锡：开庆《四明续志》，杭州出版社，2009年，第3641页。
④ （宋）梅应发、刘锡：开庆《四明续志》，杭州出版社，2009年，第3636页。
⑤ （宋）梅应发、刘锡：开庆《四明续志》，杭州出版社，2009年，第3641页。
⑥ （宋）梅应发、刘锡：开庆《四明续志》，杭州出版社，2009年，第3640页。
⑦ （宋）魏岘：《四明它山水利备览》，杭州出版社，2009年，第4815页。

易钱一千三百一十贯，浚河筑塘钱九千八百贯。[①]

由于茅针碶西五里外有赵氏地横流其前，分水江之流不得通，知庆元府事吴潜于是市其地而浚为管山河，西江二百余里之水悉汇于碶之上。[②] 又委官重修洪水湾碶闸，而何仪曾竹木园当水之冲，需撤弊而疏通之，官为给钱市其业。故该项工程多出一项购地费，加上工程材料费、人工费，其费用清单如下：

买何仪曾园地三十二亩一角二十六步。内一契，何津买赵念一省元地一片，计二十三亩二角四十九步，价钱六十贯足。内一契，林千十一娘，男何津买蒉子升户下千十地八亩二角三十七步，价钱三十贯文九十八陌钱。会各半，共纽计一千三百四十贯四百五十五文。

木桩一千五百口，计钱一万五百贯。

搭脑八十条，计钱一千六百贯。

篆二百把，计钱三百贯。

下桩搭脑七百九十工，计钱二千六百七十五贯。

监官人从口券二千八百八十贯。[③]

据上述引文可知，浙江修筑海洋灾害防御工程费用包括六类：一是人工费，具体包含石匠、杂夫及雇夫砌粗石、辇运竹木、下桩搭脑等所费；二是材料费，包括买石、木桩、竹木、搭脑、篆等项；三是市地费，此乃其地为海洋灾害防御工程基址所不得不为之举；四是水军寨兵搬家费；五是监官人从口券；六是参与工程人众的口粮。但是，这些费用并不是所有工程均会涵盖之，人工费、材料费、口粮为各项工程均需支给的费用，属于基本支出费用；而监管人从口券、市地费、水军寨兵搬家费则根据其工程需要方会产生，属于特殊支给费用。

---

① （宋）梅应发、刘锡：开庆《四明续志》，杭州出版社，2009 年，第 3677 页。
② （宋）梅应发、刘锡：开庆《四明续志》，杭州出版社，2009 年，第 3636 页。
③ （宋）梅应发、刘锡：开庆《四明续志》，杭州出版社，2009 年，第 3635—3636 页。

## 二、浙江官民海洋灾害防御工程费用的筹措

鉴于浙江地区兴筑、重修海洋灾害防御工程费用浩繁，故需要中央政府、地方官府、地方精英、濒海细民四方力量协力合作，方可完成费用筹措。在此情势之下，浙江海洋灾害防御工程经费的筹措分为中央政府拨支、地方官府提供、摊派于民、地方官吏与地方精英襄助四种方式。

### （一）中央政府拨支

北宋时期，中央政府业已向浙江地方官府下拨专项经费，供浙江官民兴建、重修海洋灾害防御工程使用。后南宋建都临安，浙东、浙西成为国家的政治、经济中心，国家财政收入对其依赖性愈来愈大。在此背景下，浙江地方财政收入对国家来讲干系重大，因此宋廷极为重视浙江海洋灾害防御工程的筑修，为其提供经费的频度增加且额度亦大。鉴于海塘修筑费用浩繁，故宋廷拨支浙江海洋灾害防御工程的款项主要用于海塘的筑修。

当浙江地方需要新建、复修海塘时，地方官员需将海塘败坏情形奏报朝廷，皇帝派员与地方官员共同巡视海塘毁坏之形，之后方根据其状而拨支相应款项。知定海县岳甫将县境海塘风涛屡惊之状奏于朝，皇帝"乃命部使者与守行视，核其费以闻，诏赐缗钱六万五千有奇"[1]。若海塘破损严重，朝廷将全额拨付修塘经费，地方则赖此得以完成海塘的修筑。《山阴县志》载："宁宗嘉定六年，山阴县后海塘溃决五千余丈，田庐漂没转移者二万余户，斥卤渐坏七万余亩。守赵彦倓请于朝，颁降缗钱殆十万，米六千余石，重筑并修补焉起汤湾，迄于黄家浦，共六千一百六十丈。甃以坚石者三之一，以捍海潮之冲突。"[2] 会稽县清风、安昌二乡海塘损毁严重，"守赵彦倓请于朝，颁降缗钱殆十万，米万六千余石"[3]。乾道二年（1166），孝宗诏："温州近被大风驾潮，淹死户口，推倒屋舍，失坏官物，其灾异常，合行宽恤……令内藏库支降钱二万贯付温州，专充修筑塘埭、斗门使用，疾速如法修整，不得灭裂。"[4] 明州定海县

---

① （宋）林栗：《海塘记》，载闫彦、李大庆、李续德：《浙江海潮·海塘艺文》，浙江大学出版社，2013年，第70页。

② （清）方观承纂修：《两浙海塘通志》卷3《历代兴修下》，浙江古籍出版社，2012年，第49页。

③ （宋）张淏：宝庆《会稽续志》，杭州出版社，2009年，第2218页。

④ （清）徐松辑，刘琳等点校：《宋会要辑稿·食货五九》，上海古籍出版社，2014年，第7404页。

海塘败坏，"守臣岳甫始合军丁之辞以告于上，是时至尊临御，倦勤而忧民之念，愈切圣衷。乃命部使者与守行视，核其费以闻，诏赐缗钱六万五千有奇，圣训叮咛毋得苟简"①。

不仅如此，中央政府亦会拨支费用襄助地方修筑海塘相关配套工程。宁宗嘉定十四年（1221）诏令"莳桩库于见桩管度牒内，支拨一十二道付庆元府，每道作八百贯文变卖价钱，充修砌上水、乌金等处碶坝及开掘夹砌道士堰、朱赖堰工物等使用"②。嘉定年间（1208—1224），提举福建路市舶魏岘"申朝省，降度牒再修"乌金碶。③

上述记载表明，浙江官民修筑海塘规模浩大、所费颇巨，故必须在中央财政有力支持之下方可完成。中央政府提供的款项常由内廷直接拨支，而不经由户部。④ 值得注意的是，中央政府拨款资助的海洋灾害防御工程以海塘为主，像宁宗诏助庆元府修筑砌坝的事例并不多见，且以支拨有价度牒的形式进行资助的。⑤

### （二）地方官府提供

然而，中央政府并不会为每项海洋灾害防御工程拨款，且中央拨付的费用常出现不足用的情况。有鉴于此，地方官府不得不多方筹措兴筑、重修海洋灾害防御工程费用。会稽县清风、安昌二乡海塘损毁严重，守赵彦俅"益以留州钱千余万"⑥。知平阳县令赵伯桧欲重修塘埭斗门，"请于郡，得钱二十万，且均众资以佐之"⑦。慈溪县东德门乡新堰以圮告，知庆元府事吴潜"给钱下县，鼎新修筑"⑧。象山县朝宗堰隳圮，知县宋砥"念公私窘匮，迄未遑举。于是收辜榷吏，罚之直，下至竹头、木屑、灰壤微细之利，针抽缕积，岁时之久，得钱

---

① （宋）林栗：《海塘记》，载闫彦、李大庆、李续德：《浙江海潮·海塘艺文》，浙江大学出版社，2013年，第70页。

② （清）徐松辑，刘琳等点校：《宋会要辑稿·食货六一》，上海古籍出版社，2014年，第7546页。

③ （宋）罗濬：宝庆《四明志》，杭州出版社，2009年，第3372页。

④ 张飞飞：《宋代江南地区水利建设经费来源讨论》，《宁波大学学报》，2014年第6期。

⑤ 刘恒武、金城：《宋代两浙路海洋灾害防御工程资金来源考察》，《上海师范大学学报》，2017年第1期。

⑥ （宋）张淏：宝庆《会稽续志》，杭州出版社，2009年，第2218页。

⑦ （明）王瓒、蔡芳著，胡珠生校注：弘治《温州府志》，上海社会科学院出版社，2006年，第521页。

⑧ （宋）梅应发、刘锡：开庆《四明续志》，杭州出版社，2009年，第3637页。

三百万有奇"①。平阳县令汪惠"给资粮，佐工费"，助东、西、金舟、亲仁四乡父老修筑阴均障海堤②。两浙江路常平茶盐公事朱熹鉴于台州黄岩县之田皆系边山濒海，堰闸失修对其影响颇重，故于宋廷降到钱内支两万贯钱付黄岩县整修境内堰闸。彭椿年《闸记》详细载述了朱熹支付两万贯钱的具体来源："大府钱及出度僧牒为直一万四千缗，勾公又自以本司钱六千缗成其役。"③

　　浙江海洋灾害防御工程需要经常兴筑、重修，因此地方官府专门置有一项用于筑修海洋防御工程的经费。府州、县均通过多种渠道筹集经费，作为兴筑、重修海洋灾害防御工程的专项费用。根据其筹措方式的不同，这些费用可分为以下四种。

　　第一种，杭州设修江所专司筹集筑塘经费。咸淳《临安志》有载，仁和县所辖太平、金浦、安西、安仁、东上五乡为江海潮所冲激，"赵安抚与蕙申请拨税额入修江所，为修筑塘岸之费，凡为钱二万四千四百五十八贯四百三十七文，绢三百三十二匹，绵二千二十六两，苗米二千四百七十石八斗二升。每岁本所径行催纳"④。

　　第二种，地方官府置庄建社仓以助费海洋灾害防御工程。据《宋史》记载，知绍兴府事赵彦俅"筑捍海石塘，亦置庄以备增筑"⑤。知余姚县施宿"仍请于朝，建海堤仓，岁刮上林沙田及汝仇桐木等湖废地，总二千亩，课其入备修堤费"⑥。具体做法是，施宿倡议"建一庄，约为田二千亩"，"始得上林海沙田二百三十余亩，又得东山汝仇湖外之地六百八十三亩，龙泉有桐木废湖素不蓄水，得七百四十五亩，三者凡为田一千六十八亩，皆出官司之相视，不妨公不害民。收地之遗力，俱有水源以为灌溉。募民耕垦，假以资粮。葡酋新地，皆成阡陌，得禾稼实利以助费。又将益求扩土，以其收而岁增之，以足二千亩之数。筑仓于县酒务之西，专储粟以备修堤之用"⑦。后余姚县令施宿率众筑塘，

① （宋）张津：乾道《四明图经》，杭州出版社，2009年，第3002页。
② （宋）杨简著，刘固盛校点：《慈湖遗书》卷2《永嘉平阳阴均堤记》，北京大学出版社，2014年，第28页。
③ （明）叶良佩：嘉靖《太平县志》卷2《地舆志下》，上海古籍出版社，1981年。
④ （宋）潜说友：咸淳《临安志》，杭州出版社，2009年，第1029页。
⑤ （元）脱脱等：《宋史》卷247《赵彦俅传》，中华书局，1977年，第8766页。
⑥ （清）孙德祖等：光绪《余姚县志》，成文出版社有限公司，1983年，第142页。
⑦ （宋）楼钥：《攻媿集》卷59《余姚县海堤记》，台湾商务印书馆，1986年，第50—51页。

"深惟厥终，俾民蠲役，经营海涂，开垦旷土。总之，得田千六百亩有奇，乃建置海堤庄，用其租入，随时补葺，力不困下，而堤益固，自是岁省民夫十有二万"①。平阳县令汪惠经理阴均堤旁涂地以为社仓。②此种方式，乃是以地方所属土地收入作为地方筑修海洋灾害防御工程的费用，属于长久之策。

第三种，地方官府以田税专充修筑海洋灾害防御工程之费用。细言之，又分为三种情形：一是地方官府令民耕种无主荒涂地而纳税于官府。弘治《温州府志》有载，为了保障平阳县以后不时兴筑、维修海洋灾害防御的开支经费，民众提议"沿江有涂，尚得人耕之，庶可以仰给，而保无极。乃列请于安固宰，刘侯从之，岁收涂税，以资葺理"③。瑞安沙塘斗门，"沿涂下有涨涂，请于官，募人耕之，岁入租谷三百石以备修筑"④。二是地方官府买田，并以收取租税充修筑费用。根据宝庆《四明志》，程覃为鄞县守时，"买田收租，以给经费"，专为修缮它山堰之用。⑤涂田收租系指浙江地方官府雇人耕种海边淤涨出的田地，以收取的租息充作维修水利设施的经费。三是地方官府以民没官田产作为修筑之费。如诸暨县民杜思齐"以造伪罪，家没入郡，又请买其田于安边所，计五百七十八亩，山园水塘三百七十二亩，置庄于古博岭，藏其租，委官掌之，以备将来修筑费"⑥。总而言之，地方官府此种做法，是以官有田产募人耕种而税之，以此充作海洋灾害防御工程的费用，有着相对稳定的收入。

第四种，地方官员将税收归于公，以为修筑工程之费。如知象山县宋砥欲重修朝宗堰，"收辜榷吏，罚之直，下至竹头、木屑、灰壤微细之利，针抽缕积，岁时之久，得钱三百万有奇。不费于公，不取于民，而仅以足用"⑦。当然，此为临时解决修筑海洋灾害防御工程而采取的举措，当较少取之。

此外，尚有筹措渠道不明者，如绍兴府"备缗钱三万专备修筑，而海田始

① （宋）施宿等：嘉泰《会稽志》，杭州出版社，2009年，第1878页。
② （宋）杨简著，刘固盛校点：《慈湖遗书》卷2《永嘉平阳阴均堤记》，北京大学出版社，2014年，第28页。
③ （明）王瓒、蔡芳著，胡珠生校注：弘治《温州府志》，上海社会科学院出版社，2006年，第521页。
④ （明）王瓒、蔡芳著，胡珠生校注：弘治《温州府志》，上海社会科学院出版社，2006年，第85页。
⑤ （宋）罗濬：宝庆《四明志》，杭州出版社，2009年，第3371页。
⑥ （宋）张淏：宝庆《会稽续志》，杭州出版社，2009年，第2218页。
⑦ （宋）张津：乾道《四明图经》，杭州出版社，2009年，第3002页。

固"①。总体来看，浙江地方府州、县两级官府在筑修海洋灾害防御工程的实践活动中，已充分认识到该项工程的持久性、反复性和复杂性，故依托官府占有的田地而设修筑海洋灾害防御工程的专项经费。虽然如此，与中央雄厚的财政收入相比，地方官府能够筹集到的费用便相当有限了。因此之故，有学者已经观察到，浙江沿海州县官府筹资兴建的海洋灾害防御工程，以碶、堰、闸等限潮阻咸设施为主，反映出地方财政难以支持海塘等大规模防海工程营建的现实。②

### （三）摊派于民

由于浙江官民经常要兴筑或重修海洋灾害防御工程，从而导致中央政府、地方官府难以承担全部费用，故摊派于民成为重要的筹资渠道。浙江地方修筑海塘等工程时，按例计亩敷于民，以此筹集修塘款项。象山县主簿赵彦逾，"问诸故籍，纤悉必敛于民"③。熟知茅针碶源流始末的碶子周亚七称，此碶自乾道年间前政判府赵阁学以每亩均钱六十文足，委慈溪乡官率亩头钱买办物料而成。④慈溪县议修鸣鹤乡黄泥垅时，丞罗镇竟"欲援例，计亩敷于民"⑤。知平阳县令赵伯桶重修塘埭斗门之时，"请于郡，得钱二十万，且均众资以佐之"⑥。慈溪县主簿赵汝积劝率田位于西屿乡西部的民众每亩出钱三百，以此作为重修彭山堰的经费。⑦平阳县重修万全乡沙塘斗门，糜钱百余万，皆二邑民辅之。⑧这种方式由民众按受益原则分摊，因而易于为民众所接受。⑨

### （四）地方官吏与精英襄助

浙江地方组织、主持、参与海洋灾害防御工程的地方官吏常出资襄助。如

①　（元）脱脱等：《宋史》卷408《汪纲传》，中华书局，1977年，第12308—12309页。

②　刘恒武、金城：《宋代两浙路海洋灾害防御工程资金来源考察》，《上海师范大学学报》，2017年第1期。

③　（宋）张津：乾道《四明图经》，杭州出版社，2009年，第3003页。

④　（宋）梅应发、刘锡：开庆《四明续志》，杭州出版社，2009年，第3636页。

⑤　（宋）梅应发、刘锡：开庆《四明续志》，杭州出版社，2009年，第3637页。

⑥　（明）王瓒、蔡芳著，胡珠生校注：弘治《温州府志》，上海社会科学院出版社，2006年，第521页。

⑦　（宋）罗濬：宝庆《四明志》，杭州出版社，2009年，第3464页。

⑧　（宋）宋之才：《沙塘斗门记》，载闫彦、李大庆、李续德：《浙江海潮·海塘艺文》，浙江大学出版社，2013年，第212页。

⑨　刘丹、陈君静：《试论清代宁绍地区海塘修筑的经费来源与筹措方式》，《中国社会经济史研究》，2010年第4期。

明州官民修筑洪水湾碶闸之时，监官主簿特送三百贯，正将郑琼、都吏王松犒二千贯、酒二十瓶。<sup>①</sup>鄞县重修乌金砌时，"少卿余公建，监簿章公良朋相继来牧，皆捐金佐费，始终其成"<sup>②</sup>。

民间力量在防海限潮设施的营建上发挥着重要作用，特别是大富之家，或旨在造福乡梓，或为抬升自身声望，常常出资捐料助修海塘及碶、堰等。<sup>③</sup>象山县主簿赵彦逾于此有言："规画支费，柄于胥吏里豪。"<sup>④</sup>乡民因屡修塘堰而陷入困境，里士黄堂乃"于河洄邻江之地，各捐半里许，于其外为堰二，以杀水势，旧塘遂坚壮，民病始苏，至今赖之"<sup>⑤</sup>。南宋时期，由于地方财政趋紧，众多海洋灾害防御工程经费有赖于地方精英的募捐。乾道元年（1165），"里人曹闶捐钱二千缗，倡率乡豪，益以二千缗，创建双河界塘六百余丈"<sup>⑥</sup>。开庆元年（1259），慈溪县东乡创建支浦闸时，"里人沈国谕乐助米三十石，陆日宣乐助五千贯"<sup>⑦</sup>。温州委"瑞安县主簿同张颌前去集善乡陶山湖，劝率豪户情愿出备谷米，给散贫乏人，同共修筑陂塘，蓄水灌溉，因便赈济小民千余家"<sup>⑧</sup>。地方精英组织、参与海塘兴筑活动，利于其参与地方事务，进而巩固、提高在地方社会的地位，彰显其在地方社会的影响力。<sup>⑨</sup>

综上所述，浙江地区兴筑、重修各类海洋灾害防御工程所耗费用巨辍，故中央政府划拨专项修筑经费支持浙江地方官民建修相关防海工程，作为组织浙江海洋灾害防御工程的府州、县两级官府亦通过多种方式筹集经费，以支撑辖境内各项工程的开展。以此之故，中央政府、浙江地方官府是为浙江地方海洋灾害防御工程经费的主要提供者。可以说，大规模水利工程的计划、实施及劳力和资金的投入，以及基干部分的维持管理，与中央、地方政府有着很大的关系，是以国

① （宋）梅应发、刘锡：开庆《四明续志》，杭州出版社，2009年，第3636页。
② （宋）魏岘：《四明它山水利备览》，杭州出版社，2009年，第4824页。
③ 刘恒武、金城：《宋代两浙路海洋灾害防御工程资金来源考察》，《上海师范大学学报》，2017年第1期。
④ （宋）张津：乾道《四明图经》，杭州出版社，2009年，第3004页。
⑤ （宋）罗濬：宝庆《四明志》，杭州出版社，2009年，第3371页。
⑥ （宋）罗濬：宝庆《四明志》，杭州出版社，2009年，第3467页。
⑦ （宋）梅应发、刘锡：开庆《四明续志》，杭州出版社，2009年，第3640页。
⑧ （清）徐松辑，刘琳等点校：《宋会要辑稿·食货七》，上海古籍出版社，2014年，第6139页。
⑨ 包伟民：《宋代地方财政史研究》，上海古籍出版社，2001年，第278页。

家经济收入的持续稳定和以此为基础的财政上的关心为先决条件的。①

值得注意的是，浙江地方官府在海洋灾害防御工程经费的筹措之中具有举足轻重的作用，既是筹集经费的主要力量，又要向中央政府申请修筑费用，并对所属民众征收一定的建修之费。换言之，浙江地方官府以其所处位置，将中央政府与所辖民户串联在一起，故中央、地方、民众得以形成通力协作之态势。虽然如此，由于浙江海洋灾害防御工程耗费的人工颇重，材料等费用极为浩繁，进而导致依靠中央、地方两级政府的财力支持仍属不够，故地方官府将所需费用摊派于民，作为修筑海洋灾害防御工程经费的补充。此外，地方官吏与精英亦会提供财力、物力支持。总而言之，浙江海洋灾害防御工程牵涉到中央政府、地方官府、地方官吏与地方精英、濒海细民四方利益，四方力量唯有通力合作，方能筹措到足够的经费。

## 第三节　海洋灾害防御工程修筑中的区域社会治理

浙江海洋灾害防御工程类型多样，所用工时亦有所差异，但均需投入大量的人力、财力、物力方可建成。整体来看，浙江海洋灾害防御工程规模浩大，且需要反复修筑。在此种情势下，浙江沿海地区形成了以府州、县为主，以地方精英、寺院僧侣、盐民等为辅的修筑模式。正是在浙江官民的努力下，才修筑起自近海递次向内陆延展的一系列海洋灾害防御工程。

### 一、浙江海洋灾害防御工程的修筑主体

唐代杭州湾南岸海塘修筑的主体是地方官府与势族。②降至两宋时期，浙江地方官府修筑的海塘、碶、堰、埭、闸、斗门诸项海洋灾害防御工程，其规模、频次、涉及的群体较唐代之时，均有着大幅度的提升。在此背景下，浙江官民既需要投入大量的人力、物力、财力去修建海洋灾害防御工程，又得经常对其进行维护、重修。因此，地方官府成为浙江地区海洋灾害防御工程的修筑主体。

---

① ［日］斯波义信著，方健、何忠礼译：《宋代江南经济史研究》，江苏人民出版社，2000年，第471页。
② ［日］斯波义信著，方健、何忠礼译：《宋代江南经济史研究》，江苏人民出版社，2000年，第206页。

在众多浙江海洋灾害防御工程中，海塘无疑是抵御暴风、海溢、海潮等侵袭的首要也是最重要的屏障。正是缘于此，宋代中央政府与浙江地方官府均重视海塘的修筑。中央政府从国家层面重视海塘的修筑，如派员督促浙江地方官府兴筑、重修海塘。如会稽县重修清风、安昌两乡境内海塘之时，"仓司被旨督办，复致助"①。嘉定六年（1213），臣僚言："窃闻浙东之田，其旁海者常有海潮冲荡之患……故防海潮者在于修筑堤岸……乞戒饬绍兴守臣，趁此农隙，立限了毕所修白洋石塘，不得并缘科扰。其余姚八乡滨海之塘，逐急差官相视，修叠土塘，以防近患。仍照白洋体例，一面商议修筑石塘，以利永久。"②其请为宋廷所准。上述引文表明，中央政府督促浙江地方官府依时兴筑、重修海塘，而具体的修筑活动则有赖于浙江地方官府实施。中央政府有时会直接命令浙江地方官府筑修海塘。淳熙九年（1182），宋孝宗"命守臣赵善悉发一万工，修治海盐县常丰闸及八十一堰坝，务令高牢，以固护水势，遇旱可以潴积。十年，以浙西提举司言，命秀州发卒浚治华亭乡鱼祈塘，使接松江太湖之水；遇旱，即开西闸堰放水入泖湖，为一县之利"③。

浙江主持、组织海塘修筑的地方官员可分作三部分：一是两浙提举。淳熙元年（1174），提举两浙常平茶盐公事刘孝韪奏："绍兴府山阴县安昌、清风两乡，余姚县兰风、东山等五乡海塘为海潮所损，已委各县尉修筑。温州瑞安、永嘉、平阳，台州黄岩等县，皆有堙塞河道海浦，乞行开修"④。宋廷从其所请。据此可知，两浙提举统筹辖内海塘及相关工程的修筑，并可直接下令县尉进行重修海塘的工作。但是，翻检文献可知，这种情况并不常见。

二是浙江州府官员。浙江通大海，日受两潮，钱武肃王始在候潮门外筑捍海塘。至宋代，浙江地方官府更是因海塘常为潮水所坏而反复修筑海塘。大中祥符五年（1012），浙江击西北岸益坏，稍逼州城，居民危之。宋廷"即遣使者同知杭州戚纶、转运使陈尧佐划防捍之策。纶等因率兵力，籍梢橛以护其冲。七年，纶等既罢去，发运使李溥、内供奉官庐守勤经度，以为非便。请复用钱氏旧法，实石于竹笼，倚叠为岸，固以椿木，环亘可七里。斩材役工，凡数

---

① （宋）张淏：宝庆《会稽续志》，杭州出版社，2009 年，第 2218 页。
② （清）徐松辑，刘琳等点校：《宋会要辑稿·食货六一》，上海古籍出版社，2014 年，第 7548 页。
③ （元）脱脱等：《宋史》卷 97《河渠七》，中华书局，1977 年，第 2415 页。
④ （清）徐松辑，刘琳等点校：《宋会要辑稿·食货六一》，上海古籍出版社，2014 年，第 7533 页。

百万，逾年乃成。而钩末壁立，以捍潮势，虽湍涌数丈，不能为害"①。唐代会稽县地方官员修筑的自上虞江抵山阴县百余里称浦海塘，南宋时其塘出现"海水冒田，独为民病，塘之外不能寻尺"②，知绍兴府事吴芾于对此重加浚叠。③隆兴元年（1163），知绍兴府事吴芾筑萧山县海塘，以限咸潮。④《越州重修山阴县朱储斗门记》曰："内翰邵武黄公以龙图阁学士出为越州，始至问民所病，皆曰会稽十乡苦濒巨海，而塘护不固，人将为鱼。朱储斗门，民食所系，而岁久不葺。越明年春，公既微发常平余钱筑塘捍海，人竞歌之。"⑤目前所及，州府主官率官民兴筑、重修海塘的事例尚不多。

三是浙江沿海诸县官员。庆历七年（1047），知余姚县谢景初自余姚县云柯而西达上林，为堤二万八千尺。⑥咸淳《临安志》载其事为，谢景初"以大理评事知越州余姚县。始作海塘防水患，民赖以安业"⑦。庆历中（1041—1048），鄞县令王安石起堤堰决陂塘，是为定海塘。⑧降至南宋淳熙十年（1183），"定海县令唐叔翰与水军统制王彦举、统领董珍申请筑定海县后海塘，弗绩。十六年，请于朝，效钱塘例，叠石甃塘岸六百二丈五尺，东南起招宝山，西北抵东管二都沙碛"⑨。嘉定十五年（1222），"定海县令施延臣、水军统制陈文接甃定海县石塘五百二十丈"⑩。瑞安县尉黄度因"邑濒海，潮坏民田，筑堤捍之"⑪。慈溪县海塘为海水所冲坏，"县令游烈，尉成立，率民为闸，潴泄以时，民得耕稼，自是一乡无复水旱之患"⑫。

浙江捍江指挥使及其所辖捍江兵士亦会参与到海塘修筑之中，成为一支专门负责修筑钱塘江海塘的军队。宋廷于浙江置捍江兵及设捍江指挥使，乃是鉴

① （元）脱脱等：《宋史》卷97《河渠七》，中华书局，1977年，第2396页。
② （宋）施宿等：嘉泰《会稽志》，杭州出版社，2009年，第1869页。
③ （宋）施宿等：嘉泰《会稽志》，杭州出版社，2009年，第1869页。
④ （清）徐松辑，刘琳等点校：《宋会要辑稿·食货八》，上海古籍出版社，2014年，第6147页。
⑤ （清）阮元：《两浙金石志》卷8《大宋台州临海佛窟山昌国禅寺新开涂田记》，浙江古籍出版社，2012年，第142页。
⑥ （清）方观承纂修：《两浙海塘通志》卷3《历代兴修下》，浙江古籍出版社，2012年，第48页。
⑦ （宋）潜说友：咸淳《临安志》，杭州出版社，2009年，第1128页
⑧ （清）方观承：《两浙海塘通志》卷3《历代兴修下》，浙江古籍出版社，2012年，第54页。
⑨ （清）方观承：《两浙海塘通志》卷3《历代兴修下》，浙江古籍出版社，2012年，第54页。
⑩ （清）方观承：《两浙海塘通志》卷3《历代兴修下》，浙江古籍出版社，2012年，第55页。
⑪ （明）王瓒、蔡芳著，胡珠生校注：弘治《温州府志》，上海社会科学院出版社，2006年，第169页。
⑫ （元）王元恭：至正《四明续志》，杭州出版社，2009年，第4563页。

于钱塘江挟海潮为杭人患其来已久，且因潮水冲突不常，堤岸屡坏。检索文献可知，景祐中（1034-1038），宋廷"以浙江石塘积久不治，人患垫溺，工部郎中张夏出使，因置捍江兵士五指挥专采石修塘，随损随治，众赖以安"①。咸淳《临安志》载其事为"景佑中，堤复坏，两浙转运使张夏作石堤十二里，因置捍江兵士五指挥，专采石修塘，随损随治"②。绍兴十年（1140），"以两浙转运副使张汇之请，招填捍江军额"③。乾道《临安志》则详细记载了杭州捍江五指挥的名称及所管兵士的数量，具体为：捍江第一指挥，额管 400 人；捍江第二指挥，额管 400 人；捍江第三指挥，额管 400 人；捍江第四指挥，额管 400 人；捍江第五指挥，额管 400 人。另载杭州还设有修江指挥，所管兵士为 120 人。④ 景祐四年（1037），仁宗"诏杭州捍江军士自今毋得它役"⑤，足见捍江军在海塘兴筑中所起的作用。另外，宋廷还很重视捍江兵士的武艺，"诏杭州选捍江兵四百人为教阅捍江指挥，专习武艺，候教阅精熟，于昨差屯驻京东一千人内减四百人"⑥。文献详细记载了捍江兵士修筑海塘的情形，"寻划刷捍江兵士及诸色厢军，得一千人，自十月兴工，至今年四月终，开浚茆山、盐桥二河"⑦，"先是，江涛大溢，调兵筑堤而工未就，诏问所以捍江之策。亮襄诏祷伍员祠下，明日，潮为之却，出横沙数里，堤遂成"⑧。由此可知，即使是专司修筑海塘的捍江兵士，也是几经波折方能筑就海塘，这充分说明了修筑海塘的艰辛。捍江军士还时常有丧命之虞。宋廷诏："如闻杭州葺江岸卒，执役水中，苦足疾而死者甚众，宜令知州马亮拯疗之。"⑨

降至南宋时期，钱塘江潮对两岸塘堤破坏力加大。绍兴十年（1140），宋廷以两浙转运副使张汇之请，招填捍江军额。⑩ 宝祐三年（1255），监察御史兼崇政殿说书李衢言："国家驻跸钱塘，今逾十纪。惟是浙江东接海门，胥涛澎

---

① （元）脱脱等：《宋史》卷 97《河渠七》，中华书局，1977 年，第 2396 页。
② （宋）潜说友：咸淳《临安志》，杭州出版社，2009 年，第 684 页。
③ （宋）潜说友：咸淳《临安志》，杭州出版社，2009 年，第 684 页。
④ （宋）周淙：乾道《临安志》，杭州出版社，2009 年，第 28 页。
⑤ （宋）李焘：《续资治通鉴长编》卷 120《仁宗》，中华书局，2004 年，第 2833 页。
⑥ （宋）李焘：《续资治通鉴长编》卷 240《神宗》，中华书局，2004 年，第 5830 页。
⑦ （宋）施谔：淳祐《临安志》，杭州出版社，2009 年，第 174 页。
⑧ （元）脱脱等：《宋史》卷 298《马亮传》，中华书局，1977 年，第 9917 页。
⑨ （宋）周淙：乾道《临安志》，杭州出版社，2009 年，第 251-52 页。
⑩ （宋）潜说友：咸淳《临安志》，杭州出版社，2009 年，第 684 页。

湃，稍越故道，则冲啮堤岸，荡析民居，前后不知其几。庆历中，造捍江五指挥，兵士每指挥以四百人为额。今所管才三百人，乞下临安府拘收，不许占破。及从本府收买桩石，沿江置场桩管，不得移易他用。仍选武臣一人习于修江者，随其资格，或以副将，或以路分钤辖系衔，专一钤束修江军兵，值有摧损，随即修补；或不胜任，以致江潮冲损堤岸，即与责罚。"①捍江军士在修塘中确实发挥了重要作用。《山阴县志》载述了浙江捍江指挥使任班的政绩："庆元中，浙江塘坏，班率兵修筑，行泥淖中，不惜劳瘁，当事嘉之。嘉定中，山阴、余姚大水，漂民居五万余家，坏民田十万余顷。山阴后海塘溃决五千余丈，班修筑请赈，民赖以安。及殁，乡人感德立祠：一在山阴后海塘，一在余姚邻山卫，与潮神并祀。"②捍江指挥使所辖兵士当为厢军，专门负责巡视、修补、重筑海塘，其所掌握的采石修塘技术已经不是普通民众所能够胜任的。③

总体来看，在浙江海塘修筑中，中央政府主要起到督导地方之作用，而负责浙江水利兴修的浙江提举则统筹辖境海塘的修筑，浙江州府及沿海诸县属于海塘修筑的主导力量。

浙江官民于实践中认识到仅依靠海塘是无法完全阻咸拒风的，因此他们于近海的江河等处修筑碶、堰、埭、闸、斗门等，以此作为海塘的配套工程，意在更为有效地抗御暴风、海溢、海潮等袭扰。

碶主要见于浙江。鄞县父老曰："是邦储水，而启闭以时者曰砌，泄而不防则干，积而不酾则溢。"④乾道《四明图经》介绍碶为"鄞人累石陾水，缺其间而扃以木，视水之小大而闭纵之，谓之碶"⑤。浙江地方所筑之堰、碶，集中分布于明州一地。北宋时，明州沿海各地已经修筑堰、碶。元祐中（1086—1094），舒中丞于奉化县修筑常浦碶。⑥熙宁八年（1075），鄞县令虞大宁"即北渡之西，曰风搧，积石为碶，以却暴流，纳淡潮。又自州之西隅，距北津，疏淀淤之旧，增卑培薄，以实故堤，而作闸于其南，拒所谓咸水，以便往来之舟。而

---

① （元）脱脱等：《宋史》卷 97《河渠七》，中华书局，1977 年，第 2397 页。

② （清）方观承：《两浙海塘通志》卷 16《祠庙下》，浙江古籍出版社，2012 年，第 242 页。

③ 康武刚：《宋代江南水利建设中劳动力的筹措》，《农业考古》，2014 年第 3 期。

④ （宋）魏岘：《四明它山水利备览》，杭州出版社，2009 年，第 4825 页。

⑤ （宋）张津：乾道《四明图经》，杭州出版社，2009 年，第 3005 页。

⑥ （元）王元恭：至正《四明续志》，杭州出版社，2009 年，第 4555 页。

东西管数乡之堰、碶，随以缮葺者，凡六所"①。象山县"瑞龙寺僧曰蔡，始伐木为闸，以时启合，若简而甚利。治平中，县令林君旦复增益之。其后潦水暴涨，堤障屡决。元祐元年，县令叶授始作石碶，自是无水旱之忧，距今几五十年"②，即为朝宗碶。隆兴元年（1163），象山县濒海民众哗而告称，若不重修朝宗石碶，则"潦降潮溢，土石将溃于海"，主簿赵彦逾乃率民重修之。③ 开庆元年（1259），知庆元府事吴潜"兴水利，遍乎四境，复创为此碶，河流不复渗漏，海潮不复入河，遂名之曰开庆者，纪更造之年也"④。淳祐二年（1242），知庆元府事陈垲建鄞县大石桥碶，其"亲访古迹，得断石沙碛中，此地良是。遂即桥下作平水石堰，而于浦口置闸立桥，内可以泄水，外可以捍潮"⑤。慈溪县东德门乡新堰以圮告，知庆元府事吴潜"给钱下县，鼎新修筑，辇石以甃江岸二十余丈。水步一所，址益丰而堤益壮"⑥。

埭是人工修筑的用来堵水的土石坝，具有拒卤、障江、卫河、保护田畴的作用；既可以防止围垦海涂盐碱化，又能使靠近海岸线的盐碱化平原开发为耕地。⑦ 瑞安县东冈埭为海溢所淤塞，浙江提举宋藻相视，"淘其土于埭上，筑成塘路坚固，然皆硬埭，仰石岗斗门泄水"⑧。乾道二年（1166），温州海溢，瑞安县横河埭塌陷，度支郎中唐璟"奉使相地，外筑塘捍潮，内塞河以副之，自是埭址坚固，盖沙塘斗门与河埭相为唇齿"；后又将该县陈家埭移入塘内筑之。⑨ 嘉定元年（1208），知平阳县汪令君虑东、西、金舟、亲仁四乡常为咸潮所侵，乃"建埭八十丈于阴均，障海潮，潴清流；又造石门于山之麓以时启闭，以防涨溢"⑩。瑞安县程头埭，"长九丈二尺，埭当海口，地形独高。宋乾道丙戌水灾，埭坏河决，起三乡人夫筑之随决。官费数十万，多筑备埭，移就口方平所

① （宋）罗濬：宝庆《四明志》，杭州出版社，2009年，第3350页。
② （宋）张津：乾道《四明图经》，杭州出版社，2009年，第3002页。
③ （宋）张津：乾道《四明图经》，杭州出版社，2009年，第3004页。
④ （元）王元恭：至正《四明续志》，杭州出版社，2009年，第4552页。
⑤ （宋）罗濬：宝庆《四明志》，杭州出版社，2009年，第3370-3374页。
⑥ （宋）梅应发、刘锡：开庆《四明续志》，杭州出版社，2009年，第3637-3638页。
⑦ 康武刚：《宋代浙南温州滨海平原埭的修筑活动》，《农业考古》，2016年第4期。
⑧ （明）王瓒、蔡芳著，胡珠生校注：弘治《温州府志》，上海社会科学院出版社，2006年，第74页。
⑨ （明）王瓒、蔡芳著，胡珠生校注：弘治《温州府志》，上海社会科学院出版社，2006年，第76页。
⑩ （宋）杨简著，刘固盛校点：《慈湖遗书》卷2《永嘉平阳阴均堤记》，北京大学出版社，2014年，第28页。

买陈观国经界基地，筑之始固"①。为应对环境的变化、更好地调控蓄水与泄水的矛盾，有些埭被地方官府改建为斗门。②

除上述海塘配套工程外，浙江地方还兴建闸、斗门，以便蓄泄洪水。仁宗朝天圣四年（1026）二月辛酉，侍御史方夤言："杭州海潮，冲坏水闸，舟船有阻滞之艰。"即日下诏，复修治之。庆历七年（1047）十一月，知鄞县王安石"浮石湫之壅以望海，而谋作斗门于海滨"。③绍兴三年（1133），太博吴蕴古创筑沙塘斗门，"费累数千万，为屋七间，用巨木交错，坚若重屋，虚其中三间之上层置闸焉，密置板柜土，连络塘岸"④。平阳县万全乡沙塘一埭决于既溢，为此，吴蕴古"捐材为斗门，以便蓄泄。明年秋，大水迅流，怒涛交攻而圮。又明年，范文正公曾孙寅孙来丞是邑……爰度地，稍徙旧址之北，前直大浦，楗松为防，累版为闸，梁空而度者四十尺。浦之上下实以巨石，外以杀潮怒噬之势，内以受所泄水，使盘旋洄洑曲赴于海"⑤。乾道二年（1166），瑞安县沙塘斗门为海溢所毁，"朝廷遣唐郎中、宋提举相视，徙内数百步，淳熙乙未瑞安令刘龟从、平阳令杨梦龄率三乡人共修筑"⑥。乾道五年（1169），郡守周淙重修浙江浑水、清水、保安三闸，仍奏请置监官一员。⑦同年，知台州向沟"复披故道，创城闉斗门，上覆以亭，又即故斗门筑三版以通江"⑧。与此同时，唐坊斗门亦为海溢漂垾，度支郎中唐璨"作之，上置桥，下有闸"；永嘉县石墩斗门亦为海溢毁坏，守楼钥淳熙十四年（1187）筑左右二臂，嘉泰二年（1202）右臂损坏，守奚士逊补筑之；受此次海溢影响，永嘉县蛎崎斗门亭四间俱圮，知温州刘孝韪再作。⑨

鉴于海塘未建潴泄水设施而致淤塞、泛溢时或发生，浙江地方官员率民立

---

① （明）王瓒、蔡芳著，胡珠生校注：弘治《温州府志》，上海社会科学院出版社，2006年，第73页。
② 康武刚：《宋代浙南温州滨海平原埭的修筑活动》，《农业考古》，2016年第4期。
③ （宋）张津：乾道《四明图经》，杭州出版社，2009年，第3003—3004页。
④ （明）王瓒、蔡芳著，胡珠生校注：弘治《温州府志》，上海社会科学院出版社，2006年，第84页。
⑤ （宋）宋之才：《沙塘斗门记》，载闫彦、李大庆、李续德：《浙江海潮·海塘艺文》，浙江大学出版社，2013年，第212页。
⑥ （明）王瓒、蔡芳著，胡珠生校注：弘治《温州府志》，上海社会科学院出版社，2006年，第84—85页。
⑦ （宋）施谔：淳祐《临安志》，杭州出版社，2009年，第178页。
⑧ （宋）陈耆卿著，张全镇、吴茂云点校：嘉定《赤城志》，中国文史出版社，2008年，第245页。
⑨ （明）王瓒、蔡芳著，胡珠生校注：弘治《温州府志》，上海社会科学院出版社，2006年，第72、77页。

闸以解之。嘉祐二年（1057），慈溪县"海塘石碶闸，滨海为塘，以御风雨。水之泛溢，则决之于海，既决复塞，民费且劳……县令游烈、尉成立率民为闸，潴泄以时，民得耕稼，自是一乡无复水旱之患"①。两浙东路常平茶盐朱熹获知黄岩县堰闸损坏严重，故檄宁海丞林邑、刘友直负责重修事宜，又委乡寓居士人分领之。②两则史文说明浙江地方官员是海洋灾害防御工程的主导者。

地方官府修筑海洋灾害防御工程之时，常由所属县主簿或县丞主管，再派遣其他官吏监造。如庆元府鄞县修筑洪水湾碶闸时，"监造都吏王松、正将郑琼，莅其事者鄞县薄李言似"③。庆元府重修茅针碶之闸，委派都吏王松、将校林枝主其事，而命提督司法赵良坦监造。④知庆元府事吴潜委慈溪县丞罗镇负责修筑境内鸣鹤乡黄泥埭石闸事项。⑤鄞县重修林家堰，庆元府命司法赵良坦、都吏王松监视其修筑过程。⑥慈溪县兴筑黄家堰，"董役者，正将郑琼、僧祖伦、吏王松"⑦。浙江沿海诸县由县丞具体负责海塘、碶、堰等的修筑工作，若不设丞，其责归于县主簿，"民以县无丞，水利乃簿之责"⑧。它山堰为飓风、海潮所损坏，鄞县令乃"委督官吏经营强堰。然后增葺它山，补土石之罅漏，塞梁坍之隙穴，易土以石，冶铁而固之。旬日之间，厥功告成"⑨。世居鄞县光溪村（今宁波市海曙区鄞江镇光溪村）、时任提举福建路市舶的魏岘"乃计工赋材选，州县官主之。委里士为人信服有计知者督其役，出给调度"⑩。

至于浙江修筑海洋灾害防御工程所用劳动力，地方政府则征用当地民众为之。余姚县复修海提之时，组织大规模民夫进行海塘的修建，"于是岁起役夫六千人，人为役二十日，率于农隙董治修筑"⑪。海塘具体的修建则由工匠、民众共同完成。淳熙十六年（1189），定海县新筑石塘建成，"其高十有一层，侧

① （宋）罗濬：宝庆《四明志》，杭州出版社，2009年，第3467页。
② （明）叶良佩：嘉靖《太平县志》卷2《地舆志下》，上海古籍出版社，1981年。
③ （宋）梅应发、刘锡：开庆《四明续志》，杭州出版社，2009年，第3635页。
④ （宋）梅应发、刘锡：开庆《四明续志》，杭州出版社，2009年，第3636页。
⑤ （宋）梅应发、刘锡：开庆《四明续志》，杭州出版社，2009年，第3637页。
⑥ （宋）梅应发、刘锡：开庆《四明续志》，杭州出版社，2009年，第3639页。
⑦ （宋）梅应发、刘锡：开庆《四明续志》，杭州出版社，2009年，第3639页。
⑧ （宋）张津：乾道《四明图经》，杭州出版社，2009年，第3004页。
⑨ （宋）魏岘：《四明它山水利备览》，杭州出版社，2009年，第4823页。
⑩ （宋）魏岘：《四明它山水利备览》，杭州出版社，2009年，第4824页。
⑪ （宋）施宿等：嘉泰《会稽志》，杭州出版社，2009年，第1878页。

厚数尺，敷平倍之；袤六千五十尺有赢，基广九尺，敛其上，半之厥赢有十之五，高下若一。纵横布之入棋局，仆巨木以奠其地，培厚土以实其背，植万桩以杀其冲。役夫匠、民积工至三十余万，而人不高劳；阅春夏二时舍田趋役，而农不告病。伐石于山，石颓而役者不伤；运之于海，波平而舟楫无恐。以己酉春正月乙未初基，越六月甲寅，凡十有七旬又五日而讫事"①。这说明修筑海塘为一项所需人众、规模巨大且极为费时的大工程。

　　相较而言，浙江官民兴筑、重修碶、堰、埭、闸、斗门等，多征发其所在地民众为之，但用工人数亦众。平阳县"海大溢，塘埭斗门尽坏，朝廷遣使临视，稍徙而内者数百步，岁乙未，邑宰相攸宜，劝率三乡人重成之"②。瑞安县程头埭为海潮所坏，"起三乡人夫筑之随决。官费数十万，多筑备埭，移就口方平所买陈观国经界基地，筑之始固"③。永嘉县蒲州埭，"乾道丙戌，大水冲激，二埭扫迹，已而，八月风潮，塘岸俱毁，直抵官路，膺符、德政、吹台三乡居民协力再筑"④。瑞安县沙塘斗门因为海溢所坏，"瑞安令刘龟从、平阳令杨梦龄率三乡人共修筑"⑤。鄞县修行春碶、筑朱濑堰、浚江东道士堰河，"总为工万有九千"⑥。鄞县令虞大宁重修辖境碶、堤、闸，"用工一万一千有奇"⑦。秀州"为闸于邑东南四十有八里，增故土七尺，甃巨石两，趾相距有四尺，深十有八板，板尺有一寸。月河之长三千三百五十有五尺，广常有六尺。凡浚河之工万有一千二百。金工、石工、木工、畚筑之工、伐取运致之工，总其数概七倍于浚河。靡钱缗九千三百五十四，粟石二千三百有九十。始于仲冬之朔，凡五十有五日而毕。盖敛未尝及民，而民亦若不知有役也"⑧。

　　虽然浙江民众是各类海洋灾害防御工程的主要劳动力，但浙江地方官府亦会派遣厢军修筑海洋灾害防御工程。知临安府赵与懽率官民修钱塘江塘的情况

---

① （宋）林栗：《海塘记》，载闫彦、李大庆、李续德：《浙江海潮·海塘艺文》，浙江大学出版社，2013年，第70页。

② （明）王瓒、蔡芳著，胡珠生校注：弘治《温州府志》，上海社会科学院出版社，2006年，第521页。

③ （明）王瓒、蔡芳著，胡珠生校注：弘治《温州府志》，上海社会科学院出版社，2006年，第73页。

④ （明）王瓒、蔡芳著，胡珠生校注：弘治《温州府志》，上海社会科学院出版社，2006年，第71页。

⑤ （明）王瓒、蔡芳著，胡珠生校注：弘治《温州府志》，上海社会科学院出版社，2006年，第84-85页。

⑥ （宋）魏岘：《四明它山水利备览》，杭州出版社，2009年，第4824页。

⑦ （宋）罗濬：宝庆《四明志》，杭州出版社，2009年，第3350-3351页。

⑧ （元）单庆、徐硕修纂，嘉兴地方志办公室编校：至元《嘉禾志》，上海古籍出版社，2010年。

为，日役殿步司官兵五千五百余人，并募夫工及修江司军兵三千余人，已贴立石仓，夹植桩笆版木，昼夜运土填筑，用工三月方毕。[①] 庆元府重修茅针碶之闸，"工始于八月二十七日，毕于十二月五日，役成而民不知"，乃在于其役未征调民众，工役之人只用军兵故也。[②] 庆元府重修练木碶时，因力役于伍籍，而使民无毫发扰，故民众持羊酒以劳役夫。[③] 都吏王松提到庆元府修治茅针砌时说："工役之人，不若只用军兵，日增支钱一贯五百文，米三升，庶可钤束"。[④]

## 二、浙江海洋灾害防御工程的助修者

浙江地区一些规模较小的海洋灾害防御工程，则由地方精英、寺院僧侣、盐民等自行修筑，或者出资助修之。浙江海洋灾害防御工程助修者主要分为地方精英和寺院僧侣两类。

### （一）地方精英

地方精英的助修情形又可分为两种。一种是地方精英自行修筑海洋灾害防御工程。庆历四年（1044），象山县民任永德，"治石碶以捍海"[⑤]。元祐七年（1092）之前，余姚名士莫襄修建海塘、斗门，"余姚八乡，傍海为田，岁为风涛所害，公私不能谋。君雅有智虑，白令愿为石堤五千丈，可以御其暴。令信之，以白府，府以状闻，朝廷赐库金二千万以助其役。烛溪湖溉田百万顷，堤薄久不治，岁旱，争讼斗击，数起大狱。君复请治石塘，水既足，民以不争。梅川地高仰，小旱则废耕植，君有谋浚四傍古河潴水，立斗门以决泛溢，一乡之田遂为沃壤"[⑥]。余姚县濒海之堤久而圮，致仕官员汪思温"修复之，并海田免水患者六十里"[⑦]。练木碶岁久而坏，"乡人尝亩率斗谷，简葭为坝，迄弗及碶"[⑧]。慈溪县鸣鹤乡人曹氏修筑双河堰。[⑨] 南宋之时，鄞县富民自行增筑它

---

① （宋）施谔：淳祐《临安志》，杭州出版社，2009年，第162–163页。
② （宋）梅应发、刘锡：开庆《四明续志》，杭州出版社，2009年，第3636–3637页。
③ （宋）梅应发、刘锡：开庆《四明续志》，杭州出版社，2009年，第3637页。
④ （宋）梅应发、刘锡：开庆《四明续志》，杭州出版社，2009年，第3637页。
⑤ （宋）罗濬：宝庆《四明志》，杭州出版社，2009年，第3553页。
⑥ （宋）施迪：《莫襄墓志铭》，载王清毅：《慈溪海堤集》，方志出版社，2004年，第138页。
⑦ （宋）罗濬：宝庆《四明志》，杭州出版社，2009年，第3247页。
⑧ （宋）梅应发、刘锡：开庆《四明续志》，杭州出版社，2009年，第3637页。
⑨ （宋）梅应发、刘锡：开庆《四明续志》，杭州出版社，2009年，第3644页。

山堰，"里之富民周四耆者，谓堰稍低，惜水之泄，遂于堰上加石板，厚七八寸，比侯（唐人王元暐）原石长减二尺"①。杭州仁和县永和乡地接古鼎湖和白龙潭，其地常因水势涨溢而遇卯风震荡，则数百顷中瞬息湮没，乡民因此而患之。邑士范武倡为义役，捐以助修筑，塘成之后岁无水患，邑宰范光乃命其名为永和堤。②许参政应龙《永和堤记》载其事："运河有塘，衣带浙水，自帝都东北桥镇薄吴头楚尾，绵亘千余里。……惟永和堤阻鼎湖、白龙潭之险，卯风湍流，黉夕鼓荡，一有线溜，则膏腴数百顷瞬刻就浸……邑有范、任二君倡为义役，乃悉心讨究，谓土力娄溃于成也，于是率众傛工，筑以石，桩以松，迄成二百五十丈，为钱数千缗，范君为费，独当什伍，董视犒赏尤详焉。傍筑道民庵，给伏腊，俾早晏巡徼，事无遗虑，整如也。"③

绍兴三年（1133），太博吴蕴古"费累数千万"④创筑沙塘斗门。乾道元年（1165），"里人曹阅捐钱二千缗，倡率乡豪，益以二千缗，创建双河界塘六百余丈"⑤。淳熙十三年（1186），慈溪县主簿赵汝积劝率田位于西屿乡西部的民众每亩出钱三百，以此作为重修彭山堰的经费。⑥奉化县邑人王元章先人出力创建刘大河砌，后元章有请于县，重修焉。⑦鉴于民人因屡修长塘堰而陷入困境，里士黄堂乃"于河泂邻江之地，各捐半里许，于其外为堰二，以杀水势，旧塘遂坚壮，民病始苏，至今赖之"⑧。

### （二）寺院僧侣

值得注意的是，民庵也参与到修筑海塘之中，既提供物资，又早晚巡视岸堤。民间力量筑修海塘的积极结果是，民间曾无劳动之告，公家则坐收兴筑之利。⑨鄞县育王碶，乃宝庆年间（1225—1227）育王寺所筑。⑩昌国县普济禅

---

① （宋）魏岘：《四明它山水利备览》，杭州出版社，2009年，第4810页。
② （宋）潜说友：咸淳《临安志》，杭州出版社，2009年，第762页。
③ （宋）潜说友：咸淳《临安志》，杭州出版社，2009年，第762-763页。
④ （明）王瓒、蔡芳著，胡珠生校注：弘治《温州府志》，上海社会科学院出版社，2006年，第84页。
⑤ （宋）罗濬：宝庆《四明志》，杭州出版社，2009年，第3467页。
⑥ （宋）罗濬：宝庆《四明志》，杭州出版社，2009年，第3464页。
⑦ （宋）罗濬：宝庆《四明志》，杭州出版社，2009年，第3422页。
⑧ （宋）罗濬：宝庆《四明志》，杭州出版社，2009年，第3371页。
⑨ （宋）潜说友：咸淳《临安志》，杭州出版社，2009年，第763页。
⑩ （元）王元恭：至正《四明续志》，杭州出版社，2009年，第4553页。

院头陀宗新等七人为卫护新辟海涂田，而"建石碶三间，圩岸二百丈"[①]。黄岩县大泽塘，"僧慈保即一大壑为之，下垒石，上筑以土，旁为十门，分数道以达于田"[②]。明州寺僧开辟的海涂田"尽瘴捍筑，怒涛一掀而溃，是掷其资于溟也"，于是寺院集众力筑海塘，"金堤接山，蜿蜒千丈。……创斗门以泄咸浊，凿中港以潴淡流。昉景定庚申仲冬，越明年三月，合港告成，相攸造庄，以安储积"[③]。"甫十旬之工役，屹千丈之堤防"[④]。

还有文献记载有盐民自行修筑埭。淳熙间（1174—1189），双穗场盐亭户筑小鲍埭，"埭下为盐土亭坛。又于埭旁凿河通运薪卤。每岁潮水淹溢，颇费筑捺，民甚病之"[⑤]。

综合上述，浙江抗御海潮灾害的海塘工程往往规模巨大，不仅需要大量的人力、财力、物力去施工建设，还需要源源不断地投入资金进行维护；同时，兼具限潮防咸和蓄水防旱功能的砌、堰工程，亦需要汇集多方力量方能完成。[⑥]正是缘于此，浙江海洋灾害防御工程需要中央政府、地方官府、濒海军民通力协作方可筑成。知定海县岳甫对此有深刻的认识："定海之滨，屹然巨防，匪天攸设，繄军民是襄。军民曰嘻，我尽其力，惟公上是资，惟文武是师。官不我役，于我奚所为？"[⑦]

## 三、浙江海洋灾害防御工程修筑工时与成果

### （一）浙江海洋灾害防御工程修筑工时

自唐五代至宋代，海塘或增修或加固，其规模越来越大，修筑技术也越来

① （宋）张津：乾道《四明图经》，杭州出版社，2009 年，第 3001 页。
② （宋）陈耆卿著，张全镇、吴茂云点校：嘉定《赤城志》，中国文史出版社，2008 年，第 251 页。
③ （宋）物初大观：《物初剩语》，载许红霞：《珍本宋集五种：日藏宋僧诗文集整理研究》，北京大学出版社，2013 年，第 718 页。
④ （宋）物初大观：《物初剩语》，载许红霞：《珍本宋集五种：日藏宋僧诗文集整理研究》，北京大学出版社，2013 年，第 923 页。
⑤ （明）王瓒、蔡芳著，胡珠生校注：弘治《温州府志》，上海社会科学院出版社，2006 年，第 74 页。
⑥ 刘恒武、金城：《宋代两浙路海洋灾害防御工程资金来源考察》，《上海师范大学学报》，2017 年第 1 期。
⑦ （宋）林栗：《海塘记》，载闫彦、李大庆、李续德：《浙江海潮·海塘艺文》，浙江大学出版社，2013 年，第 70 页。

越成熟。<sup>①</sup> 即便如此，浙江官民修筑海塘等海洋灾害工程仍主要依赖投入劳动力的规模，因其劳动力规模大小不一，故其所费工时亦不同。据文献记载，会稽县重修境内海塘用工时间一般为 10 到 12 个月，如重修清风、安昌两乡境内海塘之时，自秋兴役，以明年夏毕工。<sup>②</sup> 会稽县称浦塘因"海水冒田，独为民病，塘之外不能寻尺"，"其役始以绍兴三十二年十月，成以隆兴二年十二月"。<sup>③</sup> 上述两例所费工时颇多，当与其征发人众规模较小有关。在劳动力充足的情况下，规模较大的海塘重修工程可在 20 日内完成，如余姚县复修海堤之时，"岁起役夫六千人，人为役二十，率于农隙董治修筑"<sup>④</sup>。兴筑大规模海塘时，只要动员劳动力足够多，也能在较短时间内完成，如淳熙十六年（1189），定海县为新筑石塘，"役夫匠、民积工至三十余万……以己酉春正月乙未初基，越六月甲寅，凡十有七旬又五日而讫事"<sup>⑤</sup>，仅用了 175 天。

目前所及，浙江地方重修碶所用工时最短为 10 日，即象山县重修朝宗石碶，计其役仅 10 日，举易而新之。<sup>⑥</sup> 通常情况，浙江筑修碶堰等多为两三个月。陈大卿委提督建造回沙闸用工两月，其役始于九月初八日，毕于十一月七日。<sup>⑦</sup> 庆元府鄞县官民重筑洪水湾碶闸耗时两月余，"役始于宝祐六年十二月十三日，毕于开庆元年二月十五日"<sup>⑧</sup>。庆元府官民重修练木碶，"越三月而碶成"<sup>⑨</sup>。鄞县修行春碶、筑朱濑堰、浚江东道士堰河，"越三月而毕"<sup>⑩</sup>。

浙江地方修筑海塘之时，会遭受到海风、海潮的严重冲击，其修建过程可谓十分之艰难。明州定海县兴筑石塘时，便遇到暴风、海潮的袭扰，"畚锸才收，波神眩巧，乘大潮汐，挟西北风，震怒号呼，攻突甚急。盖乙卯、丙辰，以夜继日，尽其力而止。波澄雨霁，环而视之，巨防屹然，罅隙不动，于是万

① 陆敏珍：《唐宋时期宁波地区水利事业述论》，《中国社会经济史研究》，2004 年第 2 期。
② （宋）张淏：宝庆《会稽续志》，杭州出版社，2009 年，第 2218 页。
③ （宋）施宿等：嘉泰《会稽志》，杭州出版社，2009 年，第 1869 页。
④ （宋）施宿等：嘉泰《会稽志》，杭州出版社，2009 年，第 1878 页。
⑤ （宋）林栗：《海塘记》，载闫彦、李大庆、李续德：《浙江海潮·海塘艺文》，浙江大学出版社，2013 年，第 70 页。
⑥ （宋）张津：乾道《四明图经》，杭州出版社，2009 年，第 3004 页。
⑦ （宋）魏岘：《四明它山水利备览》，杭州出版社，2009 年，第 4815 页。
⑧ （宋）梅应发、刘锡：开庆《四明续志》，杭州出版社，2009 年，第 3635 页。
⑨ （宋）梅应发、刘锡：开庆《四明续志》，杭州出版社，2009 年，第 3637 页。
⑩ （宋）魏岘：《四明它山水利备览》，杭州出版社，2009 年，第 4824 页。

众感激。兹役之兴信有天助，乃能底绩以迄于成，一方可以永赖矣"①。《宋通判黄震记》载："咸淳六年庚午秋，海溢浙江，新林被害为甚，岸址荡无存矣。太守刘公……以力未及石，请用土，而故地莽为一壑，潮汛翕忽，土立辄湍去。公亲临按，祷之神，曰此朝廷所加念者，愿有以相之，未几，沙果骤涨，始得立巨松数万，如栉为外捍。吏民欢躁，畚锸云兴，四阅月而工役就，其高逾丈，其广六丈，其长千九十丈，横亘弥望，屹若天成。"②上面引述的两则史事具有典型性，充分体现了浙江官民于近海之滨兴筑、重修海塘的艰难。究其原因，在于海塘属于蔽障沿海官民的第一道防御工程，一直面临着暴风、海溢、海潮的直接冲击。相比之下，浙江官民修筑距海洋稍远的堰、碶、埭、闸、斗门等便容易许多。

## （二）浙江海洋灾害防御工程的成果

依据目前所见文献，北宋浙江海塘主要分布于秀州、杭州、越州、明州等地。浙西自唐代和吴越修筑盐官、杭州捍海塘后，钱塘江北岸堤防巩固，长期少有兴工。但是宋代北岸潮势转烈，之前所筑捍海塘堤年久不修以致难以抵御海潮。更为严重的是，浙西海塘先后崩决，甚至坍没于海中。在潮患屡起、百姓恐慌的情形下，浙西官民再兴塘工便迫在眉睫了。③

海盐县太平塘，西南至盐官县界，东北接华亭县界，以防海水涨溢，故又名捍海塘。④乾道七年（1171），华亭县"守臣太傅丘公崇以新泾塘潮势湍急，运港距新泾二十里，水势稍缓，议移新泾堰入运港，遂募夫经始于九月二十六日，毕工于十二月二十七日。堰成，并筑堰外港一十六所，港之两旁塘岸四十七里二百八十步有奇"，又建有咸塘岸，"运港东塘岸自运港堰至徐浦塘，计二十四里一十七丈，西塘岸自运港堰至柘湖二十三里"⑤。两宋时期，浙

---

① （宋）林栗：《海塘记》，载闫彦、李大庆、李续德：《浙江海潮·海塘艺文》，浙江大学出版社，2013年，第70页。

② （清）方观承：《两浙海塘通志》卷3《历代兴修下》，浙江古籍出版社，2012年，第49—50页。

③ 张文彩：《中国海塘工程简史》，科学出版社，1990年，第27页。

④ （元）单庆、徐硕修纂，嘉兴地方志办公室编校：至元《嘉禾志》，上海古籍出版社，2010年，第40页。

⑤ （元）单庆、徐硕修纂，嘉兴地方志办公室编校：至元《嘉禾志》，上海古籍出版社，2010年，第44页。

江官民不断兴筑钱塘海塘。庆历元年（1041），大风驱潮摧毁杭州捍海塘，"郡守杨偕、转运使田瑜协力筑堤二千二百丈"①。淳祐《临安志》详载了赵与懽与当地官民修筑杭州海塘的情形及其成果："嘉熙戊戌秋，潮由海门捣月塘头，日畯月削，民庐僧舍坍四十里。己亥六月，诏赵与懽除端明殿学士知临安府，任责修筑。与懽奏，先于傍近筑土塘为救急之术，然后于内筑石塘。……日役殿步司官兵五千五百余人，并募夫工及修江司军兵三千余人，已贴立石仓，夹植桩笆版木，昼夜运土填筑。自水陆寺之下，江家桥之上，近江港口，筑坝一条，南北长一百五十丈；自团围头石塘近江，筑捺水塘一条长六百丈；自六和塔以东一带，石堤添新补废四百余丈。越三月毕工，水复故道。"②

海潮亦使浙东官民大规模筑修海塘等。元人黄溍概述了宋代两任余姚知县修筑海塘的情况："宋庆历间，知县事谢景初尝为堤二万八千尺。庆元间知县事施宿为堤四万二千尺，而其中为石堤者五千七百尺。"③余姚海堤，绵亘八乡，其袤百四十里。④余姚县"北枕大海，其地曰兰风、东山、开原、孝义、云柯、梅川、上林者，皆潮汐之所争也。当宋为县时，庆历七年，知县事谢景初自云柯至上林，为堤二万八千尺。庆元二年，知县事施宿，自上林至兰风，为堤四万二千余尺。中石堤四，计五千七百尺，余尽垒土耳"⑤。萧山县捍海塘，在县东四十里，长五百余丈，阔九尺。⑥称心海塘，在会稽县东北五十里。⑦会稽县重修清风、安昌两乡境内海塘，"筑塘及裨修共六千一百二十丈，砌石者三之一，起汤湾迄王家浦"⑧。会稽县千秋乡菁江石塘，"塘广六十五步，长一百五十三步。淳熙九年，令杨宪重筑加甃，塘岸一里余"⑨，后塘长增至四百

① （宋）潜说友：咸淳《临安志》，杭州出版社，2009年，第684页。
② （宋）施谔：淳祐《临安志》，杭州出版社，2009年，第162-163页。
③ （元）黄溍：《跋·余姚海堤记》，载闫彦、李大庆、李续德：《浙江海潮·海塘艺文》，浙江大学出版社，2013年，第134页。
④ （宋）施宿等：嘉泰《会稽志》，杭州出版社，2009年，第1878页。
⑤ （元）陈旅：《海堤记》，载闫彦、李大庆、李续德：《浙江海潮·海塘艺文》，浙江大学出版社，2013年，第225页。
⑥ （宋）施宿等：嘉泰《会稽志》，杭州出版社，2009年，第1870页。
⑦ （宋）施宿等：嘉泰《会稽志》，杭州出版社，2009年，第1869页。
⑧ （宋）张淏：宝庆《会稽续志》，杭州出版社，2009年，第2218页。
⑨ （宋）施宿等：嘉泰《会稽志》，杭州出版社，2009年，第1869页。

余丈。① 明州沿海地区也兴建了海塘，余姚江、甬江等两岸亦修筑了堤防和碶闸。② 慈溪县"西北八十里海滨，亦名西龙尾。东望伏龙山，与龙头迤。龙头以东属定海，龙尾以西属余姚，各有海塘"③。《定海县志》载述了嘉定十五年（1222）县令施延臣等修塘的具体情形："塘有峻坂捍御，甚固。又于海塘尽处，再筑土塘五百六十丈以续之，有永赖、海晏二亭临石塘之上。"④ 常楙任两浙转运使时，"海盐岁为咸潮害稼，楙请于朝，捐金发粟，复辍已帑，大加修筑新塘三千六百二十五丈，名曰海晏塘。是秋，风涛大作，塘不浸者尺许，民得奠居，岁复告稔，邑人德之"⑤。

总体来看，浙东沿海地区在宋代以前仅绍兴一府有塘，长不过百余里。经过两宋扩建之后，浙东沿海各地基本上都兴筑了海塘，其中新筑 190 余里、修旧 40 余里。南宋时期，仅盐官县修筑的捍海塘就达百里以上。⑥

历史时期，杭州湾周围江水流量的人为改变对泥沙沉积的方式有着重要影响。浙江官民用海塘等围住沿海地区，用水闸控制江河流量，结果水流的高峰期消失，泥沙淤积下来。最终的结果是，人为活动的时间节奏与之合拍。杭州湾南岸在唐代已经被长达 500 多里的海塘所包围，保护越州的 6160 丈海塘在 13 世纪初已经建成，并取代了较早的唐代海塘。⑦

海塘为外部御潮系统，却深刻影响了平原内部的水流环境。海塘本身不具有蓄水功能，但海塘构建阻断了内河出水口，河道水流变缓，形成停滞性水域，从而为海塘周边农业灌溉提供水源。海塘修筑后，平原积水分散在一个更大的范围，沿江积水进一步发展为新的沼泽乃至湖泊。⑧ 修筑海塘的一个主要目的是蓄淡灌溉，宋代海塘的增多，使得山会平原北部蓄淡灌溉能力显著提高，其开垦范围日益扩大。⑨ 山会平原古海塘附近的狭长地带，地势低平，平

① （宋）张淏：宝庆《会稽续志》，杭州出版社，2009 年，第 2219 页。
② ［日］斯波义信著，方健、何忠礼译：《宋代江南经济史研究》，江苏人民出版社，2000 年，第 483 页。
③ （宋）罗濬：宝庆《四明志》，杭州出版社，2009 年，第 3460 页。
④ （明）张时彻等：嘉靖《定海县志》，成文出版社有限公司，1983 年，第 150 页。
⑤ （元）脱脱等：《宋史》卷 421《常楙传》，中华书局，1977 年，第 12596 页。
⑥ 张文彩：《中国海塘工程简史》，科学出版社，1990 年，第 29—30 页。
⑦ ［英］伊懋可著，梅雪琴、毛利霞、王玉山译：《大象的退却：一部中国环境史》，江苏人民出版社，2014 年，第 166 页。
⑧ 耿金：《9—13 世纪山会平原水环境与水利系统演变》，《中国历史地理论丛》，2016 年第 3 期。
⑨ 陈桥驿：《古代鉴湖兴废与山会平原农田水利》，《地理学报》，1962 年第 3 期。

均海拔仅 4.5 米。[①]海塘的修建，不仅便于拦阻潮水，塘内的湿地也能够借此摆脱潮水的涨落，便于开发。随着海塘的一再兴建，大海离诸县城及其他人口密集地区越来越远。[②]

至于碶、堰等工程，主要分布于越明两州，尤集中于明州。熙宁中（1068-1077），"越州检照会稽、山阴共管碶、闸、水碓一十六所，瓜山堰之一"[③]。知庆元府事吴潜"一日出钧批，谓境内碶闸，措置略遍，惟它山洪水湾岸坍水泄，关系匪轻，委官下都保议。于是即其地位坝三，一濒江以御狂澜，一濒河以防罅漏，一则介其间为表里之拓"[④]。北津堰损坏严重，知庆元府事吴潜命"司法赵良坦副吏许枢相视兴工，因其旧而增高焉。内分两傍，各甃碶堰臂七层，鼎新造车屋四间"[⑤]。知庆元府事吴潜在它山林村创建永丰碶，"五柱四门，阔三丈六尺，深四尺余"[⑥]。慈溪县主簿赵汝积率民重修彭山闸时，"撤故闸址，悉以石为之，长十有一寻，广四寻，中阔丈有二尺，扃以层板，使便启闭"[⑦]。慈溪县东德门乡新堰以纪告，"大使、丞相吴公给钱下县，鼎新修筑，辇石以甃江岸二十余丈。水步一所，址益丰而堤益壮，水自此东达慈溪、定海，两邑之田无斥卤浸淫之害，风帆浪楫，往来不下上这胥利焉"[⑧]。鄞县建有回沙闸，"闸三眼，长三丈九尺，高一丈零五寸。中一眼阔一丈二尺八寸。两旁各阔一丈一尺，柱位四尺。东臂石岸八丈，石锤十五层。西臂石岸一十八丈，石锤十五层"[⑨]。鄞县官民重修乌金砌时，"从旁南低旧趾三尺许，身东西五丈二尺有奇，南趾七尺，臂东二十七丈，西十三尺，桥五丈五尺，而长高九尺，阔称之。合石为之柜，植石为之根，规模宏壮，工力缜密"[⑩]。鄞县手界乡林家堰，"十余年间，补苴罅漏，不足以为江湖之蔽障。每巨涛澎湃，则斥卤浸淫，积潦久之，

① 绍兴县地方志编纂委员会：《绍兴县志》，中华书局，1999 年，第 183 页。
② 吴松弟：《1166 年的温州大海啸和沿海平原的再开发》，载复旦大学历史地理研究中心：《自然灾害与中国社会历史结构》，复旦大学出版社，2001 年，第 427 页。
③ （宋）施宿等：嘉泰《会稽志》，杭州出版社，2009 年，第 1718 页。
④ （宋）梅应发、刘锡：开庆《四明续志》，杭州出版社，2009 年，第 3635 页。
⑤ （宋）梅应发、刘锡：开庆《四明续志》，杭州出版社，2009 年，第 3638 页。
⑥ （宋）梅应发、刘锡：开庆《四明续志》，杭州出版社，2009 年，第 3640 页。
⑦ （宋）罗濬：宝庆《四明志》，杭州出版社，2009 年，第 3464 页。
⑧ （宋）梅应发、刘锡：开庆《四明续志》，杭州出版社，2009 年，第 3637-3638 页。
⑨ （宋）魏岘：《四明它山水利备览》，杭州出版社，2009 年，第 4815 页。
⑩ （宋）魏岘：《四明它山水利备览》，杭州出版社，2009 年，第 4824 页。

则又渗漏于外，不独为民田害，抑亦不利于舟楫。……大使、丞相吴公因民之请，更以石为之，培其高，浚其深，视旧址舒以长，添甃石磡，重修车屋，补筑土塘。自是民田有灌溉之益，舟楫无险阻之虞，里之任役者亦免岁时修治筑塞之劳"①。鄞县地方志办公室金儒宗实测它山堰身长 13.4 米，堰面宽 4.8 米，砌筑堰体所用条石每块长 2～3 米，宽 0.5～1.4 米，厚 0.4 米左右。②

自唐至宋，人们主要使越州北部泛滥原水田化，在东边曹娥江和西边浦阳江汇合后入海处的三江口设置了玉山斗门、朱储斗门，同时在沿海地区修筑了海塘。③位于曹娥江口的三江应宿闸处于蓄水、排水的咽喉部位，而地处山阴、诸暨、萧山交界处的麻溪坝，位于作为该水利组织水源的浦阳江水的取水口，是防止钱塘江干流上溯到浦阳江而形成溢水的防潮系统。也就是说，这两个水门在整个水利组织中形成首尾关系。三江闸起着将山会平原多余的水排入大海的作用，唐宋以来人们不断对其进行修理；麻溪坝真正受到重视是在宋末以后，是人为排水造田计划开展的结果。④

浙江官民逐渐认识到仅靠塘、堰并不能有效抵御咸潮的侵袭，于是修建堰外港、月河以增强塘、堰等工程防御海潮的力度。乾道二年（1166），"守臣孙大雅奏请，于诸港浦分作闸或斗门，及涨泾堰两岸创筑月河，置一闸，其两柱金口基址，并以石为之，启闭以时，民赖其利"⑤。据至元《嘉禾志》记载，华亭县官民筑有堰外港、月河，"宋政和中，兴修水利，尽决诸堰，而巨海咸潮竟入为害，于是东南四乡民流徙。乾道七年，守臣太傅丘公崇以新泾塘潮势湍急，运港距新泾二十里，水势稍缓，议移新泾堰入运港，遂募夫经始于九月二十六日，毕工于十二月二十七日。堰成，并筑堰外港一十六所，港之两旁塘岸四十七里二百八十步有奇。……隆兴甲申八月，本路漕臣姜诜奏请于张泾堰增庫为高，筑月河，置闸其上，甃巨石，两址相距常有四尺，深十有八板，板尺有一寸，以时启闭，故咸潮无自入。月河之长三千三百五十有五尺，广常有六尺"⑥。

---

① （宋）梅应发、刘锡：开庆《四明续志》，杭州出版社，2009 年，第 3638–3639 页。

② （宋）魏岘：《四明它山水利备览》标点本后记，杭州出版社，2009 年，第 4833 页。

③ ［日］斯波义信著，方健、何忠礼译：《宋代江南经济史研究》，江苏人民出版社，2000 年，第 613 页。

④ ［日］斯波义信著，方健、何忠礼译：《宋代江南经济史研究》，江苏人民出版社，2000 年，第 610 页。

⑤ （元）脱脱等：《宋史》卷 97《河渠七》，中华书局，1977 年，第 2413 页

⑥ （元）单庆、徐硕修纂，嘉兴地方志办公室编校：至元《嘉禾志》，上海古籍出版社，2010 年，第 44 页。

值得注意的是，淤沙的增多对海洋灾害防御工程带来了一定的负面影响。淳祐二年（1243）七月十日、八月二十日，两次大风水湍沙，遇回沙闸即止。其结果是，"闸外淤沙约五十余丈，并里河王家水沥岸傍之沙坍，洗入港者三十余丈"。于是，官府委托里人魏岘淘沙，其役"始于九月初二日，至初八日毕。为工九百八十，钱共计一百三十四贯四百文，杂支在内"①。究其原因，乃是明州地区竹木被大规模砍伐而致"大水之归，既无林木少抑奔湍之势，又无根揽以固沙土之留，致使浮沙随流而下"②。

伴随着浙江官民开发沿海滩涂资源的不断深入，其所辟出的农田、形成的村落逐渐向海洋推进。因此之故，浙江沿海官民便会持久地受到暴风、海溢等海洋灾害的影响，且其频次和破坏力越来越大。在这种情势下，浙江官民兴筑、重修海洋灾害防御工程的规模在增大、次数在增多。受此影响，浙江地方形成府州、县主导，地方精英、寺僧、盐民助修的海洋灾害防御工程修筑模式。作为浙江沿海直接防御暴风、海溢的海塘，需要的工时为 10～12 个月，若征发大规模民众方可于 6 个月或更短时间内完成。相比之下，碶、堰、堨、闸、斗门等由于规模相对较小，通常可于两三个月内完工。浙江地区官民筑修的各类海洋灾害防御工程，自近海向内陆呈现梯次分布格局，近海之地主要修筑海塘以抵御暴风、海溢、潮汐等的侵袭，以此庇护浙江官民开发沿海滩涂而形成的既有成果。在近海向内陆延伸的区域，官民逐步修筑碶、堰、堨、闸、斗门等阻咸防潮工程，进而与海塘联结形成网状格局。上述活动充分体现了中央、地方、民间共同开发浙江沿海滩涂资源以及保护其成果的历史进程。

## 第四节　官民修筑海洋灾害防御工程的困境与解决之策

浙江官民在修筑各类海洋灾害防御工程时，始终面临着两个困境：一是近海之地暴风、海溢、海潮频发且破坏力极强，而其所筑工程却无法永久地予以抗御；二是浙江诸项海洋灾害防御工程需要反复修筑，进而将官民逼入窘困之

---

① （宋）魏岘：《四明它山水利备览》，杭州出版社，2009 年，第 4816 页。
② （宋）魏岘：《四明它山水利备览》，杭州出版社，2009 年，第 4807 页。

境。为此，浙江官民积极加以应对，其解决之策有四：一是设置海洋灾害防御工程巡视官吏，以加强对各类工程的巡护；二是官民反复修筑海洋灾害防御工程；三是官民将修筑海洋灾害防御工程的用材易木为石；四是地方官府多方措置经费。

## 一、浙江海洋灾害防御工程修筑困境

虽然浙江官民修筑起各种类型的海洋灾害防御工程，但海洋灾害对这些工程形成了持久性破坏力，工程本身亦受当时财力、用料、工艺等多方面的限制，仅能在短时间内有效地抵御海洋灾害。受此影响，浙江官民不得不反复兴建、重修诸类海洋灾害防御工程，在人力、财力、物力方面陷于窘迫之地。

### （一）海洋灾害防御工程难以长久抵御海洋灾害

海洋灾害具有持久性破坏力，导致海洋灾害防御工程易为风潮等摧圮。文献对此有着较多的载述，现择几例，窥斑见豹。景祐四年（1037）六月，"杭州大风雨，江潮溢岸，高六尺，坏堤千余丈"[1]。两浙漕使张夏更言"故堤率用薪土，潮水冲击，每缮修不过三岁辄坏，重劳民力"[2]。又"嘉熙戊戌秋，潮由海门捣月塘头，日胺月削，民庐僧舍坍四十里"[3]。谢景初《董役海塘》一诗描述了余姚县海塘为海水所冲毁的情形："五行交相陵，海水不润下。处处坏于防，白浪高于马。"[4]《重修增它山堰记》云："它山之堰，缘风飓忽起，潮汐冲突，川淤堤垫，堰埭隳圮。"[5] 平阳县"海大溢，塘埭斗门尽坏"[6]。据上可知，浙江海洋灾害防御工程因常年为暴风、海啸、海潮等侵袭而时或损毁。

值得注意的是，浙江官民对海洋灾害防御工程维护不力，也是导致其无法长久防御海洋灾害的重要因素。海洋灾害防御工程历岁久，受海江河水所浸而极易损毁。如北津堰"多历年所，外受江潮之冲，木者朽而石者頹，土之穿然

---

① （元）脱脱等：《宋史》卷61《五行一上》，中华书局，1977年，第1326页。
② （宋）施谔：淳祐《临安志》，杭州出版社，2009年，第1191页。
③ （宋）潜说友：咸淳《临安志》，杭州出版社，2009年，第684页。
④ （宋）施宿等：嘉泰《会稽志》，杭州出版社，2009年，第1870-1871页。
⑤ （宋）魏岘：《四明它山水利备览》，杭州出版社，2009年，第4823页。
⑥ （明）王瓒、蔡芳著，胡珠生校注：弘治《温州府志》，上海社会科学院出版社，2006年，第521页。

高者，今窪然下矣"①。它山堰年久失于核修而导致溃堤，"河流鳞而外泄，江潮溢而内攻，溪将合（洪水）汹之左右，漫为壑，而它山之水始不得东注，民久病之。淳祐间，尝立石塘以障，已而水穴其傍，堤溃如昔"②。鄞县手界乡林家堰，"十余年间，补苴鳞漏，不足以为江湖之蔽障。每巨涛澎湃，则斥卤浸淫，积潦久之，则又渗漏于外"③。《四明重建乌金砌记》载："惟乌金首忧上流，岁久摧圮。人情往往拘阂，因仍苟简，日就湮塞，莫能兴其废者。沙淤愈甚，河流易涸，公私交困。"④ 海洋灾害防御工程易于毁坏的原因，乃是堰埭杂用土石、竹木、砖篠，而致堰埭稍久辄坏⑤。此外，受财力、人力、选址不当等所限，部分海洋灾害防御工程以失败告终。宁海县海塘，令祖孝杰于周显德三年（956）"弃田七顷，发民丁六万浚之，既而渠成，视其势反卑于县，虽距海一舍，而为堰者九，重以两山水暴涨，啮荡堰闸，遂止不浚"，至宋元祐六年（1091）提刑罗适重浚之而亦无成。⑥ 它山林村虽于淳祐间（1241—1252）立保丰碑，但由于"人力不至，闸不过两眼，广不过丈余，隘而溢，始益病"⑦。

综合上述，浙江海洋灾害防御工程经年受暴风、海啸、海潮等冲击而受损严重，加之日常维护不力及修筑技术不高，致使不能经久抵御海洋灾害的袭扰。出现此种情况，也与宋代沿海地区社会经济较前代有了长足进步，人们的生产生活与海洋的关系更加密切有关，故人们从海洋获取更多资源的同时，遭受海洋灾害的频度也在增高。⑧ 再者，古人修建工程使用的材料及工匠技能有着较大的局限性，导致工程耐力性和坚固性相对较差，进而致使其难以持久地抗击海洋灾害的侵扰。⑨

---

① （宋）梅应发、刘锡：开庆《四明续志》，杭州出版社，2009年，第3638页。
② （宋）梅应发、刘锡：开庆《四明续志》，杭州出版社，2009年，第3635页。
③ （宋）梅应发、刘锡：开庆《四明续志》，杭州出版社，2009年，第3638-3639页。
④ （宋）魏岘：《四明它山水利备览》，杭州出版社，2009年，第4824页。
⑤ （宋）魏岘：《四明它山水利备览》，杭州出版社，2009年，第4804页。
⑥ （宋）陈耆卿著，张全镇、吴茂云点校：嘉定《赤城志》，中国文史出版社，2008年，第258页。
⑦ （宋）梅应发、刘锡：开庆《四明续志》，杭州出版社，2009年，第3640页。
⑧ 刘恒武、金城：《宋代两浙路海洋灾害防御工程资金来源考察》，《上海师范大学学报》，2017年第1期。
⑨ 蔡勤禹：《民国时期的海洋灾害应对》，《史学月刊》，2015年第7期。

### （二）浙江增筑、重修海洋灾害防御工程重劳民力

海塘、碶、堰、埭、闸、斗门等一系列防暴风、海潮、咸卤工程的兴筑与重建，使得浙江地区形成了完善的水利系统，能够高效地实现防御海洋灾害的目标。

首先，浙江滨海民户得以享用淡水资源。鉴于史籍集中载述了鄞县官民依赖堰堤避咸水之情形，姑以此加以说明。鄞县仰它山之水，但咸潮混杂，大为民病，建它山堰后，民得以长久享其利。[①] 它山堰修建之后，"溪流派四明山而入于江，潮逆上，卤不可灌。限以石堰，上溪下江，溪流入河，分注鄞西七乡，贯于城之日月湖，以饮以溉，利民博矣"[②]，"咸卤不至，清甘之流，输贯诸港，入城市，绕村落，七乡之田，皆赖灌溉"[③]。因此之故，宋人魏行己评述塘堰等工程为"所恃以分甘泉、限卤者，堤防坚固而已，方其坚全，则均被其利，毁决则悉罹其厄"[④]。

其次，浙江沿海地区农田受塘、碶、堰等卫护而免于斥卤之害。慈溪县修筑东德门乡新堰之后，慈溪、定海"两邑之田无斥卤浸淫之害"[⑤]。它山堰的作用为"叠石横铺两山嘴，截断咸潮积溪水。灌溉民田万顷余，此谓齐天功不毁"[⑥]。知余姚县谢景初修海堤后，"自云柯截然令海水之潮汐不得冒其旁田者"[⑦]。鄞县令虞大宁修缮境内海塘、堰、碶后，"溉田五千五百余顷"[⑧]。徐谊《重修沙塘斗门记》载述了沙塘、斗门的作用："上蓄众流，下捍潮卤，有沙塘为之城垒；潴其不足，泄其有余，有斗门为之喉襟。"[⑨] 文献记载浙江塘、碶、堰等摧圮后，造成咸潮倒灌江河，影响当地民众的淡水使用。庆元府北津堰圮坏，"秋潦至则卤灌于河，农以为惧"[⑩]。同时，农田亦为斥卤所浸。若堰损坏，则"咸卤冲

---

① （宋）魏岘：《四明它山水利备览》，杭州出版社，2009 年，第 4816 页。
② （宋）梅应发、刘锡：开庆《四明续志》，杭州出版社，2009 年，第 3635 页。
③ （宋）魏岘：《四明它山水利备览》，杭州出版社，2009 年，第 4804 页。
④ （宋）魏岘：《四明它山水利备览》，杭州出版社，2009 年，第 4823 页。
⑤ （宋）梅应发、刘锡：开庆《四明续志》，杭州出版社，2009 年，第 3637–3638 页。
⑥ （宋）魏岘：《四明它山水利备览》，杭州出版社，2009 年，第 4826 页。
⑦ （清）方观承：《两浙海塘通志》卷 3《历代兴修下》，浙江古籍出版社，2012 年，第 48 页。
⑧ （宋）罗濬：宝庆《四明志》，杭州出版社，2009 年，第 3350–3351 页。
⑨ （明）王瓒、蔡芳著，胡珠生校注：弘治《温州府志》，上海社会科学院出版社，2006 年，第 520 页。
⑩ （宋）梅应发、刘锡：开庆《四明续志》，杭州出版社，2009 年，第 3638 页。

入，田不可稼，民失粒食，官失租赋"①。

鉴于上述作用，海洋灾害防御工程成为护佑一方的重要防潮御风堤障。慈溪县德门乡茅针碶，"沾其利者，凡鄞、慈、定三邑"②。山阴县后海塘，"去县北四十里，亘清风安昌两乡"③。绍兴府"濒海藉塘为固，堤岸易圮，咸卤害稼，岁损动数十万亩，蠲租亦万计"④。基于海洋灾害防御工程的重要性，时人警告，鄞县之堰"一坏则渠水泄而海潮入，皆所当谨也"⑤。可以说，海洋灾害防御工程是保护浙江民众人身、田产、房屋安全最为重要的屏障。

缘于此，浙江官民不遗余力地兴筑新的工程，并持续重修破损的工程。在此背景下，浙江地方官民十分重视对海洋灾害防御工程的日常修葺。时人对此已有明确的认知。鄞县"东西管数乡之堰、碶，随以缮葺者，凡六所"⑥。位于瑞安县沿海圩岸塘，"自城南越江而东，纡长二十里，至平阳县砂塘斗门，在南社乡，以备沿海飓风秋作，海涛淹没田禾之患。所系甚重，遇有圻塌，必加修筑以捍障焉"⑦。

非但如此，浙江地方也对海洋灾害防御工程不断进行缮修。黄岩县"濒于海者率三之二，故其地势斥卤抱山接涂川，无深源，易潦易涸"，"其泄水至于海者，古来为埭几二百所"，浙东提举罗适"因其埭之大者增置诸闸"，"岁月滋久，前后兴修者往往功力不至，随成随坏"；淳熙间（1174—1189），浙东提举朱熹复修建之，"所建者六：回浦、金清、长浦、鲍步、交龙、陡门是也。增修者三：黄望、周洋、永丰是也"⑧。需要注意的是，随着时间的推移，海洋灾害防御工程后续费用亦相应增多。嘉泰《会稽志》载县令谢景初筑余姚海堤二万八千尺后，"厥后增筑，视旧倍蓰"⑨。

虽然浙江官民对日常维护海洋灾害防御工程的重要性有着清晰的认识，并

---

① （宋）魏岘：《四明它山水利备览》，杭州出版社，2009年，第4811页。

② （宋）梅应发、刘锡：开庆《四明续志》，杭州出版社，2009年，第3636页。

③ （清）方观承：《两浙海塘通志》卷3《历代兴修下》，浙江古籍出版社，2012年，第49页。

④ （元）脱脱等：《宋史》卷408《汪纲传》，中华书局，1977年，第12308页。

⑤ （宋）罗濬：宝庆《四明志》，杭州出版社，2009年，第3372页。

⑥ （宋）罗濬：宝庆《四明志》，杭州出版社，2009年，第3350页。

⑦ （明）王瓒、蔡芳著，胡珠生校注：弘治《温州府志》，上海社会科学院出版社，2006年，第73页。

⑧ （明）叶良佩：嘉靖《太平县志》卷2《地舆志下》，上海古籍出版社，1981年。

⑨ （宋）施宿等：嘉泰《会稽志》，杭州出版社，2009年，第1878页。

在实际中加以践行。但是，在此过程中，浙江官民常为经费筹措、劳动力疲怠所困。如绍兴府余姚县"岸大海者八乡，分东西二部，绵地一百四十余里，旧有长堤，蔽遮民田。孝义、龙泉、云柯三乡，沙涨土高，无风潮冲决之患。开元、东山、兰风、梅川、上林五乡，间有缺坏，实为民忧"①。鉴于此，庆历七年（1047），县令谢景初"东自云柯，而北至于上林，为堤二万八千尺"②。庆元二年（1196），县令施君宿始至，"询究利害，乃得要领。选乡豪之首公强干，为人所信服者十五人，分地而共图之。尉曹赵君伯威复协侪助，必欲集众力，以捍怒涛，谋久计，以苏民瘼，承平时。提刑罗公适、知县秘书丞牛君尝以石为之，今既百年，旧迹远在海涂中，则民田之侵多矣。先因修筑搜取涂中旧石，创筑二千七百尺，用工二十万三百六十，以蔽东部之田。惟西部三塘以绍熙五年秋潮为万，故堤荡尽，为害甚酷，乃于谢家塘、王家塘、和尚塘三处度为石堤通计三千尺，尤当海水突怒之冲。乡民赵明、释子行球董其役。约费甚重，邑不足供，列于府。监司提举常平刘公诚之深，首助谷三百斛，勉为之。凡所陈请，率应如响。通守王公介、干办公事王君柄左右尤力，令得恃以展布。堤高一丈，石厚一尺为一层，用石至三万尺。县出缗钱四千三百有奇，邑之士夫与其乡人助工三百万，工力尤重，费犹未足也"③。在此情势之下，时人评价余姚县反复修筑海塘的行为是"每岁勤民靡财"④，"随补随坏，迄无宁岁"⑤。

实际上，为修筑经费所困者，遍及浙江各地。至正《四明续志》曰："滨海为塘，以御风潮，而水泛滥则决之于海，既决复塞，民费且劳。"⑥慈溪县鸣鹤乡民户欲在黄泥塂置闸，为修闸费用所困，得浙东提举襄助亦未能功成。⑦鄞县长塘堰，因"当风潮之冲，御河流之洄，以故累筑累败，役户坐是荡产者什七八"⑧。民户乞求庆元府倡修练木碶，于是庆元府水利官劝谕民众助费，"首以

① （宋）楼钥：《攻媿集》卷59《余姚县海堤记》，台湾商务印书馆，1986年，第49页。
② （宋）楼钥：《攻媿集》卷59《余姚县海堤记》，台湾商务印书馆，1986年，第49页。
③ （宋）楼钥：《攻媿集》卷59《余姚县海堤记》，台湾商务印书馆，1986年，第50页。
④ （元）陈旅：《海堤记》，载闫彦、李大庆、李续德：《浙江海潮·海塘艺文》，浙江大学出版社，2013年，第225页。
⑤ （宋）楼钥：《攻媿集》卷59《余姚县海堤记》，台湾商务印书馆，1986年，第50页。
⑥ （元）王元恭：至正《四明续志》，杭州出版社，2009年，第4563页。
⑦ （宋）梅应发、刘锡：开庆《四明续志》，杭州出版社，2009年，第3637页。
⑧ （宋）罗濬：宝庆《四明志》，杭州出版社，2009年，第3371页。

千券、十斛助费。已而乡民见义不勇，讼牒纷如，助者仅五千余缗，力绵而役大，委之民，曷溃于成"①。再者，当地民众岁岁皆需出劳力修筑各项海洋灾害防御工程，致使疲倦不堪；且秋潮坏堤，其时兴役，既妨害农事，又值民众青黄不接之时。楼钥于此而言："况堤坏有渐，特人事有所未尽尔。冬而起夫，春始兴役，因仍粗毕，故以办闻，日隳月损，无肯出力。蚁穴尤能溃堤，况秋至潮起，其坏必甚。亟科近堤民夫为之救捄，农事方殷，青黄未接，安有财力以为久计。"②

近海民众常为经费所困，一些地方官员亦难以筹措到经费，以致畏惧重修海洋灾害防御工程，置其损坏而不顾。象山县"碶之作，散锱万缗，率数岁一修，耗缗亦千数。以是闻者惮畏，熟视圮漏，余十年莫敢出口"③。浙江官吏常因修塘所需费用之多而致迁延不为，"提举常平尝捐三千券下之邑，俾议修筑，官若吏惮费夥，费祗服厥事"④。象山县朝宗堰，"旧址隳圮，春夏雨水泛滥，无复潴蓄，邑人病之。而前此为令者，熟视不以经意"⑤。

浙江民众由于常年遭受海洋灾害，其修筑的海洋灾害防御工程又为财力、用材、工艺等所限，不久即出现损毁之状，陷入增筑—破坏—重建的恶性循环之中，导致经费匮乏、劳动力疲于应付成为常态。

## 二、浙江官民纾解海洋灾害防御工程修筑困境的路径

由于海洋灾害防御工程事关浙江滨海官民的切身利益，故他们虽面临上述诸多困境，仍以积极的态度、有效的行动予以应对。

### （一）设置巡视官吏加强对海洋灾害防御工程的巡护

宋廷业已认识到海塘的重要性，因此常诏令浙江地方官府派员巡视境内海塘。⑥如宋廷令"余姚县八乡滨海之塘，逐急差官相视，修叠土塘，以防近

---

① （宋）梅应发、刘锡：开庆《四明续志》，杭州出版社，2009年，第3637页。
② （宋）楼钥：《攻媿集》卷59《余姚县海堤记》，台湾商务印书馆，1986年，第50页。
③ （宋）张津：乾道《四明图经》，杭州出版社，2009年，第3004页。
④ （宋）梅应发、刘锡：开庆《四明续志》，杭州出版社，2009年，第3639页。
⑤ （宋）张津：乾道《四明图经》，杭州出版社，2009年，第3002页。
⑥ （清）徐松辑，刘琳等点校：《宋会要辑稿·食货六一》，上海古籍出版社，2014年，第7548页。

患"①。至于浙江官民对海塘之于当地的重要性更是有着极为深刻的体会，并认识到日常巡视、维护对这些工程至为关键。因此，浙江地方官府专门组织相关人员巡护海塘，请吏部行下，"今后差注山阴县尉职，添带巡修海塘，视成坏以加劝惩。……至守汪纲，命时加修护云"②。

自此以后，县级主要官员均有巡护、修葺损坏海塘的职责。知秀州丘崇言："兴筑捍海塘堰，今已毕工，地理阔远，全藉人力固护。乞令本县知、佐兼带'主管塘堰职事'系衔，秩满，视有无损坏以为殿最。仍令巡尉据地分巡察。"③知余姚县施宿鉴于此前修筑海塘之人"惟知修筑，弗思守护之策"，而令"四邑分季临视，庙山、三山寨官月遣十兵巡其上，乡豪又伺察之，苟有阙，即以闻于邑，随即补治"④。光绪《余姚县志》载，余姚县"岁令令、丞、簿、尉，分季临视。庙山、三山寨官，月各遣十兵，与乡豪逻察。有缺败，辄治"⑤。此后，地方官府奏请朝廷以寨兵专充巡护海塘之责。萧山县令刘良贵重修捍海塘后，"既而念不可忘日葺也。复请之朝，籍新林寨兵属之，西与都巡检使任责焉"⑥。缘于海塘蜿蜒于浙江近海之地，且其规模庞大，于浙江官民关系甚大，故自朝廷而至县、乡豪均重视海塘的巡察、修葺，并形成了以诸县为主、乡豪为辅的巡护海塘制度。但是，该项巡察、修葺海塘的制度，唯有地方官吏尽职尽责方可彰显其作用，若不作为，则形同虚设。如鄞县海塘由于"吏又忽不时省，颓漏废圮，十或八九"⑦。

对于规模较小、数量较多的碶、堰、闸等工程，浙江沿海诸县设置专门人员予以巡视、维修。茅针碶设有碶子，其职当为负责碶的日常巡视、维护。⑧北宋之时，盐官县长安三闸"闸兵旧额百二十人。……今闸之弊随治，而澳岸颓毁，居民日侵，兵额未复"⑨。南宋时设监闸一员统管闸兵，"浑水、清水、保

---

① （清）徐松辑，刘琳等点校：《宋会要辑稿·食货六一》，上海古籍出版社，2014年，第7546页。
② （宋）张淏：宝庆《会稽续志》，杭州出版社，2009年，第2218页。
③ （元）脱脱等：《宋史》卷97《河渠七》，中华书局，1977年，第2414-2415页。
④ （宋）楼钥：《攻媿集》卷59《余姚县海堤记》，台湾商务印书馆，1986年，第50页。
⑤ （清）孙德祖等：光绪《余姚县志》，成文出版社有限公司，1983年，第142页。
⑥ （清）方观承：《两浙海塘通志》卷3《历代兴修下》，浙江古籍出版社，2012年，第50页。
⑦ （宋）张津：乾道《四明图经》，杭州出版社，2009年，第3009页。
⑧ （宋）梅应发、刘锡：开庆《四明续志》，杭州出版社，2009年，第3636页。
⑨ （宋）潜说友：咸淳《临安志》，杭州出版社，2009年，第781页。

安三闸已行修治，今欲差官一员充监闸，令管辖闸兵依时启闭，不住打淘河道，免致湮塞"①。宋孝宗"命华亭县作监闸官，招收土军五十人，巡逻堤堰，专一禁戢，将卑薄处时加修捺。令知县、县尉并带主管堰事"②。象山县主簿赵彦逾重修朝宗碶时，"置寨屋于其侧。每岁官差僧行居之，视水旱以为启闭。轮人户兼管，且修其碶板"③。庆元府于慈溪县鸣鹤乡"已塞闸基之上，则为屋三间，以处堰丁曹进士"④。山阴县钱清新堰建成后，乃于堰旁各置屋以舍人牛。⑤鄞县回沙闸建好后，设看守回沙闸人，其分工及看守人情况为：中一间闸板七片，许廿四、许亚六；东一间闸板七片，许十二、许十五、许三十七；西一间闸板七片，许阿二、许阿三、许阿四。看管闸人每月共支米一石，府历赴仓清领均分。⑥

不仅如此，绍兴府还设有堰营，置有兵士，专门负责该府境内诸堰。文献记载了绍兴府堰营名称、分布、兵额如下："都泗堰营，在会稽县东，额二十五人；曹娥堰营，在会稽县东南；梁湖堰营，在上虞县西，额五十人；钱清南堰营，在山阴县西；钱清北堰营，在萧山县东，额五十人；打竹索营，在上虞县东；通明堰营，在上虞县东，额二十五人；西兴捍江营，在萧山县西，额二百人。"⑦翻检嘉泰《会稽志》，可知会稽县建有都泗堰、曹娥堰，山阴县建有钱清旧堰、新堰，萧山县建有西兴堰及钱清旧堰、新堰，上虞县置有梁湖堰及通明北堰、南堰。⑧若将这些堰名与堰营名称比对之后，不难发现堰营之称大多源自堰名。有一条史文直接载明堰卒负有巡视、修补堰，并保障水路通畅之责。山阴县"小江南北岸各一堰，官舟行旅沿溯往来者如织，每潮汛西下，壅遏不前，则纷然斗攫，甚至殴伤堰卒"⑨。

伴随大规模海塘、碶、堰等水利工程的建设与维护活动，堤坝、堰、闸、

---

① （宋）潜说友：咸淳《临安志》，杭州出版社，2009年，第881页。
② （元）脱脱等：《宋史》卷97《河渠七》，中华书局，1977年，第2415页。
③ （宋）罗濬：宝庆《四明志》，杭州出版社，2009年，第3566页。
④ （宋）梅应发、刘锡：开庆《四明续志》，杭州出版社，2009年，第3644页。
⑤ （宋）施宿等：嘉泰《会稽志》，杭州出版社，2009年，第1718页。
⑥ （宋）魏岘：《四明它山水利备览》，杭州出版社，2009年，第4815-4816页。
⑦ （宋）施宿等：嘉泰《会稽志》，杭州出版社，2009年，第1707页。
⑧ （宋）施宿等：嘉泰《会稽志》，杭州出版社，2009年，第1717-1720页。
⑨ （宋）施宿等：嘉泰《会稽志》，杭州出版社，2009年，第1718页。

斗门、干渠、支渠等工程的维护责任随之产生，其承担者自然为地方官府。为执行此种职责，地方官府在其辖下行政区域建立起覆盖至行政村的管理网络，这一网络状的水利组织在城市的直接周边地区（即旧泛滥原）纲目毕具，最为稠密，而越到边缘越趋粗放。[1]

### （二）浙江官民反复修筑海洋灾害防御工程

海平面持续上升，使得环境压力越来越大，在低海平面时稳定的沿海平原水利设施已然不能满足环境压力增大的要求，当整个滨海平原出现环境逆转时，濒海堤地被海水淹没，旧堤堰系统被海水冲毁，迫使人们从大规模改造原有水利系统着手，以达到新的环境平衡，保障重要农耕盐利地区自然环境的稳定。[2]

海洋灾害防御性工程需要反复筑修，因此，工程修葺不及时，该地便会频繁发生海水浸灌。浙提举刘壴称盐官县"东接海盐，西距仁和，北抵崇德、德清，境连平江、嘉兴、湖州；南濒大海，元与县治相去四十余里。数年以来，水失故道，早晚两潮，奔冲向北，遂致县南四十余里尽沦为海。近县之南，元有捍海古塘亘二十里。今东西两段，并已沦毁，侵入县两旁又各三四里，止存中间古塘十余里。万一水势冲激不已，不惟盐官一县不可复存，而向北地势卑下，所虑咸流入苏、秀、湖三州等处，则田亩不可种植，大为利害。……咸潮泛溢者，乃因捍海古塘冲损，遇大潮必盘越流注北向。"[3] 海盐县"海濒旧有镇海楼、海月亭、龙王庙、有岗十八条，为海潮之限，因潮汐漂荡日久，今皆为鱼龙之宫，无复存矣。岗仅存一"[4]。

据文献记载，浙江官民修补、重修海塘的频次较高。淳祐《临安志》言："开禧三年，良山门外潮水冲荡沿江石塘民舍。嘉定壬午秋，潮水冲突城之东北，直抵盐官县治界三里而近，当时已有邑长防江之议，有诏帅槽臣协力修筑，随毁。冬十一月，除大理丞刘壴持浙西仓节……申请迎奉城隍、忠、清龙王三祠像于潮决之冲，日夕祷祈，仍并力筑塘岸。越次年春，潮回涨沙，始复

---

① ［日］斯波义信著，方健、何忠礼译：《宋代江南经济史研究》，江苏人民出版社，2000 年，第 207 页。
② 满志敏：《两宋时期海平面上升及其环境影响》，《灾害学》，1988 年第 2 期。
③ （元）脱脱等：《宋史》卷 97《河渠七》，中华书局，1977 年，第 2402 页。
④ （元）单庆、徐硕修纂，嘉兴地方志办公室编校：至元《嘉禾志》，上海古籍出版社，2010 年，第 32 页。

旧观。嘉熙戊戌秋，潮由海门捣月塘，径奔团围头，日朘月削，民庐僧舍，坍四十里，渐逼军营。己亥六月，诏赵与懬除端明殿学士、知临安府，任责修筑，以防冲决。"①谢景初《董役海塘》一诗描述该塘为海水冲毁及复筑之情形："五行交相陵，海水不润下。处处坏进防，白浪大于马。顾予为其长，恐惧取暂舍。董众完筑塞，跋履率旷野。"②绍兴府新堤废坏久矣，郡守汪纲于增筑之。不久，菁江塘为风潮所坏，汪纲复行修砌。③光绪《余姚县志》言："宋庆历七年，县令谢景自云柯达于上林，为堤二万八千尺。其后有牛秘丞者，又尝为石堤，已乃溃决，于是岁起六千夫，人役二十日，费缗钱万有五千，仅补鳞隙，民疲而害日甚。庆元二年，县令施宿乃自上林而兰风，又为堤四万二千尺，其中石堤五千七百尺。"④定海县海塘历经多次修筑，"淳熙十年，令唐叔翰与水军统制王彦举、统领董珍申府，闻于朝，支降钱米，效钱塘江例，叠石甃塘岸六百三丈五尺。嘉定十五年，接连增甃五百二十丈。盖府荐有请，朝廷续赐费也。其工役，县尹施廷臣、水军统制陈文分董之。塘有峻板，捍御甚固。本县有准行下，于石塘尽处，再筑土塘三百六十丈以续之"⑤。鉴于上述诸因素的存在，平阳县民众评论海塘埭斗门反复修筑之举为"是数十年，五成四坏，其间随治随损，若是者寻常耳"⑥。

相比之下，其他海洋灾害防御工程补修、重筑的次数要少于海塘，但亦多经历了反复的修筑。浙江地方官员屡有重修它山堰之举，监船场宣德郎唐意以土次第增筑它山堰以培其堰堤，其后签幕承议郎张必强复增卑以高，易土为石，冶铁而固之。⑦绍兴七年（1137），象山县令宋砥修朝宗碶，主簿赵彦逾于隆兴元年（1163）重修之。⑧永嘉县泄漏、陆家北、陆家南三埭，于"乾道丙戌风潮后再筑"⑨。绍兴二十四年（1154），潮决入永嘉县军前大埭，"始分筑山之

① （宋）施谔：淳祐《临安志》，杭州出版社，2009 年，第 162 页。
② （宋）施宿等：嘉泰《会稽志》，杭州出版社，2009 年，第 1870–1871 页。
③ （宋）张淏：宝庆《会稽续志》，杭州出版社，2009 年，第 2218–2219 页。
④ （清）孙德祖等：光绪《余姚县志》，成文出版社有限公司，1983 年，第 142 页。
⑤ （宋）罗濬：宝庆《四明志》，杭州出版社，2009 年，第 3505–3506 页。
⑥ （明）王瓒、蔡芳著，胡珠生校注：弘治《温州府志》，上海社会科学院出版社，2006 年，第 521 页。
⑦ （宋）魏岘：《四明它山水利备览》，杭州出版社，2009 年，第 4810 页。
⑧ （宋）罗濬：宝庆《四明志》，杭州出版社，2009 年，第 3565 页。
⑨ （明）王瓒、蔡芳著，胡珠生校注：弘治《温州府志》，上海社会科学院出版社，2006 年，第 71 页。

东西，各自为平水埭……续因穿漏，咸流逆入于河，复退斗门三里作备堰"①。
瑞安县集善乡塔山斗门，"埭长二十七丈，宋大中祥符间筑，下通程头江，因
潮冲坏，咸水入河，元丰元年建斗门"②。

### （三）浙江海洋灾害防御工程用材易土木为石

受财力所限，浙江所筑海塘多为土堤，难以长时间经受海洋灾害侵袭。为
此，"两浙转运使兵部郎中张夏作石堤防水，杭人念夏之功，庙而祭之堤上"③。
余姚海堤，"或罅弊不坚，受潮之啮，颓圮摧隳，甚则荡析田畴，漂溺室庐"④。
会稽县清风、安昌两乡海塘，"溃决余五千丈，冒民田，荡室庐，漂没转徙者
二万余户，斥卤渐坏者七万余亩兹"⑤。乾道《临安志》曰："浙江坏岸，渐逼州
城……遂以埽岸易柱石之制。"⑥虽然也有人指出用石料筑塘的不足，但越来越
多的地方官民选用石材建塘。宋真宗"诏江淮发运使李溥，同内供奉官卢守懃
按视，复依钱氏立木积石之制，仍令守懃专掌其事。……景祐中，暴风激水，
冲坏堤岸，郡守俞献卿凿西山石，作堤数十里"⑦。知杭州李偃奏："汤村、岩门、
白石等处，并边钱塘江，通大海，日受两潮，渐致侵啮，乞依六和寺岸，用石
砌垒"，宋徽宗诏令转运使刘既济措置。⑧

浙江官民修筑海塘、碶、堰等以抗击风潮之中，逐渐认识到使用木料、石
板护塘外等仅可支应数年，"先是，定海塘以一木从事，岁有决溢之虞。丁酉
之秋，江海为一，民庐、官寺、营垒、师屯被害尤酷，知县事陈公亮创用石板
以护其外，仅支数年。水大至则与之俱去，蔑有存者"⑨。其实，吴越王钱镠时
期民众已经采用竹笼堆放碎石修筑竹笼木桩塘。⑩

① （明）王瓒、蔡芳著，胡珠生校注：弘治《温州府志》，上海社会科学院出版社，2006年，第71页。
② （明）王瓒、蔡芳著，胡珠生校注：弘治《温州府志》，上海社会科学院出版社，2006年，第77页。
③ （宋）施谔：淳祐《临安志》，杭州出版社，2009年，第162页。
④ （宋）施宿等：嘉泰《会稽志》，杭州出版社，2009年，第1878页。
⑤ （宋）张淏：宝庆《会稽续志》，杭州出版社，2009年，第2218页。
⑥ （宋）周淙：乾道《临安志》，杭州出版社，2009年，第51页。
⑦ （宋）施谔：淳祐《临安志》，杭州出版社，2009年，第162页。
⑧ （宋）周淙：乾道《临安志》，杭州出版社，2009年，第62页。
⑨ （宋）林栗：《海塘记》，载闫彦、李大庆、李续德：《浙江海潮·海塘艺文》，浙江大学出版社，2013年，第70页。
⑩ 王大学：《明清江浙塘工石料采运的时空过程与环境影响》，载本书编委会：《历史地理》第33辑，上海人民出版社，2016年，第90页。

此后，官民开始以石筑碶以求有效抵御潮击，并于碶外侧种植松椿以杀风涛之势。象山县朝宗碶，"岸石旧皆斧形，外密中虚，射漏在是。今易以方矿，叠加砖平，水不能荡穴也。两旁旧甃四丈余，外即土岸，溃裂在是。今尽用新石，易其旧材，以帖隤岸，水不能冲决也。碶板加旧五寸，备桥加旧一尺。碶外植松椿数千，杀湍怒也"①。平阳县塘埭斗门，"木腐土溃，水得纵泄，众复大恐"，邑宰赵伯桧与国学师尹"图经久之策，益求巨材，仍旧规而辟之。凿石为条为版，为棒为魂，自斗两吻及左右臂闸之上下、柜之表里，牙错麟比，以蜃灰锢之，又作亭覆焉。……其深广视旧逾三之一，壮且固倍蓰矣"②。一些地方官员希冀通过植树方式使塘永固。萧山县令刘某修筑新林新塘后，命众"植柳万株，大书其匾曰'万柳堂'，以冀岁久根蟠，塘以益固"③，这是我国历史上海塘植柳的最早记载。④华亭县捍海塘植以芦苇，孝宗"诏特转丘崇左承议郎，令所筑华亭捍海塘堰，趁时栽种芦苇，不许樵采"⑤。

至于浙江修砌所用石材，由碶工于山上采取，王安石曾在鄞县鸡山观碶工凿石。⑥象山县令宋砥修朝宗碶时，"即山伐石，以为砥柱"⑦。虽然浙江官民业已认识到使用石材修筑海洋灾害防御工程的必要性，但无奈所耗财力、工料颇巨，所筑石塘等比例并不大。

在土塘、石塘等无法长期抵御风潮的背景下，部分地方官吏却不作为，导致塘提不甚坚固。余姚县修筑海塘时，"吏或苟且不经意，随筑辙坏，堤盖未尝固也"⑧，甚至于有沿海民众会人为地破坏塘堤。位于绍兴府西门的新堤，"塘堤废坏久矣。外为牵夫蹂践，内为田家侵掘，混为泥涂，往来艰阻"⑨。会稽县清风、安昌两乡，"实濒大海，有塘岸以御风潮。或遇圮损，随即修筑，若易

①（宋）张津：乾道《四明图经》，杭州出版社，2009年，第3004页。

②（明）王瓒、蔡芳著，胡珠生校注：弘治《温州府志》，上海社会科学院出版社，2006年，第521页。

③（宋）黄震：《万柳堂记》，载闫彦、李大庆、李续德：《浙江海潮·海塘艺文》，浙江大学出版社，2013年，第210页。

④张文彩：《中国海塘工程简史》，科学出版社，1990年，第29页。

⑤（元）脱脱等：《宋史》卷97《河渠七》，中华书局，1977年，第2415页。

⑥（宋）张津：乾道《四明图经》，杭州出版社，2009年，第3006页。

⑦（宋）张津：乾道《四明图经》，杭州出版社，2009年，第3002页。

⑧（宋）施宿等：嘉泰《会稽志》，杭州出版社，2009年，第1878页。

⑨（宋）张淏：宝庆《会稽续志》，杭州出版社，2009年，第2218页。

为力，或浸不省，玩岁积月，怒涛益侵"①。

### （四）浙江地方官府自别处措置经费以减轻民众负担

浙江地方官府深知民众常为修筑海洋灾害防御工程费用所困，而常改由官府支给，以免除濒海细民此项支出。熟知茅针碶源流始末的碶子周亚七称此碶自乾道年间前政判府赵阁学，以每亩均钱六十文足，委慈溪乡官率亩头钱买办物料而成，主事者王松欲援此以行，并报之庆元府。知庆元府事吴潜则言，本府一切自办，钱不须科之都保。②后庆元府劝谕民众捐费以修练木碶，但民众消极应对此事。鉴于此，知庆元府事吴潜"乃一力捐金谷为之"，"凡给钱四万四千六百二十八贯九百文，米一百六十八石五斗四升"，其钱谷皆取于公帑。③慈溪县丞罗镇竟"欲援例，计亩敷于民。钧判一堰所费，不知几何。若课亩头钱，必因而骚扰，送县丞限一日具所费申。及申到数目，特拨助五千贯，仍趣岁前毕工，不许科之下户"④。舒亶《水利记》论鄞县令虞大宁率民所修石碶为，"假财于赈贷之余而公不费，役民于既病之后而私不劳"⑤。

浙江部分官员以多种方式筹集经费。知象山县宋砥欲重修朝宗堰，"然念公私窘匮，迄未遑举。于是收辜榷吏，罚之直，下至竹头、木屑、灰壤微细之利，针抽缕积，岁时之久，得钱三百万有奇。不费于公，不取于民，而仅以足用"⑥。余姚县令施宿率众筑塘后，"深惟厥终，俾民蠲役，经营海涂，开垦旷土。总之，得田千六百亩有奇，乃建置海堤庄，用其租入，随时补葺，力不困下，而堤益固，自是岁省民夫十有二万"⑦，"筑仓于县酒务之西，专储粟以备修堤之用，岁省重费，民遂息肩"⑧，"以土垒者易败，当每岁勤民靡财，乃请于其上之人置堤田二千亩，以得于田者，时其败而治之"⑨。象山县濒海细民哗而告

① （宋）张淏：宝庆《会稽续志》，杭州出版社，2009年，第2218页。
② （宋）梅应发、刘锡：开庆《四明续志》，杭州出版社，2009年，第3636页。
③ （宋）梅应发、刘锡：开庆《四明续志》，杭州出版社，2009年，第3637页。
④ （宋）梅应发、刘锡：开庆《四明续志》，杭州出版社，2009年，第3637页。
⑤ （宋）张津：乾道《四明图经》，杭州出版社，2009年，第3009页。
⑥ （宋）张津：乾道《四明图经》，杭州出版社，2009年，第3002页。
⑦ （宋）施宿等：嘉泰《会稽志》，杭州出版社，2009年，第1878页。
⑧ （宋）楼钥：《攻媿集》卷59《余姚县海堤记》，台湾商务印书馆，1986年，第51页。
⑨ （元）陈旅：《海堤记》，载闫彦、李大庆、李续德：《浙江海潮·海塘艺文》，浙江大学出版社，2013年，第225页。

称，若不重修朝宗石碶，则"潦降潮溢，土石将溃于海"，主簿赵彦逾不愿重敛于民，"乃躬舍碶上，先借屯夫堰流，一日毕……越八日，畚锸始用。……暨三月哉生明，越一日告成。计其役仅十日，举易而新之"①。然观其修砌工匠、民人由象山县选派，其费用或为县上支给，或募于地方精英。史载："匠用石工、铁工、木工，再膳一饮，官为出。佣役用保伍，食利而乐从者，番休各一日。垂赏以别勤惰，犒肉以相筋力。罅不入锥，隙不进滴，虽曰缮修，实重创也。碶成，纽费止八十缗有奇，皆出公帑羡余。粒一十四斛有奇，稻一十一斛有奇，皆庵僧募于好施者。视旧费百用其一。"②为节约修塘之费，有地方官员统筹辖境各方力量，亲率民修筑海塘。象山县耆老士夫论述地方官员亲自主导与委于他人修碶的区别："吾邑视作此碶为不轻，来仕者皆知之。曩之不为，惧不足于财，重民之扰也。今而后，乃知躬其事与委于人者异。苟无以告后人，他日必有胥徒幸碶小隳，隐其实用以大赋于民。"③

　　综合上面所述，浙江官民针对所遇到的困境，采取相对应的措施予以应对。然以其对策观之，多为被动应付之举。因此之故，浙江官民所面临的困境，仅是暂时或者短时期得以缓解，却未能得以根除。

# 小　结

　　随着宋代中国经济重心完成南移，浙江沿海地区得到了充分开发，官民生存空间不断向海洋延伸。台风及其带来的暴雨、海溢、海潮或交替或叠加袭扰浙江濒海地区，浙江沿海居民由此遭受巨大伤害，民众财产因此受损严重。在此背景之下，浙江官民修筑海塘来抵御上述海洋灾害，以此降低对人身的伤害，并减少对田产、屋舍、财物等的损失。因此之故，浙江沿海官民兴起了修筑海塘的热潮。浙江沿海官民在实践之中，认识到对海洋灾害的防范，仅仅依靠海塘是不够的，尚需修建碶、堰、埭、闸等辅助工程以阻止海水对塘内淡水资源的渗透、回灌。以此之故，浙江官民自近海至内陆，相继修筑了各类海洋

---

① （宋）张津：乾道《四明图经》，杭州出版社，2009 年，第 3004 页。
② （宋）张津：乾道《四明图经》，杭州出版社，2009 年，第 3004 页。
③ （宋）张津：乾道《四明图经》，杭州出版社，2009 年，第 3004 页。

灾害防御工程。

　　由于海洋灾害防御工程与浙江沿海官民生命财产休戚相关，关系到各方切身利益，可谓是浙江濒海官民参与度最大的沿海滩涂开发活动。同时，也是国家政治力量干预最为广泛的海洋活动。海洋灾害防御工程修筑是一项牵涉中央政府、地方官府、地方精英、沿海民众的大型工程，其所需人力、物力、财力甚大。因此之故，修筑海洋灾害防御工程所需经费主要由中央政府、浙江地方官府拨给、提供，而地方官府将部分费用摊派于民，地方官吏、地方精英亦多会襄助。由此，国家、地方以雄厚的财政力量与强大的行政力量介入浙江海洋灾害防御工程修筑、巡视与重筑活动中，借此不断强化对滨海地区的干预力度。总而言之，浙江海洋灾害防御工程牵涉到中央政府、地方官府、地方精英、濒海细民四方利益相关主体，故于此场域得以凝聚起其上述四方力量。

　　浙江地区形成了府州、县主导，地方精英、寺僧、盐民助修的海洋灾害防御工程修筑模式。在浙江官民的努力下，一系列自近海延展至内陆的海洋灾害防御工程得以修建。虽然如此，浙江官民在修筑各类海洋灾害防御工程时，始终面临着两个困境：一是近海之地暴风、海溢、海潮频发且破坏力极强，而浙江官民所筑修的海洋灾害防御工程却难以长久地进行抵御；二是浙江诸项海洋灾害防御工程的反复修筑，将官民逼入窘困之境。为此，浙江官民积极加以应对，其解决之策有四：一是设置巡视官吏，加强对海洋灾害防御工程的巡护；二是官民反复修筑海洋灾害防御工程；三是官民将工程用材易土木为石；四是地方官府多方措置经费。然以其对策观之，多为被动应付之举。因此之故，浙江官民所面临的困境，仅是暂时或者短时期得以缓解，却未能得以根除。

　　研究表明，人工水利系统或多或少具有内在的不稳定性，而且总是与外部破坏性的环境因素产生相互作用。它们会受到降雨、洪水、干旱、盐碱化、海水侵袭、植被的移除或重新覆盖、影响航运和泥沙沉积的土壤侵蚀、湿地的消失、灌溉等多种因素的影响。可以说，水利系统是社会、经济与自然环境遭遇之所，它们之间的关系多半是对抗性的。[①]

---

① ［英］伊懋可著，梅雪琴、毛利霞、王玉山译：《大象的退却：一部中国环境史》，江苏人民出版社，2014年，第126页。

# 第五章 宋代浙江官民沿海滩涂开发活动与区域社会治理的演化

宋代之时，浙江官民从事的沿海滩涂开发活动主要为滩涂围垦、海盐生产与海物采捕三项。这三项沿海滩涂开发活动实际上属于三个不同的场域，而每场域汇集的人群又不尽相同，其利益关系以及由此产生的社会关系亦相异。宋代中央政府、浙江地方官府根据不同场域的发展情况、社会关系、利益纠葛等实行不同的区域社会治理方式。因此之故，浙江沿海滩涂开发的不同领域存在着不尽相同的治理体系，其发展演变脉络亦各不相同。

## 第一节 沿海滩涂围垦场域中的互动关系

随着海涂田围垦规模的不断扩大，出现了豪民侵损一般民户海涂田、官民租税博弈等新问题。更为重要的是，浙江地区属于各类灾害频发之地，尤其是海洋灾害波及的人群数量很大，往往对民众的生产生活造成极为严重的破坏，致使一般濒海细民无力完成自救。因此之故，中央政府、地方官府、地方精英以不同形式进行救灾活动。

### 一、豪民侵损海涂田之举与官民课赋的博弈

浙江濒海地区势家豪民在追逐自身利益之时，通过侵损一般民户海涂田与多种手段避逃课税两种途径实现利益最大化。富户豪民此举，不仅对一般民户的利益造成了损害，而且致使官赋亏损尤大。因此之故，宋廷以行政命令形式禁止豪民的破坏活动，并对地方官吏苛征租赋、形势之家逃避纳税的行为进行惩处。

### （一）豪民侵损海涂田之举

一个地区的拓殖过程，不可避免地伴随着资源的紧张与争夺，这种情况亦反映在浙江沿海滩涂围垦活动之中。[1] 文献记载了浙江濒海细民海涂田为豪强之家所兼并、侵占的情形。殿中侍御史兼侍讲谢方叔详尽地描述了地方豪强兼并普通民众田土的情形："豪强兼并之患，至今日而极，非限民名田有所不可……权势之家日盛，兼并之习日滋，百姓日贫，经制日壤，上下煎迫，若有不可为之势。……夫百万生灵资生养之具，皆本于谷粟，而谷粟之产，皆出于田。今百姓膏腴皆归贵势之家。"[2] 一些州县势豪"将溪河、湖沼、滩涂承买在户，筑叠围裹，成田成地，以遏众户水势"[3]。部分豪民巨室"并缘为奸，加倍围裹，又影射包占水荡，有妨农民灌溉"[4]。对于"濒海人赖蛤沙地以生，豪家量受税于官而占为己有"，李复"圭奏蠲其税，分以予民"[5]。甚至有形势户侵夺细民地界，并以威权而不许后者耕种。宋廷获悉该情况后，特此规定："如被上户侵夺田土之人，抑赴官陈诉。若干当人系白身或军人，即抑依条重行断遣；如有官人，即同形势、官户人家，并具情犯、姓名申朝廷，依法重作施行。州县观望，不为受理，抑监司按劾。"[6] 秀州"巨家嗜利，因岁旱乾，攘水所居以为田，则虽以邻为壑而不却"[7]。

浙江沿海地区有些形势之家为最大限度地追逐利益，不惜使用穴塘引河、盗湖为田等破坏手段浇灌自家海涂田，从而对附近人户海涂田造成严重破坏。浙江沿海地区"有势力者围塘外涂地为田，而穴塘引河以溉"，"塘日穿漏，则无以障海矣"[8]。一些强族富民盗湖为田，致使一般民户赖湖灌注的海涂田收成受到很大影响，直接危及生存，宋廷常赋因此亏损巨大。越州近海之地，"比

---

① 刘志伟：《在国家与社会之间——明清广东里甲赋役制度研究》，中山大学出版社，1997 年，第 20 页。

② （元）脱脱等：《宋史》卷 173《食货上一》，中华书局，1977 年，第 4179-4180 页。

③ （清）徐松辑，刘琳等点校：《宋会要辑稿·食货六三》，上海古籍出版社，2014 年，第 7732 页。

④ （元）脱脱等：《宋史》卷 173《食货上一》，中华书局，1977 年，第 4189 页。

⑤ （元）脱脱等：《宋史》卷 291《李复圭传》，中华书局，1977 年，第 9743 页。

⑥ （清）徐松辑，刘琳等点校：《宋会要辑稿·刑法三》，上海古籍出版社，2014 年，第 8418 页。

⑦ （元）单庆、徐硕修纂，嘉兴地方志办公室编校：至元《嘉禾志》，上海古籍出版社，2010 年，第 209 页。

⑧ （宋）袁燮：《絜斋集》卷 13《龙图阁学士通奉大夫尚书黄公行状》，商务印书馆，1935 年，第 209-210 页。

年以来，冒占不已，今则湖尽为田矣。……上虞、余姚所管陂湖三十余所，而夏盖湖最大，周回一百五里，自来荫注上虞具新兴等五乡及余姚县兰风乡。此六乡皆濒海，土平而水易泄，田以亩计，无虑数十万，唯藉一湖灌溉之利。今既涸之为田，若雨不时降，则拱手以视禾稼之焦枯耳。其它诸湖所灌注，皆不下数百顷，植利人户倚以为命。而乃盖夺之，一遇旱暵，非唯赤子饥饿，僵踣道路，而计司常赋，亏失尤多，虽尽得湖田租课，十不补其三四"①。文献载述越州"擅湖利者，皆乡村豪强之人，中间上司体量利害，此辈行贿至千余缗。……夏盖湖独管纳二千余石，可以见夏盖湖之广阔，系上虞、余姚两县六乡二万余户植利，所系非轻。盖六乡皆边海，弥望尽是平陆，非如衢、婺诸郡，间有池塘可以荫注。自兴湖田，无岁不旱。大旱之岁，至检放秋米一万余石"②。《宋会要辑稿》又言："越州鉴湖、明州广德湖，自措置为田，下流湮塞，有妨灌溉，致失陷常赋。又请佃人多是亲旧权势之家，广占顷亩，公肆请求，两州被害民户例多流徙。"③

据上述记载可知，越州、明州滨海之地海涂田对湖水具有强烈的依赖性，部分势豪大肆围湖造田后，湖水逐渐失去灌溉下流入海涂田的功能，海涂田作物收成随即受到严重影响，民众生活陷入困境而多有流徙，宋廷租课损失亦重。有臣僚建言："宜戒有司每岁省视，厚其潴蓄，去其壅底，毋容侵占，以妨灌溉。"④为此，宋徽宗宣和三年（1121）降诏："仰陈亨伯体究诣实，如所纳租税过重，即相度减免，立为中制。应妨下流灌溉处，并当施以予民。令条划图上取旨，毋得观望灭裂。"⑤说明宋廷已经注意到权势之家围湖垦田造成的巨大影响，并从国家层面禁止其行为，以求纾解沿海民众的困境。

### （二）愚民盗塘而田

《重开元丰塘序》有载："元丰三年，岁在庚申，令有崔其姓者，乃力兴之，塘成而获其利。岁月浸远，稍稍就废。愚民苟目前而不遑恤，于是盗塘而田，

---

① （宋）施宿等：嘉泰《会稽志》，杭州出版社，2009年，第1862-1863页。
② （宋）施宿等：嘉泰《会稽志》，杭州出版社，2009年，第1864-1866页。
③ （清）徐松辑，刘琳等点校：《宋会要辑稿·食货六三》，上海古籍出版社，2014年，第7716页。
④ （元）脱脱等：《宋史》卷173《食货上一》，中华书局，1977年，第4189页。
⑤ （清）徐松辑，刘琳等点校：《宋会要辑稿·食货六三》，上海古籍出版社，2014年，第7716页。

经界既正，不可复夺，而塘之所存，隐然成陆矣。"① 有些民众为扩大所耕之田，不惜破坏塘体，将其变为自家田土。这种行为对当地官民抵御海洋灾害带来一定的负面影响。

（三）官民课赋的博弈

浙江沿海居民开垦的海涂田，需要向官府缴纳租税。秀州、杭州两地沿海滩涂围垦规模很大。明道二年（1033），"除明、温、台三州海蛤沙地民税"②。绍兴二十八年（1158），宋廷诏谕："浙西、江东沙田芦场官户十顷，民户二十顷，以上并增纳租课，其余依旧。"③ 盐官县"沙田夏税钱，一百六十三贯四百二十文"④。乾道二年（1166），度支郎中唐璪言："窃见温州四县并皆边海，今来人户田亩尽被海水冲荡，醎卤浸入土脉，未可耕种，及阙少牛具，不能遍耕，难令虚认苗税。"⑤

明州所属近海县属民积极从事沿海滩涂开垦活动，其所垦海涂田数量较大，宋廷已经对海涂田进行征税。宋代以前，慈溪、余姚一带居民活动范围仅限于姚江平原。庆历七年（1047）筑浒山大古塘之后，其北属于杭州湾口南岸的海涂开始被开发。⑥ 与此同时，随着定海县海塘的兴筑，塘内之地逐渐被辟为海涂田。开庆《四明续志》载："定海旧海塘田一千九十亩，每亩元纳米三斗，新海塘田二百四十五亩三十步，每亩元纳米二斗，两项共计一千三百三十五亩一角三十步，奉钧判合纳三斗者减免五升，只纳二斗五升；合纳二斗者减免五升，只纳一斗五升。续奉钧判，每硕折钱四十八贯文，仍以为定例。米计三百八硕七斗四升，共折钱一万四千八百一十九贯五百二十文十七界。"⑦ 廉布《修朝宗石碶记》载："象山县负山环海，垦山为田，终岁勤苦而常有菜色。县治东南洋有田四百余顷，盖邑人人生生之具，与岁时之征敛取足于此，故前人

① （宋）潜说友：咸淳《临安志》，杭州出版社，2009年，第766页。
② （宋）李焘：《续资治通鉴长编》卷111《仁宗》，中华书局，2004年，第2576页。
③ （宋）李心传著，胡坤点校：《建炎以来系年要录》，中华书局，2013年，第3443页。
④ （宋）潜说友：咸淳《临安志》，杭州出版社，2009年，第1033页。
⑤ （清）徐松辑，刘琳等点校：《宋会要辑稿·食货五九》，上海古籍出版社，2014年，第7404页。
⑥ 陈雄：《论隋唐宋元时期宁绍地区水利建设及其兴废》，《中国历史地理论丛》，1999年第1期。
⑦ （宋）梅应发、刘锡：开庆《四明续志》，杭州出版社，2009年，第3669页。

经理之甚备。"① 赵彦逾《重修朝宗石碶记》则言："象之为邑，环海束山，为乡者三。负郭之南，豁然顷亩弥望，是谓县洋，赋入居邑之举。洋之丰荒，民所利病。"② 说明象山县海涂田开发取得了很大的发展，沿海之民对海涂田形成较强的依赖性。于是，象山县濒海民众缴纳"海涂税钱一百五十贯三百五十文"，其钱元纳庆元府，"嘉定四年知庆元府王介截拨下县学养士"。③ 昌国县每亩海涂田纳官会十八界五百文。④

《大慈增捺涂田记》的记载则表明寺院开垦的海涂田也需要向地方官府纳税，明州"海滨广斥，弃于天荒，起赋有司，规而为田。先成者象邑三庄，厥今普济上下洎慈济是也。其马屿诸处，付诸后图。予承乏未几，属制阃骤增涂赋，会缗钱数万"⑤。上述引文说明，浙江沿海民众开辟的海涂田，均需向宋廷缴纳课税。

浙江形势之家基于自身利益考虑，不愿依照现有的海涂田亩数向朝廷缴纳课税，并通过多种手段规避官赋。他们主要采取以下方式进行逃税。

一是隐匿田产。如明州"比绍兴经界实亏一万三千二百十七丈一尺二寸九分六厘，形势之家隐瞒，胥吏相为茫匿，百年之间，亏折如许"⑥。富民与保正等欺上瞒下隐匿田产，借以逃避赋税，"两浙诸州自建炎中残破之后，官司亡失文籍，所有苗税元额不登。盖为兼并隐寄之家与乡村保正、乡司通同作弊、隐落官物，至有岁收千亩之家，官中收二三顷者；有数岁千斛之家，官无名籍者"⑦。

二是诡名请佃官田。浙江部分有势力者诡名请佃没官田产，以此少纳或不纳国家租税。温州形势之家诡名请佃没官田产，"每年租课多是催头及保正长代纳，公私受弊"⑧。温州四县"见管户绝抵当诸色没官田产数目不少，并系形

---

① （宋）张津：乾道《四明图经》，杭州出版社，2009年，第3002页。

② （宋）张津：乾道《四明图经》，杭州出版社，2009年，第3003页。

③ （宋）罗濬：宝庆《四明志》，杭州出版社，2009年，第3557页。

④ （元）冯福京：大德《昌国州图志》，杭州出版社，2009年，第4754页。

⑤ （宋）物初大观：《物初剩语》，载许红霞：《珍本宋集五种——日藏宋僧诗文集整理研究》，北京大学出版社，2013年，第718页。

⑥ （宋）梅应发、刘锡：开庆《四明续志》，杭州出版社，2009年，第3708页。

⑦ （清）徐松辑，刘琳等点校：《宋会要辑稿·食货六一》，上海古籍出版社，2014年，第7438页。

⑧ （清）徐松辑，刘琳等点校：《宋会要辑稿·食货五》，上海古籍出版社，2014年，第7433页。

势户诡名请佃",知永嘉县霍蠡建议"量立日限,召人实对投状请买,限半月拆对,给最高之人",朝廷诏依其所请。①

三是贪取民众租课。浙江形势之家、豪右在与民众交易田产时,常贪取其一年租课,而致细民受害。②

四是欺官匿赋。浙江海退泥田,"为兼并之家作弊,计嘱人吏小立租额佃赁,不尽归公上"③。明州所收赋税,"今据抄到地数,较之绍兴年间亏折甚矣……窃恐人户欺官匿赋之久,不以本府为奉法循理,而以为加赋苛征,特从优恤,自上等以至末等,其合纳官省钱并与作十八界输官,以官会而代输见钱"④。两浙诸州自建炎中(1127—1130)残破之后,官司亡失文籍,"所有苗税元额不登。盖为兼并隐寄之家与乡村保正、乡司通同作弊、隐落官物,至有岁收千亩之家,官中收二三顷者;有数岁千斛之家,官无名籍者"⑤。

浙江地方官吏暴征苛取为己谋利,成为危损宋廷赋税收入的另一行为。钱端礼守会稽时,"以他处一猾吏自随,使预郡事。暴征苛取,事至官者,曲法锻炼,没入家赀,所积至六七十万缗"⑥。明州所属"州县之弊日深,吏胥揽户之奸滋炽,前后所驰征赋虽几六百万,犹恐在猾吏顽揽之家者多,而及民者少"⑦。台州"猾胥豪民,相倚仗为蠹,赋役庞乱"⑧。

浙江地区"兵火之后,诸处户绝田产不少,往往为有力人户侵耕,遂失官中逐年二税、免役之类。其乡司、保正等人公然受贿,致使诸县苗税不能及额"⑨,宋廷为此而立定赏格,督促州县官员根括失陷田地。

浙江沿海寺院所垦海涂田亦被地方官吏肆意加税。《大慈增捺涂田记》曰:"截海为田,斡无为有,故常薄其赋以示务本爱民之道,行之天下久矣。近四明涂赋骤加数倍,从权于一时而遗患于六邑,是岂明时立法之本意哉?慈云指

---

① (清)徐松辑,刘琳等点校:《宋会要辑稿·食货五》,上海古籍出版社,2014年,第7433页。
② (清)徐松辑,刘琳等点校:《宋会要辑稿·刑法三》,上海古籍出版社,2014年,第8417页。
③ (清)徐松辑,刘琳等点校:《宋会要辑稿·食货六一》,上海古籍出版社,2014年,第7438页。
④ (宋)梅应发、刘锡:开庆《四明续志》,杭州出版社,2009年,第3708页。
⑤ (清)徐松辑,刘琳等点校:《宋会要辑稿·食货六一》,上海古籍出版社,2014年,第7438页。
⑥ (清)徐松辑,刘琳等点校:《宋会要辑稿·职官七二》,上海古籍出版社,2014年,第4974页。
⑦ (宋)梅应发、刘锡:开庆《四明续志》,杭州出版社,2009年,第3708页。
⑧ (宋)陈耆卿著,张全镇、吴茂云点校:嘉定《赤城志》,中国文史出版社,2008年,第155页。
⑨ (清)徐松辑,刘琳等点校:《宋会要辑稿·食货六一》,上海古籍出版社,2014年,第7438页。

众产狭，涂居三之二，稔岁粪其田之不足，况或歉乏，二时不续之忧，甚于他刹。"① 为此，大慈寺院将明州地方官府增加涂税奏告于宋廷，"不获已祈哀请命于朝，幸遇登庸上相于清边奏凯之后，详求民隐，为闻于上，并蠲一郡涂田增赋，虽非涂户者，亦怡怡然感戴，盖出于人心所同然者耳"，"上恩薄罚。郡有涂者，例免增数"，"今日旧涂免重赋，新涂了绪绩"。②

北宋之时，"二浙财赋为天下之最"③，"两浙之富，国用所恃"④。降至南宋，浙江作为中央政治中心畿辅之地，国家财政对其仰给程度更深。以此之故，宋廷特别重视对浙江地区租课的征取，并对不依额征纳赋税的地方官吏、不依时按额缴纳及逃避官赋的势强豪民加以重处，以确保国家赋税足额征收。宋廷依据不同的逃税方式，施以相应的惩罚措施，严厉打击不按户缴纳田赋的行为。朝散大夫、直秘阁杨揆因"寄居台州黄岩县，有产业在县，不依上户输纳科赋"而被特降一官、落职。⑤ 对有力人户侵耕绝户田产，并加以避税的行为，宋廷立定赏格，督促州县官员根括失陷田地。⑥

针对浙江富户豪民的恶意逃避行为，当地官府"已降指挥，将逐色田舍委监司总领出卖。访闻欲承买人为见往年累次曾行出卖，复行寝罢，致有疑惑，未肯投状。逐项田舍，依祖来条法，自是合行出卖之数，多因州县容纵佃人作弊障固，出卖不行"，宋廷乃"令诸路总领卖田监司检坐见行条法及节次所降指挥，大字雕印文，出榜告谕人户，仰依限投状。其买到田舍，永为己业，更无改易。仍令户部与监司、州县，除出卖田舍疑惑及赠润事合行申明外，其余并不得申请少有更改，各仰常切遵守施行"。⑦

两浙地区战乱之后，兼并隐寄之家与乡村保正、乡司通同作弊，致使国家

---

① （宋）物初大观：《物初剩语》，载许红霞：《珍本宋集五种——日藏宋僧诗文集整理研究》，北京大学出版社 2013 年版，第 843-844 页。

② （宋）物初大观：《物初剩语》，载许红霞：《珍本宋集五种——日藏宋僧诗文集整理研究》，北京大学出版社 2013 年版，第 718-719 页。

③ （宋）范仲淹：《范仲淹全集》卷 15《龙图阁直学士工部郎中段君墓表》，四川大学出版社，2002 年，第 376 页。

④ （宋）（宋）苏轼著，孔凡礼点校：《苏轼文集》卷 32《进单锷吴中水利书状》，中华书局，1986 年，第 916 页。

⑤ （清）徐松辑，刘琳等点校：《宋会要辑稿·职官七一》，上海古籍出版社，2014 年，第 4937 页。

⑥ （清）徐松辑，刘琳等点校：《宋会要辑稿·食货六一》，上海古籍出版社，2014 年，第 7438 页。

⑦ （清）徐松辑，刘琳等点校：《宋会要辑稿·食货六一》，上海古籍出版社，2014 年，第 7438-7439 页。

课赋大减。宋廷采取的应对之举，乃是令隐匿田产者一季或半年内自陈、免除所欠官物，委官根责。<sup>①</sup>上述可见，宋廷所采取的应对举措，均仰依地方州县官吏施行，故其效果直接与官吏的执行情况相关联。

## 二、浙江沿海地区灾害类型与救灾体系构建

古代中国是一个农业国家，当时生产水平较低，科学技术水平不高，农业生产的脆弱性较强。浙江沿海地区除受到常见的水、旱、蝗虫灾害影响外，也时常遭海洋灾害的侵袭，所以滨海居民遭受到的破坏程度较内地尤重。因此之故，地方发生灾害之时，需要中央政府、地方官府、当地富民通力合作，方可完成救灾。

### （一）浙江沿海地区灾害类型

浙江滨海地区与内地相比，除遭受水、旱、蝗虫等灾害外，更深受各种海洋灾害的影响，据文献记载，浙江滨海之地遭受的海洋灾害主要有三类。

一是海潮灾害。浙江海岸线较长，大片土地毗邻海洋，成为海潮灾害频发地区。有臣僚言："窃闻浙东之田，其旁海者常有海潮冲荡之患。"<sup>②</sup>据舒亶《水利记》记载，明州"且盐卤至，腐败诸苗稼，积不已，往往田遂瘠恶，遂废不足耕，种不可下"<sup>③</sup>。海潮灾害集中发生在夏秋季节，六至八月为高发期，与台风频发月份相对应。相比之下，秋冬季节则较少。<sup>④</sup>

二是海水冲荡。庆历六年（1046）九月，"海水入台州，杀人民"<sup>⑤</sup>。景祐四年（1037），"杭州大风雨，江潮溢岸，高六尺，坏堤千余丈"<sup>⑥</sup>。乾道三年（1167），乐清县"山洪暴发，海水泛溢，田庐尽遭飘没，人民靡有孑遗"<sup>⑦</sup>。淳熙四年（1177）九月，"大风海涛，钱塘、余姚、上虞、定海、鄞县败堤溺人，流

---

① （清）徐松辑，刘琳等点校：《宋会要辑稿·食货六一》，上海古籍出版社，2014年，第7438页。

② （清）徐松辑，刘琳等点校：《宋会要辑稿·食货六一》，上海古籍出版社，2014年，第7546页。

③ （宋）张津：乾道《四明图经》，杭州出版社，2009年，第3009页。

④ 金城、刘恒武：《宋元时期海溢灾害初探》，《太平洋学报》，2015年第11期。

⑤ （宋）李焘：《续资治通鉴长编》卷159《仁宗》，中华书局，2004年，第3846页。

⑥ （元）脱脱等：《宋史》卷61《五行一上》，中华书局，1977年，第1326页。

⑦ 郑解：《乐清乡土志稿》卷上，民国11年石印本。转引自陆人骥：《中国历代灾害性海潮史料》，海洋出版社，1984年，第38页。

没田庐、军垒"①。唐璟奏："被旨前去温州存抚赈恤，被水去处，并皆边海，今来人户田亩尽被海水冲荡，咸卤浸入土脉，未可耕种。"②嘉定十二年（1219），"盐官县海失故道，潮汐冲平野三十余里，至是侵县治，庐州、港渎及上下管、黄湾冈等场皆圮；蜀山沦入海中，聚落、田畴失其半，坏四郡田，后六年始平"③。嘉定十七年（1224），"海坏畿县盐官地数十里。先是，有巨鱼横海岸，民脔食之，海患共六年而平"④。

三是台风之害。元祐六年（1091），浙西"忽于六月初间，大风驾起海涨，壅障江湖，水势涨溢，内苏、秀、湖州，泛入城中，淹浸居民庐舍。出于仓卒，人意所不能测，下户生计横遭漂荡，至有食生米，发疾而死者甚众"⑤。元祐八年（1093），"两浙海风驾潮，害民田"；绍圣元年（1094）秋，"苏、湖、秀州海风害民田"。⑥淳熙元年（1174），"钱塘大风涛，决临安府江堤一千六百六十余丈，漂居民六百三十余家，仁和县濒江二乡坏田圃"⑦。淳熙四年（1177）九月，"濒海大风，海涛漂没农田"⑧。绍熙二年（1191）三月，"瑞安县大风，坏屋拔木杀人"⑨。绍熙五年（1194）七月，"绍兴府、秀州大风驾海潮，害稼"。绍熙五年（1194）七月，绍兴府、秀州大风驾海潮，害稼。⑩庆元元年（1195）六月，"台州及属县大风雨，山洪、海涛并作，漂没田庐无算，死者蔽川，漂沉旬日；至于七月甲寅，黄岩县水尤甚"⑪。庆元二年（1196）六月壬申，"台州暴风雨驾海潮，坏田庐"⑫。权尚书兵部侍郎陈良翰奏："切闻今岁自夏涉秋，浙东一路濒海之郡三遭风水之虞。"⑬温州"本州并海，每遇深冬，骤风时作"⑭。

① （明）薛应旗：嘉靖《浙江通志》，成文出版社有限公司，1983 年，第 2774-2775 页。
② （清）徐松辑，刘琳等点校：《宋会要辑稿·瑞异三》，上海古籍出版社，2014 年，第 2652-2653 页。
③ （元）脱脱等：《宋史》卷 61《五行一上》，中华书局，1977 年，第 1337 页。
④ （元）脱脱等：《宋史》卷 62《五行一下》，中华书局，1977 年，第 1354 页。
⑤ （宋）李焘：《续资治通鉴长编》卷 462《哲宗》，中华书局，2004 年，第 11032 页。
⑥ （元）脱脱等：《宋史》卷 67《五行五》，中华书局，1977 年，第 1470 页。
⑦ （元）脱脱等：《宋史》卷 61《五行一上》，中华书局，1977 年，第 1331 页。
⑧ （明）张时彻等纂修：嘉靖《定海县志》，成文出版社有限公司，1983 年，第 364 页。
⑨ （元）脱脱等：《宋史》卷 67《五行五》，中华书局，1977 年，第 1471 页。
⑩ （元）脱脱等：《宋史》卷 67《五行五》，中华书局，1977 年，第 1471 页。
⑪ （元）脱脱等：《宋史》卷 61《五行一上》，中华书局，1977 年，第 1335 页。
⑫ （元）脱脱等：《宋史》卷 67《五行五》，中华书局，1977 年，第 1471 页。
⑬ （清）徐松辑，刘琳等点校：《宋会要辑稿·瑞异三》，上海古籍出版社，2014 年，第 2654 页。
⑭ （清）徐松辑，刘琳等点校：《宋会要辑稿·瑞异二》，上海古籍出版社，2014 年，第 2647 页。

综上史文可知，浙江各类海洋灾害对沿海民众人身、田产安全造成了极大损害，对濒海之人的影响颇巨。以此之故，浙江沿海地区受灾情形见诸文献的记载非常多，且有着较为详尽的载述。

庆历五年（1045），台州黄岩县"夏海溢，杀人万余"①。《苏梦龄记略》则称："宋庆历五年夏六月，临海郡大水，坏郛郭，杀人数千，官寺民室，仓帑财积，一朝扫地，化为涂泥。"②乾道二年（1166）八月，温州因冲风骤雨而致"并海死者数万人"③。《宋史》则称："温州大风，海溢，漂民庐、盐场、龙朔寺，覆舟溺死二万余人，江滨骼胔尚七千余。"④乾道五年（1169），"夏秋，温、台州凡三大风，水漂民庐，坏田稼，人畜溺死者甚众，黄岩县为甚"⑤。绍熙四年（1193）七月，"会稽大风，驱海潮坏堤，伤田稼，夏无麦"⑥。绍熙五年（1194）七月，"会稽、山阴、萧山、余姚、上虞县大风驾海涛，坏堤，伤田稼"⑦，同年秋，"明州飓风驾海潮，害稼"⑧。庆元二年（1196）六月，"台州暴风雨驾海潮，坏田庐"⑨。嘉定二年（1209）七月，"台州大风雨激海涛，漂圮二千三百八十余家，溺死尤众"⑩。嘉定四年（1211）八月，"山阴县海败堤，漂民田数十里，斥地十万亩"⑪。嘉定六年（1213）十二月，"余姚县风潮坏海堤，亘八乡"⑫。宝庆二年（1226）秋，余姚县"大风海溢，溺居民百十家"⑬。绍定二年（1229）九月，"台州海溢，城坏，死者二万余人"⑭。咸淳六年（1270），"萧山大风，海溢，新林被虐为甚，岸址荡无存者"⑮。

---

① （明）叶良佩：嘉靖《太平县志》，上海古籍出版社，1981年。
② （清）宋世荣：《台州丛书》乙集，上海古籍出版社，2013年，第1页。
③ （宋）叶适著，刘公纯、王孝鱼、李哲夫点校：《叶适集》，中华书局，2010年，第401页。
④ （元）脱脱等：《宋史》卷61《五行一上》，中华书局，1977年，第1330页。
⑤ （元）脱脱等：《宋史》卷61《五行一上》，中华书局，1977年，第1331页。
⑥ （明）张元忭、孙鑛纂，李能成点校：万历《绍兴府志》，宁波出版社，2012年，第279页。
⑦ （元）脱脱等：《宋史》卷61《五行一上》，中华书局，1977年，第1335页。
⑧ （元）脱脱等：《宋史》卷67《五行五》，中华书局，1977年，第1471页。
⑨ （元）脱脱等：《宋史》卷67《五行五》，中华书局，1977年，第1471页。
⑩ （元）脱脱等：《宋史》卷61《五行一上》，中华书局，1977年，第1336页。
⑪ （元）脱脱等：《宋史》卷61《五行一上》，中华书局，1977年，第1336页。
⑫ （元）脱脱等：《宋史》卷67《五行五》，中华书局，1977年，第1472页。
⑬ （清）俞卿修，周徐彩纂：康熙《绍兴府志》，成文出版社有限公司，1983年，第1154页。
⑭ （明）薛应旂：嘉靖《浙江通志》，成文出版社有限公司，1983年，第2781页。
⑮ （明）张元忭、孙鑛纂，李能成点校：万历《绍兴府志》，宁波出版社，2012年，第279页。

由上述文献记载浙江民众所遭受的海洋灾害可知，浙江海洋灾害具有极强的破坏性，不仅造成大规模人口丧生于台风、海啸之中，而且民众所垦农田、屋舍、塘堤等亦常遭受毁灭性损坏。对此，官民均对受灾民户开展救济活动。

（二）中央政府的救灾活动

对于浙江濒海之地发生的灾害，中央政府主要通过遣使存抚赈恤、诏令受灾州县存恤灾民、拨赐钱米赈济被灾百姓、减免民众税赋、令百姓缓期缴纳租税等多种渠道进行救灾。

宋廷获知地方发生灾害时，会遣使存抚地方，或督促地方官员，抑或直接赈恤受灾百姓。乾道二年（1166）九月，温州诸邑近遭水灾。宋孝宗"差度支郎中唐璟限三日起发，同提举常平宋藻，守臣刘孝韪遍诣被水去处，按验覆实，具合行赈恤事件，疾速措置闻奏。……可就令点检本州并诸县刑禁，须管日近结绝，将杖罪以下先次疏放。如有冤抑，从实改正。仍具已断放过名件，申尚书省"①。唐璟至后而奏："望委本州守臣，候来年春耕，即委清强官遍行体访。如委有未堪耕种之田，及人力耕种未遍去处，保明申奏，取朝廷指挥，更与减放当年苗说。"②宋廷准其所请，以"清强官检视，定其高下，减免租税，务在实利及民"③。

除派专人督导地方赈灾外，宋廷还会督促负责浙江救荒事务的两浙转运司、浙东提举司行赈济灾民之责。淳熙四年（1177）九月，宋孝宗诏："浙东提举司将被水人户多方存恤，依条赈济，毋令失所。其冲损塘岸去处，仰绍兴府专委官监视，如法修筑。"④淳熙五年（1178），宋孝宗诏令："两浙路帅臣、监司戒约旱伤州县，存恤贫民，毋致流徙，因为奸盗。"⑤其后复诏："诸路县分有被旱处，全藉知县奉行赈恤。仰监司、守臣依条审度才力，据以具奏对易，不得遗阙。"⑥嘉泰二年（1202），宋宁宗诏令两浙转运司，"行下所部阙雨州县，委

① （清）徐松辑，刘琳等点校：《宋会要辑稿·瑞异三》，上海古籍出版社，2014年，第2652页。
② （清）徐松辑，刘琳等点校：《宋会要辑稿·瑞异三》，上海古籍出版社，2014年，第2652-2653页。
③ （清）徐松辑，刘琳等点校：《宋会要辑稿·瑞异三》，上海古籍出版社，2014年，第2654页。
④ （清）徐松辑，刘琳等点校：《宋会要辑稿·瑞异三》，上海古籍出版社，2014年，第2655页。
⑤ （清）徐松辑，刘琳等点校：《宋会要辑稿·瑞异二》，上海古籍出版社，2014年，第2635-2636页。
⑥ （清）徐松辑，刘琳等点校：《宋会要辑稿·瑞异二》，上海古籍出版社，2014年，第2636页。

自守令亲诣管下灵应申祠，精加祈祷，务获感应"①。

同时，宋廷亦直接向地方官员颁布诏令，命其积极进行赈恤。淳熙三年（1176）八月二十三日，台州水，孝宗诏令守臣尤衮"多方措置赈恤，务在实惠及民，无致灭裂。仍委本路提举常平官核实，保明闻奏"②。九月十九日，台州又水，宋廷诏令"何称于本州常平、义仓米内更取三千石接济赈给。如不足，通路取拨应副。其合收瘗人，亦仰依条施行。仍令南库支降会子四千贯付本州，专充修城并捍水台使用，务要坚固如法。其未起钱绢，自来年为始，分限三年带发"③。"诏绍兴府山阴县检放、赈济不均去处，令浙东常平官再验合放实数申。其第四等以下不曾经赈济者，令遵节次已降指挥赈济施行。"④

宋廷为调动地方官员救灾的积极性，以求引导更多的官员尽职尽责地赈济灾民，会根据有作为官员的具体表现给予相应的奖赏。如前知台州沈揆、知台州唐仲友因"去岁台州有旱伤去处而修举荒政，民无浮殍"，被朝廷给予各转一官的奖励。⑤ 又如知绍兴府王希吕因"去岁旱伤，赈济有劳"，而被任命为敷文阁直学士。⑥ 对于救灾不力的地方官员，宋廷则施以一定的惩罚，使其他官员引以为戒。如知温州刘孝趱因"不葬被水人骸骨而以至暴露"之事，受到提举常平宋藻的按劾，宋孝宗因此给予刘孝趱放罢的处罚。⑦ 宋廷规定，"水伤去处差官检视，蠲减田租以闻"，温、台二州民众为台风所害，当地官员却不奏报灾情，宋廷获悉后即对温、台守臣施以惩处，"已降指挥，温、台州近被水灾，逐州守臣王之望、陈岩肖各不即闻奏，岩肖仍赈恤迟缓。之望特降一官，岩肖落职放罢"⑧。知绍兴府徐嘉、知会稽县钱宥、知山阴县时康祖皆因"坐视饥民死亡，全无措置"而遭放罢。⑨ 浙东提举莫漳因"台州洪水湧发，漂溺居民，冲荡禾稼，公然坐视，略无恻隐之心"而被放罢。⑩ 监察御史举告知台州刘坦之、属

① （清）徐松辑，刘琳等点校：《宋会要辑稿·瑞异二》，上海古籍出版社，2014年，第2636页。
② （清）徐松辑，刘琳等点校：《宋会要辑稿·瑞异三》，上海古籍出版社，2014年，第2655页。
③ （清）徐松辑，刘琳等点校：《宋会要辑稿·瑞异三》，上海古籍出版社，2014年，第2655页。
④ （清）徐松辑，刘琳等点校：《宋会要辑稿·食货六八》，上海古籍出版社，2014年，第7980页。
⑤ （清）徐松辑，刘琳等点校：《宋会要辑稿·瑞异二》，上海古籍出版社，2014年，第2635页。
⑥ （清）徐松辑，刘琳等点校：《宋会要辑稿·瑞异二》，上海古籍出版社，2014年，第2635页。
⑦ （清）徐松辑，刘琳等点校：《宋会要辑稿·瑞异三》，上海古籍出版社，2014年，第2653页。
⑧ （清）徐松辑，刘琳等点校：《宋会要辑稿·瑞异三》，上海古籍出版社，2014年，第2654页。
⑨ （清）徐松辑，刘琳等点校：《宋会要辑稿·职官七一》，上海古籍出版社，2014年，第4952页。
⑩ （清）徐松辑，刘琳等点校：《宋会要辑稿·职官七三》，上海古籍出版社，2014年，第5038-5039页。

官赵彦卫在台州民众遭受洪水蹂践、死于非命之时坐视不恤，宋廷遂将二人一同放罢。① 因失于按劾发生灾涝的温、台二州守臣，"右朝散大大、直秘阁、权发遣两浙路计度转运副使刘敏士特降授右朝请郎，右朝奉大夫、直秘阁、权两浙路转运判官姚宪特降授右朝散郎"②。

宋廷鉴于部分民众因灾伤而无力存活，会拨赐钱米赈济受灾百姓。乾兴元年（1022），"苏、湖、秀州雨，坏民田，诏出廪粟以贷饥民"③。景祐四年（1037），越州"大水漂溺民居，诏以钱赐被溺之家有差"④。熙宁五年（1072），"赐两浙转运司常平谷十万石，赈济浙西水灾州军，仍募贫民兴修水利"⑤。元祐四年（1089），宋廷发米赈济浙西诸州。苏轼有载："浙西数郡，先水后旱，灾伤不减熙宁（指熙宁八年发生的灾荒），然二圣仁智聪明，于去年十一月中，首发德音，截拨本路上供斛斗二十万石赈济，又于十二月中，宽减转运司元祐四年上供额斛三分之一，为米五十余万斛，尽用其钱买银绢上供，了无一毫亏损县官，而命下之日，所在欢呼。官既行籴，米价自落。又自正月开仓粜常平米，仍免数路税务。所收五谷力胜钱，且赐度牒三百道以助赈济，本路帖然，遂无一人饿莩者，此无他，先事处置之力也。"⑥ 侍御史贾易又言："臣窃闻浙西州军近以灾伤奏乞斛斗赈贷，朝廷恻嗟，选差转运副使岑象求、运判杨瓛宝仍赐米百万斛、钱二十余万贯，俾救其患。圣恩深厚，与天同大矣。臣每接士大夫，必咨访灾伤次第，皆云浙西自去冬太湖积水不退，今春多雨，民田水潦既深，有妨耕种。五月以后，方幸晴霁，先择高田中平处布种。忽于六月初间，大风驾起海涨，壅障江湖，水势涨溢，内苏、秀、湖州，泛入城中，淹浸居民庐舍。出于仓卒，人意所不能测，下户生计横遭漂荡，至有食生米，发疾而死者甚众。不数日，湖落水浅，农田渐可耕垦，兼本州自亦依条发廪作粥饭救济，行将少苏矣。"⑦ 淳熙八年（1181），绍兴府灾伤，"孝宗皇帝特降御笔，加惠一方，拨赐钱米，蠲阁官赋，比之他郡，尤为优厚。盖以本府密拱行都，山

① （清）徐松辑，刘琳等点校：《宋会要辑稿·职官七五》，上海古籍出版社，2014年，第5092页。
② （清）徐松辑，刘琳等点校：《宋会要辑稿·瑞异三》，上海古籍出版社，2014年，第2654页。
③ （宋）李焘：《续资治通鉴长编》卷98《真宗》，中华书局，2004年，第2270页。
④ （宋）李焘：《续资治通鉴长编》卷120《仁宗》，中华书局，2004年，第2835页。
⑤ （宋）李焘：《续资治通鉴长编》卷230《神宗》，中华书局，2004年，第5586页。
⑥ （宋）李焘：《续资治通鉴长编》卷451《哲宗》，中华书局，2004年，第10828-10829页。
⑦ （宋）李焘：《续资治通鉴长编》卷462《哲宗》，中华书局，2004年，第11032页。

陵所在，以是倍加抚存"，其后宋廷"诏令封桩库给降会子五万贯，丰储仓证年辰资次支拨三万石，付绍兴府，专充赈济被水居民使用"①。史官评价此事为"若非官司力加振救，必致流移死亡。证对绍兴一府所管常平、义仓米止一万九千石，钱六千余缗，尤为鲜薄。去后日长，委是用度不敷"②。

对受灾严重地区的民众，宋廷还会减免他们的税赋。如乾道元年（1165）二月，淫雨不止，有伤蚕麦，宋孝宗令"浙东西路灾伤去处人户合纳乾道元年身丁钱绢，临安府、绍兴府、湖、常州并与全免一年，温、台、处州、镇江府并各减放一半"③。宋廷下诏减免被灾民户税赋的记载较多。如宋廷诏："温州将乾道三年、四年民户积年畸零税赋并予蠲放，第四等以下身丁钱并予放免一年。"④宋廷又诏："温州永嘉、平阳、瑞安、乐清四县逃移死绝人丁共一万四千七百九十五丁，每丁纳绢三尺四寸，共计一千二百五十七匹二丈三尺，并行销欠。"⑤宋廷复诏："温州人户合纳身丁绢随夏料送纳，已承乾道六年十一月十八日指挥，将第四、第五等人户与放免一年外，窃虑所降指挥之前已有人户送纳在官，仰并特与理作乾道七年合纳之数。"⑥对台州黄岩、临海二县被水冲损田产屋宇、牛畜之家，宋廷特将"乾道三年、四年、五年未纳税赋特予蠲放，其私债候至来年秋成理索"⑦。浙东提举常平苏峤奏："乞将温州旱伤第四等以下合纳身丁绢与蠲放一年，为钱一万六千余贯。"⑧宋廷从之，"除已给降钱米应副赈济支遣外，其被火民户身丁钱可与免纳一年"⑨。

宋廷还会让受灾民众缓期交纳赋税。"秀州言积水为灾，民艰食。诏本州秋税残欠悉倚阁之"⑩，"诏两浙西路去岁经灾伤州军检放不尽税租，令三司权与倚阁"⑪。

① （清）徐松辑，刘琳等点校：《宋会要辑稿·瑞异三》，上海古籍出版社，2014年，第2660页。
② （清）徐松辑，刘琳等点校：《宋会要辑稿·瑞异三》，上海古籍出版社，2014年，第2660页。
③ （清）徐松辑，刘琳等点校：《宋会要辑稿·瑞异三》，上海古籍出版社，2014年，第2652页。
④ （清）徐松辑，刘琳等点校：《宋会要辑稿·食货六三》，上海古籍出版社，2014年，第7627页。
⑤ （清）徐松辑，刘琳等点校：《宋会要辑稿·食货六三》，上海古籍出版社，2014年，第7623页。
⑥ （清）徐松辑，刘琳等点校：《宋会要辑稿·食货六三》，上海古籍出版社，2014年，第7864页。
⑦ （清）徐松辑，刘琳等点校：《宋会要辑稿·食货六三》，上海古籍出版社，2014年，第7627页。
⑧ （清）徐松辑，刘琳等点校：《宋会要辑稿·食货一二》，上海古籍出版社，2014年，第6239页。
⑨ （清）徐松辑，刘琳等点校：《宋会要辑稿·食货一二》，上海古籍出版社，2014年，第6241页。
⑩ （宋）李焘：《续资治通鉴长编》卷98《真宗》，中华书局，2004年，第2269页。
⑪ （宋）李焘：《续资治通鉴长编》卷230《神宗》，中华书局，2004年，第5602页。

朝廷亦会采取缓期缴纳租税的方式，来减轻浙江旱伤被水州县民众的负担。"第四等以下人户已令监司措置，覆实赈恤，将合纳夏税、物帛倚阁，分年限带纳。尚虑州郡不切尽实检放，隐庇数目，甚失爱民之意。可将乾道七年逐路州军倚阁䌷绢、系绵、折帛钱，共予蠲放，更不带纳，日下销落簿籍。如敢妄作名色，追理骚扰，许人户越诉。"① 朝廷诏："今年浙东州县旱伤至广，朝廷除已行下轸恤、倚阁残零税赋、差官检放外，尚虑形势之家驱迫偿债，不能安业。可将浙东旱伤州县下三等人户所欠私债并与倚阁住索，候来岁收成丰熟，即抑依约理还。"②

（三）地方官府的救灾活动

地方官府的救灾活动形式多样，包括：两浙路转运司或浙东路、浙西路提举司奏报灾情，并监督州县官员赈灾；州级官员先行救济灾民；地方官员奏请朝廷暂缓征缴受灾人户租课等。

在不同时期，两浙路转运司、浙东路与浙西路提举司曾交替作为辖治浙江地区的荒政管理机构，浙东诸州县荒政情形多经其上奏朝廷，宋廷据此对地方救灾活动进行监督，甚至直接对受灾百姓赈济。两浙转运司、浙东与浙西提举司的重要职能在于将辖区灾情上报，并提出相应的对策。乾道五年（1169）十月六日，权发遣两浙路计度转运副使刘敏士奏："温、台二州近因风水，虽将义仓米赈济，缘秋成尚远，将何以继！今来温州已募上户，借与钱本，见行措置。唯是台州财赋窘乏，无以为计。欲望支降钱五十万贯给与台州，令劝上户般贩米斛，接续出粜。"③ 为此，宋廷降旨："令两浙转运司差拨人船于近便州军户部椿管米及常平、义仓米内取拨三万石前去台州，委官检视被水去处，减价出粜到钱，令本司拘收，拨还元取米去处。"④ 同年十月三日，权发遣两浙路计度转运副使刘敏士状："近巡历至台州，询得本州黄岩县今岁连遭风水，淹损屋宇、田稻、农畜。本州已委官巡门抄札被水人户，及取拨常平、义仓米支给。将最重去处支二十日，次重处支半月，大口日支一升，小口日支五合。缘

① （清）徐松辑，刘琳等点校：《宋会要辑稿·食货六三》，上海古籍出版社，2014年，第7630页。
② （清）徐松辑，刘琳等点校：《宋会要辑稿·食货五九》，上海古籍出版社，2014年，第7414页。
③ （清）徐松辑，刘琳等点校：《宋会要辑稿·瑞异三》，上海古籍出版社，2014年，第2654页。
④ （清）徐松辑，刘琳等点校：《宋会要辑稿·瑞异三》，上海古籍出版社，2014年，第2654页。

黄岩县被水比之常年不同，今来本州虽已措置赈济，最重处支二十日，次重处支半月，若以报到抄札支散日分相次住支，目今被水之人多是未有存居，及田地亦无工力修整耕种，委实缺食。近根刷得本州及管下逐县有常平、义仓米九万八千余石，今来被水大小口计二万七千四十一口，共合支米四千三百四十余石外，尚有见管米数不多，合行措置。乞下本州速行措置，接续赈济施行。"①宋廷从之。

两浙转运司复奏："明州定海县清泉乡民贫税重，昨来本州据本县知县报乞，将清泉乡第四等、第五等二税量减。"②淳熙八年（1181），浙东提举朱熹言："乾道四年民艰食，熹请于府，得常平米六百石振贷，夏受粟于仓，冬则加息计米以偿。自后随年敛散，歉，蠲其息之半；大饥，即尽蠲之。凡十有四年，得息米造成仓三廒，及以元数六百石还府。见管米三千一百石，以为社仓，不复收息，每石只收耗米三升。以故一乡四五十里间，虽遇凶年，人不阙食。请经是行于仓司。"③朱熹复言："本路州县灾伤，唯绍兴府最甚。今臣僚奏请依淳熙元年指挥减半推赏，本府田土瘠薄，连年灾伤，及格者必少。乞令诸路州县，人户愿自般运米谷前来绍兴府赈粜、赈济，亦乞依指挥减半推赏。"④其请为朝廷所从之。两浙转运司向宋廷上报台州灾害事状，称"州司已支拨义仓米一千一百四十一石七斗，次第给济，及牒提举常平司行下赈恤施行"，宋廷对此诏令"台州将被水人户更优支常平钱米，多方措置赈恤，毋致失所"。⑤

除此之外，两浙转运司、浙东与浙西提举司亦会直接从事赈济活动。宋廷令浙东提举常平宋藻"前去温州，将常平、义仓米赈济被水阙食人户。如本州米不足，通融取拨"⑥史官描述两浙路转运判官黄黼的政绩为"浙东濒海之田，以旱涝告，常平储蓄不足，黼捐漕计贷之。毗陵饥民取糠粃杂草根以充食，郡县不以闻，黼取民食以进，乞捐僧牒、缗钱振济，所全活甚众"⑦。

浙江沿海诸州官府获知境内发生灾荒之时，会先行拨支米钱进行救济。宋

① （清）徐松辑，刘琳等点校：《宋会要辑稿·瑞异三》，上海古籍出版社，2014年，第2654页。
② （宋）罗濬：宝庆《四明志》，杭州出版社，2009年，第3186页。
③ （元）脱脱等：《宋史》卷178《食货上六》，中华书局，1977年，第4342页。
④ （清）徐松辑，刘琳等点校：《宋会要辑稿·职官六二》，上海古籍出版社，2014年，第4739页。
⑤ （清）徐松辑，刘琳等点校：《宋会要辑稿·瑞异三》，上海古籍出版社，2014年，第2661-2662页。
⑥ （清）徐松辑，刘琳等点校：《宋会要辑稿·食货五八》，上海古籍出版社，2014年，第7354页。
⑦ （元）脱脱等：《宋史》卷393《黄黼传》，中华书局，第12019页。

代令州县置常平、义仓，以为水旱、凶荒之备，成为地方官府在荒年之时赈济受灾百姓的重要储备物资，如"命浙东监司发常平米振灾伤州县"①，"诏浙东提举司发米十万石振给贫民"②。淳熙元年（1179）七月二十日，"温州乐清县、台州黄岩县水。既而诏令逐州守臣更切存恤。二十四日，知温州胡与可以支常平钱五百贯并系省钱五百贯赈给被水人户自劾"，上（孝宗）曰："国家积常平米，政为此也，可放罪。"③权发遣温州刘孝韪言："本州八月十七日风潮伤害禾稼，漂溺人命。所有义仓米五万余硕，先蒙奉使司农少乡陈良弼盘量在仓，不得支借。若候申禀，深恐后时，逐急一面赈给外，有不候指挥先次开发之罪。"④绍兴府萧山、山阴、会稽、上虞等近海县发生水灾，知绍兴府章燮、浙东提刑李玨、提举鲁开"分委州县官相视水势，将常平钱米多方赈恤"⑤。越州"米价踊贵，饿死者什五六"，知越州赵抃"令有米者任增价粜之，于是诸州米商辐辏诣越，米价更贱，民无饿死者"⑥。

实际上，州县设置的常平仓与义仓时常会出现问题，经臣僚奏报后而为宋廷悉知，进而诏命州县官员务要保持谷物可以食用，且不得存虚，以发挥两仓的实际效用。陈良弼言："浙东七州见椿粳米二十五万五千四百余硕，其间已有陈次数目，若经暑湿蒸坏，折欠愈多。其见管糯米一万一千二百余硕，即非赈济、赈粜可用之物"，宋廷乃命"行下本路，须以新易陈，不得损坏官物，其糯米即仰变转收粜"。⑦陈良弼又言："比点检浙东七州常平仓，其间失陷、借支、坏烂、失收米麦共二十七万六千二百二十余硕，并常平钱一万四百四十余贯。乞委提举官遍诣所属，划刷系省钱米偿纳。如所偿未足，候受纳秋苗日，并尽数偿还。"⑧宋廷依其所请。浙江地区"近来州县循习借用，多存虚数。其间或未至侵支，亦不过堆积在仓，缄縢惟谨，初未尝以新易陈，经越十数年，例皆腐败而不可食用"。宋廷乃"下逐路常平司申儆州县，常切以新易陈，无致损

① （元）脱脱等：《宋史》卷39《宁宗三》，中华书局，1977年，第761页。
② （元）脱脱等：《宋史》卷40《宁宗四》，中华书局，1977年，第768页。
③ （清）徐松辑，刘琳等点校：《宋会要辑稿·瑞异三》，上海古籍出版社，2014年，第2655页。
④ （清）徐松辑，刘琳等点校：《宋会要辑稿·食货五八》，上海古籍出版社，2014年，第7354页。
⑤ （清）徐松辑，刘琳等点校：《宋会要辑稿·瑞异三》，上海古籍出版社，2014年，第2660页。
⑥ （宋）李焘：《续资治通鉴长编》卷282《神宗》，中华书局，2004年，第6906页。
⑦ （清）徐松辑，刘琳等点校：《宋会要辑稿·食货五三》，上海古籍出版社，2014年，第7226页。
⑧ （清）徐松辑，刘琳等点校：《宋会要辑稿·食货五三》，上海古籍出版社，2014年，第7226页。

坏。仍差官盘量见在实数申奏"①。由此可见，宋廷极为重视浙江地方官府常平仓、义仓平时的储备。唯有如此，常平仓、义仓方可在浙江沿海地区发生灾害时，有效地赈恤被害人户。

对于因灾害而造成的无力埋葬之人以及无人识认的尸首，两浙转运司、州县官府责令相关官员加以埋瘗。嘉定二年（1209）八月二十九日，两浙转运司言："台州申，本州七月一日夜风雨大作，潮水泛涨，除近州地无损外，续询访得临海县管下沿海地名章安、碇头一带，枕近海门，边江居民屋宇多有被水漂流及倒损淹死人命去处。窃虑有贫乏无力津送之人，州司即时支给常平钱一百五十贯文，就委临海县尉及比近杜渎知监前去地头躬亲询访，有被淹死无力埋瘗之人，即将所支官钱收买棺木埋瘗。仍验视丧失人命及被水飘流倒塌屋宇之家，抄札户口，保明供申。据逐官申，除边江居民淹死人命有主识认自行埋瘗外，有海洋客商船只被水打坏溺死，尸首随潮流入港内，无人识认，已将支下官钱收买棺木埋瘗。及委知临海县核实到飘流屋宇及溺死共三百一十七户，倒塌淹浸共一千九百六十六户。"②

此外，浙江地方官员根据属地受灾程度而奏请朝廷暂缓征缴部分人户的租赋。嘉熙年间（1237—1240），江潮侵袭仁和县临江的太平、金浦、安西、安仁、东上五乡，"赵安抚与惟申请于朝，尽镯苗税。后水仍故道，耕垦渐复"③。浙东提举田渭奏："欲将台、处州、绍兴府第五等今年未纳身丁税，及婺州旧无丁税，将第五等户今年夏税绢不及丈、钱不满贯者，并行住催。"④ 绍兴府诸县被风水，当地已经赈济除放。但左司谏何溥"访闻有未赈济之前流移者，及至归业，而官司拘于已经赈济之文，不予除放"，故请求宋廷对"绍兴下户不拘已未曾经赈济，所有公、私逋负一等蠲免"⑤。为此，户部欲将绍兴府下户"未经赈济之前已自流寓未曾除放之人，下转运司委官究见谙实，并依绍兴二十八年九月二十七日指挥施行"⑥。

① （清）徐松辑，刘琳等点校：《宋会要辑稿·食货五三》，上海古籍出版社，2014年，第7226页。
② （清）徐松辑，刘琳等点校：《宋会要辑稿·瑞异三》，上海古籍出版社，2014年，第2661-2662页。
③ （宋）潜说友：咸淳《临安志》，杭州出版社，2009年，第1029页。
④ （清）徐松辑，刘琳等点校：《宋会要辑稿·瑞异二》，上海古籍出版社，2014年，第2635-2636页。
⑤ （清）徐松辑，刘琳等点校：《宋会要辑稿·食货六三》，上海古籍出版社，2014年，第7611页。
⑥ （清）徐松辑，刘琳等点校：《宋会要辑稿·食货六三》，上海古籍出版社，2014年，第7611页。

### （四）地方精英协助救灾

对浙江受灾民众的赈恤，存在中央政府、地方官府不能及之处，故当地精英亦以自身财力襄助浙江沿海地区的救灾活动。

国家遇到灾害之时，宋廷常授予官爵以激励地方精英协助官府救灾。文献于此多有记载，如"募富民振济补官"，"或募富民出钱粟，酬以官爵，劝谕官吏，许书历为课"，"复以爵赏诱富人相与补助，亦权宜不得已之策也"。<sup>①</sup> 宋廷以诏命的形式，依照地方势家富户救济灾民的贡献度而给予不同的官爵。朝廷规定两浙灾伤州军，"如有人户情愿将米救济饥民，一千石者与摄本州助教，余并依旧等第恩泽。内有将稻谷散施者，依乡土例折充米数。如诸杂斛，亦抑转运司相度，比类指挥"<sup>②</sup>。宋廷诏："浙东州县守令，劝诱上户，广行出粜。如粜及三千石已上之家，依已降旨，等第补官。若有顽猾上户，依前闭籴之人，亦仰断遣，仍令提举官躬亲。"<sup>③</sup> 宋廷此举得到地方精英响应，越州民石湛、明州民杨文喜各纳粟五千石赈济贫民，而王泽、徐仁赞各纳粟三千五百石救助贫户，宋廷诏石湛、杨文喜为本州助教，王泽、徐仁赞为摄助教。<sup>④</sup> 台州黄岩县民叶文晟出谷二千斛赈救饥民，朝廷为此授其摄州助教。<sup>⑤</sup> 庆元府大歉，奉化县寄居修职郎汪伋"不待劝谕，捐谷四万，减价赈粜，以救灾伤，又为本县代纳税钱五个月，以使细民从便兴贩，时人户赖以存活"，其后又"献助赈济米六千石，宋廷特诏汪伋补迪功郎"。<sup>⑥</sup>

浙江地方官员在灾害发生之时，常劝率富户救济当地受灾民户。绍兴六年（1136），瑞安县主簿张颀前往集善乡，"劝率豪户情愿出备谷米，给散贫乏人，同共修筑陂塘，蓄水灌溉，因便赈济小民千余家，各免饥乏，功效尤著"<sup>⑦</sup>。鉴于豪民所拥有的财富实力，宋代亦令浙江州县积极劝导富户赈济灾民，并派员进行监督。乾道元年（1165）二月六日，中书门下省奏："两浙东、西路缘水

① （元）脱脱等：《宋史》卷35《孝宗三》，中华书局，1977年，第674页；（元）脱脱等：《宋史》卷178《食货上六》，中华书局，1977年，第4336页、第4340页。
② （清）徐松辑，刘琳等点校：《宋会要辑稿·职官五五》，上海古籍出版社，2014年，第4512页。
③ （宋）李心传著，胡坤点校：《建炎以来系年要录》，中华书局，2013年，第1877-1878页。
④ （清）徐松辑，刘琳等点校：《宋会要辑稿·职官五五》，上海古籍出版社，2014年，第4512页。
⑤ （清）徐松辑，刘琳等点校：《宋会要辑稿·职官五五》，上海古籍出版社，2014年，第4513页。
⑥ （清）徐松辑，刘琳等点校：《宋会要辑稿·职官六二》，上海古籍出版社，2014年，第4741页。
⑦ （清）徐松辑，刘琳等点校：《宋会要辑稿·食货七》，上海古籍出版社，2014年，第6139页。

灾，细民艰食。累降指挥，令诸州县赈济及劝上户粜米，并造粥给食，非不详尽。窃虑州县奉行灭裂，未见实惠及民。"① 接着，朝廷下诏："浙西委吏部郎官鲁詧，浙东委司封郎唐阅，躬亲遍诣诸路州县检察。如有违戾去处，具当职官姓名申尚书省。其措施有方，亦抑保明闻奏。"② 乾道五年（1169），权发遣两浙路转运副使刘敏士言："温、台二州近因风水飘损屋宇、禾稼，虽将义仓米赈济，缘被水丁口至多，窃虑来年秋成尚远，将何以继？臣今措置，欲令各州劝募上户，官借其赀，就浙西诸州丰熟去处般贩米粮，中价出粜。至来年秋间，却输纳钱本还官。庶几般贩既多，米稍停蓄，其价自平。今来温州已募上户，借与钱本，见行措置，唯是台州财赋窘迫，无以为计。臣欲支钱五七万贯给与台州，令劝募上户般贩米斛，以济饥民。"③ 对此，宋廷令两浙转运司"差拨人船，于近便州军户部桩管米及常平、义仓米内取拨三万硕，前去台州，委官于被水处减价出粜。其粜到钱，令本司拘收，拨还元取米去处"④。

综合上述，地处东部沿海地区的浙江属于海洋灾害高发地区，同时该区亦受到常见水、旱、蝗虫等灾害影响。在这种情势之下，浙江濒海居民受到灾害的影响尤为严重，尤其是海洋灾害具有类型多样、发生频繁、危害性强等特征，民众生命安全因此时常受到严重威胁，其所属田产、房屋、物产等更是经常遭到毁灭性破坏，由此导致民众损失极为惨重。受其影响，相当多的受灾濒海细民丧失了自救能力，故其生产生活的恢复严重依赖于中央政府、地方官府。因此之故，两级政府均积极承担起赈济灾民、恢复被灾民户生产生活的责任。

中央政府通过多种途径对受灾民众进行救济，并以政令、派遣官员等形式督促被灾地方官府切实做好赈恤工作，还于国家层面奖赏积极救灾的地方官员，而对救荒不作为官员则施予严惩。作为受到灾害影响的浙江地方官府，大多数官员能够积极投入到救灾活动中，尽其所能完成救灾任务。可以说，中央政府、地方官府是浙江救灾活动的主体，它们共同推动着各项救灾工作的开展。

尽管如此，浙江州县的救灾活动尚需地方精英加以协助。正是因为如此，朝廷、地方官员以多种方式劝率地方势家豪民出纳钱米救助当地灾民。总体来

① （清）徐松辑，刘琳等点校：《宋会要辑稿·食货五八》，上海古籍出版社，2014年，第7353页。
② （清）徐松辑，刘琳等点校：《宋会要辑稿·食货六八》，上海古籍出版社，2014年，第7983页。
③ （清）徐松辑，刘琳等点校：《宋会要辑稿·食货六八》，上海古籍出版社，2014年，第7986页。
④ （清）徐松辑，刘琳等点校：《宋会要辑稿·食货六八》，上海古籍出版社，2014年，第7986页。

看，中央政府、地方官府、地方精英相互协作，有力地开展灾后重建工作，有效减少了受灾民众的损失，有助于他们快速恢复生产生活。

# 第二节　海盐生产与国家政治权力渗透

在食盐煎炼、盐货交纳的过程中，国家、盐场与盐民之间，既存在着合作，又有着利益博弈。盐官容纵、盐民走私等行为，造成了宋代盐课收入的减损。作为应对，宋廷不断将政治权力推进至浙江海盐制贩场域，以此打击盐官、盐民的不法行为，进而维护宋代食盐专卖秩序，确保盐利尽归国家。

## 一、浙江盐利争竞中的多重图景

宋廷、浙江盐场与州仓、浙江盐户三个利益相关方围绕盐利，在盐本钱发放、盐货交纳、盐课征收诸环节展开了长达数百年的激烈博弈，形成了复杂的历史图景。通过考察宋代浙江海盐生产与管理中所形成的多重互动关系，本部分力图描绘与勾勒出浙江海盐场域中的日常场景。

### （一）应得的盐本钱与被侵夺的盐本钱

官府垄断滨海盐产资源以及生产、运销各环节后，盐户无法单独从事海盐生产，必须纳入更广大的产运销系统中，才能维持生计，开展生产。[①] 在这种模式下，两宋官府为盐户提供盐本钱，其为盐户生产生活所资。盐本钱是宋代盐场用于收购盐户盐产的买盐本钱，被盐户视作食盐生产和全家生活的主要经济来源。[②]

史书记载，宋廷专门预留官钱作为盐本钱，"储发运司钱及杂钱百万缗以待卖盐者。……预备本钱，优给煮海之民"[③]。依宋代旧法，"支盐本钱分上下次。先以上次五分发下催煎场，呼名支散，贫户下户均沾本柄，下次五分留买

---

① 鲁西奇、宋翔：《中古时代滨海地域的"鱼盐之利"与滨海人群的生计》，《华东师范大学学报》，2016 年第 4 期。
② （宋）李心传著，徐规点校：《建炎以来朝野杂记》甲集卷 14《总论国朝盐筴》，中华书局，2000 年，第 295 页。
③ （宋）李焘：《续资治通鉴长编》卷 230《神宗》，中华书局，2004 年，第 5602-5603 页。

纳场，候发盐到，秤见实数，却行贴支"①。说明盐场或于盐户交纳盐货前预支部分盐本钱，盐户则以所煎盐货偿还向宋廷预支的盐本钱；或于交纳之时支还盐本钱。

实际上，该制度设计与执行之间却存在较大差距，盐户应得盐本钱常被侵夺，具体情形有以下三种。

其一，盐场拖欠盐户盐本钱。北宋中期已出现浙江盐场拖欠盐户盐本钱的事例，最早见于明道年间（1032—1033）参知政事王随的奏疏。其时直接克扣的事例记载较少，进入南宋以后相关记载逐渐增多且愈为普遍，数额颇巨。②这方面记载较多，如买纳旧法规定盐户所产之盐，"到场秤盘既毕，即时支还本钱。近来钱在支仓，百端艰阻，隐匿橐名，桩留在库，却与民户径经上司指定名色，擅行借贷以万计，是致下户有盐在官，积欠盐本钱不可胜数"③。浙江盐户"合支盐本钱，访闻多是提举司并本州主管司当行人吏通行邀阻，不与依时支给，或容干请计会，方行支付，分数减克。其逐场率多科扰，及衷私将盐本钱以公使为名，妄有支费，以致亭户贫乏"④。其后更是改作先纳盐而后请钱，且盐场"买纳到盐出卖获利，称息数倍，乃犹占悭，不肯给还元价。纵或支偿，十未一二，几于白纳而已"⑤。南宋中晚期，盐务组织由上而下皆以腐化，原已存在的种种弊端更是变本加厉，盐户由此经常拿不到应有的盐本钱，有时还须赔钱偿纳数量过高的额盐。⑥

除盐场官吏舞弊营私、横索谋利而致拖欠盐户盐本钱外，诸盐场不能按时售出盐货属另一重要因素。考盐本钱来源，乃在于盐场售盐所得收入，"买纳亭户盐本，系支盐仓收到客纳、揞留等钱"⑦。宋代划定食盐销售界区，浙西诸场官盐主要销往杭、苏、润、湖、常等州，浙东诸场官盐售与所在州，别销至处、衢、婺、歙等州。⑧宋廷此举造成浙江各场经常不能按时售出官盐，温台两州盐

① （清）徐松辑，刘琳等点校：《宋会要辑稿·食货二七》，上海古籍出版社，2014年，第6590页。
② 史继刚：《宋代官府食盐购纳体制及其对盐民利益的侵害》，《盐业史研究》，2014年第3期。
③ （清）徐松辑，刘琳等点校：《宋会要辑稿·食货二七》，上海古籍出版社，2014年，第6586-6587页。
④ （清）徐松辑，刘琳等点校：《宋会要辑稿·食货二七》，上海古籍出版社，2014年，第6591页。
⑤ （清）徐松辑，刘琳等点校：《宋会要辑稿·食货二八》，上海古籍出版社，2014年，第6633页。
⑥ 梁庚尧：《南宋的私盐》，《新史学》，2002年13卷2期。
⑦ （清）徐松辑，刘琳等点校：《宋会要辑稿·食货二七》，上海古籍出版社，2014年，第6581页。
⑧ 郭正忠：《宋盐管窥》，山西经济出版社，1990年，第318-331页。

场尤为严重，甚至加饶给卖仍收效甚微。① 浙东提盐司分析其原因为"以温盐水路由海道，陆路涉山岭，客人少肯请贩"②，温台二州"登山涉海，从来少有大商兴贩，兼与福建州军接连，多被越界私盐相侵。缘此两州盐场常有积剩，不惟坐放滷沥消折，兼发泄不行，致拖欠亭户本钱"③。浙江地区屡禁不绝的私盐物美价廉，致使质劣价高的官盐经常滞销，同样造成盐场拖欠亭户本钱浩瀚。④

其二，两浙提举茶盐司、盐场挪用盐本钱。盐丁谓："仓台给降本钱以一万缗计之，使司退三千缗为敖底盐钱，二千缗为官吏费，止有五千缗到场，移借侵用之余，散及亭户者无几。每斤必双秤，所请本钱莫偿澄滷买薪之费。"⑤ 据此可言，盐本钱经过提举茶盐司、盐场各色名义扣挪之后，发至盐户者极少。

其三，盐场官吏欺取盐本钱与上等盐户骗夺盐本钱。史籍载明盐场官吏会刻意掊克盐户，欺取其盐本钱，"盖场官但欲得钱、高价抑纳，虚销簿书。殊不知盐丁日贫，盐额日减"⑥，猾吏"先盐课之未有，先本钱之未支，预作亭户名目潜借盐仓本钱，名曰文凭"⑦。上等盐户在追求利益最大化过程中，也会有意识地损害中下等盐户的利益，"缘催煎地远，内有贫乏下户无力守等交秤，支请本钱。上等有力亭户一状有请数千贯者，下户有经年不得本钱"⑧。上等盐户还与盐官勾结骗夺下等盐户本钱，"上户掩夺本钱，起于场官……上户与盐官结扇，骗取小户本钱"⑨。

宋廷获悉盐户本钱被侵夺后，为维持食盐产销体系的正常运转，多次发布诏令劝阻侵害盐户利益的行为。"自皇祐以来，屡下诏书辄及之，命给亭户官本，皆以实钱；其售额外盐者，给粟帛必良"⑩，命提举司"将日前所欠亭户本钱

① （清）徐松辑，刘琳等点校：《宋会要辑稿·食货二七》，上海古籍出版社，2014年，第6587页。
② （宋）李心传著，胡坤点校：《建炎以来系年要录》，中华书局，2013年，第3726页。
③ （清）徐松辑，刘琳等点校：《宋会要辑稿·食货二八》，上海古籍出版社，2014年，第6605页。
④ （清）徐松辑，刘琳等点校：《宋会要辑稿·食货二七》，上海古籍出版社，2014年，第6581页。
⑤ （宋）戴埴：《鼠璞》，中华书局，1985年，第42页。
⑥ （宋）黄震著，张伟、何忠礼点校：《黄氏日抄》卷80《约束诸场折纳盐》，浙江大学出版社，2013年，第2244页。
⑦ （宋）黄震著，张伟、何忠礼点校：《黄氏日抄》卷80《浙江提举到任榜》，浙江大学出版社，2013年，第2241页。
⑧ （清）徐松辑，刘琳等点校：《宋会要辑稿·食货二七》，上海古籍出版社，2014年，第6590页。
⑨ （宋）黄震著，张伟、何忠礼点校：《黄氏日抄》卷80《浙江提举到任榜》，浙江大学出版社，2013年，第2240-2241页。
⑩ （元）脱脱等：《宋史》卷182《食货下四》，中华书局，1977年，第4435页。

尽数支还。自今收买到盐，即时给付元直，不得仰勒亏减"①，"令诸路提举司约束所部依时支给，不得减克"②。政和元年（1111），更是诏令浙江买盐监官"常切招诱存恤亭户，广行煎炼，赴官中卖，依限支钱，不可少有邀阻"③。鉴于诏令所起作用有限，宋廷始对违背朝旨官吏施以惩处，"命提举官躬亲前去逐场检察，严行约束，如见有未支本钱，仰当官点名，逐一尽数支还。若尚敢蹈习前弊，将当职官吏按劾以闻，人吏克减，并行决配。如违今赦降指挥，许盐亭户经尚书省越诉，当议重置典宪"④，"应亭户煎到盐，仰所属斤数收买，限三日支还价钱。如买不尽若支钱违限，并徒二年；因而乞取减克者，官勒停，吏配千里。亭户辄卖与私贩人，若买之者罪轻，徒二年，配千里。许人告，赏钱每名五百贯"⑤。不限于此，宋廷基于盐本钱缺乏之态，特命地方以多种途径筹措之，"如诸路盐本不足，可令提举盐事官将本路坊场、河渡及桩留积剩钱除存留本处支用外，并特许支拨充本"⑥。

值得注意的是，宋廷虽采取多种措施来保障盐户按时、依额获取应得本钱，但实际效果却非常有限，未能改变盐户得不到盐本钱的局面。其直接后果便是盐户同时受到盐场、州仓、盐商等多重盘剥，终年艰辛劳作却难敷温饱。黄震描述浙江诸场下户"鹑衣鹄形，流离饿莩者，满东西浙皆是"⑦。盐户生产生活困苦，"周而复始无休息，官租未了私租逼。驱妻逐子课工程，虽作人形俱菜色。鬻海之民何辛苦，安得母富子不贫"⑧。

在盐本钱不能尽的情形下，盐户为维持生计不得不采取各种形式进行抗争。一般来讲，盐户常用的规避方式是逃离盐场以摆脱官府的严酷剥削。盐户因积年不得盐本钱而逃亡，直接造成钱清盐场大量盐户逃亡，黄姚场更是

---

① （清）徐松辑，刘琳等点校：《宋会要辑稿·食货二八》，上海古籍出版社，2014年，第6633页。
② （清）徐松辑，刘琳等点校：《宋会要辑稿·食货二八》，上海古籍出版社，2014年，第6609页。
③ （清）徐松辑，刘琳等点校：《宋会要辑稿·食货二五》，上海古籍出版社，2014年，第6537页。
④ （清）徐松辑，刘琳等点校：《宋会要辑稿·食货二七》，上海古籍出版社，2014年，第6591页。
⑤ （清）徐松辑，刘琳等点校：《宋会要辑稿·食货二五》，上海古籍出版社，2014年，第6541页。
⑥ （清）徐松辑，刘琳等点校：《宋会要辑稿·食货二五》，上海古籍出版社，2014年，第6541页。
⑦ （宋）黄震著，张伟、何忠礼点校：《黄氏日抄》卷71《辞两浙盐事司季运使札状》，浙江大学出版社，2013年，第2111页。
⑧ （宋）柳永：《鬻海歌》，载（元）郭荐：大德《昌国州图志》，杭州出版社，2009年，第4777页。

无户可招。① 盐户被逼到绝境时，亦会采取极端方式。浙东提举黄震描述盐户谋生无望而奋起反抗之情形为"照得沿海亭民积年被官吏椎剥，并不曾有本钱到亭户之手，反日事鞭挞，倍数取盐，以此亭民不胜其苦，流亡大半。……今岁饿荒，无所谋食，官吏酷虐如故，于是萌等死之心，所在相挺为盗，杀伤死亡者十居二三，及官兵追捕逃窜与官司施行不存者又十居其二三"②。庆元府盐丁饥困挺乱，"亭户死于制司之捕斩，及死于编民之仇杀，及见行拘锁诸寨者已不下二百余人，其余赶逐坠水、颠踣道途、饥饿而死者又不可胜计，亦非小变矣"③。经过此番动乱，"诸场委是败坏残零，见存无几"④。为恢复盐场正常生产，浙东提举司"首行招集，继即抚谕，令其亲到本司，当面散还旧欠本钱六十一万三千五百五十八贯二百五十文十八界官会，方得亭户渐次回家，虽人丁稀少，顿非前比，而流离归复，渐成生聚"⑤。

盐民何以铤而走险以暴力表达其诉求，斯科特的"生存伦理"能够作出很好的诠释。在严酷而强大的生存压力面前，农民无暇顾及发展或利益最大化。其价值取向"一切以生存为中心"，一旦出现生存无以为继的状况，他们便奋起反抗，以此让统治者关注其生存困境，并采取措施保障其生存安全。⑥ 浙江盐业组织的酷虐盘剥，将盐民推向绝境，盐户不得不诉诸武力以抗之。盐民以极端手段表达其利益诉求，意在迫使朝廷调整相关政策达到多方共赢。然而出乎其意料的是，面对奋起反抗的盐民，宋廷采取了更为严厉的镇压手段。

（二）盐货的交纳与侵夺

在宋代食盐专卖制度下，盐户煎炼的盐货需按宋廷所规课额交纳于盐场，

---

① （宋）黄震著，张伟、何忠礼点校：《黄氏日抄》卷71《赴两浙盐事司禀议状》，卷77《浙江提举团结申省照会状》《浙江提举申乞免场官责罚状》，浙江大学出版社，2013年，第2109、2185-2188页。

② （宋）黄震著，张伟、何忠礼点校：《黄氏日抄》卷77《浙江提举之申省宽盐课状》，浙江大学出版社，2013年，第2185-2186页。

③ （宋）黄震著，张伟、何忠礼点校：《黄氏日抄》卷77《浙江提举之申已断亭户徐二百九等》，浙江大学出版社，2013年，第2187页。

④ （宋）黄震著，张伟、何忠礼点校：《黄氏日抄》卷77《浙江提举之申省宽盐课状》，浙江大学出版社，2013年，第2186页。

⑤ （宋）黄震著，张伟、何忠礼点校：《黄氏日抄》卷77《浙江提举之团结申省照会状》，浙江大学出版社，2013年，第2185页。

⑥ ［美］詹姆斯·C.斯科特著，程立显等译：《农民的道义经济学：东南亚的反叛与生存》，译林出版社，2001年，第8-36页。

剩余部分亦不得私与商人交易，而是以略高于正盐的价格售与盐场。<sup>①</sup> 这里所言宋廷所规课额指的是盐户用来偿还宋廷支付的盐本钱的那部分盐货，剩余的盐产则需要按官府规定的价格售卖给浙江盐场或州仓。

史籍记载，盐户交纳盐货成为浙江盐场、州仓官吏谋求私利、染指盐利的重要环节。浙江盐场、州仓凭借宋廷赋予的收取盐货之权而谋取盐利，主要途径有二。

一是要求盐户多纳盐货偿还盐本钱。盐户为获得盐本钱，往往需要多交纳数倍的盐货，"秤入官中得微值，一缗往往十缗偿"<sup>②</sup>。

二是浙江盐场为优润商旅而令盐户大搭盐斤。浙江初行官府搬运、销售的"官般官卖"制度，后该制弊端日显，官府强制配售食盐于民而引发民间骚怨。崇宁元年（1102），蔡京改革盐法，取消官榷之法，实行通商法，令商旅赴诸盐场请贩，再由商人售与民众。宋廷规定："盐场秤买亭户盐货，依法两平交秤，每袋以三百斤装角，发赴州仓，隔手秤制，从下编排堆垛，以《千字文》为号，从上支给，不得点拣。违者，杖一百；受赃以自盗论。如敢大搭斤重，买纳、支盐官吏并依私盐法。"<sup>③</sup>

虽然规定如此，但是浙江盐场为讨好商旅而"有大搭斤重之弊，上亏盐额，下损亭户"<sup>④</sup>。宋廷为此诏给浙东西路提盐官"仰日下印榜，严行约束，照条盐袋并以三百斤装打，不管分毫大搭。仍常督责觉察，切待朝廷于三务场官内不时互差前去仓场抽摘秤制。如有违戾，即将提举官及本属官吏申取朝廷指挥，重行责罚。若点检后再敢拆袋暗增斤重，许诸邑人陈告，得实，犯人依私盐法断罪追赏"<sup>⑤</sup>。然而盐场却"容纵公吏侵鱼亭户……违法重斤，以致亭户不愿纳官盐"<sup>⑥</sup>。其后宋廷复令提盐司"每季或半年委官点检，从本所邀申都省，将最多斤重一处官吏责罚，以警违戾"<sup>⑦</sup>。更有甚者，庆元府管下"诸场盐百袋附五袋，名

① （宋）李焘：《续资治通鉴长编》卷305《神宗》，中华书局，2004年，第7430页。
② （宋）柳永：《鬻海歌》，载（元）郭荐：大德《昌国州图志》，杭州出版社，2009年，第4777页。
③ （清）徐松辑，刘琳等点校：《宋会要辑稿·食货二七》，上海古籍出版社，2014年，第6587页。
④ （清）徐松辑，刘琳等点校：《宋会要辑稿·食货二八》，上海古籍出版社，2014年，第6628页。
⑤ （清）徐松辑，刘琳等点校：《宋会要辑稿·食货二八》，上海古籍出版社，2014年，第6628页。
⑥ （清）徐松辑，刘琳等点校：《宋会要辑稿·食货二七》，上海古籍出版社，2014年，第6587页。
⑦ （清）徐松辑，刘琳等点校：《宋会要辑稿·食货二八》，上海古籍出版社，2014年，第6628页。

'五厘盐'，未几，提举官以为正数，民困甚"，后主管浙东盐事子秀奏蠲之。①

鉴于浙江盐场搭带之弊难以消除，宋廷乃"将买纳支发分而为二，遂创置州仓"②。然而，州仓的设置非但未能达到清除关防搭带欺弊的目的，反而侵渔盐场，对此盐场又将增添的盐货转嫁于盐户，"一州有管盐场四处，各已立定多寡之额，分为甲乙丙丁四等，每遇客旅支盐，随其分数，谓之品搭支拨。后奸弊日滋，许令客人指场投请，支仓人吏因缘为奸，遂与客旅通同拣诸场盐袋斤两高者，方行投请。诸场之盐惮于停留，各欲发泄，至有添二十斤或三十斤在袋。遂至诸场暗失官盐，无从而补，唯于亭户处重秤浮盐"③。

再者，"买纳盐场发盐赴州仓纳盐日限，途中滞留，州仓盐专不即交纳，般稍人等扫袋偷窃，暗耗官盐斤数，或以沙泥夹杂充足，以致客人兴贩折阅，不愿请买"④，宋廷乃命浙东西提盐司"今后发盐须管计程立限，运赴盐仓即时交纳"⑤。有鉴于此，有官员为使盐户免遭盘剥销折之患、登涉道路之费，而请罢州仓，依旧在盐场支请，其奏为宋廷核准实行。⑥浙江诸州仓罢后，却产生"场分迂远，客人艰于般请，及诸场竞相增加斤数，轻重不等"诸问题。⑦其后不久，宋廷据浙东路提盐邵大受所请，于绍兴六年（1136）复置浙江诸州仓支盐。⑧

在这种情势下，盐户便要遭受盐场、州仓的双重盘剥。叶衡奏称："契勘在法，盐以三百斤为袋，今淮、浙路支盐仓与买纳场相为表里，务欲招诱客人，或受客人计嘱，往往多搭斤数，有增数千斤者，是致亭户词诉不绝"，宋廷乃"诏有司申严行下，淮、浙产盐路分皆依法打袋，不许擅加斤数。令诸州商税务遇客人般贩到淮、浙盐，经由须管依条检封抽称，仍委逐路提举司互行觉察"⑨。其后则改作"淮、浙盐场买纳亭户盐，盐官、公吏大秤斤重，罪轻者并徒一年，许亭户越诉。即将大秤到盐妄作亭户支请官盐钱入已，计赃，以自盗

① （元）脱脱等：《宋史》卷424《孙子秀传》，中华书局，1977年，第12663页。
② （清）徐松辑，刘琳等点校：《宋会要辑稿·食货二五》，上海古籍出版社，2014年，第6552页。
③ （清）徐松辑，刘琳等点校：《宋会要辑稿·食货二七》，上海古籍出版社，2014年，第6586页。
④ （清）徐松辑，刘琳等点校：《宋会要辑稿·食货二七》，上海古籍出版社，2014年，第6587页。
⑤ （清）徐松辑，刘琳等点校：《宋会要辑稿·食货二七》，上海古籍出版社，2014年，第6588页。
⑥ （清）徐松辑，刘琳等点校：《宋会要辑稿·食货二七》，上海古籍出版社，2014年，第6594页。
⑦ （清）徐松辑，刘琳等点校：《宋会要辑稿·食货二六》，上海古籍出版社，2014年，第6576页。
⑧ （清）徐松辑，刘琳等点校：《宋会要辑稿·食货二六》，上海古籍出版社，2014年，第6577页。
⑨ （清）徐松辑，刘琳等点校：《宋会要辑稿·食货二七》，上海古籍出版社，2014年，第6601页。

论。并许人告捕，赏钱二百贯文。提举官常切检察，知而不举，并监官知情，与同罪；不觉察者，各杖一百"①。然以实际效果观之，浙江盐场、州仓收买盐货"多是大秤斤重，少支价钱，却将宽剩盐数妄作亭户入中，支请官钱，分受入己"，宋廷也仅是"令提举司检坐元降指挥，行下禁戢"而已。②值得注意的是，宋廷偶有重惩之举。监明州昌国买纳盐场兼催煎张广仁"在任增秤亭户盐，于亭户单状内添写盐数，盗请官钱入己"，而被宋廷施以"贷命，追毁出身以来文字，除名勒停，决脊杖二十，刺面，配惠州牢城"③的处罚。

正是由于宋廷在制度设计上缺少对盐场、州仓官吏权力的有效约束，很容易使其擅权而为。一些盐官便利用这种制度上的漏洞任意弄权，"场官、监主自盗，起于泥盐；泥盐者，旧有鄙夫厕迹监扫掠着地之盐，掩为食利之私。其后流弊，遂于亭户所纳官盐，明收十分之二名曰泥盐。附打官袋分受本钱，其事已可骇。其后益弊，又将所收泥盐自行私卖。待散本钱，仍照旧例，再取十分之二名曰泥盐本钱。既以官盐盗卖，又将官钱盗取。进退无据，而展转皆利"，"近者又创倒灶之说，如亭户纳盐两限，则场官虚申三限。本钱一到，则拘收虚申之钱数"，"是亭户白纳盐，而人吏乃反白得钱"。④

导致上述情形出现的另一不容忽视的因素，乃是"诸处置场，差官太多，既有监仓官，又有买纳官，又有催煎官，又有管押袋盐官，又有支盐官，多是堂除权要子弟不曾铨试之人，及武臣有力者，不晓民事"，宋廷于是"委提举司相度减罢。或盐利浩大处，合与存留窠阙，止许吏部作选阙注经任人，仍不许差武臣"。⑤

浙江盐场、州仓持续虚增盐数，直接导致盐户日益困乏。史载："官司敷派亭户抑纳之盐数也。盖自贪官成习，风俗大变，柴薪工食之价十倍畴昔，折阅低减，名曰买盐之会，百陌不曾入手，编民或祖孙屡世不识官司，亭户无一日不受官司杖责，天下有生之类，未有苦于亭户者也。故逃亡已过大半，存者饿

① （清）徐松辑，刘琳等点校：《宋会要辑稿·食货二五》，上海古籍出版社，2014年，第6555页。
② （清）徐松辑，刘琳等点校：《宋会要辑稿·食货二八》，上海古籍出版社，2014年，第6630页。
③ （清）徐松辑，刘琳等点校：《宋会要辑稿·刑法六》，上海古籍出版社，2014年，第8551页。
④ （宋）黄震著，张伟、何忠礼点校：《黄氏日抄》卷80《浙江提举到任榜》，浙江大学出版社，2013年，第2242页。
⑤ （清）徐松辑，刘琳等点校：《宋会要辑稿·食货二七》，上海古籍出版社，2014年，第6588页。

困，为盗苦楚，而得日就亏少。"① 石堰西场甚至"以上岸山地水田，推排碱地盐袋"，结果是迫使盐户"卖上岸之产，以买纳虚增之盐。产业既尽，盐无可买。有如地名洋浦，杨大卿诸族衣巾蓝缕，日来泣告者，比比皆是"。②

整体来看，环环相扣的盐业管理体制，任一环节出现问题，都会导致盐业生产、运销上的紊乱。盐户在备薪、煎炼、交纳盐货等生产环节具有较强的分散性与自主性。宋廷并没有统一为盐户提供食盐生产所需资料，亦未能组织盐户进行生产，盐户以家庭形式单独完成食盐的生产。盐场仅将盐户登籍入册进行管理，并划定一定范围的卤地供其生产；盐户的上一层组织灶，亦没有安排盐民统一煎炼。基层的盐场、州仓官吏侵克、盗用，主管盐务的提举司、转运司或挪用或饱入私囊或用于应酬享乐或为博取善于理财的名声而将盐本钱当作羡余献纳朝廷或借给州郡以舒缓其财政困难。这种情形下的盐户在家庭组织形态下进行盐业生产，压力十分繁重，其结果便是直接导致盐户疲于应对。

纵观盐场、州仓与盐户之间的合作与博弈，唯有通力合作方可确保食盐生产、交纳、销售各环节有序进行，一旦某一方过度追求私利，便会破坏海盐制售秩序。盐场、州仓官吏为谋求私利，在盐本钱发放、盐户煎炼、收纳食盐、贩售盐货等环节大肆侵夺盐户利益，盐场与州仓之间亦有着博弈。博弈过程中，盐场、州仓处于绝对的优势地位，作为弱势群体的盐户则持续受到两者的剥削，盐民为求得生存不得不通过制贩私盐、逃亡、武力抗争等手段予以回击。据此而言，盐场、州仓与盐民之间的博弈，一直处于不均衡状态中。

## （三）盐场、州仓暗亏课息与盐户阴夺官利

北宋盐业收入已经成为国家财政的重要来源。南宋由于丢失大片国土而造成税源减少、战争多发而使军国用度大增，使得盐课收入成为其财政依赖所在。浙江地区海盐产量在两宋时期一直位居全国前列，为宋廷贡献着较大比重的盐课收入。钱端礼曰："浙东一路财用，惟盐司所入最为浩瀚。"③ 臣僚有言：

---

① （宋）黄震著，张伟、何忠礼点校：《黄氏日抄》卷77《浙江提举申乞免场官责罚状》，浙江大学出版社，2013年，第2188页。

② （宋）黄震著，张伟、何忠礼点校：《黄氏日抄》卷77《浙江提举申乞免场官责罚状》，浙江大学出版社，2013年，第2188页。

③ （清）徐松辑，刘琳等点校：《宋会要辑稿·食货二七》，上海古籍出版社，2014年，第6588页。

"朝廷大费，全藉茶盐之利"，"朝廷养兵之费，多仰盐课"，"军国大计仰于盐利"。① 对此，户部侍郎叶衡发出感叹："今日财赋之源，煮海之利实居其半。"②

　　在这种情势下，浙江成为宋代官吏俸禄、皇室支出、军事费用等主要承担者，故宋廷对其财赋攫夺尤重，盐利更是成为维持官僚集团正常运转的主要利源。但是与宋廷欲尽归盐利于中央政府的意图相违背的是，浙江盐课亏陷严重且演化为常态化现象。这在明、台、温三州所属盐场表现得尤为明显。明州"鸣鹤场盐课弗登，拨隶越州……明州盐场三，昨以施置不善，以鸣鹤一场隶越，客始辐辏。犹有二场积盐以百万计，未见功绪"③。台州各盐场在北宋时已出现盐课不足情况，南宋时则更为严重，"杜渎盐场每岁旧纳正盐二万一千八百石，续增明州寄买六千二百石，总计盐二万八千石。……崇宁元年以课额不足，胡提举申请汰盐军，减盐四千三百石，令亭户承认二万八千石，每一石五十斤，请钱八百文，省其耗盐八千四百石，不请官钱，总为三万六千四百石。……绍兴中因官吏希赏，申增二分，正盐五千六百石，耗盐一千六百石，通前颇总计四万三千六百八十石。自后终岁煎炼，穷日鞭笞，终不足以登其数"④。温州所属天富南北二监，"自大中祥符四年后，逐界积欠课盐甚多"⑤。究其原因，与盐场州、仓暗亏课息，盐户阴夺官利等紧密相关。

　　其一，盐场、州仓暗亏课息。浙江盐场、州仓的官吏贪污腐化问题十分严重，"诸场公然违法，省则外大搭斤重，暗亏课息"⑥。甚至有官吏非法侵入盐场盗取官盐，"监司、州县并巡尉下公人、兵级，非缘公、虽缘公而无所执印头引，并不得擅入亭场。如违，以违制论；因而骚扰，乞取盐货，计赃坐罪"⑦。

　　针对这种情况，宋廷增设州仓以绝盐场盐课亏损之弊，但事与愿违，反而造成盐场、州仓共亏课息的局面。兵部尚书卢益奏："诸州盐仓官吏、役夫无虑百余人，廪给之费，不知其几何也。出纳之际，上下邀阻，待贿而行。每一

---

① （清）徐松辑，刘琳等点校：《宋会要辑稿·食货二六》，上海古籍出版社，2014年，第6558-6560、6569页。
② （清）徐松辑，刘琳等点校：《宋会要辑稿·食货二七》，上海古籍出版社，2014年，第6596页。
③ （元）脱脱等：《宋史》卷182《食货下四》，中华书局，1977年，第4437页。
④ （宋）陈耆卿著，张全镇、吴茂云点校：嘉定《赤城志》，中国文史出版社，2008年，第61页。
⑤ （清）徐松辑，刘琳等点校：《宋会要辑稿·食货二三》，上海古籍出版社，2014年，第6505页。
⑥ （清）徐松辑，刘琳等点校：《宋会要辑稿·食货二七》，上海古籍出版社，2014年，第6581页。
⑦ （清）徐松辑，刘琳等点校：《宋会要辑稿·食货二六》，上海古籍出版社，2014年，第6569页。

仓数纲，一纲官吏与夫兵梢之费，又不知其几何也。沿路偷盗，罪赏至严，犹不能禁。盖利之所在，冒法贪得，虽死而不顾，亦小人之常情也。至于小发稽留，支请不继，客人积压资次，动至数月，值此之由。前日建议者谓就场支盐，多有搭带，故逐州置仓，以防私予之弊。窃恐其弊今在诸场，而又在诸仓也。"① 其后，"罢州仓，奸弊百出，盐课顿亏"②，导致置废州仓均无法杜绝盐课亏失。

由于缺乏完善的监督约束机制，致使某些官吏一心谋私。官盐在运输、储藏、配销之时，也会遭到相关人员的偷盗。宋廷诏制置发运司，"两浙装盐舟船合用铺衬荷叶、芦蕨等物，旧止令兵梢出备，以此之故，多有率掠，及别致侵盗官物。自今并从官给"③。具体承运者为纲梢，他们监守自盗，"盗卖官盐，反亏官袋运数"④。盐民将盐输入盐场之后，由官府负责搬运盐货，官府差雇民户艚般盐货入州仓，般盐船梢、脚子"常在路偷干，杂以伪滥"。⑤

盐场官吏失职不察，以职权而营私舞弊，以奸猾手段掠取盐户盐货。浙江运盐纲梢多向盐户收取盐货，一则由于支盐仓自纲稍收取官袋盐时，"用大筲、大杴可容三四斗者，白夺其盐。每一纲船到仓，闻用七五，袋盐狼藉"；二则"闻一船到岸，用靡费钱一百六十贯，专秤所取最多，监官以至门子轿番，皆有常例"，纲梢"若不多取亭户盐，沿路盗卖，钱从何来"。⑥ 其弊源自提举司，"不依时俵还水脚钱，及盐场、盐仓两处官吏皆有常例钱，本源不正，难以律下"⑦。纲梢、脚子、胥吏等偷盗官盐，有时是为了自利，有时也是为了应付管理额外需索或运输途中的生活问题而不得不然。⑧

州仓负责盐货收纳后，般运事项亦改由州仓负责，"自买纳般运入州仓，

---

① （清）徐松辑，刘琳等点校：《宋会要辑稿·食货二五》，上海古籍出版社，2014 年，第 6552 页。

② （清）徐松辑，刘琳等点校：《宋会要辑稿·食货二八》，上海古籍出版社，2014 年，第 6617 页。

③ （清）徐松辑，刘琳等点校：《宋会要辑稿·食货四六》，上海古籍出版社，2014 年，第 7037 页。

④ （宋）黄震著，张伟、何忠礼点校：《黄氏日抄》卷 80《禁约纲梢运盐积弊》，浙江大学出版社，2013 年，第 2249 页。

⑤ （清）徐松辑，刘琳等点校：《宋会要辑稿·食货二七》，上海古籍出版社，2014 年，第 6594 页。

⑥ （宋）黄震著，张伟、何忠礼点校：《黄氏日抄》卷 80《委官定秤》，浙江大学出版社，2013 年，第 2250 页。

⑦ （宋）黄震著，张伟、何忠礼点校：《黄氏日抄》卷 80《禁约纲梢运盐积弊》，浙江大学出版社，2013 年，第 2249 页。

⑧ 梁庚尧：《南宋的私盐》，《新史学》，2002 年 13 卷 2 期。

然后支与客人，所有般运一事，最为劳扰，仍更迁缓"①。户部尚书吕颐浩奏曰："创置州仓，及添差监官并押袋官，乃打造舟船，招置兵稍，费用不赀……兵稍沿路侵盗，复杂以伪滥之物拌和送纳，无由检察，为害不细。"②交秤环节更是为搬运舟人盗贩盐产提供了机会，"厫宇隘陋，不能容顿，诸场津般到买纳监，不得交秤，留船以待，于是舟人盗卖，杂以粪土"③。

鉴于浙江地方盐课亏损严重影响到国课收入，宋廷对亏损盐课知州、通判、盐官施以严惩。④宋廷下诏："诸路盐仓场监、买纳、催煎监官任满，如无亏额，提举司结罪保明，申务场所契勘，行下批书。亏额数多，候补足，方许离任。"⑤通过两浙提举盐事司的奏疏，确知该项措施落于实处，"本司今据逐州申到政和八年（1118）支盐仓支发过盐，比较递年增亏……台州、明州最亏。……明州知、通并盐仓官各降一官。又诏支盐仓监官……台州展二年磨勘。……明州知、通并支盐仓官更各罚铜十斤，管勾官展二年磨勘"⑥。在宋廷严惩课盐损失的背景下，浙东提举茶盐高敏言坐盐课亏陷而被放罢⑦，由于"明州盐仓发盐稀少，压占资次在仓，不得支请"⑧，明州催煎官刘靖民、洪莈、毛大椿、邵岳并放罢，知昌国县兼主管昌国县盐场官王存之、明州通判主管盐事官曾述各特降一官。与此对照的是，宋廷激励官员多增盐课，"岁额买盐比额有增一分已上者，与减半年磨勘；每一分加半年止"⑨，庆元府"守倅若措置增羡便给与旌赏"⑩。

其二，盐户阴夺官利。在催煎官、巡捕官的纵容下，盐户屡有私贩行为，"亭户盗卖伏火浮盐，催煎官坐视故纵，全不觉察"⑪，"每场必有巡检以为警察，并起盐之时，监董入监。为巡检者多不识字，悉由寨司，亭户每发私贩，

---

① （清）徐松辑，刘琳等点校：《宋会要辑稿·食货二五》，上海古籍出版社，2014年，第6552页。
② （清）徐松辑，刘琳等点校：《宋会要辑稿·食货二五》，上海古籍出版社，2014年，第6552页。
③ （清）徐松辑，刘琳等点校：《宋会要辑稿·食货二七》，上海古籍出版社，2014年，第6581页。
④ （清）徐松辑，刘琳等点校：《宋会要辑稿·职官七一》，上海古籍出版社，2014年，第4953页。
⑤ （清）徐松辑，刘琳等点校：《宋会要辑稿·食货二八》，上海古籍出版社，2014年，第6629页。
⑥ （清）徐松辑，刘琳等点校：《宋会要辑稿·食货二五》，上海古籍出版社，2014年，第6540页。
⑦ （清）徐松辑，刘琳等点校：《宋会要辑稿·职官七一》，上海古籍出版社，2014年，第4953页。
⑧ （清）徐松辑，刘琳等点校：《宋会要辑稿·食货二七》，上海古籍出版社，2014年，第6590页。
⑨ （清）徐松辑，刘琳等点校：《宋会要辑稿·食货二五》，上海古籍出版社，2014年，第6537页。
⑩ （清）徐松辑，刘琳等点校：《宋会要辑稿·职官四三》，上海古籍出版社，2014年，第4133页。
⑪ （清）徐松辑，刘琳等点校：《宋会要辑稿·食货二六》，上海古籍出版社，2014年，第6574页。

反为外护，万一他处败获，则多持贿赂，计会入名，谓之同获，递互相庇，不以为怪"①。户部侍郎叶衡比较了淮东与二浙的盐货，"二浙额盐共一百九十七万余石，去年两务场卖浙盐二十万二千余袋，总收钱五百一万二千余贯，而二浙盐灶乃许二千四百余所。以盐额论之，淮东之数多于二浙五之一；以去岁卖盐所得钱数论之，淮东多于二浙三之二；及以灶之多寡论之，二浙反多于淮东四之三。盖二浙无非私贩也，二浙私盐侵损国家利入几十之六七"②。叶衡又言："窃惟今日财赋之源，煮海之利实居其半，然年来课入不增，商贾不行者，皆私贩有以害之也。"③

官盐价高而质劣，导致民众更愿意购买价廉质优的私盐，这直接造成盐课亏失严重。史载，"杭、秀、温、台、明五州共领监六、场十有四，然盐价苦高，私贩者众，转为盗贼，课额大失"④，"官估复高，故百姓利食私盐，而并海民以鱼盐为业，用工省而得利厚。由是不逞无赖盗贩者众"⑤。两浙转运使沈立、李肃之奏："本路盐课缗钱岁七十九万，嘉祐三年，才及五十三万，而一岁之内，私贩坐罪者三千九十九人，弊在于官盐估高，故私贩不止，而官课益亏。"⑥

盐户为获私利不会尽数将所产盐货交纳于盐场。尚书省言："访闻亭户规利，尚将所煎盐货私与百姓及罪人等交易，结众盗贩入城货卖，理当严行禁止。"⑦有些盐户恶意拖欠盐额，"亭户其间有顽猾不务工业之人，常是拖欠盐额，及有借过官钱，辄便逃移往别处盐额增羡场分亭灶，改易姓名，作新投亭户"。针对这一问题，宋廷规定："今后煎盐亭户及备丁小火如抛离本灶，逃移往别处盐场煎盐之人……依亭户投军法断罪，仍押归本灶，承认元额，煎趁盐课。"⑧

上等盐户亦以多种方式攘取盐课，"于合买正数衮同克折，不复分额之内外，至有物业高强，而本户所煎之盐，乃与下户不相上下。比年更有他县等第将逃亡亭户代名入甲，规避税役，尤为深害，下户之利既被侵夺，国有课入又

① （清）徐松辑，刘琳等点校：《宋会要辑稿·食货二七》，上海古籍出版社，2014年，第6586页。
② （清）徐松辑，刘琳等点校：《宋会要辑稿·食货二七》，上海古籍出版社，2014年，第6597页。
③ （清）徐松辑，刘琳等点校：《宋会要辑稿·食货二七》，上海古籍出版社，2014年，第6596页。
④ （元）脱脱等：《宋史》卷182《食货下四》，中华书局，1977年，第4436页。
⑤ （元）脱脱等：《宋史》卷182《食货下四》，中华书局，1977年，第4441页。
⑥ （元）脱脱等：《宋史》卷182《食货下四》，中华书局，1977年，第4435页。
⑦ （清）徐松辑，刘琳等点校：《宋会要辑稿·食货二六》，上海古籍出版社，2014年，第6559页。
⑧ （清）徐松辑，刘琳等点校：《宋会要辑稿·食货二六》，上海古籍出版社，2014年，第6563-6564页。

为攘取"①。张子颜等认为："势家豪民分析版籍以自托于下户，是不可不抑。……盐亭户，以其尝趁官课，难令再敷……民不堪命，于是规避之心生，而诡户之患起"，于是诏绍兴府盐亭户见敷和买物力核实取旨。②浙江一带上等盐户，热衷于收留"逃亡亭户"并"代名入甲"，导致"下户之利既被侵夺，国有课入又为攘取"。③

值得注意的是，还有两方面原因易造成课额亏欠。

一是浙江诸场官盐销售不时。缘于客贩浙江盐而般运脚费颇多，所得利薄，④致使盐场累存盐货，且加饶亦不能解决发卖不时问题，"温州诸场有管积盐，虽立限半年，加饶给卖，今限满，发泄未至通快"⑤。

浙东提盐司申禀宋廷施以减并盐灶、裁减盐额的措施以求缓解积盐难销的问题。具体裁并情形为："台州三场，元额买正耗盐一十四万四千三百一十三石，今斟量裁减，欲买正耗盐九万石。其灶眼亦须减并：黄岩场一百四灶，所煎额正耗盐六万四千六百五十四石，今减并七十四灶，每年煎纳正耗盐三万五千石；杜渎场五十四灶，煎纳正耗盐四万三千六百八十石，今减作三十五灶，每年煎纳正耗盐三万五千石；长亭场六十三灶，煎纳正耗盐三万五千九百七十八石，今减并作五十灶，每年煎纳三万石。温州五场，元额买正耗盐一十九万四千三百七十九石，今斟量裁减，欲买正耗盐一十三万八千六十九石。其灶眼亦合减并：天富南监五十八灶，煎纳正耗盐七万九千二百八十七石，今减并作四十灶，每年煎纳正耗盐五万二千八百石；天富北监六十三灶，煎纳正耗盐四万二千一百六十九石，今减并作四十二灶，每年煎纳正耗盐二万八千六十七石；永嘉场三十九灶，煎纳正耗盐二万六千九百五十一石，今减并作三十四灶，每年煎纳正耗盐二万六千六百石；长林场二十一灶，煎纳正耗盐二万一千七百六十三石，今减并作一十四灶，每年煎纳正耗盐一万四千四百七十石；双穗场一十九灶，煎纳正耗盐二万四千二百六石，今减并作一十三灶，每年煎纳正耗盐一万六千一百三十二

---

① （清）徐松辑，刘琳等点校：《宋会要辑稿·食货二七》，上海古籍出版社，2014年，第6586页。
② （元）脱脱等：《宋史》卷175《食货上三》，中华书局，1977年，第4239—4240页。
③ （清）徐松辑，刘琳等点校：《宋会要辑稿·食货二七》，上海古籍出版社，2014年，第6586页。
④ （清）徐松辑，刘琳等点校：《宋会要辑稿·食货二七》，上海古籍出版社，2014年，第6584页。
⑤ （清）徐松辑，刘琳等点校：《宋会要辑稿·食货二七》，上海古籍出版社，2014年，第6587页。

石。"① 温、台两州减并数量，约为原数的三分之一，其幅度不可谓不大。即便如此，仍未能解决官盐滞销这一难题。

二是旱灾等对盐户煎盐活动带来破坏性影响，甚至导致盐场衰败。绍定《澉水志》详细记载了海盐县澉浦镇盐场因旱灾而致破败、盐官催煎难处所在、新任盐官重整盐场恢复生产的全过程。淳祐五年（1245），岁大歉，澉浦镇盐场"亭民相胥肉自捄，九灶不烟，幸活无几。宿奸陆梁，倒持莲勺，撞搪傲睨来者，当署涉笔嚛不敢问。催煎之职，至是难为也"。催煎厉梦龙到任后，见盐场"庭空皂走，案卷尘芜，野废盘舍，鹾火爝熄"，不尤感叹"旱魃肆虐，饥馑荐臻，则盐不可催；衔勒宽纵，期会玩愒，则盐不可催；赂门乘机，洗手未口，则盐不可催。倚海筑场，刮壤聚土，暴咸钓卤，漏窍沥卤，三日功成。骤雨至则前功又废，催煎之职，重难如此"。厉梦龙乃"清苦检饬，奉公竭廉，戴月披星，锄狐狡蠹，尽心力而为之。复盐灶一所，复盐丁四十余户，复盐额一万六千八十七石有奇，一年而盐场之课额羡"。②

盐课收入是宋代重要的财政来源，颇为宋廷所重，故其通过制度设计、严惩不力官吏与私盐贩、奖励增羡盐课官吏等措施，欲使盐课收入尽数纳于朝廷。但在实际运作之中，盐场、州仓等官吏却在食盐生产、运销等过程中，以多种形式盗取官盐。由于缺乏制度性约束机制，导致盐场、州仓官吏肆意侵夺盐课而不能禁。盐户为了生存、谋取更大利益也以多种方式阴夺官利，借此分割盐利。盐场、州仓官吏贪黩，能够肆无忌惮地侵夺盐户实利，而以盐户为代表的社会力量处于弱势，对盐场、州仓官吏缺乏有效约束，终致其权益无法得到有效的保障。官盐质低价高更是导致私盐盛行不绝，宋廷深知私盐对盐课收入之害，屡欲屏禁私贩却终所不能。

宋代浙江食盐产运销场域持续存在着围绕盐利展开的合作、博弈与竞争，据此构成了互动关系复杂多元的历史图景。盐课收入是宋王朝重要的财政收入来源，直接关系到国家的正常运转。因此之故，宋代对食盐实行专卖制度，将食盐产运销置于官府垄断与控制之下，一直不断强化对食盐产运销各环节的监控，以此获取巨额盐课收入。在宋代食盐产运销顶层设计中，宋廷欲垄断盐利

① （清）徐松辑，刘琳等点校：《宋会要辑稿·食货二八》，上海古籍出版社，2014年，第6605页。
② （宋）常棠：绍定《澉水志》，杭州出版社，2009年，第6271页。

而将盐课收入尽数归于国家。为此，宋廷通过设置盐场、州仓等盐务机构，确保食盐产运销体系的正常运行，杜绝相关官吏染指盐利。不仅如此，宋廷以灶甲制、巡检寨、钤束火候等方式全程监控盐户食盐煎炼活动，以此来保证盐产全部上交国家，并支付盐本钱维持盐户最低限度的生产生活所需。

实际运行中，整个食盐产运销体系未能按照宋廷设想有序运转。具体表现为：负责食盐管理的盐场、州仓凭借宋廷赋予的职权衍生出染指盐利的多种多样的活动；二是盐户在盐场、州仓管理下从事食盐煎炼活动，却在盐务机构多重盘剥、追逐私利等因素驱使下从事私盐制贩活动，不断分取盐利；三是担负运售的贩夫、商人依据便利条件为己获取盐利。据此可言，宋廷食盐专卖制度设计与实际运行之间存在着巨大的背离，盐利已然变成利益相关方角逐的对象，各方以多种方式追逐盐利，进而构筑起形态各异、多元且复杂的利益关系。

宋代食盐专卖制度在具体执行中，盐务官吏和相关地方官吏根据所属地区实情灵活落实，表现出较为明显的地域差异，同时具有鲜明的时代特征。因此，宋代食盐产运销体系中进行着频繁的互动、博弈和竞争，形成的多元互动关系既有着共性，又存在较大的差异性。

纵览宋代以后的盐业发展史，宋代诸产盐地区所具有的上述现象，并未随着朝代的更迭而戛然而止，而是呈愈演愈烈之势。降至明清时期，朝廷、盐场、盐户之间关于盐利的合作、博弈与竞争更趋复杂，表现为盐场与盐户之间的合作与博弈形成更多新样态，盐场侵夺盐户利益的形式更具多样化，侵损程度也更为严重，与此相映照的则是盐户抗争方式更具多元化。

## 二、浙江地区私盐制贩与国家治理模式的演变

私盐贩鬻系指在国家食盐专卖制度下，有关人员违反朝廷相关禁令从事食盐生产、运输、销售的活动。食盐私煎私贩自唐代中叶成为一个社会问题后，随着时间的推移，呈现出愈演愈烈的发展态势。两宋时期更是达到古代中国私盐贩易的高峰，其时私盐贩构成复杂、人数颇众，制鬻私盐活动规模壮观并遍及整个宋境，时间自北宋初持续至南宋末。[①] 作为宋代海盐重要产区的浙江地区，每年为朝廷提供巨额的盐利收入。因此之故，宋廷对浙江地区盐业实施垄

---

① 参见史继刚：《浅谈宋代私盐盛行的原因及其影响》，《西南师范大学学报》，1989 年第 3 期。

断性经营，对食盐产运销诸环节的控制亦是十分严格。然而，浙江地区私盐制贩活动却颇为活跃，遍及食盐煎炼、储运、贩易诸环节，成为全国私盐制贩活动极为猖獗的地区，国家财政收入因此受到较为严重的侵损。在此拟以"在地化"视角阐释浙江地区盐户、濒海细民、不法盐商制贩私盐活动，并以国家治理维度考察中央政府、浙江地方官府因应私盐的举措与困境。

### （一）浙江地区盐务苛政与盐户生计

在宋代食盐专卖制度设计下，浙江诸盐场是基层盐业管理机构，其职责一是向盐户发放盐本钱，二是收纳盐户煎炼的盐货。实际上，盐场不但未能完全依照朝廷的制度设计运行，甚至成为国家食盐专卖制度的破坏者。这主要表现在两个方面：一是盐场不依时、不依额发放盐本钱；二是盐场凭借朝廷赋予的权力肆意并持久地侵夺亭户盐货。随着时间的推移，浙江盐场上述所作所为发展成为浙江盐务苛政。

#### 1. 盐本钱被苛扣

盐本钱是国家用于收购盐户盐产的买盐本钱。由于盐场所处的沿海滩涂为贫瘠的盐碱地，基本不产粮食，盐户只能以官府发给的盐本钱为生产成本和生活依靠。[①] 依照朝廷的规定，盐场负责向盐户发放盐本钱，[②] 且每年分两次支与盐户，"祖宗旧法，支盐本钱分上下次。先以上次五分发下催煎场，呼名支散，贫户下户均沾本柄，下次五分留买纳场，候发盐到，秤见实数，却行贴支"[③]。虽然朝廷如此规定，但盐场并未完全予以遵守。翻检文献可知，参知政事王随最早于明道二年（1033）提到盐场拖欠盐户本钱之事，"亭户输盐，应得本钱或无以给"[④]。此后盐场拖欠盐户本钱事例呈现增多趋势，且越来越严重。朝廷虽明文规定盐户所产之盐"到场秤盘既毕，即时支还本钱"，实际情况却是"近来钱在支仓，百端艰阻，隐匿窠名，桩留在库，却与民户径经上司指定名色，擅行借贷以万计，是致下户有盐在官，积欠盐本钱不可胜数"[⑤]。

① 陈彩云：《元代私盐整治与帝国漕粮海运体制的终结》，《清华大学学报》，2018 年第 4 期。

② 李心传著，徐规点校：《建炎以来朝野杂记》甲集卷 14《总论国朝盐笑》，中华书局，2000 年，第 295 页。

③ （清）徐松辑，刘琳等点校：《宋会要辑稿·食货二七》，上海古籍出版社，2014 年，第 6590 页。

④ （宋）李焘：《续资治通鉴长编》卷 113《仁宗》，中华书局，2004 年，第 2655 页。

⑤ （清）徐松辑，刘琳等点校：《宋会要辑稿·食货二七》，上海古籍出版社，2014 年，第 6586-6587 页。

　　值得注意的是，文献关于北宋时期盐场克扣盐民本钱的记载较少，进入南宋以后逐渐增多，不仅日益普遍，而且数额也颇巨。[①]不仅如此，南宋时期出现了新的现象，即主管浙东诸盐场的浙东提举司开始侵占盐户本钱。乾道元年（1165），朝廷拨支浙东地区盐户的盐本钱，"访闻多是提举司并本州主管司当行人吏通行邀阻，不与依时支给，或容干请计会，方行支付，分数减克。其逐场率多科扰，及衷私将盐本钱以公使为名，妄有支费"[②]。浙东提举司此举无疑加重了盐务机构侵害盐户利益的情势，受此影响，盐场克扣盐户本钱事态日趋严重，盐户生产生活环境更为恶劣。然而，盐户所遭剥削尚不限于此，朝廷于庆元府创置的茶盐分司，"为分司者皆是小官，赫然自振监司之体，吏卒数百，牌匣专人，纷然四处，亭户田庐剥卖既尽，无以应其诛求，则又预将盐仓所管亭户将来合得本钱先自私借分擘，名曰文凭钱"[③]。此后盐场不仅改变支付盐本钱时间，而且刻意降低支偿盐户本钱额度，盐户纳盐多而所得本钱则少，"向来亭户先请本钱而后纳盐，其后则先纳盐而后请钱。今买纳到盐出卖获利，称息数倍，乃犹占恡，不肯给还元价。纵或支偿，十未一二，几于白纳而已"[④]。

　　至南宋末年，浙东提举司及所属诸盐场移借盐本钱之势几无以复加。盐丁详述盐本钱克扣之情形为"仓台给降本钱以一万缗计之，使司退三千缗为敖底盐钱，二千缗为官吏费，止有五千缗到场，移借侵用之余，散及亭户者无几。每斤必双秤，所请本钱莫偿澄潊买薪之费"[⑤]。目前所及，文献未载明浙江盐场拖欠盐户本钱总数额，或某一盐户被欠盐本钱数量。但史籍所载浙东提举黄震招集部分逃亡盐民而"当面散还旧欠本钱六十一万三千五百五十八贯二百五十文十八界官会"[⑥]，亦可窥其一端。

　　除浙江盐场官吏肆意拖扣盐户本钱外，浙江诸盐场不能按时售出盐货是盐户无法尽得盐本钱的另一重要原因。浙江盐场盐本钱来源有二：一是朝廷预留

① 史继刚：《宋代官府食盐购纳体制及其对盐民利益的侵害》，《盐业史研究》，2014年第3期。
② （清）徐松辑，刘琳等点校：《宋会要辑稿·食货二七》，上海古籍出版社，2014年，第6591页。
③ （宋）黄震著，张伟、何忠礼点校：《黄氏日抄》卷77《浙江提举之申免茶盐分司状》，浙江大学出版社，2013年，第2186页。
④ （清）徐松辑，刘琳等点校：《宋会要辑稿·食货二八》，上海古籍出版社，2014年，第6633页。
⑤ （宋）戴埴：《鼠璞》，中华书局，1985年，第42页。
⑥ （宋）黄震著，张伟、何忠礼点校：《黄氏日抄》卷77《浙江提举之团结申省照会状》，浙江大学出版社，2013年，第2185页。

官钱，二是盐场售盐收入。朝廷虽预留部分官钱作为盐户本钱，但盐货所得乃是盐本钱主要的依赖之源，"买纳亭户盐本，系支盐仓收到客纳、揽留等钱"①。浙江官盐滞销现象较为严重，"温州诸场有管积盐，虽立限半年，加饶给卖，今限满，发泄未至通快，乞再展限"，"温、台州买纳正耗盐数，逐年支发比较皆不及三分之一"。②浙东提举司归咎官盐滞销的原因乃是交通不便而客人不愿前来请贩，"温盐水路由海道，陆路涉山岭，客人少肯请贩故也"③，"缘二州登山涉海，从来少有大商兴贩"④。另需注意的是，浙江本区物美价廉的私盐是导致质劣价高官盐经常滞销的重要原因，"缘私盐盛行，侵夺客贩，致积压官盐支发不行，因致拖欠亭户本钱浩瀚"⑤。此外，浙江又与"福建州军接连，多被越界私盐相侵"⑥。上述诸因素共同导致浙江官盐难以尽数售出，从而导致盐场拖欠盐户本钱。可以说，由于盐场经常存在官盐无法按时全部出售的情况，导致盐本钱来源具有极强的不稳定性，无法依时依额向盐户发放盐本钱便成为常态。

浙江诸场盐民还要遭受盐场官吏、上等盐户的刻意盘剥。盐场官吏欺取或以折纳之名多取盐户本钱事例较多，如"盖场官但欲得钱，高价抑纳，虚销簿书。殊不知盐丁日贫，盐额日减"，场官"创为倒灶之说，如亭户纳盐两限，则场官虚申三限，本钱一到，则拘收虚申之钱数"，盐场官吏"先盐课之未有，先本钱之未支，预作亭户名目潜借盐仓本钱，名曰文凭钱，计置上司，或作宅库应支，反称亭户先欠我钱，本钱未到，已皆兜收"，"诸场统催、都催、都长等掩取众户本钱"⑦。不唯如此，官吏对于盐户本钱，"不独欺取于既散之后，又且搂借于未散之先"⑧。盐场官吏的诛求，导致"商人罕至，重以侵渔，而本钱日

① （清）徐松辑，刘琳等点校：《宋会要辑稿·食货二七》，上海古籍出版社，2014年，第6581页。
② （清）徐松辑，刘琳等点校：《宋会要辑稿·食货二七、二八》，上海古籍出版社，2014年，第6587页、第6605页。
③ （宋）李心传著，胡坤点校：《建炎以来系年要录》，中华书局，2013年，第3726页。
④ （清）徐松辑，刘琳等点校：《宋会要辑稿·食货二八》，上海古籍出版社，2014年，第6605页。
⑤ （清）徐松辑，刘琳等点校：《宋会要辑稿·食货二七》，上海古籍出版社，2014年，第6581页。
⑥ （清）徐松辑，刘琳等点校：《宋会要辑稿·食货二八》，上海古籍出版社，2014年，第6605页。
⑦ （宋）黄震著，张伟、何忠礼点校：《黄氏日抄》卷80《浙江提举到任榜》、《约束诸场折纳盐》、《差场脚走递文字》，浙江大学出版社，2013年，第2241-2249页。
⑧ （宋）黄震著，张伟、何忠礼点校：《黄氏日抄》卷80《戒谕仓库欺弊》，浙江大学出版社，2013年，第2246页。

微"①。可见，盐场官员的逐利行为导致盐商罕至，其结果更是使得盐场官吏加倍侵夺盐户本钱，导致盐户所获本钱越来越少。

上等盐户在追求自身利益最大化过程中，会有意识地侵损中下等盐户的利益，普遍做法是冒领后者的盐本钱。旧例中，下等盐户由上等盐民发放本钱，这为上等盐户侵占中下等盐户本钱提供了可乘之机。史载："缘催煎地远，内有贫乏下户无力守等交秤，支请本钱。上等有力亭户一状有请数千贯者，下户有经年不得本钱。"②更有甚者，部分上等盐户与盐官勾结一处骗夺下等盐户本钱，"上户掩夺本钱，起于场官……上户与监官结扇，骗取小户本钱"，一些上等盐户"不自煎盐，反以都长统催为名，夺取小户勤身苦体卖肉所得之钱"。③对盐场官吏、上等盐户欺剥盐民本钱的行径，时人明确指出浙东提举司"人吏诸色之欺取为该弊端之本源，而场官、上等盐户之掩取皆弊之末流"④。

上等盐户欺侵中下等盐户的方式有兼并或侵占制盐资料、隐漏并转嫁盐课负担、掠取和侵夺盐本钱、将自煎民役为雇工等。⑤越州钱清盐场原有独立盐户九十余家，受上等盐户和豪民侵夺后仅余38户，其余盐户因失去卤地柴田而逃散或沦为盐工。⑥官灶也成为上等盐户营私取利的工具，"更不钤束火候，容令亭户占据盘灶，不问次序，以致贫下之人积柴在场，不得煎煮"⑦。上等盐户获得盐官督促盐户完成或超额完成煎盐之权后，更是百般盘剥下等盐户，与"监官结扇，骗取小户本钱"⑧，"甲头权制亭灶，兜请本钱，咨行刻剥"⑨，甚至"买盐不以本钱，惟事抑纳"⑩。

---

① （宋）袁燮：《絜斋集》卷9《四明支盐仓厅壁记》，台湾商务印书馆，1986年，第116页。
② （清）徐松辑，刘琳等点校：《宋会要辑稿·食货二七》，上海古籍出版社，2014年，第6590页。
③ （宋）黄震著，张伟、何忠礼点校：《黄氏日抄》卷80《浙江提举到任榜》，浙江大学出版社，2013年，第2240-2241页。
④ （宋）黄震著，张伟、何忠礼点校：《黄氏日抄》卷80《浙江提举到任榜》，浙江大学出版社，2013年，第2242页。
⑤ 郭正忠：《宋代盐业经济史》，人民出版社，1990年，第154页。
⑥ （宋）楼钥：《攻媿集》卷58《钱清盐场厅壁记》，商务印书馆，1935年，第795页。
⑦ （清）徐松辑，刘琳等点校：《宋会要辑稿·食货二七》，上海古籍出版社，2014年，第6586页。
⑧ 黄震著，张伟、何忠礼点校：《黄氏日抄》卷80《浙东提举到任榜》，浙江大学出版社，2013年，第2241页。
⑨ （宋）李心传著，徐规点校：《建炎以来朝野杂记》卷14《淮浙盐》，中华书局，2000年，第296页。
⑩ 黄震著，张伟、何忠礼点校：《黄氏日抄》71《提举司差散本钱申乞省罢华亭分司状》，浙江大学出版社，2013年，第2092页。

　　盐场的上述所为亦为朝廷知悉，故屡下诏书令盐场依时依额支给盐户本钱，并制定严格法令约束地方官员玩忽职守的行为。针对亭户困乏尤甚的情形，自皇祐元年（1049）起，宋廷"屡下诏书辄及之，命给亭户官本，皆以实钱；其售额外盐者，给粟帛必良；亭户逋岁课久不能输者，悉蠲之。所以存恤之意甚厚，而有司罕有承顺焉"[①]，后令淮浙买盐监官"常切招诱存恤亭户，广行煎炼，赴官中卖，依限支钱，不可少有邀阻"[②]，"应亭户煎到盐，仰所属斤数收买，限三日支还价钱。如买不尽若支钱违限，并徒二年；因而乞取减克者，官勒停，吏配千里"[③]，"将日前所欠亭户本钱尽数支还。自今收买到盐，即时给付元直，不得仰勒亏减。如更不许，许亭户越诉"[④]。实际上，朝廷所规并没有被浙江盐场诸官吏有效执行。

　　这种情形下，朝廷只能要求其上级管理机构浙东提举司严加约束所属盐场官吏，并令提举官亲临诸场查验盐本钱发放情形，对违反者施以不同的惩处，且允许盐户越诉告发。朝廷相关诏令有："令诸路提举司约束所部依时支给，不得减克。如有违戾，许亭户越诉"[⑤]，"命提举官躬亲前去逐场检察，严行约束，如见有未支本钱，仰当官点名，逐一尽数支还。若尚敢蹈习前弊，将当职官吏按劾以闻，人吏克减，并行决配。如违今赦降指挥，许盐亭户经尚书省越诉，当议重置典宪"[⑥]。据文献记载可知，浙东提举司对盐场官吏欺取本钱等行为的确有过约束。[⑦]然而，以诸盐场恶意拖欠克减盐户本钱呈现愈来愈重的发展态势观之，浙东提举司约束之法并未奏效。朝廷虽累令民户越级陈告所遇，然越诉被受理后，送回越诉者所在县衙处理的可能性相当高。[⑧]更应注意的是，屡现于南宋时期的越诉之事在吏治腐败、官官相护、官吏为奸的官僚政治之下，难以保障上诉人的权益。[⑨]伴随着南宋中晚期盐务组织由上而下的腐化，原已

①　（元）脱脱等：《宋史》卷182《食货下四》，中华书局，1977年，第4435-4436页。
②　（清）徐松辑，刘琳等点校：《宋会要辑稿·食货二五》，上海古籍出版社，2014年，第6537页。
③　（清）徐松辑，刘琳等点校：《宋会要辑稿·食货二五》，上海古籍出版社，2014年，第6541页。
④　（清）徐松辑，刘琳等点校：《宋会要辑稿·食货二八》，上海古籍出版社，2014年，第6633页。
⑤　（清）徐松辑，刘琳等点校：《宋会要辑稿·食货二八》，上海古籍出版社，2014年，第6609页。
⑥　（清）徐松辑，刘琳等点校：《宋会要辑稿·食货二七》，上海古籍出版社，2014年，第6591页。
⑦　（宋）黄震著，张伟、何忠礼点校：《黄氏日抄》卷80《约束诸场折纳盐》，浙江大学出版社，2013年，第2244页。
⑧　刘馨珺：《明镜高悬：南宋县衙的狱讼》，北京大学出版社，2007年，第44页。
⑨　郭东旭：《宋代法制研究》，河北大学出版社，2000年，第607页。

存在的种种弊端更是变本加厉，盐户更是经常取不到应有的盐本钱。[①] 正因朝廷只是以政令形式严令盐场及时及额发放盐本钱，并要求浙东堤举约束不依时依额发放行为，却没有相应的制度性保障举措，致使盐户不能按时及额获得本钱的局面未能发生根本性改变。于是，盐户应得本钱遭到相关官吏掊剥之余，所获无几。

2. 盐货被侵夺

浙江初行官府搬运、销售的"官般官卖"制度，但该制弊端渐显并引发民间骚怨。因此之故，蔡京进行盐法改革，取消官榷之法而实行通商法，令商旅赴诸盐场请贩，由商人将食盐售与民众。朝廷条法规定："盐场秤买亭户盐货，依法两平交秤，每袋以三百斤装角，发赴州仓，隔手秤制，从下编排堆垛，以《千字文》为号，从上支给，不得点拣。违者，杖一百；受赃以自盗论。如敢大搭斤重，买纳、支盐官吏并依私盐法"。[②] 实际运行中，盐场为招徕商人"有大搭斤重之弊，上亏盐额，下损亭户"，朝廷为此诏给浙东提举官"仰日下印榜，严行约束，照条盐袋并以三百斤装打，不管分毫大搭。仍常督责觉察，切待朝廷于三务场官内不时互差前去仓场抽摘秤制。如有违戾，即将提举官及本属官吏申取朝廷指挥，重行责罚。若点检后再敢拆袋暗增斤重，许诸邑人陈告，得实，犯人依私盐法断罪追赏"[③]。朝廷虽再三严申不得大搭斤重，并对违反之人施以重处，然其对场官侵夺盐货行为并没有起到明显的遏制作用。

在此背景下，朝廷于各州增设州仓，以削夺盐场（亦称买纳场）权力，欲借此消除盐场搭带之弊。检索文献可知，州仓当置于政和年间（1111—1118），其时朝廷"将买纳支发分而为二，遂创置州仓"[④]。然而，与朝廷意愿相悖，州仓的设置非但没有清除关防搭带欺弊，反而造成州仓侵渔盐场，致使后者将增添盐货复转嫁于盐户。有文献记载："一州有管盐场四处，各已立定多寡之额，分为甲乙丙丁四等，每遇客旅支盐，随其分数，谓之品搭支拨。后奸弊日滋，许令客人指场投请，支仓人吏因缘为奸，遂与客旅通同拣诸场盐袋斤两高者，方行投请。诸场之盐惮于停留，各欲发泄，至有添二十斤或三十斤在袋。遂至诸

① 梁庚尧：《南宋的私盐》，《新史学》，2002 年 13 卷 2 期。
② （清）徐松辑，刘琳等点校：《宋会要辑稿·食货二七》，上海古籍出版社，2014 年，第 6587 页。
③ （清）徐松辑，刘琳等点校：《宋会要辑稿·食货二八》，上海古籍出版社，2014 年，第 6628 页。
④ （清）徐松辑，刘琳等点校：《宋会要辑稿·食货二五》，上海古籍出版社，2014 年，第 6552 页。

场暗失官盐，无从而补，唯于亭户处重秤浮盐。"① 据此可知，盐场与州仓在盐货交纳过程中形成掣肘之势，彼此之间的制衡作用未能得到发挥，原有积弊反而日深。

朝廷为革除这一弊端，命浙东提举司"今后发盐须管计程立限，运赴盐仓即时交纳"②。然而，诸州仓皆未能严格遵行朝廷此规，反致盐户遭受般剥销折之患与多付登涉道路之费，故有官员奏请朝廷罢州仓而依旧在盐场支给，其请为朝廷核准实行。③ 州仓废除后随即出现"场分迁远，客人艰于般请，及诸场竞相增加斤数，轻重不等"④ 诸问题，朝廷后依浙东路提盐邵大受所奏，于绍兴六年（1136）复置浙东路州仓支盐。⑤ 于此可言，盐户非但没有在浙江盐业机构改革中获利，反而要受到盐场、州仓的双重扰夺。盐场、州仓常以优待商人的名义而要求盐民多纳食盐，此举无疑加剧了盐户的困乏，"近有亭户先次纳盐取足，一并支钱，而守候交秤，倍费日月"⑥，"契勘在法，盐以三百斤为袋，今淮、浙路支盐仓与买纳场相为表里，务欲招诱客人，或受客人计嘱，往往多搭斤数，有增数千斤者，是致亭户词诉不绝"⑦，故时人称之为"虽名优润商旅，而实坐困亭户"⑧。兵部尚书卢益论述此事为"前日建议者谓就场支盐，多有搭带，故逐州置仓，以防私予之弊。窃恐其弊今在诸场，而又在诸仓也"⑨。据此可以说，食盐专卖体制的改革一定程度上加速了私盐的泛滥。⑩

在此种情势下，朝廷希冀通过增大对盐场擅加斤重行为的惩处力度来遏制其发展态势，"淮、浙盐场买纳亭户盐，盐官、公吏大秤斤重，罪轻者并徒一年，许亭户越诉。即将大秤到盐妄作亭户支请官盐钱入已，计赃，以自盗论。并许人告捕，赏钱二百贯文。提举官常切检察，知而不举，并监官知情，与同

---

① （清）徐松辑，刘琳等点校：《宋会要辑稿·食货二七》，上海古籍出版社，2014 年，第 6586 页。
② （清）徐松辑，刘琳等点校：《宋会要辑稿·食货二七》，上海古籍出版社，2014 年，第 6588 页。
③ （清）徐松辑，刘琳等点校：《宋会要辑稿·食货二七》，上海古籍出版社，2014 年，第 6594 页。
④ （清）徐松辑，刘琳等点校：《宋会要辑稿·食货二六》，上海古籍出版社，2014 年，第 6575-6576 页。
⑤ （清）徐松辑，刘琳等点校：《宋会要辑稿·食货二六》，上海古籍出版社，2014 年，第 6577 页。
⑥ （清）徐松辑，刘琳等点校：《宋会要辑稿·食货二六》，上海古籍出版社，2014 年，第 6581 页。
⑦ （清）徐松辑，刘琳等点校：《宋会要辑稿·食货二七》，上海古籍出版社，2014 年，第 6601 页。
⑧ （清）徐松辑，刘琳等点校：《宋会要辑稿·食货二八》，上海古籍出版社，2014 年，第 6628 页。
⑨ （清）徐松辑，刘琳等点校：《宋会要辑稿·食货二五》，上海古籍出版社，2014 年，第 6552 页。
⑩ 吴海波、罗习珍：《20 世纪以来中国私盐史研究述评》，载曾凡英：《盐文化研究论丛》第 3 辑，巴蜀书社，2009 年，第 10 页。

罪；不觉察者，各杖一百"①。以实际效果而言，上述规条大多仅停留于纸面，鲜有落于实处者。浙江盐场、州仓收买盐货，"多是大秤斤重，少支价钱，却将宽剩盐数妄作亭户入中，支请官钱，分受入己"，朝廷对此仅"令提举司检坐元降指挥，行下禁戢"而已。②当然，朝廷对私增斤重行为偶或施以重惩，监明州昌国买纳盐场兼催煎张广仁"在任增秤亭户盐，于亭户单状内添写盐数，盗请官钱入己"，而被朝廷"贷命，追毁出身以来文字，除名勒停，决脊杖二十，刺面，配惠州牢城"。③整体看来，朝廷所制规条未得到全面、有效实施，官吏私搭盐货之风依然盛行，盐户生计艰难。

盐场为完成盐课而强令盐民多纳盐斤外，部分盐场官吏还会盗卖官盐为己谋利，亦多收盐户盐货而补其所缺。场官盗卖官盐起于他们将扫掠着地之盐掩为食利之私，其后"遂于亭户所纳官盐明收十分之二，名曰泥盐……又将所收泥盐自行私卖，待散本钱，仍照旧例，再取十分之二，名曰泥盐本钱。既以官盐盗卖，又将官钱盗取。进退无据，而展转皆利"，"是亭户白纳盐，而人吏乃反白得钱"。④庆元府盐场更是公然将增加的盐斤作为盐户应交纳的正数，"诸场盐百袋附五袋，名'五厘盐'，未几，提举官以为正数，民困甚"，通判庆元府、主管浙东盐事孙子秀知悉后而奏蠲之。⑤一些场监为己谋利而"多将倍秤入敖，官盐卖而归私"⑥。据此可知，盐场不法官吏将部分官盐据为己有，却强令盐户多纳盐货以补之，可谓是盐户常须赔钱偿纳数量过高的额盐。⑦上述情形之所以出现，乃是缘于"诸处置场，差官太多，既有监仓官，又有买纳官，又有催煎官，又有管押袋盐官，又有支盐官，多是堂除权要子弟不曾铨试之人，及武臣有力者，不晓民事"⑧。

在浙江诸盐场与州仓持久地拖欠、减克盐户本钱以及侵夺亭户盐货，朝廷

① （清）徐松辑，刘琳等点校：《宋会要辑稿·食货二五》，上海古籍出版社，2014年，第6555页。
② （清）徐松辑，刘琳等点校：《宋会要辑稿·食货二八》，上海古籍出版社，2014年，第6630页。
③ （清）徐松辑，刘琳等点校：《宋会要辑稿·刑法六》，上海古籍出版社，2014年，第8551页。
④ （宋）黄震著，张伟、何忠礼点校：《黄氏日抄》卷80《浙江提举到任榜》，浙江大学出版社，2013年，第2240-2242页。
⑤ （元）脱脱等：《宋史》卷424《孙子秀传》，中华书局，1977年，第12663页。
⑥ （宋）黄震著，张伟、何忠礼点校：《黄氏日抄》卷80《约束诸场折纳盐》，浙江大学出版社，2013年，第2244页。
⑦ 梁庚尧：《南宋的私盐》，《新史学》，2002年13卷2期。
⑧ （清）徐松辑，刘琳等点校：《宋会要辑稿·食货二七》，上海古籍出版社，2014年，第6588页。

却无力改变该局面的情形之下，盐户的生产生活随即陷入困乏境地。北宋著名词人柳永描述盐户生产生活的困苦之景为"周而复始无休息，官租未了私租逼。驱妻逐子课工程，虽作人形俱菜色。鬻海之民何辛苦，安得母富子不贫"①。浙东提举黄震言盐民凄惨之状为"鹑衣鹄形，流离饿莩者，满东西浙皆是也"②。不仅如此，还有盐场官吏行推排之虐政，"余姚局章支盐行石堰西场以上岸山地水田，推排碱地盐袋，亭户卖上岸之产，以实纳虚增之盐，产业既尽，盐无可买"③。黄震因此而感叹"天下有生之类，未有苦于亭户者也"，"民生苦恼无如亭户，日受鞭挞无如亭户"。④可以说，盐民尽罹苛刻之苦。

　　陷入困苦之中的盐户常将制贩私盐作为重要的生存策略，有些盐户为躲避盐课被迫逃离盐场成为反抗苛政的流民。⑤浙江盐户积年不得本钱而致逃亡已多，钱清盐场所属盐户大多逃亡，黄姚一场更是无户可招。⑥盐户被逼到生存绝境之时，便会采用极端方式回应盐场。鸣鹤东西场亭丁因场官拖欠盐本钱而被迫离开盐场成为流民，沿途有被官府杀伤者，有逃窜山谷者，导致一乡惊扰，几不聊生。⑦庆元茶盐分司肆意掠取盐户而致后者"本钱既充文凭，盐课惟事劫取，以致流亡大半，课额顿亏，至今春遂群起为盗矣"⑧。黄震叙述盐户谋生无望而奋起反抗之因由、演变情形为"照得沿海亭民积年被官吏椎剥，并不曾有本钱到亭户之手，反日事鞭挞，倍数取盐，以此亭民不胜其苦，流亡大半。……今岁饿荒，无所谋食，官吏酷虐如故，于是萌等死之心，所在相挺为盗，杀伤死亡者十居二三。及官兵追捕逃窜，与官司施行不存者，又十居其

① （宋）柳永：《鬻海歌》，载（元）郭荐：大德《昌国州图志》，杭州出版社，2009年，第4777页。
② （宋）黄震著，张伟、何忠礼点校：《黄氏日抄》卷71《辞两浙盐事司季运使札状》，浙江大学出版社，2013年，第2107页。
③ （宋）黄震著，张伟、何忠礼点校：《黄氏日抄》卷77《浙江提举之申免场官责罚状》，浙江大学出版社，2013年，第2188页。
④ （宋）黄震著，张伟、何忠礼点校：《黄氏日抄》卷77《浙江提举之申免场官责罚状》、卷80《浙江提举到任榜》，浙江大学出版社，2013年，第2188、2241页。
⑤ （清）徐松辑，刘琳等点校：《宋会要辑稿·食货二七》，上海古籍出版社，2014年，第6590页。
⑥ （宋）黄震著，张伟、何忠礼点校：《黄氏日抄》卷71《赴两浙盐事司禀议状》、卷77《浙江提举之团结申省照会状》、卷77《申乞免场官责罚状》，浙江大学出版社，2013年，第2109、2185、2188页
⑦ （宋）黄震著，张伟、何忠礼点校：《黄氏日抄》卷80《晓谕亭户安业》，浙江大学出版社，2013年，第2245页。
⑧ （宋）黄震著，张伟、何忠礼点校：《黄氏日抄》卷77《浙江提举之申免茶盐分司状》，浙江大学出版社，2013年，第2186页。

二三",经由此番乱战,"诸场委是败坏残零,见存无几"。<sup>①</sup>盐民之所以铤而走险、以暴力表达其诉求,乃是由于他们的价值取向"一切以生存为中心",一旦出现严重违背其"生存伦理"而致使其生存无以为继的状况,他们便奋起反抗,以此让统治者关注其生存困境,并采取措施保障其生存安全。<sup>②</sup>

总体来看,随着本位利益取向日深,盐场和州仓拖欠、克扣盐户盐本钱及侵夺盐户盐货演化为常态化的行为,业已显现出滥用权力的趋向,朝廷对此却缺乏有效约制,导致二者很容易出现擅权行为,盐场、州仓由此对盐民稽留割剥,形成百端骚扰之势,严重侵犯盐户的利益,直接导致盐户的普遍贫困化。相对应的是,盐户居处弱势地位,其力量无法对盐场、州仓官吏构成抗衡之势,其权益自然得不到保障。在此背景下,盐户为维持生计、完纳朝廷盐额,不得不从事私盐制贩活动,这成为他们维持生存的主要手段,仅于生存陷入绝境时方选择极端方式应之。

### (二)浙江地区私盐制贩体系的构建

据前述可知,浙东、浙西提举司、盐场、州仓官吏拖欠减克盐户盐本钱及侵夺盐民盐货的现象极为普遍,且呈现愈演愈烈的态势。在此情势下,盐户深受其害,生产生活陷入困境甚或难以维系,而朝廷未能有效维护盐户的切身利益,由此造成盐户唯有煎贩私盐方能维持生存所需的局面。

值得注意的是,尚有三种因素促使盐户私自煎售盐货:其一,盐户生产生活成本的持续增加。盐户煎盐与生活所需柴米价格不断上涨,而盐户所得本钱却只少不多,"内外米斛价例比旧增添数倍,其亭户所输盐货价例低小,养赡不足,是以抵冒重法,将盐私卖,滋长盗贩"<sup>③</sup>。浙东提举黄震更是指出,"柴薪工食之价十倍畴昔"<sup>④</sup>,"方今薪米价涌,工本费烦,盐何从生而可使白纳及赔钱

① (宋)黄震著,张伟、何忠礼点校:《黄氏日抄》卷77《浙江提举之申省宽盐课状》,浙江大学出版社,2013年,第2185—2186页。

② [美]詹姆斯·C.斯科特著,程立显等译:《农民的道义经济学:东南亚的反叛与生存》,译林出版社,2001年,第8—36页。

③ (清)徐松辑,刘琳等点校:《宋会要辑稿·食货二五》,上海古籍出版社,2014年,第6544页。

④ (宋)黄震著,张伟、何忠礼点校:《黄氏日抄》卷77《浙江提举之申免场官责罚状》,浙江大学出版社,2013年,第2188页。

哉？亦曰倚嬴余之私卖，以煎纳官之正盐耳"①。与此相对照的则是，杭、秀与温、台、明盐场、州仓收购盐户盐货的价格分别长期维持在每斤四钱、六钱的水平，②以致出现"计其工力之费，十不偿其二三"③的现象。这意味着盐户必须通过制贩私盐方可筹措到足够的本钱进行再生产，以完成交纳盐货的任务，并维持全家的生计。其二，盐户为厚利所诱而冒法进行食盐私煎私贩活动。时人对此有深刻认识："夫民惟利是趋，如蛾之赴火，既为利诱，而威之以法，虽鼎镬在前，犹不避也，欲刑清奸改，其可得乎？"尚书省亦言："访闻亭户规利，尚将所煎盐货私与百姓及罪人等交易，结众盗贩入城货卖。"④其三，盐场官员的容纵，助长了盐户的私盐制贩活动。对于此事，有臣僚言："亭户盗卖伏火浮盐，催煎官坐视故纵，全不觉察。"⑤管理亭灶的总辖、甲头，"遇支本钱，尽先兜请，恣行刻剥"，却惧怕盐户赴诉而容纵盐户私煎私鬻。⑥身处艰食重困境地下的浙江盐户，合法煎炼出售盐货根本无力维持生产生活需求。在生存与完纳盐额的双重压力下，盐户选择铤而走险从事私盐制贩活动，"亭民良苦，官价甚微，纳官定额之外，私鬻以偿本，其势决所不免"⑦。

　　还有一种情况值得注意，盐户所产的正额盐，有时在盐户处就已变成了私盐。乾道八年（1172），户部侍郎叶衡指出，位于临安府钱塘县与绍兴府萧山县交界处的钱塘西兴盐场，"中隔浙江，而买纳盐场仍在西兴，其西兴、钱塘煎盐去处，并无官吏巡察，易以作弊"，钱塘盐户为了避免"输盐西兴，远涉风潮"而"就便本处私卖，却赍钱西兴亭户买私盐纳官，即是两处走失官盐"。⑧

　　文献载述了浙江盐户大肆从事私盐制贩活动，以及有力盐户与贫下盐民食

---

① （宋）黄震著，张伟、何忠礼点校：《黄氏日抄》卷71《申杨提举新到任求利便状》，浙江大学出版社，2013年，第2107页。

② （元）脱脱等：《宋史》卷182《食货下四》，中华书局，1977年，第4438页。

③ （宋）黄震著，张伟、何忠礼点校：《黄氏日抄》卷77《浙江提举之申免场官责罚状》，浙江大学出版社，2013年，第2188页。

④ （清）徐松辑，刘琳等点校：《宋会要辑稿·食货二六》，上海古籍出版社，2014年，第6570、6559页。

⑤ （清）徐松辑，刘琳等点校：《宋会要辑稿·食货二六》，上海古籍出版社，2014年，第6574页。

⑥ （清）徐松辑，刘琳等点校：《宋会要辑稿·食货二八》，上海古籍出版社，2014年，第6617页；（宋）李心传著，徐规点校：《建炎以来朝野杂记》甲集卷14《淮浙盐》，中华书局，2000年，第296页。

⑦ （宋）黄震著，张伟、何忠礼点校：《黄氏日抄》卷71《申杨提举新到任求利便状》，浙江大学出版社，2013年，第2105页。

⑧ （清）徐松辑，刘琳等点校：《宋会要辑稿·食货二七》，上海古籍出版社，2014年，第6601页。

盐煎炼的具体情形。有力盐户常以占据的盐场盘灶煎出正额以外的盐货，"淮浙盐一场十灶，每灶昼夜煎盐六盘，一盘三百斤，遇雨则停。淳熙末，议者谓总辖、甲头权制亭灶，兜请本钱，恣行刻剥，惧其赴诉，纵令私煎。其如一日雨乃妄作三日申，若一季之间，十日雨则私煎三十六万斤矣"。贫下盐户虽无法在盘灶煎盐，但可以在管制之外的夜晚另行煎煮，"亭户小火一灶之下无虑二十家，家皆有镬，一家通夜必煎两镬，得盐六十斤。十灶二百家，以季计之，则镬子盐又百余万斤矣"①。据此可窥见盐民私盐生产之一端，亦可推知其生产规模之庞大。实际上，盐场管理不严而致盐户私煎由来已久。绍兴三年（1133），刑部上言："若亭户卖所隐缩火伏盐及买之者，依《盐敕》，并论如《煎炼私盐法》。"②有臣僚更是指出："比年以来，亭灶煎盐起止火伏之法尽废，略无稽察，致亭户私煎，莫知限极。除纳官之外，隐匿余剩之数既多，若不私售，将何所付哉？"③上述引文中隐含着以下几个问题：一是盘灶为有力盐户所占据，他们有更多的机会煎出正额之外的盐货；二是贫下盐户无法用盘灶煎盐，只能在管制之外另行煎煮。淳熙初年（1174）以后，由于煎盐法的改进，未及七分的卤水可以再淋，使得盐产量大大增加。以往每灶一伏火煎得盐十七筹，每一筹计盐一百斤，如今增为二十五至三十筹。④随着煎盐技术的提升，盐户能够生产出更多的私盐。南宋人黄荦观察到盐额不随盐产变动而调整所产生的影响，当盐产增加到超出盐额时，盐户固然有多余的盐货可以私售；当盐产减少以致盐额过高时，盐户依然会选择私售。究其原因，乃是"其额难足，不足则有罪，私贩亦有罪，等罪耳，孰若私贩之为利"⑤。

浙江制贩私盐另一个不可忽视的群体是濒海细民，他们以地利之便肆意煎贩食盐，活动遍及浙江沿海各地。相关文献载称："东海皆盐也。苟民力之所及，未有舍而不煎，煎而不卖者也。""无耕桑之饶，民鬻盐以为生。""其地

① （宋）李心传著，徐规点校：《建炎以来朝野杂记》甲集卷14《淮浙盐》，中华书局，2000年，第296页。
② （清）徐松辑，刘琳等点校：《宋会要辑稿·食货二六》，上海古籍出版社，2014年，第6565页。
③ （清）徐松辑，刘琳等点校：《宋会要辑稿·食货二六》，上海古籍出版社，2014年，第6570页。
④ 梁庚尧：《南宋的私盐》，《新史学》，2002年13卷2期。
⑤ （宋）袁燮：《絜斋集》卷14《秘阁修撰黄公行状》，商务印书馆，1935年，第235页。

产盐，类多私贩，因以为盗。"①其中，明州是沿海民众从事食盐私煎私售的重点区域，"象山、定海、鄞县旁海，有卤出二十七顷，民史超等四百六十余家，刮土淋卤煎盐"②，定海县"系濒海渔盐之地，管下丘崇、灵岩、太丘、海宴四乡周回各边大海，泥土极咸，不系耕种，官拘留产税。其逐处人户不务农作，久来在上占据煎盐，私自卖与客人"，象山县"抄札到私煎盐业人户，内有贫乏来租赁鱦地私煎之人"。③由于私盐"利厚而法不能禁"④，导致沿海居民煎贩私盐活动盛而不衰。

宋代所施行的盐法太过严厉，也是导致浙江滨海民众食私盐或者直接从事私盐制贩活动的原因之一。熙宁五年（1072），苏轼任杭州通判，作山村诗："烟雨蒙蒙鸡犬声，有生何处不安生？但令黄犊无人佩，布谷何劳也劝耕。轼意言是时贩盐者多带刀杖，故取前汉龚遂令人卖剑买牛、卖刀买犊，则自力耕，不劳劝督也，以讥讽朝廷盐法太峻不便也。"又第二首云："老翁七十自腰镰，惭愧春山笋蕨甜。岂是闻韶解忘味？迩来三月食无盐！意山中之人饥贫无食，纵老犹自采笋蕨充饥，时盐法峻急，僻远之人无盐食，动经数月，若古之圣人，则能闻韶忘味，山中小民，岂能食淡而乐乎？以讥讽盐法太急也"。⑤

此外，发生灾难之时，民户贩售私盐亦是重要的生存手段，"民多乏食，往往群辈相聚，操持兵杖，贩鬻私盐，以救朝夕"⑥。有些官员深知其中缘由，并意识到若依盐法重处此类私盐贩，很可能引起大规模为盗行为，故宽宥之。咸平二年（999），杭州岁歉，"民多私鬻盐以自给，捕获犯者数百人"，知杭州张咏悉宽其罪而遣之，并对其官属言及此举乃因为"钱塘十万家，饥者八九，苟不以盐自活，一旦蜂聚为盗，则为患深矣。俟秋成，当仍旧法"⑦。时江淮制置使建言："贩私盐二十斤以上，坐徒罪。"元绛则曰："海旁之民，恃盐以生。

① （宋）苏轼著，孔凡礼点校：《苏轼文集》卷48《上文侍中论榷盐书》，中华书局，1986年，第1401页；（宋）陈襄：《古灵先生文集》卷25《殿中御史陈君墓志铭》，书目文献出版社，1998年，第214页；（清）徐松辑，刘琳等点校：《宋会要辑稿·食货二七》，上海古籍出版社，2014年，第6584页。
② （宋）李心传著，胡坤点校：《建炎以来系年要录》，中华书局，2013年，第1196页。
③ （清）徐松辑，刘琳等点校：《宋会要辑稿·食货二六》，上海古籍出版社，2014年，第6560—6561页。
④ （宋）范纯仁：《范忠宣公集》卷13《朝散大夫谢公墓志铭》，台湾商务印书馆，1986年，第677页。
⑤ （宋）潜说友：咸淳《临安志》，杭州出版社，2009年，第1434页。
⑥ （宋）司马光：《温国文正司马公文集》卷20《荒政札子》，商务印书馆，1929年。
⑦ （元）脱脱等：《宋史》卷293《张咏传》，中华书局，1977年，第9802页。

非群贩者，笞而纵之。"①咸淳《临安志》载："民冒醎禁，提刑张宗臣观望，左相逮捕数十人，（张）九成力争，不从，投劾而归。"②

在宋代食盐专卖制度下，官府享有对食盐产销的垄断之权，这直接造成官盐普遍存在质次价高的问题。与此相对照的是，浙江私盐质优价廉，民众因此多选择食用私盐，为私盐的持久存续提供了广阔的市场空间。文献于此多有载述："杭、秀、温、台、明五州共领监六、场十有四，然盐价苦高，私贩者众，转为盗贼，课额大失"③，"官估复高，故百姓利食私盐，而并海民以鱼盐为业，用工省而得利厚。由是不逞无赖盗贩者众"④，"今比较得浙东一路产盐州军，如绍兴府最系人烟繁盛去处，在城并倚郭两县一岁住卖盐，止及十六万余斤。其不产盐处，且以衢州并倚郭县，每岁买及三百余万斤，婺州并倚郭及东阳县，每岁买及五百万斤，比绍兴府多三四十倍，灼见绍兴人户尽食私盐"⑤。从事私盐制贩人数极多，乃至"两浙岁断犯盐者十七万人，终亦不为衰止"⑥。时人甚以"未有生产盐之地而食官盐"⑦来描述私盐盛行之态。

时人分析宋代私盐产生的原因及其盛行不绝的情形为"江、湖运盐既杂恶，官估复高，故百姓利食私盐，而并海民以鱼盐为业，用工省而得利厚。由是不逞无赖盗贩者众，捕之急则起为盗贼，江、淮间虽衣冠士人，狃于厚利，或以贩盐为事"⑧。

当时，人们已经认识到盐商在宋代食盐体系中的重要性。监察御史赵至道言："夫产盐固藉于盐户，鬻盐实赖于盐商，故盐户所当存恤，盐商所当优润。"⑨而在实际中，官方授权的盐商部分转而私贩食盐，成为私盐市场的主要售卖者。物美价廉的私盐有着广阔的生存空间，这使得私盐贩长期活跃于食盐

---

① （宋）施谔：淳祐《临安志》，杭州出版社，2009 年，第 1119 页。
② （宋）施谔：淳祐《临安志》，杭州出版社，2009 年，第 1140 页。
③ （元）脱脱等：《宋史》卷 182《食货下四》，中华书局，1977 年，第 4436 页。
④ （元）脱脱等：《宋史》卷 182《食货下四》，中华书局，1977 年，第 4441 页。
⑤ （清）徐松辑，刘琳等点校：《宋会要辑稿·食货二七》，上海古籍出版社，2014 年，第 6581-6582 页。
⑥ （宋）黄震著，张伟、何忠礼点校：《黄氏日抄》卷 71《申杨提举新到任求利便状》，浙江大学出版社，2013 年，第 2105 页。
⑦ （宋）黄震著，张伟、何忠礼点校：《黄氏日抄》卷 71《申陈提举到任求利便札状》，浙江大学出版社，2013 年，第 2107 页。
⑧ （元）脱脱等：《宋史》卷 182《食货下四》，中华书局，1977 年，第 4441 页。
⑨ （元）脱脱等：《宋史》卷 182《食货下四》，中华书局，1977 年，第 4456 页。

运销领域，并得以顽强生存，[①] 由此形成较为稳定的供需市场。在此背景下，专门从事私盐运贩的不法商旅应运而生。宋廷允许商人贩盐，但商人需按规定价格从盐场、州仓购买官盐，之后运输至政府划定的行盐区域贩卖，商人以此获取盐利。但是私盐的盛行直接损害了盐商的利益，致使其不愿意请销官盐，"东南私贩公行，沮害商贾，使客失厚利，虚废本钱"[②]。需要注意的是，私盐虽然存在冲击盐商的一面，却也吸引着承揽食盐运销的盐商跻身于私盐贩之列。兴贩私盐获利颇厚，这极大地刺激了盐商，导致许多盐商在分销官盐的同时，常常借助其特殊的身份夹带私盐，进而牟取暴利。[③] 再者，宋廷重税，在林立的税卡下，盐商已经不能如前代商人那般可垄断全部盐利或盐利的主要部分。不甘于此的盐商想方设法同官府争利，贩卖私盐成为其获取厚利的重要方式。[④] 盐户鉴于私盐收购商买入盐货价格远高于官府，而多将盐货售于不法商旅，"访闻比年以来，灶户煎到盐货入官数少，私售数多。盖缘入官耗重而价下，私售耗轻而价高"，"虽许额外煎到盐中卖入官，而官价低小，校之私卖，不及三分之一"。[⑤] 在此情势下，不法商旅与私煎私售盐户、濒海民户之间建立起较为稳固的产销关系。

不法商旅在浙江购买私盐后，以"海船般贩私盐直入钱塘江，径取婺、衢货卖"[⑥]。商旅将私盐从产盐地运出后，不敢在公开场合售卖，而是伪装入市或私下交易，有时还需要作为中间人的牙人居中撮合，寻找销盐对象。[⑦] 可以说，宋代私盐因商人的运销而流通。[⑧] 缘于此，浙江贩私盐活动兴盛，具有群体性特征，且已深入村落之中。浙东"所管七州，而四州濒海，既是产盐地分"，"故贩私盐者百十成群，或用大船般载"。[⑨] 台州人杜范称，"某居于海乡，目

---

① 姜锡东：《关于宋代的私盐贩》，《盐业史研究》，1999 年第 1 期。

② （清）徐松辑，刘琳等点校：《宋会要辑稿·食货二五》，上海古籍出版社，2014 年，第 6541 页。

③ 史继刚：《浅谈宋代私盐盛行的原因及其影响》，《西南师范大学学报》，1989 年第 3 期。

④ 史继刚：《宋代私盐贩阶级结构初探》，《盐业史研究》，1990 年第 4 期。

⑤ （清）徐松辑，刘琳等点校：《宋会要辑稿·食货二六》，上海古籍出版社，2014 年，第 6568 页、第 6570 页。

⑥ （清）徐松辑，刘琳等点校：《宋会要辑稿·食货二六》，上海古籍出版社，2014 年，第 6559 页。

⑦ 史继刚：《宋代私盐的来源及其运销方式》，《中国经济史研究》，1991 年第 1 期。

⑧ 梁庚尧：南宋政府的私盐防治》，《台大历史学报》，2006 年 37 期。

⑨ （宋）朱熹著，刘永翔、朱幼文校点：《晦庵先生朱文公文集》卷 18《奏盐酒课及差役利害状》，上海古籍出版社、安徽教育出版社，2010 年，第 821–822 页。

所亲睹，亭民卖私盐，游手贩私盐，百姓食私盐，盖有年矣"，并言村落中亦有贩卖私盐者。① 据此可言，私盐贩卖既适应民众食低价盐的需要，又为贩卖者带来厚利，在朝廷盐业体制难以彻底改善的前提下，私盐的漫衍滋盛便成为一个无法避免的历史现象。② 史籍虽未明确记载浙江私盐贩的数量，但据温州一次出现私醶五百为群过境内之事，以及两浙地区一年私贩坐罪者三千九十九人，仍可窥见其规模之大。③

伴随着盐户、濒海细民生产私盐数量的日趋增多，浙江境内食盐消费市场趋于饱和，向外拓展市场成为必然。缘于浙东山地多而致对外陆路交通不便，明、台、温三州私盐贩多选择海路向外运售盐货，如"苏州界海内，捕得温州贩私盐万四千斤"④。由于大多数官员目光短浅，往往激化矛盾，迫使私盐贩铤而走险，进而武力贩盐。⑤ 私盐武装具有强大的海上行动力和充沛的财力支持，组织化的私盐贩，常杀掠商人，甚至公然贩卖私盐。孙觌叙浙江私盐船在江阴至长江口一带的活动为"温明州私盐百余舰往来江中，杀掠商贾，又各自立党，互相屠戮，江水为丹。军城外公然卖盐，一斤五十钱。西上晋陵、武进境上数十聚落，皆食此盐"⑥。位处广南路的肇庆府，"有温、台、明州白槽船尽载私盐，扛般上岸，强卖村民，因而劫掠家财"⑦。

浙江私盐贩所为尚不限于此，他们甚至敢于侵犯官府。时任知泉州的真德秀奏称，"温艚贼徒，自四月十九日侵犯郡境"，并述其有200余人，驾船14艘以上。⑧ 南宋之时，私盐贩对盐商的侵害日趋严重，甚至出现商人与地方官府勾结公然贩卖私盐的现象。浙东濒海四州产盐地分，"距亭场去处，近或跬步之间，远亦不踰百里，故其私盐常贱而官盐常贵。利之所在，虽有重法不能禁止。故贩私盐者百十成群，或用大船般载，巡尉既不能诃，州郡亦不能诘，

① （宋）杜范：《清献集》卷7《贴黄》、卷15《回丞相札子》，台湾商务印书馆，第663页、第732页。
② 郭正忠：《宋代的私醶案和盐子狱》，《盐业史研究》，1997年第1期。
③ （元）脱脱等：《宋史》卷182《食货下四》、卷407《杨简传》，中华书局，1977年，第4435页、第12290页。
④ （清）徐松辑，刘琳等点校：《宋会要辑稿·食货二三》，上海古籍出版社，2014年，第6504页。
⑤ 姜锡东：《关于宋代的私盐贩》，《盐业史研究》，1999年第1期。
⑥ （宋）孙觌：《鸿庆居士集》卷12《沈相书》，台湾商务印书馆，1986年，第132页。
⑦ （清）徐松辑，刘琳等点校：《宋会要辑稿·方域十九》，上海古籍出版社，2014年，第9670页。
⑧ （宋）真德秀：《西山先生真文忠公文集》卷8《泉州申枢密院乞推赏海盗赏状》，商务印书馆，1937年，第132页。

反与通同，资以自利，或乞觅财物，或私收税钱。如前日所奏台州一岁所收二万余贯是也"①。私盐贩运的公行必然同巡检武装发生冲突，聚众武装私贩最终逸出经济领域，演化为具有深刻意味的社会暴动。②在此背景下，私盐问题逐步凸显，成为浙江社会矛盾的焦点。

因此之故，苏轼颇忧浙江饥民结党于私盐贩而成为危害一方的势力。他奏言："自来浙中奸民，结为群党，兴贩私盐，急则为盗。近来朝廷痛减盐价，最为仁政，然结集兴贩，犹未甚衰，深恐饥馑之民，散流江海之上，群党愈众，或为深患。欲乞朝廷指挥，一应盗贼情理重及私盐结聚群党，皆许申钤辖司，权于法外行遣，候丰熟日依旧，所贵弹压奸愚，有所畏肃。"③

浙江盐户与不法商旅皆因私盐而获厚利，"今濒海盐户，其入纳所羡，悉为私易，一舟之数，私易百万"④。其结果便是官盐滞销，"除明、越两州稍通客贩，粗有课利外，台、温两州全然不成次第，民间公食私盐，客人不复请钞，至有一场一监，累月之间不收一袋、不支一袋"⑤。受其影响，国家财政收入锐减。户部侍郎叶衡详尽阐述了其情形，"二浙额盐共一百九十七万余石，去年两务场卖浙盐二十万二千余袋，总收钱五百一万二千余贯，而二浙盐灶乃许二千四百余所。以盐额论之，淮东之数多于二浙五之一；以去岁卖盐所得钱数论之，淮东多于二浙三之二；及以灶之多寡论之，二浙反多于淮东四之三。盖二浙无非私贩也，二浙私盐侵损国家利入几十之六七……窃惟今日财赋之源，煮海之利寔居其半，然年来课入不增，商贾不行者，皆私贩有以害之也。"⑥值得注意的是，浙江官吏贩私盐行为亦造成盐课折陷。如台州院虞候借办公事之余而贩私盐，知台州唐仲友"违法收私盐税钱岁计一二万缗，入公使库，以资妄用，遂致盐课不登，不免科抑，为害特甚"⑦。

① （宋）朱熹著，刘永翔、朱幼文校点：《晦庵先生朱文公文集》卷18《奏盐酒课及差役利害状》，上海古籍出版社、安徽教育出版社，2010年，第821-822页。
② 郭正忠：《宋代的私鹾案和盐子狱》，《盐业史研究》，1997年第1期。
③ （宋）李焘：《续资治通鉴长编》卷435《哲宗》，中华书局，2004年，第10495页。
④ （清）徐松辑，刘琳等点校：《宋会要辑稿·食货二六》，上海古籍出版社，2014年，第6576页。
⑤ （宋）朱熹著，刘永翔、朱幼文校点：《晦庵先生朱文公文集》卷18《奏盐酒课及差役利害状》，上海古籍出版社、安徽教育出版社，2010年，第822页。
⑥ （清）徐松辑，刘琳等点校：《宋会要辑稿·食货二七》，上海古籍出版社，2014年，第6596-6597页。
⑦ （宋）朱熹著，刘永翔、朱幼文校点：《晦庵先生朱文公文集》卷18《按唐仲友第三状》、卷19《按唐仲友第四状》，上海古籍出版社、安徽教育出版社，2010年，第830页、第854页。

综上可知，在盐场、州仓侵损盐户生产本钱、盐货日趋严重而朝廷无力改变该局面的情势下，势必导致浙江盐民广泛地进行私盐的煮炼，濒海民众亦为盐利所诱而制私盐，不法商旅则将私盐生产与运贩环节加以接续，浙江私盐制贩体系由此得以构建。浙江私盐制贩已然演变为盐民、濒海细民、不法商旅满足自身需求的社会活动，同时在利己性驱使下成为扩展自身利益的行为。可以说，浙江赖盐而生的群体并不是国家制度的被动接受者，在自身利益受损与利益诉求表达渠道淤塞之时，势必从事私盐制贩活动。随着浙江私盐生产与贩卖活动愈发猖獗，宋代食盐专卖体制因此遭受越来越大的威胁。

（三）浙江私盐治理模式的演进

《宋史》记载："宋自削平诸国，天下盐利皆归县官。官鬻、通商，随州郡所宜，然亦变革不常，而尤重私贩之禁。"[1] 据此可知，宋廷极为重视盐利，欲垄断食盐之利，故尤其重视禁断私盐。

纵观宋代浙江私盐制售情形，盐户始终是主体，其私煎私贩活动持续时间既久且规模又巨。对此，宋廷对浙江食盐的产运销环节均制定了严格的管理措施，采取多种手段整治浙江沿海盐户私盐煎贩活动。王安石上复神宗曰："今宜制置煎盐亭户及差盐地人户督捕私贩，搬运以时，严察拌和，则盐法自举，毋事改制。"[2] 有鉴于此，朝廷欲在源头禁绝私盐的供应，乃于浙江地区推行灶甲制，借此强化对盐户的人身管控，将盐户煎炼活动全部纳入盐场监管之下，试图以此实现国家对浙江盐场的有效治理。灶甲制由里甲制发展而来，里甲制实际上是针对定居农耕人群而设计的管理制度。宋廷将里甲之制移植于海盐生产领域，其目的在于强化对盐户的人身控制，加强对食盐生产环节的监管力度。

宋廷之所以能够快速地在浙江诸盐场推行灶甲制度，在于此前已将盐户编入专门的户籍。宋廷规定，盐户均须编籍管理，子孙亦应从事煎盐之业，且入盐籍之人不得脱籍，"淮、浙亭户，旧法父祖曾充亭户之人，子孙改业日久，亦合依旧盐场充应"[3]。非但如此，宋廷明令盐户不得随意离开盐场。北宋法律尚未明确禁止，南宋则规定"诸盐亭户及备丁小火辄走投别场煎盐者，各杖

① （元）脱脱等：《宋史》卷181《食货下三》，中华书局，1977年，第4413页。

② （元）脱脱等：《宋史》卷182《食货下四》，中华书局，1977年，第4436页。

③ （清）徐松辑，刘琳等点校：《宋会要辑稿·食货二七》，上海古籍出版社，2014年，第6592页。

八十，押归本场，承认元额"①。宋廷此举乃是将广泛实行于内陆定居农民的户籍制度移植于盐民之中。所谓户籍制度是历代王朝控制编户齐民的具体形式，对编户齐民的控制是每个王朝建立正常社会秩序、确立其统治的基础。因此之故，历代王朝均十分重视户籍的编制与使用，最直接的目的在于向编户齐民征调赋税和差役，并借此来行使国家的政治统治权力和社会控制职能。②宋廷将该制度施用于盐民，其目的主要是将盐户的生产生活限定于盐场之内，即将其固着于盐场这一场域之中，确保食盐生产在国家控制之下有序进行。

在上述两项管理措施的基础上，北宋之时，浙江盐户被编入灶甲，"盐场皆定盐灶火灰盘数，以绝私煎之弊，自三灶至十灶为一甲，而煎盐地什伍其民，以相讥察"③。灶甲制的另一个形式是行于台州杜渎盐场的盐栅制，"管栅一十有八，亭户二百三十有六，灶五十有四"④。文献虽未载述浙江盐场灶甲运行机制，却详尽描述了淮南东路灶甲运作的实态，可资参考。淮南东路诸场"亭户结甲，递相委保觉察，如复敢私买卖，许诸色人陈告，依条给赏，同甲坐罪。如甲内有首者，免罪，亦与支赏。仍责催煎官钤束起火伏，尽数起发赴场，不得容留在灶。如违，催煎官坐罪有差。其地分巡尉根究透漏，依条施行"⑤。迨至南宋之时，灶甲法得以在沿海地区广泛施行，"行下诸场，将亭户结甲，递相委保觉察，如复敢私买卖，许诸色人陈告，依条给赏，同甲坐罪。如甲内有首者，免罪，亦与支赏"⑥。据此可以看出，灶甲制的推行旨在维护浙江沿海地区的社会秩序。

然而，灶甲制实际运行中却多有违碍之处。浙东提举黄震访闻旧例，"上户不屑入甲，止将中下户入册，又是具文，不曾从实结定，递相觉察"，只派"备丁、私仆"应付差事。⑦浙淮一带上等盐户热衷于收留"逃亡亭户"并"代名入

① （清）徐松辑，刘琳等点校：《宋会要辑稿·食货二六》，上海古籍出版社，2014年，第6567页。
② 刘志伟：《在国家与社会之间——明清广东里甲赋役制度研究》，中山大学出版社，1997年，第2-3页。
③ （宋）李焘：《续资治通鉴长编》卷230《神宗》，中华书局，2004年，第5602-5603页。
④ （宋）陈耆卿著，张全镇、吴茂云点校：嘉定《赤城志》，中国文史出版社，2008年，第61页。
⑤ （清）徐松辑，刘琳等点校：《宋会要辑稿·食货二七》，上海古籍出版社，2014年，第6593页。
⑥ （清）徐松辑，刘琳等点校：《宋会要辑稿·食货二七》，上海古籍出版社，2014年，第6593页。
⑦ （宋）黄震著，张伟、何忠礼点校：《黄氏日抄》卷80《行移团结亭丁》，浙江大学出版社，2013年，第2246页。

甲"，导致"下户之利既被侵夺，国有课入又为攘取"。① "民之有产业者不析为诡名则隐寄于盐亭户之家，此阖郡之人所共知也"，宋廷采取的抑制措施乃是令"盐亭户除元不科者仍旧，续置产业自合均敷"②。部分"亭户未尝煮盐，居近场监，贷钱射利，隐寄田产，害及编氓"③。一些上等盐户买通盐官而隐漏盐课，"至有物业高强，而本户所煎之盐，乃与下户不相上下"，且"阴夺官利"。④

缘于此，黄震推行的灶甲制更为严密，务求落于实处，以期更为有效地遏制愈演愈烈的私盐制贩活动。具体做法主要有六：一是诸场"不问上、中、下户，比同编户，一体置牌，结罪保明"；二是盐户排结入册，每"十家结为一甲，轮月递充甲首。应充甲首之户，常切告报。同甲之户各各安心着业，保身惜命"，各甲由上等盐户主之或通管；三是"上户本不与下户同列听令，备丁私仆充之"；四是"场官一人，每十日以此唤上甲首，点名告诫"；五是若发生盐民逃亡、扰乱盐场事，对所犯盐户"重置典型，场官先从按劾，场吏并置重典"；六是每月轮甲户催盐。⑤ 此外，户部侍郎叶衡别置一官，负责查访私盐颇盛的明州盐户，"年来课入不增，私贩害之也，宜自煮盐之地为之制，司火之起伏，稽灶之多寡"⑥。虽然浙江灶甲制设计严密，却难以得到有效执行。提举浙东茶盐公事王然将明州三县盐场下户"一例拘籍，其间有不愿结甲，及虽结甲而不愿贷本钱"，吊诡的则是朝廷却以扰民罢黜了竭力实行灶甲制的王然。⑦ 总体来看，灶甲制对盐户的管控力度超出了其承受力，导致盐民利益受到严重地侵损，由此引发盐民的不断抗争，进而导致其制难以落实，实际效用亦有限。

有鉴于此，国家希望强化浙江私盐的稽查力度，以求禁绝浙江私盐。实际运行之中，负责稽查私盐的部分地方州县却有着各自的考量，而不愿严厉查禁私盐贩易行为。王安石向神宗奏称："近浙路盐额大增，然州郡尚有不欲严禁者，故巡捕官未敢竭力。且人谁无过，陛下若知其可任，有违犯且少宽之，则

① （清）徐松辑，刘琳等点校：《宋会要辑稿·食货二七》，上海古籍出版社，2014年，第6586页。
② （清）徐松辑，刘琳等点校：《宋会要辑稿·食货七十》，上海古籍出版社，2014年，第8156页。
③ （元）脱脱等：《宋史》卷400《汪大猷传》，中华书局，1977年，第12144页。
④ （清）徐松辑，刘琳等点校：《宋会要辑稿·食货二七》，上海古籍出版社，2014年，第6586页。
⑤ （宋）黄震著，张伟、何忠礼点校：《黄氏日抄》卷80《行移团结亭丁》《差场脚走递文字》，浙江大学出版社，2013年，第2246–2249页。
⑥ （元）脱脱等：《宋史》卷384《叶衡传》，中华书局，1977年，第11823页。
⑦ （宋）李心传著，胡坤点校：《建炎以来系年要录》，中华书局，2013年，第1244页。

能吏奋矣。"神宗对曰:"太宰以八柄御群臣,谓宜如此,正宰相之任也。州郡但能依法案劾,行合去留在朝廷耳。然少知此体者,卿言甚善。"①

浙江盐场官吏虽具有查禁私盐之责,但其往往不能尽到职责,反而常会激发新的矛盾。庆元茶盐分司官吏以查办私盐之名公然为己谋利并激起民变,"凡编户稍有衣食之家,无不括类姓名,预入网罗,待有私盐,遍行通法,狱子承勾钱动以万计,况于案吏,抑又可知。以致被害之家不至于沦洗罄尽不止,年复一年,田里荡析,至今春而贫民亦四起相挺为盗矣"②。缘此,朝廷于浙江地区增置巡检寨专理缉私,与诸县尉形成有效互补,加强查禁私盐的力度。浙江巡检寨分布、寨兵配置情形如下:杭州(临安府)钱塘界有南荡巡检司寨,元额管土军96人;钱塘与仁和县界设有奉口巡检司寨,元额管土军100人;仁和县设有下塘巡检司寨,元额管土军30人;仁和与盐官两县界置赭山巡检司寨,元额管土军120人;盐官县境内设上管巡检司寨,元额管土军120人;黄湾巡检司寨元额管土军120人;硖石巡检司寨元额管土军100人;许村巡检司寨元额管土军100人。③明州(庆元府)置10寨:浙东、结埼、三姑、管界、大嵩、海内、白峰、岱山、鸣鹤、公塘;温州(瑞安府)置13寨:城下、管界、馆头、青奥、梅奥、鹿西、莆门、南监、东北、三尖、北监、小鹿、大荆;台州置6寨:管界、亭场、吴都、白塔、松门、临门。其中,明州浙东寨兵77人,大嵩寨兵176人,鸣鹤寨兵73人,公塘寨兵68人,鲒埼(结埼)寨兵57人,管界寨兵117人,海内寨兵150人,三姑寨兵540人,岱山寨兵150人;台州管界寨兵128人,亭场寨兵112人。④

当然,也有些官员为增盐课而广行严法。《宋史》曰:"时惟杭、越、湖三州格新法不行,发运司劾奏亏课,皆狱治。王安石为神宗言捕盐法急,可以止刑。久之,乃诏两浙提举盐事司,诸州亏课者未得遽劾,以增亏及违法轻重分三等以闻。七年,以卢秉盐课虽增,刑狱实繁,虑无辜即罪者众,徒其职淮南,

① (宋)李焘:《续资治通鉴长编》卷246《神宗》,中华书局,2004年,第6002页。
② (宋)黄震著,张伟、何忠礼点校:《黄氏日抄》卷77《浙江提举之申免茶盐分司状》,浙江大学出版社,2013年,第2186页。
③ (宋)周淙:乾道《临安志》,杭州出版社,2009年,第27-28页。
④ (元)脱脱等:《宋史》卷192《兵六》,中华书局,1977年,第4793页;(宋)罗濬:宝庆《四明志》,杭州出版社,2009年,第3224-3225页;(宋)陈耆卿著,张全镇、吴茂云点校:嘉定《赤城志》,中国文史出版社,2008年,第197-198页。

以江东漕臣张靓代之，且体量其事。靓言秉在事，越州监催盐偿至有母杀子者，诏劾其罪，然竟免，仍以增课擢太常博士，升一资。岁余，三司言两浙漕司宽弛，盐息大亏，命著作佐郎翁仲通更议措置。元祐初，言者论秉推行浙西盐法，务诛利以增课，所配流者至一万二千余人，秉坐降职。两浙盐亭户计丁输盐，通负滋广，二年，诏蠲之。后更积负无以偿，元符初，察访使以状闻，有司乃以朝旨不行，右正言邹浩尝极疏其害。"① 上述引文说明，地方官员在执行盐法之时，严厉与宽弛之间很难达到一个最佳平衡点以使各关联方均受利。其结果则是，严厉执行盐法则会危害地方民众，执行宽弛则致中央政府盐课大亏。

初始之时，朝廷规定巡检寨兵丁由当地土军充之，"杭、秀、温、台、明五州界管辖盐场地分，巡检、巡茶盐使臣兵级，并差本城兵士，一年一替"②。时间既久，土军的弊端日渐凸显。他们常与盐户勾连一处公然遮庇盐户私煎私贩食盐，"产盐地分弓手、土军与亭户相为表里，庇其私煎盗卖，复以巡捕为名，横行村落，反与私贩之徒极力防护"③，"有盐场处皆置巡检，以捕私商，缘岁久，而土军与亭户交往如一家，亭户私盐自若。兼贩私盐之人类皆强壮为群，号曰水客，土军莫能制，反相连结，为之牙侩，巡检者徒备员，盐场官熟视无策"④。可以说，土军未能有效发挥缉捕私盐贩的职能，反而在某种程度上助长了贩私活动。⑤ 为此，朝廷以下列举措应之。

其一，轮差禁军。朝廷"敕诸路巡检下士兵，以原额之半，轮差禁军，半年一替"⑥。朝廷此举虽在一定程度上减少了土军的弊端，也带来了新的问题，即巡检所辖兵士多为外地人，对屯驻区域不甚谙熟，致使缉私作用十分有限。有臣僚比对了县尉、巡检寨查禁私盐的效果："巡、尉职皆捕盗，而县尉所获常多，巡检常少。盖尉司弓手皆土人，耳目谙习，巡检下乃攒杂客军，又不许差出缉捉。"⑦ 不仅如此，巡检常成为私盐贩的庇护者，"每场必有巡检以为警察，并起盐之时，监董入监。为巡检者多不识字，悉由寨司，亭户每发私贩，反为外护，

---

① （元）脱脱等：《宋史》卷 182《食货下四》，中华书局，1977 年，第 4437 页
② （宋）罗濬：宝庆《四明志》，杭州出版社，2009 年，第 3223 页。
③ （清）徐松辑，刘琳等点校：《宋会要辑稿·食货二八》，上海古籍出版社，2014 年，第 6629 页。
④ （清）徐松辑，刘琳等点校：《宋会要辑稿·食货二七》，上海古籍出版社，2014 年，第 6581 页。
⑤ 史继刚：《卢秉盐法述评》，《盐业史研究》，1991 年第 3 期。
⑥ （宋）罗濬：宝庆《四明志》，杭州出版社，2009 年，第 3224 页。
⑦ （宋）罗濬：宝庆《四明志》，杭州出版社，2009 年，第 3223 页。

万一他处败获，则多持贿赂，计会入名，谓之同获，递互相庇，不以为怪"①。

其二，朝廷制定规条惩处稽查不力官吏。具体规定如下："盐地分巡检不觉察亭户隐缩私煎、盗卖盐者，杖一百，监官、催煎官减二等，内巡检仍依法计数冲替。""诸巡捕使臣透漏私盐一百斤，罚俸一月，每五十斤加一等，至三月止；及一千五百斤，仍差替；二千五百斤，展磨勘二年；每千斤加半年，及五千斤降一官，仍冲替；三万斤奏裁。"②当然，朝廷对尽到职责缉捕私盐贩的官员会给予奖励，明州定海县海内巡检拱伟因亲率官兵抓获私盐贩而受伤，朝廷以巡尉罕有躬身亲捕盗而特转其一官。③此事例从侧面说明，缉私官员捕捉私盐贩具有极大的风险性，朝廷方以此作为典型来激励其他官兵。实际上，巡捕官吏无法尽职尽责缉捕私盐贩，且常与私盐贩勾结而透漏私盐，且十分普遍。整体来看，各级巡捕官吏的玩忽职守、贪赃枉法，致使宋代的缉私机构不能充分发挥职能，说明政策的激励效应明显不足，而在这些人的包庇纵容之下，贩私活动更加猖獗。④

由于上述两项举措皆没有达到国家的预期，朝廷制定了一系列的法律规条，对从事私盐制贩活动的盐户、濒海细民施以严惩，试图遏制他们煎贩私盐的势头。绍兴二年（1132）律条规定："今后亭户辄将煎盗盐货冒法与私贩、军兵、百姓交易，不以多寡，并决脊配广南牢城，不以赦降原减。"其后改作："若系亭户卖所隐缩火伏盐及买之者，依《盐敕》，并论如《盐煎私盐法》，一两比二两，及合依政和三年十二月十七日指挥，依《海行私盐法》加二等断罪。所有亭户、非亭户煎盐，与私贩、军人聚集般贩，及百姓依藉军兵声势私贩，即依绍兴二年十二月八日指挥一节。缘不曾分别斤重数目，若不问多寡，并行决配广南，深虑用法轻重不伦，理合随宜别行多寡断配。今欲本犯不至徒罪，乞配邻州；若罪至徒，即配千里；如系流罪，仍依元降指挥刺配广南。"⑤

朝廷意识到贩运私盐的不法商旅是浙江私盐重要的吸纳者，故对其亦有相应的惩处措施：一是对接引私盐之人进行约束、惩处，"奉诏措置禁绝私盐，内

---

① （清）徐松辑，刘琳等点校：《宋会要辑稿·食货二七》，上海古籍出版社，2014年，第6586页。
② （清）徐松辑，刘琳等点校：《宋会要辑稿·食货二六》，上海古籍出版社，2014年，第6558-6559页。
③ （清）徐松辑，刘琳等点校：《宋会要辑稿·食货二七》，上海古籍出版社，2014年，第6599页。
④ 史继刚：《两宋对私盐的防范》，《中国史研究》，1990年第2期。
⑤ （清）徐松辑，刘琳等点校：《宋会要辑稿·食货二六》，上海古籍出版社，2014年，第6565页。

一项，乞州委通、县委知县，将自来停塌、接引、贩卖私盐破落户，尽行籍记姓名约束，今后不得私贩。如两经有犯，不得以多寡，除依法断罪追赏外，日下屏逐出界"①；二是对招诱指引私贩之人出卖私盐，并停藏接引私盐的牙人，与走私犯人一等科罪。②

依条文规定来看，宋廷对私盐贩的惩处力度可谓极大；然据实际执行而言，大多数仅属空文而已，"今来私盐盛行，往往将见条法视为文具"③，"两浙岁断犯盐者十七万人，终亦不为衰止"④。就其本质而言，宋代的私盐刑律为了不遗余力地维护朝廷对盐务的垄断和对盐利的独占，绝不容许民间染指盐利，甚至认为百姓去当盗贼要好于去贩私盐。其科断大致遵循以下原则：一是私煎重于私贩；二是盐户、盐场人员重于非盐户、非盐场人员；三是首犯重于从犯；四是直接犯私重于间接或知情；五是城市及产盐区严于乡村及非产盐区等。⑤ 因此之故，宋廷虽对私盐贩绳以苛律、处以重典，并对官吏厉行督责和肆为赏罚，结果却是私盐始终不绝于世。⑥ 可以说，盐法已经残酷到无以复加，但是国家加大打击缉私力度、加强缉私法律建设所起作用是有限而短暂的，可能在某一地区或某一特定时间范围内发挥作用，却不能从根本上解决私盐问题。⑦

根索浙江私盐终不能禁的深层次原因，乃是宋代食盐专卖体制。正如时人黄震所言："大抵上专其利，则下受其害，势有必至。而利之所在，害有不恤，亦非势之所能尽禁。"⑧ 检视该制度，盐户实属其重要一环，但国家制度设计对其权益缺乏必要的制度性保障，朝廷只想维护盐户最低限度的生产生活，却欲最大限度地占有盐利。在此情势下，国家上述举措实属应时之策，受限于行政管理体制的僵化，只能是流于形式，远不能达到朝廷的设计预期；执行上的层

① （清）徐松辑，刘琳等点校：《宋会要辑稿·食货二七》，上海古籍出版社，2014年，第6583页。
② （清）徐松辑，刘琳等点校：《宋会要辑稿·食货二六》，上海古籍出版社，2014年，第6558页。
③ （清）徐松辑，刘琳等点校：《宋会要辑稿·食货二七》，上海古籍出版社，2014年，第6597页。
④ （宋）黄震著，张伟、何忠礼点校：《黄氏日抄》卷71《申杨提举新到任求利便状》，浙江大学出版社，2013年，第2105页。
⑤ 郭正忠：《宋代私盐律述略》，《江西社会科学》，1997年第4期。
⑥ 郭正忠：《论两宋的周期性食盐"过剩"危机——十至十三世纪中国食盐业发展规律初探》，《中国社会经济史研究》，1984年第1期。
⑦ 吴海波：《清中叶两淮私盐与地方社会——以湖广、江西为中心》，复旦大学博士学位论文，2007年。
⑧ （宋）黄震著，张伟、何忠礼点校：《黄氏日抄》卷71《申杨提举新到任求利便状》，浙江大学出版社，2013年，第2105页。

层阻碍更是出乎朝廷的预料，使得私盐问题不断加剧。

之所以如此，乃是因为古代中国属强国家—弱社会的关系模式，国家通过发达而严密的官僚科层体制实现对社会资源的控制和分配，国家决策通过自上而下的权威性传导方式由地方政府予以实现。①宋廷实施浙江私盐整治措施时采取的便是自上而下的国家单向度的治理路径，其政策执行过程以命令与服从这种等级关系作为基础。②在这种体制下，任何一项国家或地方的制度都是由具体的人来执行和操作的，他们自身的素质、立场对制度的执行有很大影响，只有清正且有能力的官吏方可忠实地贯彻国家政策，否则必然导致各级责任承担制形同虚设。

实际运行中，浙江盐场、州仓所作所为常偏离朝廷制度设计，这需要国家及时对盐场、州仓偏离国家意图的行为进行调控。同时，国家要妥善处理盐场、州仓、盐民、商旅各方之间的利益矛盾，统筹协调由此结成的各种利益关系。在此基础上，国家、盐场、州仓、盐民、商旅之间方可构成自上而下与自下而上的双向互动，进而形成从单向到双向的利益协调路径。在此基础上，官民能够共享盐利，国家、盐场、盐民、商旅等才能形成协同发展的局面，进而消除私盐泛滥的社会基础。

在宋代食盐专卖制度下，地方盐务机构贯彻中央相关政策、执行有关政令力度的强弱，直接关乎食盐专卖体制的运转效率。在此背景下，朝廷赋予浙江盐场、州仓向盐户发放盐本钱、收纳盐民煎炼的盐货两项权力，借由他们维持食盐专卖体制的正常运行。然而在实际运行过程中，浙江盐场、州仓却出现拖欠、克扣、欺取盐户盐本钱并侵夺盐货等令朝廷始料未及的诸项弊端，由此生成的盐务苛政更是严重破坏了食盐专卖体制的良性运转秩序。

受其影响，盐户的生计陷入困境，在完纳盐课、谋求生存的双重压力之下，盐户迫不得已从事制贩私盐活动，并成为浙江私盐的主要供应者，居于咸卤之地的濒海民众亦会提供部分私盐。不法商旅在利益驱动下，从盐户处购入私盐并售与民众。至此，浙江私盐制贩体系得以构建，浙江私盐由此能够长久存在。

① 许开轶、李晶：《东亚威权政治体制下的国家与社会关系分析》，《社会主义研究》，2008年第3期。
② ［英］费里德利希·冯·哈耶克著，邓正来译：《自由秩序原理》，生活·读书·新知三联书店，1997年，第18页。

浙江地区猖獗的私盐制贩活动，不仅导致国家盐课减损严重，而且致使食盐专卖体制不能正常运行。为此，国家通过推行灶甲制、增设巡检寨、制定私盐律法等举措来强化对浙江私盐场域的治理。虽然朝廷采取多项措施来加强查禁私盐的力度，但是均未能达到预期效果，浙江私盐煮炼与贩卖活动反而日益滋炽。究其原因，在于宋代延行不辍的食盐专卖体制。在该制度框架下，朝廷的设计初衷是维持盐户最低限度的生产生活，却意欲最大限度地获得盐利收入，据此而垄断食盐的产销。

实际上，该制度在运转中出现了严重偏离，其本身具有的弊端随其运行而逐步凸显：首先，作为重要执行机构的浙江盐场、州仓诸官吏基于自身利益考量大肆侵剥盐户；其次，失去生产、生活必需的盐本钱，盐户不得不进行私盐的制贩；最后，朝廷对浙江私盐的治理举措一味地强化对盐户的管控力度以及缉查私盐的强度，却未曾考虑过盐民的切身利益。

正是因为上述弊端的长期存在，朝廷又没有对食盐专卖体制予以调适，从而导致中央政府、地方官府、盐户、商人等利益相关主体持久地处于利益失衡状态之中。基于此，浙江盐务机构官吏、盐户、商人等在自利性趋导下，以不同的方式分割盐利，使得有宋一代浙江私盐问题始终无法解决。

## 第三节　海物采捕与沿海社会秩序构建

北宋时期，中央财政索取相对较少，且地方官府财政开支亦不大，故对采捕海物的民众并无征税之举。但是，这种情况至南宋之时，却发生了很大改变。进入南宋后，中央政府对地方的索取日渐增大，地方官府的财政压力随即增加。与此同时，地方官府的日常办公经费亦在逐步增加。来自中央、地方两级政府的财赋压力，导致地方官府对民众采捕海物活动进行征税，其结果是虽然增加了国家的财政收入，却极大地改变了浙江的区域社会关系。

### 一、明州砂岸买扑制与沿海社会秩序的重构

就目前所掌握的文献而言，砂岸乃是明州官民对近海捕鱼场所的专有称

谓。<sup>①</sup>砂岸成为专有名词是由砂岸买扑制逐渐演变而来的。淳熙元年至四年（1174—1177），赵恺为解决明州财政困境，以招标竞标的方式将明州所属某段沿海之地海物资源的采捕权让渡给砂岸承佃者。<sup>②</sup>获得砂岸承佃权者为地方豪富之人，他们向明州缴纳规定的租税之后，明州便赋予其向使用砂岸者征税之权。

可以讲，明州官府以强权将原本供全体民众共有的近海海物的采捕权归为地方官府所有，明州细民无偿采捕海物的权利随之被剥夺。在这种情势下，明州地方官府因此而获得了数量可观的砂岸租税收入，有效缓解了地方的财政困境。其后，明州地方财政日益趋紧，使得砂岸买扑制得以推广，宝庆年间（1225—1227）更是得以普及。<sup>③</sup>明州民众在向砂岸承佃者缴纳一定税额后，方可继续使用近海各种资源。承佃砂岸的地方势豪以其具有的征税之权恣意侵害沿海民众的利益，造成其与民众的矛盾愈发凸显，明州沿海社会秩序因此不断遭到破坏。

砂岸承佃者以垄断砂岸之权而获利，"海乡细民，资砂岸营口腹，龙断者以抱纳微入唉官司，而擅众利"<sup>④</sup>"数十年来，垄断之夫，假抱田（佃）以为名，唉有司以微利，挟趁办官课之说，为渔取细民之谋"<sup>⑤</sup>。承佃砂岸势家豪民对民众的掠夺幅度呈现不断增加之态，濒海民众为此而不断上诉明州地方官府，"砂岸之为民害，见于词诉者愈多"<sup>⑥</sup>，"争佃之讼纷如"，"人又谓主砂者苛征而相吞噬者，则滋讼"，"沿海细民又且词诉迭兴"<sup>⑦</sup>。

实际上，宋廷于淳熙四年（1177）已然下旨要求废除续置砂岸。<sup>⑧</sup>这说明砂岸买扑制创建不久后，租佃砂岸地方豪民已经凭借垄断之权剥削沿海居民，进而对明州沿海社会秩序造成比较大的破坏，因此方能引起宋廷的关注并诏令

① （宋）罗濬：宝庆《四明志》，杭州出版社，2009年，第3135页；（宋）梅应发、刘锡：开庆《四明续志》，杭州出版社，2009年，第3715页。

② （元）脱脱等：《宋史》卷246《赵恺传》，中华书局，1977年，第8733页；（宋）罗濬：宝庆《四明志》，杭州出版社，2009年，第3134-3135页；

③ 倪浓水、程继红：《宋元"砂岸海租"制度考论》，《浙江学刊》，2018年第1期。

④ （宋）刘克庄著，辛更儒校注：《刘克庄集笺校》卷143《宝学颜尚书神道碑》，中华书局，2011年，第5703页。

⑤ （宋）罗濬：宝庆《四明志》，杭州出版社，2009年，第3135页。

⑥ （宋）罗濬：宝庆《四明志》，杭州出版社，2009年，第3136页。

⑦ （宋）梅应发、刘锡：开庆《四明续志》，杭州出版社，2009年，第3612、3715-3717页。

⑧ （宋）罗濬：宝庆《四明志》，杭州出版社，2009年，第3573页。

废除。然而，宋廷这一纸诏令未能遏制明州砂岸的续置，石坛、虾辣、鲎涂、大嵩、双峗、沙角头、穿山等处均在此诏令发布之后新增了砂岸。①

随着砂岸数量的不断增多，地方精英借垄断砂岸之便侵害渔濒海细民之情愈加严重，对明州地方社会秩序的破坏性影响也越来越大。宝庆《四明志》详载其况如下：

> 数十年来，垄断之夫，假抱田以为名，啖有司以微利，挟趁办官课之说，为渔取细民之谋。始焉照给文凭，久则视同己业，或立状投献于府第，或立契典卖于豪家，倚势作威，恣行刻剥。有所谓艚头钱，有所谓下莆钱，有所谓晒地钱，以至竹木薪炭，莫不有征，豆麦果蔬，亦皆不免。名为抽解，实则攫拿。犹且计口输金，下及医卜工匠创名色以苛取，皆官司之所无。凡海民生生一孔之利，竟不得以自有。输之官者几何，诛之民者无艺。利入室，怨归公家，已非一日。甚至广布爪牙，大张声势，有砂主，有专柜，有牙秤，有拦脚，数十为群，邀截冲要，强买物货，揑托私盐，受亡状而诈欺，抑农民而采捕。稍或不从，便行罗织，私置停房，甚于图圄，拷掠苦楚，非法厉民，含冤吞声，无所赴诉，斗殴杀伤，时或有之。又其甚者，罗致恶少，招纳刑余，揭府第之榜旗，为逋逃之渊薮，操戈挟矢，挝鼓鸣钲，倏方出没于波涛，俄复伏藏于窟穴。强者日以滋炽，聚而为奸。弱者迫于侵渔，沦而为盗。薄人于险，靡所不为。他人之舟，即己之舟；他人之物，即己之物。兵卒不得而呵，官府不得而诘。②

据上述所言，地方精英为害沿海地方的举动有以下诸端：一是垄断砂岸之人视其为己业，任意予以典卖；二是巧立征索名目，对与海物全然无关的竹木薪炭、豆麦果蔬等进行征税，肆意搜刮而自肥，对沿海民众苛征滥取；三是突破官府划定的纳税人群，对无须交税的医卜工匠等群体擅自征取；四是承佃砂岸的地方精英所收租钱，纳于官府者不多，大部分均归为己有，却引发了一般

---

① （宋）罗濬：宝庆《四明志》，杭州出版社，2009年，第3134-3137页；（宋）梅应发、刘锡：开庆《四明续志》，杭州出版社，2009年，第3612页。
② （宋）罗濬：宝庆《四明志》，杭州出版社，2009年，第3135-3136页。

民众对官府的强烈不满，对当地政府的怨恨颇大；五是经营砂岸的地方精英纠集砂主、专柜等人，强行贩售货物、私盐等，并禁止农民采捕，成为肆行酷虐地方百姓的一方势力；六是遇有不服从之人，轻则罗织罪名投入私设监狱之中，重则杀伤，肆弄威权；七是聚拢地痞流氓，发展成为出没海域的盗贼，常常劫掠沿海细民船、货，成为危害一方的恶势力，而当地官府却纵容他们的恶行。综上所述，承租砂岸的地方精英，凭借官府声势，不仅对沿海居民苛取暴利，而且随意干涉地方政事。沿海之人在其经济剥削之下，生活业已困苦不堪；在其插手地方事务后，更是时刻面临着失去生命、财货的危险境地。当地官府却对此视若无睹，纵其肆意妄为，从而引发地方社会的动荡，不断冲击着沿海社会的秩序，严重影响到地方统治的稳定。

在这种情况下，挣扎在生存边缘的沿海民众迫于生计压力转而为盗，"比年以来，形势之家私置团场，尽网其利，民不聊生，其间不得已者，未免沦而为盗"①"近年海寇披猖，如三山、小榭等处，有登岸焚劫之事"②。不仅如此，部分承佃砂岸地方势豪直接从事海盗劫掠，对地方社会安定造成严重的冲击。这引发了明州社会的动荡，对沿海社会秩序造成了很大的冲击。为消除造成明州沿海社会动乱的根源，明州有识见的官员以行政命令的形式废除了砂岸买扑制，旨在重整沿海社会秩序。

庆元二年（1196），"陈景愈于爵溪、赤坎、后陈、东门等处创置税貌。县令赵善与以扰民，白府罢之。提刑李大性摄府，与除免所抱之钱。嘉定二年，杨圭冒置，分布樊益、樊昌等为海次爪牙。郑宥等诉之主簿赵善瀚，历陈其害。五年，守王介申朝廷除罢，毁其五都团屋，版榜示民。宝庆元年，胡逊、柳椿假府第买鱼鲜之名，私置鱼团。郑宥等又有词，仓使齐硕摄府，杖其人而罢之"③。

随着砂岸买扑制造成的恶劣影响日趋严重，知庆元府事开始重视并强行废除砂岸买扑制。淳祐六年（1246），知庆元府事颜颐仲访闻砂岸买扑制为当地之害，便申奏尚书省："州郡既率先捐以子民，则形势之家亦何忍肆虐以专利。应

① （宋）吴潜：《宋特进左丞相许国公奏议》卷3《奏禁私置团场以培植本根消弭盗贼》，上海古籍出版社，2002年，第177页。
② （宋）梅应发、刘锡：开庆《四明续志》，杭州出版社，2009年，第3716页。
③ （宋）罗濬：宝庆《四明志》，杭州出版社，2009年，第3573页。

是砂岸属之府第，豪家者皆日下，听令民户从便渔业，不得妄作名色，复行占据。其有占据年深，腕给不照，或请到承佃榜据，因而立契典卖者，并不许行用。欲乞公朝特为敷奏，颁降指挥，著为定令。或有违戾，许民越诉，不以荫赎，悉坐违制之罪。"①其请为宋廷允准。在颜颐仲的努力下，明州砂岸买仆制得以蠲除。②然而，砂岸买扑制虽在颜颐仲四年任期内被禁行，其后却又得以复置。

宝祐四年（1256）知庆元府事吴潜到任后，得知砂岸买扑制为当地民害而上奏："近幸势家自行住罢团局，听令民间自营生业，小民方有生意。"③明州因此曾一度废除砂岸买扑制，但之后"因民之欲而奏复之。越一年，人又谓主砂者苛征而相吞噬者，则滋讼。公知其扰民也，亟奏寝之，或止或行，悉因民欲"④。其后，吴潜复请将赡学砂岸"复归于学。继而争佃之讼纷如，准制札仍拨归制司，却于砂岸局照元额发钱养士。六年五月，以砂首烦扰，复奏请驰以予民"⑤。吴潜四年任职期内，砂岸买扑制置罢无常，乃是吴潜基于当地实情有意为之。

总的来看，明州除罢砂岸买扑制的行为在一定时期的局部地区或短时期于全境取得了效果，明州沿海社会秩序得以短暂恢复。值得注意的是，明州地方官员维持无砂岸买扑制的时间并不长。这表明明州沿海社会秩序的重构遇到了较强的阻力，一是明州地方官府，二是私占、承佃砂岸的既得利益集团。

首先，明州地方官府日常经费对砂岸租依赖性极强。明州赡学砂岸租税额度从淳熙初年至淳祐六年（1174—1246）的70余年间，由初始税额的5200贯文猛增至30779.4贯文，11年后的宝祐五年（1257）更是达到了37478.75贯文。⑥与此同时，明州地方政府所定砂岸租额度亦呈递增之势，某一年岁收砂

① （宋）罗濬：宝庆《四明志》，杭州出版社，2009年，第3136页。
② （宋）罗濬：宝庆《四明志》，杭州出版社，2009年，第3135页。
③ （宋）吴潜：《宋特进左丞相许国公奏议》卷3《奏禁私置团场以培植本根消弭盗贼》，上海古籍出版社，2002年，第177页。
④ （宋）梅应发、刘锡：开庆《四明续志》，杭州出版社，2009年，第3715页。
⑤ （宋）梅应发、刘锡：开庆《四明续志》，杭州出版社，2009年，第3612页。
⑥ （宋）梅应发、刘锡：开庆《四明续志》，杭州出版社，2009年，第3135-3136页、第3612页。

岸钱通计 53182.6 贯文，<sup>①</sup> 之后更是达到惊人的 368700 贯文。<sup>②</sup> 这说明明州所辖诸司以及属县日常支给愈来愈依赖砂岸租。砂岸租钱岁纳及款项用途具体如下："就以砂岸税场所入，岁计二十二万九千六十五贯八百单五文，为庆元府帮支郡庠养士厨食钱十三万六千二百贯文，为定海帐前水军帮支久阁制领将佐每岁供给钱九万二千五百贯，为定海水军创支驾船出海巡逴探望、把港军士生券钱四万一千贯文，为庆元府六局衙番帮支久阁每岁盐菜钱一万五千贯文，为慈溪县管下新创夜飞山防遏寇盗屯戍水军岁支钱米五万六千六百贯文，为象山县管下边海陈山东宿渡新创军船载渡民旅、防遏寇盗水军岁支钱米二万一千一百二十贯文，为定海县管下新创浃港防遏寇盗屯戍水军岁支钱米六千二百八十贯文。已上共计三十六万八千七百贯文。前所谓砂岸税场之入，不足以当其半，则以庆元府经常钱补之，亦既逾年于此矣"。<sup>③</sup>

其次，私占、承佃砂岸的既得利益者竭力阻扰废除砂岸买扑制。私占、承佃砂岸者"由其恃有凭依，所以肆无忌惮"，其开抱砂岸者部分为品官与贵势之家，致使奸宄日出、遗祸无穷，从而导致砂岸买扑制屡不能禁。<sup>④</sup> 正是基于此，承佃砂岸的地方豪强凭借砂岸征税权、自身具有的权势与财富，统率沿海民众。史籍载，"人谓砂岸废而民无统，寇职以肆"，"适当海寇披猖之余，遂行考究本末，多谓因沿海砂岸之罢，海民无大家以为之据依"，"皆起于罢砂岸，而砂民无所统率之故"。<sup>⑤</sup> 这说明承佃砂岸地方精英具有强大的势力，足以对滨海之民形成威慑之态，进而能够任意盘剥沿海民众，破坏沿海地方社会秩序。

综上所述，明州为解决地方财政困难而创设砂岸买扑制，一方面，有效增加了地方的财政收入；另一方面，造成砂岸承佃者据此扩充税收名目为己谋利，破坏了沿海地方社会秩序。明州一些官员认识到砂岸买扑制的破坏性，采取了一些强力手段予以废除，但仅于某段时间起到一定作用，难以彻底根除其弊端。究其原因，严重依赖砂岸租的明州地方官府与私占、承佃砂岸的地方势家富民结成了既得利益集团，成为明州废除砂岸买扑制、重构沿海社会秩序的主

---

① （宋）罗濬：宝庆《四明志》，杭州出版社，2009 年，第 3136 页。
② （宋）梅应发、刘锡：开庆《四明续志》，杭州出版社，2009 年，第 3715 页。
③ （宋）梅应发、刘锡：开庆《四明续志》，杭州出版社，2009 年，第 3715-3716 页。
④ （宋）罗濬：宝庆《四明志》，杭州出版社，2009 年，第 3136 页。
⑤ （宋）梅应发、刘锡：开庆《四明续志》，杭州出版社，2009 年，第 3715-3716 页。

要阻力。在这种情况下，宋廷、明州地方政府虽皆有废砂岸买扑制之举，但均遭到赖砂岸租维持日常用度的地方官府诸司以及私占、承佃砂岸的既得利益集团的百般阻挠，结果便是因砂岸买扑制引发的砂岸承佃者对沿海社会秩序所造成破坏活动，终南宋一代都未能根除。

## 二、温台官府私置渔野税铺与区域社会治理的变化

目前尚未见到有史籍载述北宋时期浙江地方官府将海滨人户采捕海物场所收为官有的记载，由此推断当时应是纵民自行捕捞的，民众共有海物采捕之权。南宋疆域大减，却长期处于强敌压境之下，和战丕变，使得军费开支猛增。此外，皇室、官员俸禄及定额岁币等支给，均属庞大的开销。为此，中央政府对地方官府财赋收入的征取力度不断增强。拱绕首都临安府的浙江地区更是遭到无度索取，地方官府的负担越来越重。中央政府通过财政征收的手段独占全国资源的现象，从北宋到南宋不曾间断，而且从中央到地方形成一种上级对下级的资源独占。如此一来，原归地方财政的税款多被中央占据，地方官府征收的赋税按比例由中央与地方分配，归于地方的收入却还要负责厢禁军等薪俸及地方官员馈送之用等。在地方财政受到挤压的情况下，处于行政底层的县，财政困难是非常明显的。[1]伴随而来的是，浙江地方官府办公经费趋紧。与明州以砂岸买扑制形式解决财政困局不同的是，温台二州及其属县通过私置税铺形式充办官课，以求解决府学经费及定海水军、县官俸禄不足问题，由此成为当地民众沉重的经济负担。

检索文献可知，温台两州地方官府私置渔野税铺的时间应在南宋时期。乾道九年（1173），臣僚言："温州平阳县有私置渔野税铺，为豪右买扑，乘时于海岸琶曹、小鑊等十余所置浦，濒海细民兼受其害。昨来户部住罢，已及三年。今豪民诡名，又复立价承买。平阳知县林志屡乞行废罢，如不欲亏失名钱，本县自甘抱认发纳。又照得台州天台县私置界溪、榧木税铺，绍兴十一年已住罢。近台州通判秦烜乞复二铺，召人买扑，人户被害，节次诉于御史台。如孙汝明讼宁海县樟木、掘浦二铺，张太讼宁海县荛湖、柘浦三铺……如此等类，皆是私置，难以概举。"孝宗诏命："应私置税铺，并行住罢。如已经住罢，

---

① 黄宽重：《从中央与地方关系互动看宋代基层社会演变》，《历史研究》，2005 年第 4 期。

不得复置。凡有违戾，重寘典宪。"①

上述材料表明，早于乾道九年（1173），温台两州所辖县已于海岸私置税铺，其征税对象应为当地从事渔业捕捞的濒海细民。温台两州设置的税铺未获得宋廷的准许，故文中称之为"私置"。换言之，其置税铺之举不为宋廷所容，也说明其所收赋税应用于州县行政支出，并没有上缴中央政府。温台二州虽设税铺，却采用买扑的形式，令地方精英承佃。地方精英将规定额度的赋税纳于州县后，取得地方官府赋予的向从事海物采捕活动人户征税的权力，便大肆苛扰普通沿海人户，令后者深受其害，诉讼不息。

地方官府与地方精英各为私利，却存在较大的利益共同点，故两者勾结一处，成为税铺反复废置的根源。这引起了朝廷的严重关切，户部甚至孝宗亲自下诏停罢税铺，并对违反者施以重典。

# 小　结

伴随着海涂田数量越来越多，浙江形势之家追逐自身利益之时，便会有意识地侵损一般人户的利益。他们通过兼并侵占普通民众海涂田、破坏当地水利工程等手段，侵损普通民户的利益，但朝廷的应对之策效果不佳。当地势家豪民的破坏活动尚不限于此，他们基于自身利益最大化的考虑，以隐匿田产、诡名请佃官田、贪取民众租课、欺官匿赋诸种形式，少纳甚至不向国家缴纳相应的赋税。再者，浙江地方官吏的横征苛取，亦造成国家赋税的减损。为此，国家为保证租赋足额收取，对不依额征纳赋税的地方官吏、不依时按额缴纳及逃避官赋的势强豪民均施以重罚。朝廷此举确实在短时期、个别地区取得了实效，但这些举措均仰赖地方官员的执行，故其效果又与地方官员的实际执行情况直接关联。

古代中国社会严重依赖农业，但是在生产力不发达、生产技术有限的情势下，农业的脆弱性得到放大。作为濒海的浙江，既要遭受常见的水、旱、蝗虫等灾害，又要受到各种海洋灾害的侵袭。在这种情况下，失去自救能力的受灾民众唯有依赖中央政府、地方官府、地方精英的赈济，方可逐步恢复生产生

---

① （清）徐松辑，刘琳等点校：《宋会要辑稿·食货一八》，上海古籍出版社，2014年，第6376页。

活。由此，浙江沿海之地的救灾活动，便形成了中央政府、地方官府相互协调的救灾体系。但是，该体系无法辐射到所有灾民，故中央、地方两级政府常劝率当地富户豪民出钱米赈济灾户，形成官民相互配合的局面。

综观浙江海盐生产、销售、运输诸环节，隐含着盐民与盐场的合作与博弈两条主线：当盐场、盐户进行合作时，浙江食盐生产、交纳、销售各环节有序进行，国家食盐产销体系正常运转，国家财赋收入得到保障；当盐场与盐户展开利益博弈时，食盐产销体系便难以被国家所掌控，被盐场压迫的盐民选择私煎私贩食盐，扰乱整个食盐生产、交纳、销售系统。实际上，盐场官吏经常滥用权力侵损盐民权益，导致盐场与盐民之间的博弈常态化。受此影响，浙江盐民、居于海滨之地的民众多从事私盐制贩活动，盐场官吏为己谋利而暗亏课息，从而致使国家盐利受到很大损失。可以说，这些行为既造成了国家盐课的缺损，又严重地冲击着国家食盐专卖体制。为此，国家推出多项措施加强对盐户的有效管控，加强缉捕私盐贩的力度，奖赏盐场缉私盐有作为的官吏与惩处渎职的官吏，意欲根除困扰中央、地方的私盐问题。但与国家意愿相反的是，浙江私盐问题终有宋一代始终未能得到有效解决。究其原因，乃在于中央政府实行的国家食盐专卖制度自身所具有的无法克服的弊端。

北宋时期，朝廷、地方财政压力较小，故任由浙江濒海细民捕取海物，没有设置任何界限，沿海民众共同享有海洋捕捞之权，沿海地区社会有序运行。降之南宋时期，情况发生了重大变化，由于税源的剧减、军费开支的增加，国库拮据，对地方财政的索取大增，尤其是地处临安府外围的浙江地区成为朝廷重点征取对象。这直接加剧了浙江各地官府的财政压力，迫使其通过私置税铺、将砂岸据为官有来租佃取利等形式广开财源。地方官府的这些举动虽然增加了财赋收入，但是也引发了一系列社会问题。沿海民众自由、无须纳税即可使用海洋资源的权利被剥夺，有官府授权的承佃砂岸、税铺的地方精英借政府权势肆意刮取民众所得，致使一般沿海民众诉讼不止，终于为朝廷所关切，并下诏住罢砂岸、税铺。然而，为经济实利所驱动的地方精英，或者勾结地方官府，或者自行强开砂岸、税铺，尽管不时遭到深念百姓苦楚的地方官员的反制，但砂岸、税铺始终掌握在地方精英手中作为其获利工具。

可以说，地方官府、地方精英、濒海细民三者之间的博弈，并不会因朝廷的诏令、地方官员的强力废罢而终止，而是处于反复的博弈之中。在此情势之下，地方官府、地方势家豪民与濒海细民之间的矛盾不断加剧。这种矛盾造成的深远影响是，引发了浙江沿海地方社会的动荡，导致沿海社会秩序不断被冲击，甚至影响到地方统治的稳定。

以浙江沿海民众沿海滩涂开发活动与区域社会治理模式演化之间的关系观之，可以发现不同沿海滩涂开发活动之中存在相异的区域社会治理体系，这也反映出宋代中央政府与浙江官府被动地根据不同开发领域出现的新情况而不断改变治理方式。然从其治理效果来看，却未能取得预期的效果。至于何以出现这样的情况，据相关学者的研究成果可知，沿海民众从事的海洋活动以流动为基本特征，流动的家、流动的生计、流动的文化、流动的疆界。① 也正是基于这一特质，涉海人群趋利而动，处于不断流动之中，被历代王朝认定为潜在的威胁因素。正因为如此，在中国传统社会的话语里，涉海群体被视作最不安定的人群之一，是被主流社会抛弃的"流民""奸民""海寇"。正是基于此，宋廷对沿海地区的治理难度较高，"盖邑境滨海，土瘠民贫，恃渔盐以为生，抚字或非其人，鲜有不贻害者""国朝重驭民之官，宰是者非名通闱籍、秩在京寺，则未始轻授"。②

通过浙江官民持续的沿海滩涂开发活动，浙江沿海因此形成以海洋基因为特色的沿海社会治理体系。若从其本质言之，浙江沿海区域治理体系仍然没有突破古代中国的治国理念。中国古代传统的治国理念认为，国家只有切实有效地控制作为国家基石的人民，方能长治久安。③ 因此之故，对基层社会与民众的管理、控制为历代统治者所重视。国家是社会秩序建构与维护中一股必不可少、强有力的力量，通过社会权力的集中、转移、分配以及实际运用而成为控制的一种渠道，官方统治集团、大批工作人员使其产生了巨大威力。④ 濒海生民在海陆交界环境下形成了独特的生计模式，流动与交易是其内在属性；而王朝制度都

---

① 杨国桢：《中华海洋文明论发凡》，《中国高校社会科学》，2013 年第 4 期。

② （元）单庆、徐硕修纂，嘉兴地方志办公室编校：至元《嘉禾志》，上海古籍出版社，2010 年，第 173、206 页。

③ 邹永杰、李斯、陈克标：《国家与社会视角下的秦汉乡里秩序》，湖南师范大学出版社，2014 年，第 218 页。

④ ［美］E. A. 罗斯著，秦志勇、毛永政译：《社会控制》，华夏出版社，1989 年，第 63 页。

以定居农耕社会为样板制定，与濒海社会运转的内在韵律不乏抵牾。①

宋代浙江区域社会治理体系在维护宋廷统治稳定的同时，却也制约了民众利用海洋空间的广度与深度。宋廷重政治稳定、忽视民众经济利益的做法，直接限制了民间海上力量拓展海洋空间的行为。民间商人拓展出来的连接环中国海、印度洋西部、阿拉伯海的贸易圈缺乏官方海上力量的有力保护，不能控制主要贸易通道，向更广海域扩展的行为受到束缚，海上贸易活跃度被削弱，交易规模、商品种类同时遭到限制，直接导致宋代商人不能如后来英国、荷兰等国商人在世界范围内从事航海贸易活动，只能在一个大的区域内开展海上贸易活动，这也是宋代没能发展成为全球性海洋帝国的重要原因。② 这一后果的深远影响是中国海洋在 19 世纪中叶至 20 世纪中叶被纳入西方世界体系，海洋局势发生根本性改变，朝贡体制崩溃，代之以西方主导的条约体制，传统海洋产业受到极大冲击，导致了中华海洋文明传统的停止、扭曲和变态。③

由于古代中国在保证国家安全与追求新奇商品之间存在着矛盾，使得中国海上贸易的发展更为复杂。在这种情势之下，在不同的历史时期，中国一直有相当一部分官员反对海外冒险及随之而来的奢侈品，认为这会危害国家的安全、经济的稳定以及百姓的道德水准，尤其是在儒家士大夫受到皇帝器重时。儒家士大夫强调"孝"与"信"，主张建立高效的家长制政府，因此他们对商业的鄙视并不令人感到奇怪。可以说，在某种意义上，官方政策使古代中国无法与其边界以外的世界相互交流，人们的活动主要由国家命令而不是由文化偏好决定的。④

① 杨培娜：《从"籍民入所"到"以舟系人"：明清华南沿海渔民管理机制的演变》，《历史研究》，2019 年第 3 期。
② 张宏利：《宋代沿海地方社会控制与涉海群体的应对》，《温州大学学报》，2019 年第 2 期。
③ 杨国桢：《中华海洋文明的时代划分》，载李庆新：《海洋史研究》第五辑，社会科学文献出版社，2013 年第 11 页。
④ ［美］林肯·佩恩著，陈建军、罗燚英译：《海洋与文明》，天津人民出版社，2017 年，第 179-180 页。

# 结　章

　　在气候波动、海岸不断向海推进、降水量变化等诸多因素的作用下，宋代浙江于沿海地区形成了丰富且类型多样的沿海滩涂资源，这成为当地官民开发沿海滩涂的基础。在气候与海岸变迁的双重作用下，浙江沿海滩涂处于持续的淤涨之中，广泛分布于浙江近海诸地。浙江沿海滩涂类型分为以河口平原外缘为主的开敞型岸段滩涂、半封闭港湾内的隐蔽型岸段滩涂、岛礁滩涂三种类型。

　　两宋时期业已完成全国经济重心的南移东倾，南宋更是将全国政治中心迁至临安府，浙江地区随即成为畿辅之地。在此情势之下，宋廷对浙江的财赋依赖程度日渐加深，对浙江地方财政的索取呈现出递增的趋势。与财赋压力相随而来的是民众日常消费成本不断增加，生活压力继而增大。财赋带来的压力、生产生活成本的增加以及人地矛盾的加剧，共同迫使浙江民众不断开辟新的财源。在此背景下，开发难度低于山区的濒海滩涂之地为民众所关注，浙江沿海居民渐次开发滩涂资源。沿海之地成为浙江人民重点开发区域，官民生产生活空间得到拓展，浙江海洋经济获得持续发展。

　　受当时官民对沿海滩涂认知程度与开发沿海滩涂水平的限制，浙江官民根据浙江沿海滩涂的类型与可利用性，主要从滩涂围垦、海盐生产、海物捕捞三个方面从事沿海滩涂开发活动。伴随着浙江民众不断改进土地开垦和种植技术、增加盐场数量与提高产盐量、扩大海物采捕范围等，浙江居民开发沿海滩涂的水平随之提高。其结果是，在浙江官民持续开发沿海滩涂的形势下，浙江近海民众向海洋发展的动力大增，进而开展航海贸易等近海与远洋并重的海洋活动，浙江官民利用、开发海洋的能力随即得到增强。

实际上，浙江官民开发沿海滩涂的成果，时常会遭受台风、海潮等海洋性灾害的破坏。为有效保护沿海滩涂开发成果，浙江沿海官民广泛且持久地修筑海塘、堰、埭、闸等各种海洋灾害防御性工程。在某种程度上讲，这些海洋灾害防御性工程确实在某一地区某一时间有效地抵御了海洋灾害对沿海官民人身、财产的侵袭。但是也应该看到，这些海洋灾害防御性工程并不能一劳永逸地使浙江官民避免海洋性灾害的袭扰，而是经常为台风、海潮等所损坏。这导致官民必须反复筑修各种各样的海洋灾害防御性工程，致使官民陷入不断修筑海洋灾害防御性工程的困境之中。

伴随着浙江官民沿海滩涂开发活动的持续推进，在滩涂围垦、海盐生产、海物捕捞领域中结成了不同性质的社会关系，形成多样态的利益博弈活动，破坏沿海社会秩序的行为亦常出现。为了应对这些新情况，宋代中央政府、浙江地方官府不断地将国家权力以不同的形式渗透至滩涂围垦、海盐生产、海物采捕领域，进而从不同方面推动着浙江沿海社会治理模式的演化。

纵观两宋浙江官民三百余年沿海滩涂开发活动，表面上是多项生业多种生计的发展历程，深层上则是中央政府、浙江地方官府、地方精英与一般民众社会关系渐变以及国家治理演化的历史过程。在此情势下，既需要对浙江官民开发沿海滩涂的行为进行历史性的总结与反思，并评估其效果；又需要对浙江官民开发沿海滩涂而引发的社会关系变化、区域社会治理演化等进行深刻思考。不难发现，浙江官民开发沿海滩涂的行为是有益经验与失败做法并存的，因而有必要对其间产生的新问题予以梳理，并进行历史反思，以期为当下国家和浙江沿海滩涂开发提供借鉴。从更深远的影响看，浙江官民沿海滩涂开发活动、区域社会治理演化催动着两宋官民不断走向海洋。

## 一、浙江官民沿海滩涂开发与区域社会治理的历史总结与反思

两宋时期，浙江官民沿海滩涂开发取得了丰硕的成就，不仅有效地缓解了当地民众的生存压力，而且增加了国家、地方的财政收入。宋代浙江官民开发沿海滩涂活动的特点需要加以总结，存在的问题值得我们深思。

（一）历史总结

浙江官民各项沿海滩涂开发活动具有下述诸特点。

1. 浙江滨海民众生产生活多元化

在中央政府、地方官府财税压力变大与人地矛盾加剧的趋势下，沿海滩涂渐次得到开发，且汇聚起愈来愈多的民众。随着浙江沿海地区民众开发滩涂活动的深入开展，其生产生活受到海洋的影响逐渐增大，自内陆向海洋呈现梯度开发沿海滩涂资源的态势，兼具内陆与海洋两种特质。

浙江民众开发沿海滩涂的动机主要有二：一是增加自身的财富，以缓解不断增大的生活压力，维持全家的日常生计；二是要应对中央政府、地方官府的税赋征取，以完纳税赋课额。因此，浙江民众从事开发沿海滩涂的活动主要为滩涂围垦、海盐制售，而将海物采捕视作重要的补充。

2. 浙江濒海居民自发性开发沿海滩涂

民间在中央与浙江地方双重财税和生活成本的压力下，积极从事开发沿海滩涂的活动。随着时间的推移，民众对沿海滩涂的认识不断深入，开发沿海滩涂的广度持续增加，其开发沿海滩涂的水平亦随之增强。可以讲，浙江从事沿海滩涂开发的民众数量颇巨，开发沿海滩涂的范围极为广泛，其活动规模亦颇大。

然而，纵观浙江沿海滩涂开发过程，濒海居民一直都是沿海滩涂开发的主体，其开发多属无序开发。无论是中央政府，还是浙江沿海州县，均缺乏对濒海民众开发沿海滩涂的宏观指引与微观指导。受此影响，浙江民众开发沿海滩涂的行为出现沿海滩涂资源开发不够合理、滩涂资源不能得到有效利用及使用不均衡、民众之间关系难以协调导致矛盾时有爆发、中央及地方政府与浙江沿海居民常处于博弈之中等诸多问题。这些长时期存在的问题，共同制约着浙江官民开发沿海滩涂的深度与宽度。

3. 中央政府与地方官府不断强化对濒海居民开发沿海滩涂的干预力度

伴随着浙江滨海居民开发沿海滩涂活动的持续推进，海洋经济在浙江地区的比重在增加，沿海民众为国家、地方提供的赋税亦在增多。因此，中央政府、浙江地方官府不断将国家政治力量推进至沿海滩涂场域。中央、浙江地方在确保国家、地方财政收入持续增长的前提下，同时注重沿海地区的社会稳定，不断强化对浙江涉海群体的人身管控，对沿海居民的政治控制日益加强。

4.浙江沿海地区官民形成利益共同体

浙江沿海民众从事的各种生业活动，极易受到海洋灾害的侵扰，因此海洋经济具有脆弱性。为庇护开发沿海滩涂的成果，浙江官民一同于近海之地及相毗邻地区修筑起一系列海洋灾害防御工程。之所以如此，乃在于中央政府、浙江地方官府的财政收入对海涂田、海盐煎炼、海物采捕等税赋有着较大程度的依赖，浙江地方势家豪民与濒海细民亦将海涂田、海盐、海物作为重要生计之源。

5.浙江官民开发沿海滩涂的行为引发区域社会的变革

两宋先后与辽金两个强邻接壤，导致传统的陆上丝绸之路不够通畅，不得不将对外发展目标转向东南沿海地区，并将此作为与海外国家往来的主要通道。正是在此背景下，中央政府、沿海地方官府均大力倡导发展海洋事业。实行相对积极的海洋政策，浙江滨海民众开发沿海滩涂的积极性被调动起来。再者，浙江近海居民秉持开放型海洋观念，要求不断开拓海洋空间。

因此之故，宋代官民共同经营海洋事业，开展多种海洋活动，海洋经济的比重在浙江地区不断增加。浙江沿海民众的思想具有极强的开放性、外向性，海洋营商思想得以发展。浙江近海民众之间得以形成新的合作、冲突与博弈关系，并于沿海滩涂场域结成新的、以海洋为特质的区域社会社会关系，从而推动着浙江区域社会的变革。

（二）历史反思

浙江官民开发沿海滩涂的历程中，出现的一些问题值得我们注意，需要对其不当做法进行归纳，并探求其产生的深层次原因，以求得更高效、可持续地开发沿海滩涂资源的方法和路径。

1.浙江沿海滩涂开发需中央顶层设计与地方规划相结合

以宋代浙江民众开发沿海滩涂的历程观之，民众始终基于生产生活需要而进行着持久的、规模越来越大的沿海滩涂开发活动，而作为管理者的中央政府、浙江沿海州县官府对其干预力度越来越大，但出发点仍是增加国家、地方财政收入。

正是在此大背景下，中央政府、浙江地方官府对浙江涉海群体在哪些区域进行沿海滩涂开发、如何规范濒海民众的开发沿海滩涂行为、采取何种举措确保涉海民众有序从事沿海滩涂开发活动、怎样处理沿海滩涂开发中结成的新的社会关系及协调其矛盾等方面均未有相应的中央顶层设计、地方规划。由于中央政府、地方官府在浙江沿海滩涂开发活动中的缺位，导致浙江滨海居民开发沿海滩涂的活动始终处于无序状态，从而导致开发活动不能与海洋生态环境协调发展，进而使得官民之间，尤其是地方势豪与普通民众之间的社会关系经常居于紧张之中。

2. 官民逐利行为与海洋生态环境需协调发展

由于中央政府与浙江地方官府的关切点在于增加财政收入，而作为沿海滩涂开发主体的浙江民众更是直接追逐经济实力。二者于此各取所需，故均一味地强调经济利益，而忽视了其对生态环境的影响。随着浙江官民开发沿海滩涂的活动不断向海洋推进，海洋灾害侵袭的频度、规模亦在增加，沿海民众的生命、财产常遭受较大的破坏。在深刻认识并亲身体验到海洋灾害的威力后，中央政府、浙江地方官府、浙江濒海居民通力协作，于境内修筑各种类型的海洋灾害防御工程以蔽护既有的开发成果。

3. 构建官民和谐、调适性强的社会关系

由于中央政府、地方官府日益将政治力量渗透至浙江沿海滩涂开发活动中，从而改变了沿海地方精英与普通民众之间的社会关系，导致其关系由平等转向剥削与被剥削的关系。受其影响，浙江沿海社会秩序常会受到破坏，有时甚至处于动荡之中。因此之故，中央政府、地方官府需要约束其政治权力，尽量减少对沿海民众不必要的干预，并严厉惩治地方势家豪民的不法行为，以此构建沿海地方和谐的社会关系。需要注意的是，该社会关系还要具备较强的调适性，能够柔性地协调、处理沿海地区的多种矛盾，使其在不发生重大变革的情形下，有效地减少不同利益群体间的矛盾，进而构建起协力发展的社会关系。

综上所述，浙江官民共同开发沿海滩涂资源，并取得了较为显著的成果，在中国古代海洋开发活动中占有重要的地位。值得注意的是，浙江官民于此间却存在着相异的利益追求。中央政府、浙江地方官府的着眼点在于获得了新的财赋增长点。同时，在浙江沿海滩涂开发群体增大、活动规模扩大的情势下，中央政府、浙江官府会不断强化对沿海滩涂场域的政治控制，以此强化国家、地方的政治管控。

与此相比，浙江近海居民从事沿海滩涂开发活动的着眼点在于追逐经济利益，以此满足自身的各种需求。在国家、地方政府与民众的共同推动下，浙江官民开发沿海滩涂活动得到迅速发展，并形成以海洋为底色的各种特征。但需注意的是，受时代局限性所制以及官民利益追求的不同，浙江沿海滩涂开发中存在着诸多问题，值得我们反思。

## 二、浙江沿海滩涂开发成为宋王朝走向海洋的重要推力

浙江拥有丰富的海洋资源，涉海活动历来属于浙江民众重要的生产生活构成部分。研究表明，七八千年前的新石器时代晚期，浙江先民业已能够制造并利用舟楫，以其在河湖中积累的航运经验，开始从事海上航行。之后民众造船、航海等能力不断得到扩大，近海捕捞、海上贸易等活动持续开展。

降至两宋时期，浙江民众开发海洋资源的活动，无论是规模还是深度均得到明显提升，这与两宋王朝实行相对积极的海洋政策密切相关。一般来讲，古代中国中央政府缘于根深蒂固的农耕文明思维，使得海洋在历代王朝统治框架中处于边缘地位，海洋没有受到应有的重视。与前代不同的是，两宋时期的地缘政治、经济环境均发生了很大的变化。这表现在两个方面：一是陆上丝绸之路先后为辽、西夏、金等王朝所控制，致使宋代通往中亚、西亚、欧洲的道路经常受阻；二是全国经济重心由北方转移到南方，这便成为两宋王朝开展多种海洋活动的内在驱动力。因此，两宋中央政府与地方官府更为重视通向外部世界的海洋，其所奉行的海洋政策是相对积极的。在这样的海洋政策影响下，官民开展的海洋活动更具多样性，其特点是官民共同经营海洋事业并取得了显著的成就。据此可言，两宋王朝实施相对积极的海洋政策，为浙江濒海之民利用海洋空间提供了有利的环境。宋代生产力发展、税赋压力加大、人地矛盾加剧等因素又共同加速了浙江滨海居民开发海洋资源的步伐。因此之故，浙江民间涉海力量能够充分开发沿海滩涂资源，海洋资源得到相对充分的利用。

北宋依靠商业税向辽和西夏支付岁币，因此不可能忽视海洋贸易的潜力，它比以往任何一个朝代都更积极地鼓励海洋贸易，且唐代的发展已经为中国海外贸易的开放姿态奠定了坚实的基础。宋代将都城由开封迁到地处沿海地区的杭州，使中国人开始走向南方和海洋，这些变化对中国海洋贸易的发展具有深

刻意义。① 据此可言，两宋时期是官民共同走向海洋的时代。

在这种情势下，浙江民众向海洋发展的意愿十分强烈，并越来越广泛、深入地开发海洋资源，他们的生产生活空间由此不断得到扩展。在此潮流影响下，很多滨海居民不惜涉险以追逐海洋之利。苏轼作诗曰："吴儿生长狎涛渊，冒利忘生不自怜。"苏轼作此诗，"盖言弄潮之人为贪官中利物，致其间有溺死者，故朝旨禁断"②。

在中央政府、浙江地方官府与边海民众共同推动下，宋代浙江各州经济获得快速发展，其在全国的地位随之得到提升。杭州"雅为东南一都会，民物殷富，山水之美名天下"，且"田丰海熟"，"若乃四方之所聚，百货之所交，物盛人众，为一都会，而又能兼有山水之美，以资富贵之娱者，帷金陵、钱塘"。③《方舆胜览》称浙江在南宋时期的地位为"古邑居民半海涛。虽六蜚暂驻于东南，而二浙实为于畿甸"，明州为"四明重镇，二浙名邦，内以藩屏王畿"。④

宋代之时，浙江官民于河海交汇处围造海涂田，引河湖水淡化盐碱地，置盐场获取盐利，修筑海塘等海洋性防御工程障离海潮等，这些生产方式共同改变着沿海滩涂的形态，并使之逐渐变作农田。浙江沿海官民的生产与生活空间因此不断向海洋延伸。浙江官民所从事的沿海滩涂开发属于开发海洋的重要一项活动，这是宋廷、浙江地方官府与民众拓展生存空间的重要体现。伴随着浙江官民开发沿海滩涂活动的深入，航海贸易活动以此为基础而不断拓展，民间商人据此而开拓出连接环中国海、印度洋西部、阿拉伯海的贸易圈。浙江沿海地区经济往来日益频繁，其区域内部之间的联系也逐渐加强。浙江借助其地处沿海的自然条件积极开发海洋经济、开拓海外市场，使得越来越多的生产和消费活动与海洋发生联系，从而在一定程度上呈现出朝外向型经济发展的趋势。⑤

浙江沿海民众所从事的滩涂围垦、海盐生产、海物采捕以及由此而衍生出来的航海贸易诸项活动，主要在宋王朝管控的边疆地带开展。这一地带既包括狭长的沿海平原，又涵盖与之相邻的广袤海域。纵观浙江省的经济开发史，实

---

① ［美］林肯·佩恩著，陈建军、罗燚英译：《海洋与文明》，天津人民出版社，2017年，第308-309页。

② （宋）潜说友：咸淳《临安志》，杭州出版社，2009年，第1436页。

③ （宋）潜说友：咸淳《临安志》，杭州出版社，2009年，第938-940页。

④ （宋）祝穆著，祝洙增订，施和金点校：《方舆胜览》，中华书局，2003年，第23页、第121页。

⑤ 陈国灿：《略谈江南文化的海洋特性》，《史学月刊》，2013年第2期。

质上就是以沿海为中心、向内陆向海洋推进的过程。早在唐代之时，浙江已经成为我国东南沿海对外经济文化交流的门户。但是在漫长的历史进程中，浙江沿海经济的开发则长期停留在渔、盐、舟楫之利的水平。[①] 航海贸易的兴盛，已然开始改变传统农耕社会的经济模式。宋代之时，中国商人渐渐在海外贸易中占据了优势，到了宋代晚期业已控制了中国对朝鲜和日本的贸易业务。在这种情势之下，中国人的内陆民族性格逐渐获得了某些海洋性民族的特征。[②]

海外贸易是海洋区域经济的一个组成部分，而海洋区域经济实际上是一种海陆一体化的开放型经济。正是由于海外贸易的发展，中国市场在沿海地区与海洋市场形成了交织和链接，进而成就了一个新的市场——近海市场。近海区域市场的形成和发展对江南市场和东南市场发展的高度化具有显而易见的积极作用。东南沿海地区发展路向的源头可以追溯至唐代，但其初步成型则是在宋代，特别是南宋时期。中国经济重心的南移完成于南宋，海洋贸易巨大的拉动作用促进了近海市场的发展，这也是江南经济迅速崛起并超过中原地区的重要原因。[③]

宋代海上贸易的发展，促进了官民海洋意识与观念的变化。在此之前，历代政权均奉行重农抑商的政策，对海洋的利用主要局限于获取沿海渔盐之利，并不鼓励出海贸易。宋代统治者则把工商业视为与农业同等重要的财政来源，以可获得经济利益与增加财政收入的眼光看待海外贸易。宋廷通过抽解（海舶税收）和博买（按官价购买舶货）等方式，从海外贸易中获得丰厚利益。可见，宋代官民上下形成了向海洋取利的观念。[④]

虽然如此，但要看到宋代官方海洋政策的局限性。由于古代中国在保证国家安全与追求新奇商品之间存在着矛盾，使得中国海上贸易的发展更为复杂。在这种情势之下，在不同的历史时期，中国一直有相当一部分官员反对海外冒险及随之而来的奢侈品，认为这会危害帝国的安全、经济的稳定以及道德水准，尤其是在儒家士大夫受到皇帝器重时。儒家士大夫强调"孝"与"信"，主张建立高效的家长制政府，因此他们对商业的鄙视并不令人感到奇怪。可以

① 本书编写委员会：《浙江省海岸带和海涂资源综合调查报告》，海洋出版社，1988 年，前言第 1 页。
② ［美］费正清著，张沛译：《中国：传统与变迁》，世界知识出版社，2001 年，第 154 页。
③ 廖伊婕：《宋代近海市场研究》，云南大学博士学位论文，2015 年。
④ 黄纯艳：《由陆及海：宋代贸易格局的转型及衍生》，《中国社会科学报》，2014 年 10 月 17 日 A05 版。

说，在某种意义上，官方政策使中国无法与其边界以外的世界相互交流，中国人的活动主要是由国家命令而不是由文化偏好决定的。①

在中国海洋发展史上，宋代无疑是引人注目的变革期，在海上贸易、航海、造船技术、宗教文化等方面取得了辉煌成就。更重要的是，随着对外交流格局的调整、海洋意识与文化的转变，宋代开启了中国古代海洋发展的新阶段。②在东南地区的引领下，中国社会呈现出由内陆型向海陆型转变的发展趋势。反映在政治领域，宋王朝调整汉唐以来中原政权以"天下正统"自居的姿态，以平常心态审视海外，重新认识和利用海洋。受此影响，宋政府对民间主导的海外贸易和中外交流采取积极鼓励的政策，由此形成依托海洋走向开放的新局面。③

浙江民间海外贸易既有助于沿海经济的发展，又能为宋廷带来可观市舶收入，因此宋代大力鼓励和发展航海贸易。之所以如此，在于宋政府采取实用主义的对外政策，不再一味追求万国宗主的地位，而是注重经济和文化交流所带来的经济实力，这使对外关系的重心由官方向民间转移。浙江原本有着深厚的开放意识，随着政治控制的松弛和区域社会的繁荣，民间涉海群体海洋活动因此空前活跃，成为对外开放的主导力量。④从深远影响来看，宋代包括浙江在内的江南地区的对外开放已不再停留于一般意义上的中外交流，而是涉及区域社会发展道路的相应调整，即由封闭型农耕社会转向开放型商品社会。尽管这种转变没能在宋代完成，但它却标志着江南地区逐渐突破以中原地区为核心的高度统一的农耕文明体系，开始了由"中国之江南"到"世界之江南"的历史进程。从更广阔的历史视野来看，入宋以后江南社会的繁荣，带来的不仅仅是全国经济、文化发展地域格局的重大变化，更重要的是随着文明重心南移过程的基本完成，开放的海洋意识获得前所未有的发展空间，中国社会也开始从中原主导的内陆型社会转向由江南引领的海陆型社会。⑤

---

① ［美］林肯·佩恩著，陈建军、罗燚英译：《海洋与文明》，天津人民出版社，2017年，第179-180页。
② 黄纯艳：《由陆及海：宋代贸易格局的转型及衍生》，《中国社会科学报》，2014年10月17日A05版。
③ 陈国灿：《海的诠释：中国传统海洋意识的历史考察》，《中国社会科学报》，2014年10月17日A04版。
④ 陈国灿、吴锡标：《走向海洋：宋代江南地区的对外开放》，《学术月刊》，2011年第12期。
⑤ 陈国灿、吴锡标：《走向海洋：宋代江南地区的对外开放》，《学术月刊》，2011年第12期。

宋代官方仅将海洋视为陆地的延展空间，这种海洋观念带有浓厚的内敛色彩。所以，朝廷围绕海洋制定的政治或经济政策，仍以内陆的政治经济形势为基本前提。纵观整个宋代的海洋活动，民间力量始终占据主体，官方活动则限定在近海沿岸，偶或涉洋开展外交、政治和商贸活动。民间海上力量依赖海洋生存，充分利用海洋空间和海洋资源，体现出开放型的海洋观念。不过，虽然民间拓展海洋空间的意愿非常强烈，但因其与官方立场存在龃龉，未能获得官方的有力支持，导致无法控制贸易通道，开拓行为受到制约。这也是宋代商人只能开展区域性海上贸易，无法将其活动扩展到世界范围的重要原因。[①]

可以说，濒海之地是一个复杂的自然生态系统，不同生计的人群有着密切的联系，人员流动也相当频繁。[②]濒海生民在海陆交界环境之下，形成了独特的生计模式，流动与交易是其内在的属性；而王朝制度却是以固定的农耕社会为样板制定的，这与濒海社会运转的内在韵律不乏抵牾。[③]实际上，浙江沿海及其海中岛屿地处宋王朝的边界地区，是勾连中国与海外诸国的海上交通枢纽，也是宋王朝与周边国家进行往来的前沿之地。可以说，浙江沿海地区直接关涉宋代整个国家的安全以及沿海地区的稳定。同时，该区从渔盐中获利丰厚，也需由国家加以管理，不能任由民众自行占有，否则即有逐利拥势而乱的情形出现。[④]滨海地域经济的结构性短缺或不自足性，促成了滨海地域经济的外向性，又必然推动滨海人群逐步进入王朝国家主导的经济与政治社会进程及其体系之中。[⑤]

濒海民众具有多样态的生计模式，而两宋时期中央政府、浙江地方官府主要是简单地将治理内陆定居人口的方式移植于浙江沿海滩涂开发场域，但也并非僵化地实施，亦根据边海民众生计特质探索出一些治理方式。概言之，宋廷、地方官府已然从移植治理内陆居民的方式，转变为根据浙江濒海民众生计特质，逐渐探索出具有浓厚海洋色彩的区域社会治理体系。从其治理效果言

---

① 张宏利：《"帆船时代"两种海洋观的并存》，《中国社会科学报》，2017 年 9 月 4 日第 5 版。
② 杨培娜：《从"籍民入所"到"以舟系人"：明清华南沿海渔民管理机制的演变》，《历史研究》，2019 年第 3 期。
③ 杨培娜：《从"籍民入所"到"以舟系人"：明清华南沿海渔民管理机制的演变》，《历史研究》，2019 年第 3 期。
④ 杨培娜：《濒海生计与王朝秩序：明清闽粤沿海地方社会变迁研究》，中山大学博士学位论文，2009 年。
⑤ 鲁西奇：《中古时代滨海地域的"水上人群"》，《历史研究》，2015 年第 3 期。

之，宋廷采用的区域社会治理体系以约束濒海民众流动为主，其目的首先在于维持沿海地区社会的稳定，其次在于为国家带来丰厚的经济利益。宋代中央政府与浙江地方官府对浙江区域社会治理体系的确立及其演变，体现着宋代国家权力对疆域的控制向海洋延伸。可以说，对人群流动性加以约束是古代中国中央政府一贯的治理思维。这一思维乃是基于内陆农耕地区管理经验形成的，其要义是"理民之道，地著为本"①。其实质是以陆控海思维，尽量将濒海民众的活动限定在可预知的范围之内，以此实现社会安定。于此可言，对滨海地区的有效治理，对建基于农耕社会的王朝国家而言确实是一个挑战。

## 三、浙江官民共同经营海洋事业

中国历史是一部由内陆逐渐走向海洋的历史，汉晋南北朝至隋唐五代时期随着海洋资源开发技术的进步，海洋开发力度不断加大，海洋渔盐资源在国家经济与政治生活中的地位不断上升，国家政权越来越受到海洋的影响。宋王朝向内陆发展受阻，为了经济发展与谋求生存，向海洋方向发展成为必然选择，海洋中国的巨大潜力由此得以释放。沿海滩涂位处海陆交汇地带，兼有陆地、海洋两种文化内涵，是古代中国民众走向海洋的起点。古代中国人民开发沿海滩涂的各项活动，为古代中国发展海洋事业奠定了坚实的基础，海洋成为中国民众生存发展的空间。

浙江沿海滩涂之地是一个复杂的自然生态系统，蕴含着多种多样的资源，据此衍生出不同的生计模式，成为依海为生人群赖以生活和生产的空间。在滨海地域从事围造海涂者，其所耕种之土地受海水、潮汐等影响，必须修建海塘等阻咸工程方可进行耕种，其生产与海洋有着密切的关系。渔业捕捞多于近海进行，随潮水涨落，或驾船出海捕捞，或于近岸滩涂捡拾虾蟹蚬蛤等。海盐生产则是在各地盐场组织下，在便于提取卤水的宽广的潮间带和易于获取燃料的芦苇滩展开。分列于沿海近地的海塘起到障隔海潮、保障濒海民众生命财产安全的作用。上述这些生产方式逐渐改变着濒海涂地的形态，并使之最终成田。

学界通常认为海洋群体中船居的渔民或疍民具有较强的自由流动性，其特

---

① 杨培娜：《从"籍民入所"到"以舟系人"：明清华南沿海渔民管理机制的演变》，《历史研究》，2019年第3期。

质就是海洋性，但人类学家华德英的研究证明这是一种想当然的误解。华德英的研究表明，渔民或疍民只是因其有着某种特别的技能和生活节奏而有别于陆居民众，实际上他们的生活仍是寄生于陆地的，即以陆地为依托。换言之，陆上或漂在海上的都等同于他们的家。① 穆黛安根据实地调查，提出不能简单地将沿海地区视为一块划分陆地和海洋的地带，而当视其为一个包含各种人群的范围广大而难以界定的区域。② 质言之，生于其间的人群在生计方式、居住方式与生活方式诸方面依赖于海洋，沿海地方社会乃是陆海相连、陆地人群与水上人群共同建构的社会。③ 据此可言，沿海地区各项生计表现出鲜明的海洋特性，但均是依托于陆地而开展的。

北宋之时，浙江既处于宋王朝的边缘之地，又属其向外发展的边海之区。南宋将都城定于临安府，浙江随即成为宋代的京畿要地，由此变成南宋时期的核心地区。借由地理位置与社会发展的双重推动，浙江成为当时最活跃的政治空间与经济地带，处于国家经济文化的发展中心，进而迎来了海洋事业极大发展时期。两宋时期，官民力量相互配合，主导了环中国海海域的商贸、文化交流等，建立起连接环中国海周边各地的贸易网络。换言之，官民共同经营海洋，开创了古代中国海洋事业的鼎盛时代，由此造就了昌盛三百余年的宋帝国海洋事业。

浙江之所以能够走向海洋，主要在于宋王朝以积极的心态看待海洋，并实施鼓励民间力量开发海洋的积极政策。宋代统治者之所以重视海洋事业，乃在于近海经济活动、航海贸易是其开拓财源的重要方式。民间海洋力量则基于追逐个人私利而发展滨海地区各项涉海生计，进而拓展其生存空间。这种情势在浙江表现得尤为显著。在沿海地区经济的持续推动下，依海而兴的浙江业已成为宋王朝赖以维系的基石，全国经济中心与政治中心受其影响而渐次移至于此。在浙江的引领下，中国形成了依托陆地、走向海洋的新格局，中国社会呈现出由内陆为主型向陆海并重型转变的发展趋势，并推动中华文明由大陆主体型向陆海双构形态演进。

① ［英］华德英著，冯承聪等编译：《从人类学看香港社会：华德英教授论文集》，大学出版印务公司，1985 年，第 3—18 页。
② ［美］穆黛安著，刘平译：《华南海盗（1790—1810）》，中国社会科学出版社，1997 年，第 15 页。
③ 鲁西奇：《汉唐时期滨海地域的社会与文化》，《历史研究》，2019 年第 3 期。

# 参考文献

## 一、基本史料

### （一）正史与编年体史书

[1]　（宋）李焘：《续资治通鉴长编》，中华书局，2004年。

[2]　（宋）李心传著，胡坤点校：《建炎以来系年要录》，中华书局，2013年。

[3]　（宋）李心传著，徐规点校：《建炎以来朝野杂记》，中华书局，2000年。

[4]　（元）马端临：《文献通考》，中华书局，2011年。

[5]　（元）脱脱等：《宋史》，中华书局，1977年。

[6]　（清）徐松辑，刘琳等点校：《宋会要辑稿》，上海古籍出版社，2014年。

### （二）地方志

[1]　（宋）常棠：绍定《澉水志》，杭州出版社，2009年。

[2]　（宋）陈耆卿著，张全镇、吴茂云点校：嘉定《赤城志》，中国文史出版社，2008年。

[3]　（宋）梁克家：淳熙《三山志》，台湾商务印书馆，1986年。

[4]　（宋）罗濬：宝庆《四明志》，杭州出版社，2009年。

[5]　（宋）梅应发、刘锡：开庆《四明续志》，杭州出版社，2009年

[6]　（宋）潜说友：咸淳《临安志》，杭州出版社，2009年。

[7]　（宋）施谔：淳祐《临安志》，杭州出版社，2009年。

[8]　（宋）施宿等：嘉泰《会稽志》，杭州出版社，2009年。

[9]　（宋）魏岘：《四明它山水利备览》，杭州出版社，2009年。

[10]（宋）张淏：宝庆《会稽续志》，杭州出版社，2009年。

[11]（宋）张津：乾道《四明图经》，杭州出版社，2009年。

[12]（宋）周淙：乾道《临安志》，杭州出版社，2009年。

[13]（元）单庆、徐硕修纂，嘉兴地方志办公室编校：至元《嘉禾志》，上海古籍出版社，2010年。

[14]（元）冯福京：大德《昌国州图志》，杭州出版社，2009年。

[15]（元）王元恭：至正《四明续志》，杭州出版社，2009年。

[16]（元）袁桷：延祐《四明志》，杭州出版社，2009年。

[17]（明）汤日昭、王光蕴：万历《温州府志》，齐鲁书社，1996年。

[18]（明）王瓒、蔡芳编纂，胡珠生校注：弘治《温州府志》，上海社会科学院出版社，2006年。

[19]（明）薛应旂：嘉靖《浙江通志》，成文出版社有限公司，1983年。

[20]（明）叶良佩：嘉靖《太平县志》，上海古籍出版社，1981年。

[21]（明）张璁：嘉靖《温州府志》，上海古籍出版社，1981年。

[22]（明）张时彻等：嘉靖《定海县志》，成文出版社有限公司，1983年。

[23]（明）张元忭、孙鑛纂，李能成点校：万历《绍兴府志》，宁波出版社，2012年。

[24]（明）张瓒、杨寔：成化《宁波府志》，书目文献出版社，1988年。

[25]（清）邵友濂、孙德祖：光绪《余姚县志》，成文出版社有限公司，1983年。

[26]（清）史致训、黄以周等编纂，柳和勇、詹亚园校点：《定海厅志》，上海古籍出版社，2011年。

[27]（清）王丹瑶、王佩瑶：光绪《台州府志》，台州旅杭同乡会，1926年。

[28]（清）徐元梅、朱文翰：嘉庆《山阴县志》，成文出版社有限公司，1983年。

[29]（清）俞卿、周徐彩：康熙《绍兴府志》，成文出版社有限公司，1983年。

[30]（清）俞樾：光绪《镇海县志》，成文出版社有限公司，1983年。

[31]《浙江通志》编纂委员会：《浙江通志》，浙江人民出版社，2017年。

[32] 洪锡范：民国《镇海县志》，成文出版社有限公司，1983年。

[33] 绍兴县地方志编纂委员会：《绍兴县志》，中华书局，1999年。

（三）文集

[1] （宋）包恢：《敝帚稿略》，台湾商务印书馆，1986 年。

[2] （宋）包拯著，杨国宜校注：《包拯集校注》，黄山书社，1999 年。

[3] （宋）陈起辑：《汲古阁景印南宋群贤六十家小集》，上海古书流通处，
1921 年。

[4] （宋）陈襄：《古灵先生文集》，书目文献出版社，1998 年。

[5] （宋）戴栩：《浣川集》，台湾商务印书馆，1986 年。

[6] （宋）戴埴：《鼠璞》，中华书局，1985 年。

[7] （宋）杜范：《清献集》，台湾商务印书馆，1986 年。

[8] （宋）范纯仁：《范忠宣公集》，台湾商务印书馆，1986 年。

[9] （宋）方逢辰：《蛟峰集》，台湾商务印书馆，1986 年。

[10] （宋）方勺著，许沛藻、杨立扬点校：《泊宅编》，中华书局，1983 年。

[11] （宋）高斯得：《耻堂存稿》，商务印书馆，1935 年。

[12] （宋）洪咨夔：《平斋集》，台湾商务印书馆，1986 年。

[13] （宋）黄震著，张伟、何忠礼点校：《黄氏日抄》，浙江大学出版社，2013 年。

[14] （宋）林表民：《赤城集》，台湾商务印书馆，1986 年。

[15] （宋）刘克庄著，辛更儒校注：《刘克庄集笺校》，中华书局，2011 年。

[16] （宋）楼钥：《攻媿集》，台湾商务印书馆，1986 年。

[17] （宋）陆游著，马亚中、涂小马校注：《渭南文集校注》，浙江古籍出版社，
2015 年。

[18] （宋）陆游著，钱仲联校注：《剑南诗稿校注》，上海古籍出版社，1985 年。

[19] （宋）舒璘：《舒文靖集》，台湾商务印书馆，1986 年。

[20] （宋）司马光：《温国文正司马公文集》，商务印书馆，1929 年。

[21] （宋）苏轼著，孔凡礼点校：《苏轼文集》，中华书局，1986 年。

[22] （宋）苏轼著，张志烈、马德富、周裕锴校注：《苏轼全集校注》，河北人
民出版社，2010 年。

[23] （宋）孙觌：《鸿庆居士集》，台湾商务印书馆，1986 年。

[24] （宋）吴潜：《宋特进左丞相许国公奏议》，上海古籍出版社，2002 年。

[25] （宋）吴泳：《鹤林集》，台湾商务印书馆，1986 年。

[26]（宋）吴自牧：《梦粱录》，商务印书馆，1939 年。

[27]（宋）薛季宣：《艮斋先生薛常州浪语集》，线装书局，2004 年。

[28]（宋）杨简著，刘固盛校点：《慈湖遗书》，北京大学出版社，2014 年。

[29]（宋）姚宽著，孔凡礼点校：《西溪丛语》，中华书局，1993 年。

[30]（宋）叶适著，刘公纯、王孝鱼、李哲夫点校：《叶适集》，中华书局，2010 年。

[31]（宋）袁采著，贺恒祯、杨柳注释：《袁氏世范》，天津古籍出版社，1995 年。

[32]（宋）袁燮：《絜斋集》，商务印书馆，1935 年。

[33]（宋）真德秀：《西山先生真文忠公文集》，商务印书馆，1937 年。

[34]（宋）郑獬：《郧溪集》，台湾商务印书馆，1986 年。

[35]（宋）朱熹著，朱杰人、严佐之、刘永翔等校点：《晦庵先生朱文公文集》，上海古籍出版社、安徽教育出版社，2010 年。

[36]（宋）庄绰著，萧鲁阳点校：《鸡肋编》，中华书局，1983 年。

[37]（明）田汝成：《西湖游览》，浙江人民出版社，1980 年。

[38] 许红霞：《珍本宋集五种：日藏宋僧诗文集整理研究》，北京大学出版社，2013 年。

（四）地理类书籍与资料集等

[1]（宋）陈敷：《农书》，中华书局，1985 年。

[2]（宋）范成大：《吴郡志》，江苏古籍出版社，1999 年。

[3]（宋）乐史著，王文楚等点校：《太平寰宇记》，中华书局，2007 年。

[4]（宋）欧阳忞著，李勇先、王小红校注：《舆地广记》，四川大学出版社，2003 年。

[5]（宋）沈括：《梦溪笔谈》，上海书店出版社，2003 年。

[6]（宋）王存著，王文楚等点校：《元丰九域志》，中华书局，1984 年。

[7]（宋）王象之著，李勇先点校：《舆地纪胜》，四川大学出版社，2005 年。

[8]（宋）徐兢：《宣和奉使高丽图经》，台湾商务印书馆，1986 年。

[9]（宋）朱长文：《吴郡图经续志》，商务印书馆，1939 年。

[10]（宋）祝穆著，祝洙增订，施和金点校：《方舆胜览》，中华书局，2003 年。

[11]（元）王祯著，王毓瑚校：《农书》，农业出版社，1981 年。

[12]（清）方观承：《两浙海塘通志》，浙江古籍出版社，2012 年。

[13]（清）阮元：《两浙金石志》，浙江古籍出版社，2012 年。

[14]（清）宋世荣辑：《台州丛书》，上海古籍出版社，2013 年。

[15]（清）延丰：《两浙盐法志》，浙江古籍出版社，2012 年。

[16] 金柏东：《温州历代碑刻集》，上海社会科学院出版社，2002 年。

[17] 陆人骥：《中国历代灾害性海潮史料》，海洋出版社，1984 年。

[18] 王清毅：《慈溪海堤集》，方志出版社，2004 年。

[19] 闫彦、李大庆、李续德：《浙江海潮·海塘艺文》，浙江大学出版社，2013 年。

## 二、国内先行研究成果

### （一）著作

[1] 包伟民：《宋代地方财政史研究》，上海古籍出版社，2001 年。

[2] 本书编委会：《中国海洋文化》浙江卷，海洋出版社，2016 年。

[3] 本书编委会：《历史地理》第 33 辑，上海人民出版社，2016 年。

[4] 本书编委会：《历史地理》第 7 辑，上海人民出版社，1990 年。

[5] 陈高华、吴泰：《宋元时期的海外贸易》，天津人民出版社，1981 年。

[6] 陈吉余、黄金森：《中国海岸带地貌》，海洋出版社，1996 年。

[7] 陈吉余：《海塘：中国海岸变迁和海塘工程》，人民出版社，2000 年。

[8] 陈桥驿、臧威霆、毛必林：《浙江省地理》，浙江教育出版社，1985 年。

[9] 陈桥驿：《浙江地理简志》，浙江人民出版社，1985 年。

[10] 陈桥驿：《浙江灾异简志》，浙江人民出版社，1991 年。

[11] 程民生：《宋代地域经济》，河南大学出版社，1992 年。

[12] 丛子明、李挺：《中国渔业史》，中国科学技术出版社，1993 年。

[13] 崔凤：《中国海洋社会学研究》，社会科学文献出版社，2013 年。

[14] 戴裔煊：《宋代钞盐制度研究》，中华书局，1981 年。

[15] 复旦大学历史地理研究中心：《自然灾害与中国社会历史结构》，复旦大学出版社，2001 年。

[16] 葛金芳:《南宋全史》,上海古籍出版社,2012 年。

[17] 葛金芳:《南宋手工业史》,上海古籍出版社,2008 年。

[18] 葛全胜等:《中国历朝气候变化》,科学出版社,2011 年。

[19] 顾宏义:《教育政策与宋代两浙教育》,湖北教育出版社,2003 年。

[20] 郭东旭:《宋代法制研究》,河北大学出版社,2000 年。

[21] 郭正忠:《宋代盐业经济史》,人民出版社,1990 年。

[22] 郭正忠:《宋盐管窥》,山西经济出版社,1990 年。

[23] 郭正忠:《中国盐业史》古代编,人民出版社,1997 年。

[24] 韩茂莉:《宋代农业地理》,山西古籍出版社,1993 年。

[25] 黄纯艳:《宋代海外贸易》,社会科学文献出版社,2003 年。

[26] 贾玉娇:《利益协调与有序社会:社会管理视域下中国转型期利益协调理论研究》,中国社会科学出版社,2011 年。

[27] 姜锡东、李华瑞:《宋史研究论丛》第 10 辑,河北大学出版社,2009 年。

[28] 姜竺卿:《温州地理》,上海三联书店,2015 年。

[29] 蒋宏达:《子母传沙:明清时期杭州湾南岸的盐场社会与地权格局》,上海社会科学院出版社,2021 年。

[30] 李庆新:《海洋史研究》第五辑,社会科学文献出版社,2013 年。

[31] 梁庚尧:《南宋权盐:食盐产销与政府控制》,台大出版中心,2014 年。

[32] 林华东:《浙江通史》史前卷,浙江人民出版社,2005 年。

[33] 林振翰:《浙盐纪要》,商务印书馆,1925 年。

[34] 刘淼:《明清沿海荡地开发研究》,汕头大学出版社,1996 年。

[35] 刘馨珺:《明镜高悬:南宋县衙的狱讼》,北京大学出版社,2007 年。

[36] 刘泽华、汪茂和、王兰仲:《专制权力与中国社会》,吉林文史出版社,1988 年。

[37] 刘志伟:《在国家与社会之间:明清广东里甲赋役制度研究》,中山大学出版社,1997 年。

[38] 陆敏珍:《唐宋时期明州区域社会经济研究》,上海古籍出版社,2007 年。

[39] 满志敏:《中国历史时期气候变化研究》,山东教育出版社,1999 年。

[40] 潘万程:《浙江沙田之研究》，成文出版社有限公司、中文资料中心，1977 年。

[41] 漆侠:《宋代经济史》，上海人民出版社，1987 年。

[42] 沈冬梅、范立舟:《浙江通史》宋代卷，浙江人民出版社，2005 年。

[43] 王利华:《徘徊在人与自然之间:中国生态环境史探索》，天津古籍出版社，2012 年。

[44] 王亚南:《中国官僚政治研究》，中国社会科学出版社，1981 年。

[45] 吴松弟:《北方移民与南宋社会变迁》，文津出版社，1993 年。

[46] 吴松弟:《中国人口史》第 3 卷《辽宋金元时期》，复旦大学出版社，2000 年。

[47] 吴松弟:《中国移民史》第 4 卷《辽宋金元时期》，福建人民出版社，1997 年。

[48] 吴振华:《杭州古港史》，人民交通出版社，1989 年。

[49] 谢俊:《两浙灶地之研究》，成文出版社有限公司、中文资料中心，1977 年。

[50] 杨国桢:《东溟水土:东南中国的海洋环境与经济开发》，江西高校出版社，2003 年。

[51] 杨文新:《宋代市舶司研究》，厦门大学出版社，2013 年。

[52] 曾凡英:《盐文化研究论丛》第 3 辑，巴蜀书社，2009 年。

[53] 曾仰丰:《中国盐政史》，商务印书馆，1937 年。

[54] 张全明、王玉德等:《生态环境与区域文化史研究》，崇文书局，2005 年。

[55] 张文彩:《中国海塘工程简史》，科学出版社，1990 年。

[56] 赵希涛:《中国气候与海面变化及其趋势和影响》②《中国海面变化》，山东科学技术出版社，1996 年。

[57] 郑学檬:《中国古代经济重心南移和唐宋江南经济研究》，岳麓书社，1996 年。

[58] 中国科学院地理研究所经济地理研究室:《中国农业地理总论》，科学出版社，1980 年。

[59] 中国社会科学院历史研究所宋辽金元史研究室:《宋辽金史论丛》第 2 辑，中华书局，1991 年。

[60] 邹永杰、李斯、陈克标:《国家与社会视角下的秦汉乡里秩序》，湖南师范大学出版社，2014 年。

（二）调查报告

[1]  本书编委会:《浙江省海岸带和海涂资源综合调查报告》，海洋出版社，1988 年。

[2]  本书编委会:《中国海岸带和海涂资源综合调查报告》，海洋出版社，1991 年。

[3]  陈吉余:《全国海岸带和海涂资源综合调查》，全国海岸带和海涂资源综合调查温州试点工作队，1980 年。

[4]  余锡平:《浙江沿海及海岛综合开发战略研究》滩涂海岛卷，浙江人民出版社，2012 年。

（三）期刊论文

[1]  陈彩云:《元代私盐整治与帝国漕粮海运体制的终结》，《清华大学学报》，2018 年第 4 期。

[2]  陈国灿、鲁玉洁:《略论宋代东南沿海的海神崇拜现象：以两浙地区为中心》，《江西社会科学》，2016 年第 7 期。

[3]  陈国灿、鲁玉洁:《南宋时期圣妃信仰在两浙沿海的传播及其影响》，《浙江学刊》，2013 年第 6 期。

[4]  陈国灿、王涛:《依海兴族：东南沿海传统海商家谱与海洋文化》，《学术月刊》，2016 年第 1 期。

[5]  陈国灿、吴锡标:《走向海洋：宋代江南地区的对外开放》，《学术月刊》，2011 年第 12 期。

[6]  陈国灿:《略谈江南文化的海洋特性》，《史学月刊》，2013 年第 2 期。

[7]  陈桥驿:《古代鉴湖兴废与山会平原农田水利》，《地理学报》，1962 年第 3 期。

[8]  陈桥驿:《历史上浙江省的山地垦殖与山林破坏》，《中国社会科学》，1983 年第 4 期。

[9]  陈桥驿:《浙江古代粮食种植业的发展》，《中国农史》，1981 年第 1 期。

[10] 陈雄:《论隋唐宋元时期宁绍地区水利建设及其兴废》，《中国历史地理论丛》，1999 年第 1 期。

[11] 程民生:《简论宋代两浙人口数量》,《浙江学刊》, 2002 年第 1 期。

[12] 方宝璋:《略论宋代政府经济管理从统治到治理的转变: 基于市场性政策工具的视角》,《中国经济史研究》, 2014 年第 3 期。

[13] 方如金:《宋代两浙路的粮食生产及流通》,《历史研究》, 1988 年第 4 期。

[14] 冯建勇:《现当代中国海洋文化的重构历程》,《浙江学刊》, 2013 年第 6 期。

[15] 逢自安:《浙江港湾淤泥质海岸剖面若干特性》,《海洋科学》, 1980 年第 2 期。

[16] 葛金芳、汤文博:《南宋海商群体的构成、规模及其民营性质考述》,《中华文史论丛》, 2013 年第 4 期。

[17] 葛金芳:《10—13 世纪我国经济运动的时代特征》,《江汉论坛》, 1991 年第 6 期。

[18] 葛金芳:《两宋东南沿海地区海洋发展路向论略》,《湖北大学学报》, 2003 年第 3 期。

[19] 耿金:《9—13 世纪山会平原水环境与水利系统演变》,《中国历史地理论丛》, 2016 年第 3 期。

[20] 谷国传、胡方西、张正惕:《浙东淤泥质海岸的泥沙来源和塑造机理》,《东海海洋》, 1997 年第 3 期。

[21] 郭正忠:《论两宋的周期性食盐“过剩”危机: 十至十三世纪中国食盐业发展规律初探》,《中国社会经济史研究》, 1984 年第 1 期。

[22] 郭正忠:《略论宋代海盐生产的技术进步: 兼考〈熬波图〉的作者、时代与前身》,《浙江学刊》, 1985 年第 4 期。

[23] 郭正忠:《宋代的私醝案和盐子狱》,《盐业史研究》, 1997 年第 1 期。

[24] 郭正忠:《宋代私盐律述略》,《江西社会科学》, 1997 年第 4 期。

[25] 何锋:《12 世纪南宋沿海地区舰船数量考察》,《中国经济史研究》, 2005 年第 3 期。

[26] 黄纯艳:《论宋代的近海贸易》,《中国经济史研究》, 2016 年第 2 期。

[27] 黄纯艳:《宋代船舶的数量与价格》,《云南社会科学》, 2017 年第 1 期。

[28] 黄纯艳:《宋代海洋知识的传播与海洋意象的构建》,《学术月刊》, 2015 年第 11 期。

[29] 黄纯艳:《宋代水上信仰的神灵体系及其新变》,《史学集刊》,2016 年第 6 期。

[30] 黄宽重:《从中央与地方关系互动看宋代基层社会演变》,《历史研究》,2005 年第 4 期。

[31] 姜锡东:《关于宋代的私盐贩》,《盐业史研究》,1999 年第 1 期。

[32] 金城、刘恒武:《宋元时期海溢灾害初探》,《太平洋学报》,2015 年第 11 期。

[33] 康武刚:《宋代江南水利建设中劳动力的筹措》,《农业考古》,2014 年第 3 期。

[34] 康武刚:《宋代浙南温州滨海平原堤的修筑活动》,《农业考古》,2016 年第 4 期。

[35] 冷辑林:《略论宋朝的商税网及其管理制度》,《江西大学学报》,1991 年第 1 期。

[36] 梁庚尧:《南宋的私盐》,《新史学》,2002 年第 2 期。

[37] 梁庚尧:《南宋淮浙盐的运销》,《大陆杂志》,1988 年第 1-3 期。

[38] 梁庚尧:《南宋政府的私盐防治》,《台大历史学报》,2006 年第 37 期。

[39] 刘丹、陈君静:《试论清代宁绍地区海塘修筑的经费来源与筹措方式》,《中国社会经济史研究》,2010 年第 4 期。

[40] 刘福铸:《妈祖褒封史实综考》,《湛江海洋大学学报》,2005 年第 5 期。

[41] 刘恒武、金城:《宋代两浙路海洋灾害防御工程资金来源考察》,《上海师范大学学报》,2017 年第 1 期。

[42] 柳和勇:《简论浙江海洋文化发展轨迹及特点》,《浙江社会科学》,2005 年第 4 期。

[43] 鲁西奇:《汉唐时期滨海地域的社会与文化》,《历史研究》,2019 年第 3 期。

[44] 鲁西奇:《中古时代滨海地域的"上水人群"》,《历史研究》,2015 年第 3 期。

[45] 鲁西奇:《中古时代滨海地域的"鱼盐之利"与"滨海人群的生计"》,《华东师范大学学报》,2016 年第 4 期。

[46] 陆敏珍:《唐宋时期宁波地区水利事业述论》,《中国社会经济史研究》,

2004 年第 2 期。

[47] 满志敏:《两宋时期海平面上升及其环境影响》,《灾害学》,1988 年第 2 期。

[48] 倪浓水、程继红:《宋元"砂岸海租"制度考论》,《浙江学刊》,2018 年第 1 期。

[49] 彭建、王仰麟:《我国沿海滩涂的研究》,《北京大学学报》,2000 年第 6 期。

[50] 史继刚:《两宋对私盐的防范》,《中国史研究》,1990 年第 2 期。

[51] 史继刚:《卢秉盐法述评》,《盐业史研究》,1991 年第 3 期。

[52] 史继刚:《浅谈宋代私盐盛行的原因及其影响》,《西南师范大学学报》,1989 年第 3 期。

[53] 史继刚:《宋代官府食盐购纳体制及其对盐民利益的侵害》,《盐业史研究》,2014 年第 3 期。

[54] 史继刚:《宋代私盐的来源及其运销方式》,《中国经济史研究》,1991 年第 1 期。

[55] 史继刚:《宋代私盐贩阶级结构初探》,《盐业史研究》,1990 年第 4 期。

[56] 宋宝安:《论实现社会从稳定到有序的战略抉择》,《吉林大学社会科学学报》,2009 年第 2 期。

[57] 孙英、黄文盛:《浙江海岸的淤涨及其泥沙来源》,《东海海洋》,1984 年第 4 期。

[58] 孙英等:《闽浙山溪性河口的径流特性及其对河口的冲淤影响》,《东海海洋》,1983 年第 2 期。

[59] 王杰、李加林:《浙江海岸带文化资源形成的地貌环境因素分析》,《荆楚理工学院学报》,2010 年第 2 期。

[60] 王文、谢志仁:《从史料记载勘中国历史时期海面波动》,《地球科学进展》,2001 年第 2 期。

[61] 王文、谢志仁:《中国历史时期海面变化(Ⅰ):塘工兴废与海面波动》,《河海大学学报》,1999 年第 4 期。

[62] 王文、谢志仁:《中国历史时期海面变化(Ⅱ):潮灾强弱与海面波动》,《河海大学学报》,1999 年第 5 期。

[63] 吴松弟:《温州沿海平原的成陆过程和主要海塘、塘河的形成》,《中国历

史地理论丛》，2007 年第 2 期。

[64] 吴松弟：《浙江温州地区沿海平原的成陆过程》，《地理科学》，1988 年第
2 期。

[65] 徐世康：《宋代沿海渔民日常活动及政府管理》，《中南大学学报》，2015 年
第 3 期。

[66] 许开轶、李晶：《东亚威权政治体制下的国家与社会关系分析》，《社会主
义研究》，2008 年第 3 期。

[67] 羊天柱、应仁方：《浙江沿岸海平面变化的初步研究》，《东海海洋》，1993
年第 4 期。

[68] 杨国桢：《中华海洋文明论发凡》，《中国高校社会科学》，2013 年第 4 期。

[69] 杨怀仁等：《长江下游晚更新世以来河道变迁的类型与机制》，《南京大学
学报》，1983 年第 2 期。

[70] 杨培娜：《从"籍民入所"到"以舟系人"：明清华南沿海渔民管理机制的演
变》，《历史研究》，2019 年第 3 期。

[71] 于逢春：《中国海洋文明的隆盛与衰落》，《学术月刊》，2016 年第 1 期。

[72] 张俊飞：《宋代江南地区水利建设经费来源讨论》，《宁波大学学报》，2014
年第 6 期。

[74] 张全明：《中国历史时期气候环境的总体评价》，《江西社会科学》，2007 年
第 7 期。

[75] 章国庆：《元〈庆元儒学洋山砂岸复业公据〉碑考辨》，《东方博物》，2008
年第 3 期。

[76] 朱建君：《从海神信仰看中国古代的海洋观念》，《齐鲁学刊》，2007 年第
3 期。

[77] 竺可桢：《中国近五千年来气候变迁的初步研究》，《考古学报》，1972 年
第 1 期。

（四）硕博论文

[1] 池云飞：《台州湾岸滩演变分析及其滩涂围垦的可持续研究》，浙江大学硕
士学位论文，2010 年。

[2]  李琼:《冲突的构成及其边界:以湖南省 S 县某事件研究为中心》,上海大学博士学位论文,2005 年。

[3]  廖伊婕:《宋代近海市场研究》,云南大学博士学位论文,2015 年。

[4]  王丽歌:《宋代人地关系研究》,河北大学博士学位论文,2014 年。

[5]  吴海波:《清中叶两淮私盐与地方社会:以湖广、江西为中心》,复旦大学博士学位论文,2007 年。

[6]  杨培娜:《濒海生计与王朝秩序:明清闽粤沿海地方社会变迁研究》,中山大学博士学位论文,2009 年。

[7]  周祝伟:《7—10 世纪钱塘江下游地区开发研究》,浙江大学博士学位论文,2003 年。

（五）报纸

[1]  陈国灿:《海的诠释:中国传统海洋意识的历史考察》,《中国社会科学报》,2014 年 10 月 17 日 A04 版。

[2]  黄纯艳:《互斥与融通:传统中国海陆关系认识演变》,《中国社会科学报》,2020 年 3 月 30 日 3 版。

[3]  黄纯艳:《由陆及海:宋代贸易格局的转型及衍生》,《中国社会科学报》,2014 年 10 月 17 日 A05 版。

# 三、国外先行研究成果

（一）外文著作

[1]  ［日］東京教育大學文學部東洋史研究室:《宋代経済史研究》,不昧堂書店,1960 年。

[2]  ［日］日野開三郎:《東洋史學論集》第 6 卷《宋代の貨幣と金融》,三一書房,1983 年。

[3]  ［日］周藤吉之:《宋代経済史研究》,東京大學出版會,1962 年。

[4]  ［美］Lo Jung-pang, *China as a Sea Power 1127—1368 : A Preliminary Survey of the Maritime Expansion and Naval Exploits of the Chinese People During the Southern Song and Yuan Periods*,Hong Kong University Press,2012。

（二）外文论文

[1]　［日］本田治：《宋代溫州における開発と移住補論》，《立命館東洋史學》1996 年第 19 號。

[2]　［日］本田治：《宋元時代溫州平陽縣の開発と移住》，載《佐藤博士退官紀念中國水利史論叢》，國書刊行會 1984 年版。

[3]　［日］本田治《宋代明州沿海における開発と移住》，《中國社會の持續と變容：その理論と實際》，2005 年第 52 回國際東方學者會議。

[4]　［日］本田治：《宋元時代浙東の海塘について》，《中國水利史研究》，1979 年第 9 號。

[5]　［日］河上光一：《北宋時代兩浙路の塩法について》，《社會經濟史學》，1964 年第 6 期。

[6]　［日］河原由郎：《北宋時代東南塩の官売法の推移に就いて》，《東方學》，1967 年第 6 號。

[7]　［日］吉田寅：《南宋の私塩統制について—慶元条法事類・推禁門を中心として》，載近藤英雄：《東洋史学論集：山崎先生退官記念》，1967 年。

[8]　［日］章野靖：《南宋時代の淮浙塩鈔法》，《史淵》，1961 年第 12 號。

（三）汉译著作

[1]　［日］斯波义信著，方健、何忠礼译：《宋代江南经济史研究》，江苏人民出版社，2000 年。

[2]　［日］藤田丰八著，魏重庆译：《宋代之市舶司与市舶条例》，商务印书馆，1936 年。

[3]　［英］安东尼·吉登斯著，胡宗泽、赵刀涛译：《民族—国家与暴力》，生活·读书·新知三联书店，1998 年。

[4]　［英］费里德利希·冯·哈耶克著，邓正来译：《自由秩序原理》，生活·读书·新知三联书店，1997 年。

[5]　［英］华德英著，冯承聪等编译：《从人类学看香港社会：华德英教授论文集》，大学出版印务公司，1985 年。

[6]　［英］伊懋可著，梅雪琴、毛利霞、王玉山译：《大象的退却：一部中国环

境史》，江苏人民出版社，2014 年。

[7]　［法］米歇尔·福柯著，钱翰、陈晓径译：《安全、领土与人口》，上海人民出版社，2010 年。

[8]　［美］E.A. 罗斯著，秦志勇、毛永政译：《社会控制》，华夏出版社，1989 年。

[9]　［美］费正清著，张沛译：《中国：传统与变迁》，世界知识出版社，2001 年。

[10]　［美］林肯·佩恩著，陈建军、罗燚英译：《海洋与文明》，天津人民出版社，2017 年。

[11]　［美］罗荣邦著，李春、彭宁译：《被遗忘的海上中国史》，海南出版社，2021 年。

[12]　［美］穆黛安著，刘平译：《华南海盗（1790—1810）》，中国社会科学出版社，1997 年。

[13]　［美］詹姆斯·C. 斯科特著，程立显等译：《农民的道义经济学：东南亚的反叛与生存》，译林出版社，2001 年。

（四）汉译论文

[1]　［日］河上光一著，未标译者：《南宋时代盐业村的变迁》，载彭泽益、王仁远：《中国盐业史国际学术讨论会论文集》，四川人民出版社，1991 年。

[2]　［日］小野泰著，王明明译：《宋代浙江的地域社会和水利：关于台州黄岩县的事例》，载钞晓鸿：《海外中国水利史研究：日本学者论集》，人民出版社，2014 年。

# 后 记

对长期生活、求学于内陆地区的我来讲，未曾想到会与海洋结下深厚的缘分：中国海洋史业已成为我的主要研究方向，而我也定居在了黄渤海之滨。回想起来，我能够与海洋结下缘分，乃始于攻读硕士学位期间。2008 年，我考上了辽宁师范大学辽金史方向的硕士研究生，来到位于黄渤海之滨的大连，第一次见识到了大海的宽广与博大。与此同时，在导师田广林教授的建议下，我将硕士学位论文选题定为"辽朝中京地区海事研究"，开始涉足中国海洋史领域。

2016 年是我人生中非常重要的一个节点。这一年 7 月，我离开生活了 30 余年的北方，来到江南水乡，进入浙江师范大学人文学院从事博士后研究工作。记得我向博士生导师杨军教授辞行时，杨老师建议我到南方后最好涉猎宋史领域，这样方能将掌握的文献材料与当地历史文化结合起来。

来到浙江师范大学后，我谨记杨老师的教导，继续阅读宋代有关文献，不断积累相关知识，并积极寻找能够深入研究的选题。与此同时，我对中国海洋史又产生了浓厚的兴趣，因此想将宋史与中国海洋史结合起来做一个专题研究。在一次课题申报座谈会上，陈国灿、胡铁球两位教授提到浙江沿海滩涂资源特别丰富，建议我以宋代浙江沿海滩涂开发为选题进行深入的研究。在此特别感谢两位老师为我此后的研究领域指明了方向。

这之后，我便持续在宋代浙江沿海滩涂开发领域用力，先后发表了几篇学术论文。受惠于此，我对宋代浙江沿海滩涂开发有了更多的理解与认识，并不断拓展研究广度与深度。随着研究的深入，字数不断增多，竟已写出了一部近 20 多万字的书稿了。多位师友获得这一消息后，建议我申报浙江省哲学社会科学规划后期资助课题，非常幸运，获得了浙江省哲学社会科学规划办公室立项。

在书稿写作和课题申报、书稿出版之中，众多师友给予我悉心的指导与有力的帮助。首先，我要感谢博士后合作导师于逢春教授。于老师学识渊博，思维敏捷，视野极为开阔，熟悉西方理论。在我入校之初，即将国内外学者关于民族学、人类学、社会学、政治学等方面的经典论著书目列出，并督促我认真研读，进而要求我不定时地汇报所学所得。得益于此，我的研究视野得到极大的拓展，知识储备随之扩充，这为我从社会学、政治学等视角解读宋代浙江沿海滩涂开发提供了基础。

其次，我要感谢亦师亦友的冯建勇教授。冯老师人品学识俱佳，能够结识并长期受教于冯老师，实为值得我珍惜一生的缘分。冯老师学术素养极高，在我撰写课题申报书、学术论文过程中均给予了细心指导，敏锐地指出其中存在的问题并提出切实可行的修改意见。受惠于此，我的学术水平得以大幅度提升。不限于此，冯老师与爱人邓语欣老师在生活上亦给予我极大的照顾。

我在撰写、修改书稿与课题申报过程中，还承蒙众多老师的关心和帮助。他们是人文学院赵志辉教授、陈国灿教授、胡铁球教授、吐尔文江·吐尔逊教授等，他们在我于浙江师范大学从事科研活动期间，在学业和生活上都给予我极大的启发和鼓舞、支持和帮助。我还要感谢亦师亦友的杨荷泉老师以及好友宫凌海、王涛、魏超，他们不仅给予我最大的鼓励与帮助，更是我前进的榜样。

在课题获得立项之后，我来到台州学院马克思主义学院工作。马克思主义学院为我的科研活动提供了宽松的条件，我得以有充足的时间对书稿进行修改，这也成为我顺利完成书稿修改工作的重要保障。在我修改书稿过程中，马克思主义学院林伟院长、张礼强书记、盛跃明副院长、高飞教授、倪侃副教授、崔永江副教授、周军虎副教授、胡炳年博士、吕锦芳博士等一直关心书稿修改进度，并给予多方面的帮助。借此，一并表示谢忱。

2020年7月，我由台州学院调到渤海大学历史文化学院工作。入职后，历史文化学院崔向东院长、温荣刚院长、左兴红书记、于富业副院长、赵阳副院长、吴凤霞教授、孙红梅教授、赵红梅教授、肖忠纯教授、李亚光教授、庞宝庆教授、孙立华副教授、辛时代副教授、郝文军副教授、王香副教授等老师一直关心书稿的出版，并提出很多有益的建议，使得本书稿更为完善，在此一并致谢。

这几年，我利用参加学术会议的机会，常向厉声、赵永春、高福顺、祁建民、马长泉、王小平、方堃、晁天义、孙昊、王姝等师友请教或与之探讨，对于书稿的思路开拓与写作均大有裨益；常约陈俊达、鞠贺、武文君等师弟师妹一起小聚，我将书稿的一些章节与他们分享，并得到他们的一些建议。在此，致以敬谢之意。

最后，我要感谢我的父母、岳父岳母，感谢我的爱人刘璐。正是他们的理解、鼓励与付出，我才得以完成这部书稿的写作工作。他们对我来讲，既是我最坚实的后盾，又是我奋斗的动力。

本书的出版得到了浙江大学出版社编辑团队的莫大帮助，为书稿的修缮和最终刊印付出了诸多辛劳。在此，深表谢意。